I0050163

Couverte en Couverture

1872

TRAITÉ
D'ASSAINISSEMENT INDUSTRIEL

COMPRENANT

LA DESCRIPTION DES PRINCIPAUX PROCÉDÉS

EMPLOYÉS

DANS LES CENTRES MANUFACTURIERS DE L'EUROPE OCCIDENTALE
POUR PROTÉGER LA SANTÉ PUBLIQUE ET L'AGRICULTURE
CONTRE LES EFFETS DES TRAVAUX INDUSTRIELS

PAR

M. CHARLES DE FREYCINET,

INGÉNIEUR AU CORPS IMPÉRIAL DES MINES.

———

PUBLIÉ PAR ORDRE DE SON EXCELLENCE
M. LE MINISTRE DE L'AGRICULTURE ET DU COMMERCE.

———

TEXTE

———

PARIS

DUNOD, ÉDITEUR,

SUCCESSEUR DE V^er DALMONT,

Précédemment Carilian-Gœury et Vve Dalmont,

LIBRAIRE DES CORPS IMPÉRIAUX DES PONTS ET CHAUSSÉES ET DES MINES,

Quai des Augustins, n° 49.

1870

TRAITÉ

D'ASSAINISSEMENT INDUSTRIEL

COMPRENANT

LA DESCRIPTION DES PRINCIPAUX PROCÉDÉS

EMPLOYÉS

DANS LES CENTRES MANUFACTURIERS DE L'EUROPE OCCIDENTALE
POUR PROTÉGER LA SANTÉ PUBLIQUE ET L'AGRICULTURE
CONTRE LES EFFETS DES TRAVAUX INDUSTRIELS

———

PUBLIÉ PAR ORDRE DE SON EXCELLENCE
M. LE MINISTRE DE L'AGRICULTURE ET DU COMMERCE

Tc 40 71

DE FREYCINET, ingénieur des mines, directeur du contrôle du travail des enfants dans les manufactures, au ministère de l'agriculture et du commerce. — **Traité d'assainissement industriel et municipal**, contenant la description des principaux procédés employés dans l'Europe occidentale pour protéger la santé publique et l'agriculture contre les effets des travaux industriels et ceux des grandes agglomérations. 2 v. in-8 et 2 atlas. 20 fr.

Titre artificiel. — Le tome I se compose du présent ouvrage, il n'y a pas encore de t. II : 9 Juillet 1870. Voy. Préface, p. I

59. — Paris. — Imprimerie de Gusset et C°, rue Racine, 26.

TRAITÉ
D'ASSAINISSEMENT INDUSTRIEL

COMPRENANT

LA DESCRIPTION DES PRINCIPAUX PROCÉDÉS

EMPLOYÉS

DANS DES CENTRES MANUFACTURIERS DE L'EUROPE OCCIDENTALE
POUR PROTÉGER LA SANTÉ PUBLIQUE ET L'AGRICULTURE
CONTRE LES EFFETS DES TRAVAUX INDUSTRIELS

PAR

M. CHARLES DE FREYCINET,

INGÉNIEUR AU CORPS IMPÉRIAL DES MINES.

———

PUBLIÉ PAR ORDRE DE SON EXCELLENCE

M. LE MINISTRE DE L'AGRICULTURE ET DU COMMERCE.

———o-o-o-o———

Dépôt
Janvier 1870
n° 73

PARIS

DUNOD, ÉDITEUR,

SUCCESSEUR DE Vᵉ DALMONT,

Précédemment Carilian-Gœury et Vᵉ Dalmont,

LIBRAIRE DES CORPS IMPÉRIAUX DES PONTS ET CHAUSSÉES ET DES MINES,
Quai des Augustins, n° 49.

———

1870

Tous droits réservés.

BIBLIOTHÈQUE NATIONALE
R. F.
IMPRIMÉ

PRÉFACE

Cet ouvrage est le résultat des études que j'ai entreprises, de 1862 à 1869, en France et à l'étranger, par
ordre de Son Exc. M. le Ministre de l'agriculture, du
commerce et des travaux publics, à la demande du Comité consultatif des arts et manufactures. La plupart des
faits qu'il contient ont déjà été consignés dans des rapports officiels, dont je rappelle ici les titres :

*Rapport sur l'assainissement des fabriques et des pro-
cédés d'industries insalubres en Angleterre*, 1864 ;

*Rapport sur l'assainissement industriel et municipal en
Belgique et dans la Prusse Rhénane*, 1865 ;

*Rapport sur l'assainissement industriel et municipal en
France*, 1866 ;

Rapport sur la réglementation du travail des enfants et des femmes dans les manufactures de l'Angleterre, 1867 ;

Rapport sur l'emploi des eaux d'égout de Londres, 1867 ;

Rapport supplémentaire sur l'assainissement industriel et municipal en France et à l'étranger, 1868.

Mais il restait à coordonner ces faits, à les compléter, et surtout à en faire sortir les principes généraux et les enseignements que le sujet comporte. Tel a été l'avis exprimé par le Comité consultatif des arts et manufactures, dans sa délibération du 21 juillet 1869. Ce corps savant a pensé qu'il y avait intérêt, au point de vue du progrès de l'hygiène publique en France, à présenter dans un ordre méthodique les procédés d'assainissement usités dans les centres manufacturiers et dont la pratique avait consacré l'efficacité.

Je me suis mis en devoir de satisfaire à ce vœu du Comité consultatif.

J'ai été conduit à diviser le sujet en deux parties : l'une consacrée à la salubrité industrielle, l'autre à la salubrité municipale. Il m'a semblé difficile, dans un travail qui avait l'intention d'être didactique, de laisser subsister la fusion entre les deux ordres de faits ; autant elle était naturelle dans des documents où l'auteur déposait à mesure tout ce qu'il rapportait de ses missions, autant elle serait ici peu justifiée. De là, deux ouvrages distincts : celui que je publie aujourd'hui, et un second qui paraîtra un peu plus tard, sous le titre : *Principes de l'assainissement des villes.*

Les personnes qui ont bien voulu lire mes premiers rapports se rendent compte de la méthode qui m'a guidé dans ce traité. Je peux dire qu'elle est l'opposé de celle qui guide ordinairement dans ces sortes d'ouvrages. Je n'ai point visé, en effet, à faire un répertoire complet, donnant pour chaque cas d'insalubrité un procédé correspondant ; c'est que malheureusement, dans la réalité, les choses ne se passent pas aussi simplement que dans les livres, et il s'en faut de beaucoup que le répertoire des procédés existants soit aussi étendu que celui de nos besoins. Or, je tenais avant tout à ne donner que des méthodes certaines et dont la valeur, à mes yeux, était tirée précisément du long usage qu'on en faisait ; en d'autres termes, je ne voulais conseiller que des procédés que j'avais vus fonctionner de mes propres yeux. J'ai donc éliminé d'une manière générale, malgré la bonne opinion que je pouvais en avoir personnellement, tous les moyens d'assainissement qui n'étaient pas marqués de ce caractère pratique. Dès lors ma description s'est trouvée restreinte aux industries qui ont été réellement assainies ; en outre, parmi ces industries, je ne me suis occupé que des principales, sans insister sur celles qu'une analogie évidente y rattachait et pour lesquelles l'application des mêmes moyens ne devait soulever aucune difficulté.

Pour ces diverses raisons, les procédés que je décris sont relativement en petit nombre ; mais, qu'on me permette d'y revenir, puisque c'est peut-être mon seul mérite, j'en peux garantir l'authenticité. Quand je dis que tel procédé a atteint le but, ce n'est pas mon opinion que j'exprime, c'est un fait que j'énonce. Tout industriel qui voudra essayer d'une des méthodes que j'indique, peut être assuré d'avance que cette méthode a déjà donné de bons résultats chez certains de ses confrères. Au surplus, pour lever tout doute à cet égard, j'ai soin de faire connaître la source où je puise; à chaque procédé décrit, je nomme l'établissement où le procédé fonctionne, et souvent même je rapporte les dires du chef de fabrique. D'autre part, je me suis attaché à donner sur les appareils des indications détaillées, à la faveur desquelles on pût habituellement les reconstituer. J'espère que les véritables praticiens me pardonneront ces lenteurs, parce qu'ils savent que c'est souvent par les détails d'exécution que pèchent des dispositions intrinsèquement bonnes.

Je ne terminerai pas cette rapide introduction sans exprimer ma profonde gratitude à l'Administration, dont la libéralité et les encouragements m'ont valu de mener cette œuvre à bonne fin. J'ai été dirigé constamment par les savantes instructions du Comité consultatif des arts et manufactures, sans lesquelles je n'aurais pu embrasser un aussi vaste sujet : je dois particulièrement des remerciments respectueux à M. Chevreul, président, et à MM. Duvergier, Combes et Le Chatelier, membres du même Comité, ainsi qu'à quelques autres savants français, MM. Dumas, Payen, Balard, qui ont bien voulu m'éclairer de leurs lumières. A l'étranger, je n'ai eu qu'à me louer de l'inépuisable complaisance que j'ai rencontrée auprès de plusieurs notabilités scientifiques et administratives, parmi lesquelles je citerai : les D⁰ˢ Letheby.

Angus Smith, Hofmann, Roscoë, MM. Simon, Redgrave, en Angleterre, les Drs Stas et Chandelon, M. Vergote, en Belgique, les Drs Merck et Marquardt, en Prusse. C'est grâce au concours empressé de ces diverses personnes qu'il m'a été donné de pénétrer dans un grand nombre d'établissements et d'y observer de près les opérations.

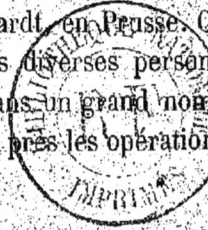

TABLE DES MATIÈRES.

—

BIBLIOTHÈQUE NATIONALE R.F. IMPRIMÉS

DEUXIÈME PARTIE.

SALUBRITÉ EXTÉRIEURE.

—

SECTION I.—DÉGAGEMENTS.

FIN DE LA TABLE DES MATIÈRES.

TRAITÉ
D'ASSAINISSEMENT INDUSTRIEL.

GÉNÉRALITÉS.

La plupart des industries, on pourrait presque dire toutes les industries sont insalubres. Même parmi celles qui passent pour inoffensives, il en est bien peu, quand on les regarde de près, qui ne se trouvent nuire, par quelque côté, à la santé publique.

Les classes ouvrières souffrent plus directement de cette influence. On sait, en effet, qu'un grand nombre de professions manuelles déterminent des affections physiques ou morales qui sont pour ainsi dire les signes distinctifs de ces professions. Sans parler des causes spéciales d'insalubrité, comme le contact des matières toxiques, l'aspiration des poussières, l'exposition à de hautes températures, il est des influences d'une nature générale, inhérentes en quelque sorte à l'industrie, qu'on retrouve à des degrés divers dans la plupart des branches de fabrication : telles sont la durée du travail et la spécialisation des efforts.

C'est une vérité depuis longtemps reconnue que les mêmes

1

mouvements indéfiniment répétés entraînent des déforma-
tions dans l'organisme et souvent même un affaiblissement
de l'intelligence. A ce point de vue le progrès des arts n'a
pas été favorable à la santé des ouvriers : car en amenant
« la division du travail » poussée à ses extrêmes limites, il a
eu pour résultat d'enfermer l'activité de l'homme dans un
cercle de plus en plus étroit, jusqu'à n'exiger de lui, dans
une foule de cas, que des mouvements uniformes et véritablement automatiques qui appellent et fort heureusement
rendent possible son remplacement par des machines.

Dans le même ordre d'idées mais pour des raisons diffé
rentes, la constitution de « la grande industrie » n'a pas été
plus favorable. Elle a déterminé en effet l'accumulation des tra
vailleurs et leur séjour prolongé dans des espaces resserrés ;
or ce n'est jamais impunément que des personnes d'âges, de
tempéraments et parfois de sexes différents, chez lesquelles,
en outre, les soins du corps font souvent défaut, restent
réunies pendant des journées entières. Il se produit là, à
un degré moindre, ce qu'on observe dans les armées, les
hôpitaux et en général dans toutes les grandes agglomérations d'hommes ; c'est que le simple rapprochement
engendre la maladie ou du moins prépare un milieu favorable à son éclosion. Dès lors, l'ouvrier « en chambre »,
quand il n'est pas aux prises avec la misère, se trouve dans
des conditions meilleures que celui qui occupe une petite
place dans l'atelier commun.

Les établissements industriels ne bornent pas leurs fâcheux effets dans leur enceinte. Mais les émissions gazeuses
ou liquides auxquelles donnent lieu les opérations qui s'y pratiquent, peuvent en souillant l'air, les eaux ou le sol, troubler
au loin les conditions de la vie et nuire à la fois aux hommes
et à la végétation. On a souvent comparé l'usine à un être ani-
mé, chez lequel l'accomplissement des fonctions vitales est
toujours accompagné de l'expulsion de rebuts nuisibles. De
même, à côté des produits utiles qu'on vise à obtenir, l'indus-

trie fournit habituellement des matières qui mettent en danger la salubrité. Ce phénomène s'observe, non-seulement dans la fabrication proprement dite ou dans la *dénaturation* des substances, mais encore dans une foule d'opérations où l'on cherche uniquement à changer la forme ou le mode d'assemblage des corps. C'est ainsi que de simples ateliers de construction incommodent le voisinage, à cause du moteur à vapeur qu'ils empruntent et dont les fumées souillent l'atmosphère.

Mais les inconvénients sont surtout graves de la part des établissements où l'on soumet la matière à des transformations chimiques. Les gaz versés dans l'air ou les liquides qui coulent dans le sol charrient alors avec eux des éléments délétères ou infectants. Certains territoires sont ainsi rendus inhabitables, par suite de la présence des usines. La grande industrie a eu à cet égard le même genre d'influence que vis-à-vis les classes ouvrières : elle a augmenté le mal en concentrant la puissance productrice. Il est certain en effet qu'une cause d'insalubrité qu'on ressentirait à peine si elle était disséminée sur un grand nombre de points, peut devenir intolérable si elle est concentrée sur quelques-uns. Or d'une part les petits établissements cèdent de plus en plus la place aux grands et d'autre part ceux-ci tendent à se grouper dans des districts particulièrement favorables à la production ou à la consommation. Il y a donc là, indépendamment de toute extension absolue de l'industrie, une circonstance qui doit rendre les inconvénients plus sensibles.

Dans tous les pays civilisés les pouvoirs publics se sont préoccupés de protéger les populations contre les effets des travaux industriels. Un grand nombre de lois et de règlements, en Angleterre aussi bien qu'en France, en Autriche aussi bien qu'en Prusse, témoignent de l'importance qui partout s'est attachée à la question. En ce qui concerne cependant la santé des classes ouvrières, l'intervention de l'autorité a dû être assez mesurée. C'est en effet quelque

chose de grave de pénétrer au sein d'un établissement
qui, après tout, fait partie du domicile privé, et cela, pour
y saisir des faits qui n'atteignent, peut-on dire, que ceux
qui s'exposent volontairement à leur influence. On est jusqu'à un certain point fondé à soutenir l'opinion que le législateur n'a pas à s'interposer entre un patron et des ouvriers
qui contractent librement. Toutefois ce principe rigide a
fléchi dans la pratique devant les instincts d'humanité et les
nations même les plus opposées à ce genre d'intervention
n'ont pas cru pouvoir complétement abandonner les travailleurs à toutes les chances de leur industrie. De là certaines précautions indispensables prescrites dans les fabri
cations les plus insalubres.

A l'égard du public ou des personnes qui vivent dans le
voisinage plus ou moins immédiat des établissements, l'autorité n'a pas été tenue à la même réserve. D'abord, entre
l'industriel et ses voisins la situation ne résulte pas d'un
contrat librement consenti, loin de là : car le plus souvent
l'industriel s'est installé dans la contrée, en dépit de l'opposition de ses futurs voisins ; ensuite, les causes d'insalubrité se manifestant hors de l'usine, sont par là même
faciles à saisir sans qu'il soit besoin de violer le domicile
privé. Aussi est-ce dans cette sphère que la réglementation
s'est particulièrement exercée. Tantôt l'autorité s'est réservée le droit de réprimer directement les abus, tantôt elle
abandonne ce soin aux intéressés eux-mêmes qui ont devant eux la voie des actions civiles ; mais généralement la
double poursuite peut s'engager concurremment et les fabricants sont à la fois passibles d'amendes et de dommages-
intérêts. Quelle que soit, au surplus, la marche tracée,
selon les mœurs du pays, le but est toujours pareil : combattre les causes d'insalubrité qui naissent des opérations
industrielles. Les chefs d'usines ont donc un intérêt direct
et personnel à assainir leur fabrication, puisque c'est pour
eux le moyen d'échapper à des conséquences onéreuses.

Mais une considération plus puissante encore doit les y pousser : elle résulte de cette grande loi naturelle, confirmée par l'expérience de chaque jour, qui veut que les progrès sanitaires soient habituellement une source de bénéfices pour ceux qui les accomplissent. Que l'industriel améliore le séjour de ses ateliers, ou qu'il mette ses voisins à l'abri des effets de ses opérations, presque toujours il finit par y trouver son propre compte. A côté du résultat hygiénique qu'il poursuivait, se place un résultat financier qu'il n'attendait pas et qui est comme la récompense des efforts tentés pour obtenir le premier.

Pour s'en convaincre il suffit de voir ce qui se passe depuis vingt ans dans les principales fabriques de France et de l'étranger. Après les vicissitudes et les transformations subies par la plupart des industries, on constate ceci : c'est que les établissements les mieux tenus, ceux où la santé de l'ouvrier est le mieux garantie, sont en même temps ceux qui livrent les plus beaux produits et à meilleur compte, ceux en un mot où les affaires sont le plus prospères. Les manufacturiers anglais le reconnaissent : après s'être longtemps refusés aux réformes de ce genre, regardées par eux comme incompatibles avec les nécessités de la concurrence, ils déclarent aujourd'hui, expérience faite, que l'amélioration du sort des travailleurs tourne au profit de l'industrie elle-même. La raison en est simple : l'ouvrier mieux portant fait plus de travail dans le même temps, il est plus assidu, s'absente moins ; il s'attache davantage à l'établissement et perd peu à peu ces goûts de changements aussi préjudiciables au patron qu'à lui-même. Bien plus, il se contente souvent d'un salaire moindre : qui ne sait, en effet, que les métiers les plus insalubres sont les plus rétribués ? Dès lors, quand une fabrication s'assainit, les salaires y peuvent rentrer dans la loi commune [1]. D'autre part, les soins de l'hygiène marchant toujours de pair avec

---

1. C'est ainsi que les ouvriers couteliers, en Angleterre, ont subi une forte diminution après que le repassage a été assaini à l'aide des ventilateurs.

ceux de la propreté, les salles prennent un aspect ordonné et symétrique, une certaine élégance même qui influe sur les habitudes du personnel : la marchandise est mieux traitée, les outils sont mieux entretenus, la surveillance devient plus facile, le déchet et le gaspillage diminuent. Mais ces faits ne sont pas les seuls ; l'expérience a mis en évidence une autre partie de la loi, qu'il était moins facile de prévoir : elle consiste en ce que les recherches entreprises pour protéger les travailleurs conduisent fréquemment à des perfectionnements techniques remarquables. Tantôt ce sont des mécanismes ingénieux qui se substituent à la main de l'homme, tantôt ce sont des substances non-seulement plus inoffensives, mais en même temps plus économiques, qui remplacent des matières dangereuses, tantôt enfin en voulant préserver l'ouvrier d'émanations malsaines, on aboutit à éviter la déperdition de produits utiles.

Les recherches qui ont en vue la protection du public ne sont pas moins fécondes. La plupart des procédés qui tendent à prévenir l'émission de gaz nuisibles ou l'écoulement de résidus impurs, déterminent habituellement un gain réel pour le fabricant. Celui-ci devant en effet retenir dans l'enceinte de son établissement les éléments susceptibles de nuire au voisinage, à cette fin les condense, les absorbe ou les fait déposer dans des bassins. Mais bientôt l'encombrement commence : à ces matières qui s'accumulent sans cesse, la place menace de manquer. Pour s'en débarrasser impunément il faut d'abord les dénaturer, c'est-à-dire leur faire perdre leurs propriétés malfaisantes ; de là à les utiliser, il n'y a qu'un pas, et ce pas est continuellement franchi par l'industriel en quête de l'assainissement. On a vu ainsi surgir, depuis quelques années, une multitude de fabrications secondaires, annexes de l'industrie principale, dont elles ont augmenté l'importance et les revenus [1]. Au-

1. Rien de plus frappant à cet égard que l'épreuve récemment faite par la C¹ᵉ des Salines et produits chimiques de Dieuze. Cette fabrique ayant

jourd'hui les usines les plus florissantes sont celles qui tirent
le meilleur parti de leurs résidus et qui savent le mieux les
faire rentrer dans le cercle des opérations. L'attention s'est
notamment portée sur ce fait, que certains éléments ne
jouent dans les réactions chimiques que le rôle d'intermédiaires et qu'à un certain moment de la fabrication, au lieu
de passer dans la masse des rebuts, ils peuvent être retenus
et, comme on le dit, régénérés ou revivifiés pour commencer
de nouveau leur rôle et servir ainsi de suite indéfiniment.
De la sorte, en même temps que le voisinage est préservé,
la consommation des matières premières est considérablement diminuée [1]. Il y a là pour l'industrie une mine féconde
à exploiter, dont on commence à peine à soupçonner les
richesses et qu'on aurait sans doute ignorée longtemps encore si les nécessités de l'assainissement n'avaient dirigé les
recherches dans cette voie.

Ainsi de quelque côté qu'on l'envisage, au point de vue
des ouvriers ou au point de vue du public, la loi naturelle
qui gouverne l'assainissement, montre l'intérêt du fabricant
en parfait accord avec l'intérêt général. A mesure que la
science progresse et que les procédés industriels se per-
fectionnent, l'harmonie devient plus intime et l'on peut
prévoir le jour où, sauf de rares exceptions, l'industrie ces-

reçu la défense de laisser couler à la rivière les résidus de la préparation
de la soude et du chlore, a dû essayer, de plusieurs manières, de neutraliser ces résidus. Enfin elle a abouti à une méthode extrêmement remarquable pour extraire le soufre et autres éléments utiles contenus dans
ces rebuts qui paraissaient si embarrassants. En sorte qu'aujourd'hui toute
une nouvelle industrie, fort lucrative pour ses inventeurs, est venue se
greffer sur l'industrie principale et en favoriser le développement. Les
vieux tas de *marcs de soude* abandonnés sur le sol par l'impéritie des anciens exploitants constituent pour les propriétaires actuels une véritable
carrière de soufre.

1. Le soufre et le manganèse, dans les fabriques de soude, jouent précisément ce rôle. Il en est de même de l'arsenic dans la préparation du rouge
d'aniline : un procédé très-intéressant d'assainissement a été tenté en ra-
menant l'arsenic dans la fabrication Les exemples de ce genre abondent
dans l'industrie.

sera de mettre l'hygiène en sérieux danger. De là ressort un double enseignement : d'un côté, l'autorité publique aurait tort de se départir, par crainte de nuire à la production, des prescriptions, mesurées d'ailleurs en leur forme, qui ont pour but de faire cesser les causes graves d'insalubrité ; d'un autre côté, les fabricants seraient mal inspirés de voir dans ces prescriptions des entraves nuisibles à leur industrie. Ils doivent au contraire se dire que la loi, en les obligeant à s'assainir, leur rend la plupart du temps un véritable service, et qu'à défaut des considérations philanthropiques leur propre intérêt leur ferait un devoir de respecter la sécurité et le bien-être de leurs semblables [1].

L'exposition qui va suivre est divisée en deux parties.

---

[1] Il est des cas, du reste, où le fabricant doit savoir faire le sacrifice de son intérêt propre, tant celui du public se trouve en jeu. Rien de plus exemplaire sous ce rapport que la sage abnégation des fabricants anglais, quand s'agita, il y a quelques années, la question de la condensation de l'acide chlorydrique dans le Royaume Uni. En présence des énormes ravages que produisait leur industrie, ils proclamèrent eux-mêmes la nécessité d'une réforme. L'association volontaire formée à Manchester à l'occasion du projet de loi de 1863, reconnut que la condensation devait être désormais envisagée « comme un devoir et non comme une source de profit » et elle remit au comité d'enquête un mémorandum où on lisait ces déclarations remarquables :

« La majorité de l'industrie soudière reconnaît l'exactitude des asser-
« tions de lord Derby (dans le Parlement), savoir que le gaz acide muria-
« tique, en toute proportion sérieuse, est nuisible à la végétation, et que
« l'émission de ce gaz par les fabriques de soude peut être entièrement
« prévenue par l'emploi de moyens convenables.

« La majorité de l'industrie s'associe au principe émis par lord Derby,
« que toutes les fabriques de soude devraient être pourvues et devraient
« user de semblables moyens préventifs.

« La majorité de l'industrie est disposée à concourir au but proposé par
« lord Derby, savoir la condensation *obligatoire* du gaz acide muria-
« tique..... »

Les événements se chargèrent dans ce cas même de récompenser les fabricants anglais et la condensation devint le point de départ d'une nouvelle ère de prospérité pour cette industrie, car c'est de là que date le grand développement donné à la fabrication du chlorure de chaux, des bicarbonates alcalins, des engrais artificiels, etc.

La première est consacrée à la *Salubrité intérieure* ou à la recherche des moyens propres à préserver la santé des ouvriers ; la seconde partie traite de la *Salubrité extérieure* ou des moyens tendant à protéger le voisinage. Dans chaque partie on a distingué les procédés *généraux* et *spéciaux*. Les premiers sont ceux qui conviennent à un grand nombre sinon à la plupart des industries ; ils sont à peu près indépendants de la nature du travail et constituent en quelque sorte les conditions élémentaires de l'assainissement. Les seconds ne s'appliquent, au contraire, qu'à certaines espèces de fabrications ; ils ont en vue un élément particulier d'insalubrité et varient le plus souvent d'une industrie à l'autre. Ces deux classes de procédés, d'ailleurs, loin de s'exclure, se complètent mutuellement, en ce sens que l'assainissement ne pouvant jamais être réalisé au point qu'on souhaite, il est bon d'appeler tous les moyens à son aide et, dans les cas malheureusement encore trop nombreux où les procédés spéciaux font défaut, on doit chercher à atténuer du moins le mal par les procédés généraux qui, à quelque degré, trouvent toujours leur application.

PREMIÈRE PARTIE

SALUBRITÉ INTÉRIEURE.

CHAPITRE PREMIER

PROCÉDÉS GÉNÉRAUX.

VENTILATION DES ATELIERS.

La ventilation est le plus puissant moyen d'assainissement des ateliers.

Un grand nombre d'opérations donnent lieu à des poussières qui en voltigeant dans les salles deviennent à la fois
une cause d'insalubrité pour les ouvriers et de détérioration
pour le matériel. Sans parler même des industries où ces
poussières sont si abondantes qu'on a dû se prémunir contre
elles par des dispositions spéciales, il est évident que dans
tous les cas l'on a intérêt à s'en garantir.

En plus des poussières, l'atmosphère des salles est chargée,
dans des proportions variables, d'émanations plus ou moins
malsaines. Celles-ci proviennent tantôt de la fabrication, qui
laisse échapper des gaz ou des vapeurs, tantôt des mécanismes,
où se volatilise une partie de l'huile destinée aux rouages, tantôt enfin des exhalaisons du personnel, d'autant plus sen-

sibles que les travailleurs sont plus resserrés et que leur labeur est plus actif. Pour ces divers motifs, le renouvellement de l'air est indispensable.

On a essayé de fixer par des formules théoriques la quantité d'air qu'il était nécessaire d'introduire dans chaque atelier en un temps donné. Mais ces formules, basées sur la consommation physiologique de l'homme, n'ont, en industrie, qu'un médiocre intérêt, car les circonstances accessoires ont souvent plus d'importance que le principal. Les éléments insalubres, étrangers à l'acte de la respiration, sont habituellement impossibles à chiffrer et cependant ils peuvent exercer une influence prépondérante. Le mieux est donc, dans chaque cas, de s'en rapporter à l'observation directe pour reconnaître si le renouvellement de l'air est ou non suffisant.

Ce renouvellement est obtenu d'une manière soit *naturelle*, soit *artificielle*.

La ventilation naturelle, connue de tous temps, consiste simplement à favoriser, à l'aide d'orifices convenablement disposés, la circulation qui tend à s'établir dans une masse d'air, sous l'influence des températures inégales qui règnent aux divers points de la masse. Cette inégalité de température elle-même est due soit à la présence des ouvriers et à la nature des travaux accomplis dans l'atelier, soit à ce que les différentes parties de la salle se trouvent inégalement exposées à la chaleur solaire. Un courant se détermine donc, entre le dedans et le dehors, allant de la partie froide vers la partie la plus échauffée. Les progrès de ces derniers temps ont consisté à mieux préciser la loi de ces phénomènes naturels pour accroître l'efficacité des orifices d'aérage. Ainsi, on a cherché, autant que possible, à placer dans les ateliers les orifices en regard, sur deux faces opposées, au lieu de les faire régner exclusivement sur une seule paroi. On a perfectionné le système de ces orifices eux-mêmes en rendant certaines parties du vitrage indépendantes les unes des autres, ou en faisant glisser le vitrage verticalement dans une rainure, de manière à ce qu'on pût ouvrir, à volonté, par le haut ou par le bas. On peut dès lors mettre à chaque instant les ouvertures en harmonie avec le sens naturel du courant, sens qui varie aux différentes heures du jour, suivant que le soleil darde d'un côté ou de l'autre. Il est clair, par exemple, qu'il y a intérêt à ouvrir par en haut les croisées du mur où le soleil donne et par en bas celles du mur opposé, puisque l'air chaud tend à s'échapper par la partie supérieure et l'air froid tend à rentrer par la partie inférieure. A ce point de vue les fenêtres anglaises, dites *à guillotines,* sont préférables aux fenêtres qui se manœuvrent *à l'espagnolette.*

Nous n'insisterons pas sur ces détails qui sont aujourd'hui du domaine vulgaire, mais nous indiquerons quelques dispositions un peu moins connues. L'une d'elles, assez en vogue en Angleterre, est désignée sous le nom de *syphon automoteur Watson,* du nom de M. Watson, d'Halifax, son inventeur. Elle convient, d'une manière générale, à tous les établissements qui possèdent un escalier à cage fermée, pouvant être mis facilement en communication avec l'air extérieur à travers la toiture. On loge alors, au dessus d'un orifice convenable pratiqué dans le plafond de l'escalier, une sorte de tourelle divisée en deux compartiments d'inégale hauteur par une cloison verticale et recouverte d'une calotte qui laisse circuler l'air librement entre elle et les bords de la tourelle (Pl. V, fig. 7 et 8). Dans chacune des pièces à ventiler on pratique au dessus de la porte qui donne sur l'escalier un orifice partagé en deux moitiés au moyen d'un diaphragme mobile autour d'un axe horizontal. Les choses étant ainsi disposées, il est clair que la cage de l'escalier et les diverses pièces en relation avec elle constituent un vaste ensemble communiquant avec le dehors au moyen des deux compartiments de la tourelle, lesquels forment comme les deux extrémités inférieure et supérieure de tout le système. L'échauffement de l'atmosphère intérieure ne tarde pas à déterminer un courant qui s'établit du point le plus bas au point le plus élevé, c'est-à-dire que l'air extérieur descend par le compartiment de moindre hauteur et pénètre dans chaque pièce par l'orifice inférieur de ventilation, tandis que, de son côté, l'air vicié sort des pièces par l'orifice supérieur et chemine en sens inverse de l'air pur pour s'échapper finalement par le compartiment le plus haut de la tourelle. Un grand nombre d'établissements industriels, d'institutions publiques, plusieurs hôtels garnis, des clubs, etc., ont adopté en Angleterre ce système et se louent de son efficacité.

Un résultat analogue peut, en certains cas, être obtenu sans addition d'appareil, en mettant simplement à profit quelque particularité de la construction industrielle. Dans les fabriques à étages, par exemple, l'escalier qui dessert les divers ateliers est souvent contenu dans une cage étroite, qui n'a d'autre communication avec le dehors que les portes mêmes des ateliers et parfois une croisée à chaque étage. Un châssis mobile est ménagé dans les combles pour faciliter l'aérage et donner plus de jour. Si l'on a soin d'ouvrir ce châssis et de fermer les croisées, il est clair que cette cage peut jouer le rôle d'une colonne aspiratoire, principalement pour les ateliers du bas. Or, dans la classe si nombreuse des filatures, ce sont précisément les ateliers du bas qui ont le plus besoin d'être ventilés, parce qu'on y effectue ordinairement le battage et le cardage. On peut donc trouver fréquemment dans cette disposition un secours utile. Seulement il convient, en ce cas, de maintenir fermées les portes des étages supérieurs, sauf pour les besoins du service, afin de n'y point transporter les poussières et autres impuretés venant des étages inférieurs.

La même remarque s'applique au *monte charges* qui, dans beaucoup d'établissements sert à transporter les fardeaux d'un étage à l'autre. Il y a tout intérêt, au point de vue du bon ordre et de la sécurité des ouvriers, à enfermer le monte-charges dans une cage, munie seulement d'orifices au niveau des divers planchers pour permettre le chargement et le déchargement des fardeaux. On a dès lors sous la main une colonne aspiratoire : il suffit, pour la faire fonctionner, de pratiquer une ouverture dans les combles et de tenir fermés les orifices de manœuvre à l'exception de ceux qu'on destine à l'aérage.

Une disposition secondaire, dont on s'est mis également à tirer bon parti en Angleterre, consiste à utiliser les becs de gaz pour l'aération. Le principe appliqué, il y a déjà longtemps par M. de la Garde, chirurgien à Exeter Hospital, a été perfectionné dans ces derniers temps par M. Stevens, constructeur d'appareils à gaz, à Londres. Le bec d'éclairage débouche dans un tube en cuivre de 25 millimètres, évasé par le bas, et d'une longueur suffisante pour s'engager de 30 centimètres environ dans le plafond de la salle (Pl. V, fig. 9). Il est enveloppé, dans la traversée du plafond, par un manchon de 50 millimètres de diamètre, qui se prolonge au dessus et débouche sous une cloche, afin de prévenir toute chance d'incendie. Les gaz de la combustion, ainsi qu'une partie de l'air respiré dans la salle, sont ainsi transportés à l'étage supérieur. Lors donc que cet étage est inhabité, (ce qui a lieu pour beaucoup d'usines, où les ateliers occupent seulement un étage et sont surmontés de galetas ou de dépôts), on peut sans inconvénients recourir à un pareil mode de ventilation. Le département de la guerre, notamment, l'a adopté pour les salles où l'on confectionne l'habillement [1].

Dans les bâtiments en *rez-de-chaussée*, où par conséquent le plafond se confond avec la toiture, cette circonstance donne de nouvelles facilités pour l'aérage. On peut, sans grands frais, élever sur le toit de petites cheminées qui contribuent à expulser l'air. Ce moyen réussit d'autant mieux

---

1. Les appareils de M. Stevens présentent, en outre, ce perfectionnement, qu'on y peut, à volonté, régler la hauteur de la flamme.

que le plafond est plus mince et s'échauffe davantage sous l'influence des rayons solaires. On en a tiré un heureux parti dans les deux grandes salles de dépôt de la fabrique de bougies de M. Price, à Battersea (Londres). Ces salles ont chacune 45 mètres de long sur 16 de large et contiennent un approvisionnement immense de bougies de toute qualité. Il est par conséquent d'un haut intérêt d'y entretenir de la fraîcheur et un air pur. Après bien des essais infructueux, on s'est arrêté à une simple voûte cylindrique en tôle mince, percée le long de l'arête supérieure de quatre ou cinq ouvertures circulaires avec cheminées de 40 centimètres de haut recouvertes de disques mobiles. La tôle s'échauffant rapidement au moindre rayon de soleil, il se produit dans le haut de la salle de « véritables ouragans [1] » qui déterminent un appel d'air violent des portes vers les cheminées. Ce moyen ne convient évidemment pas à toute espèce de locaux : car il exige une hauteur de plafond qui mette les ouvriers à l'abri des alternatives de température ainsi que des courants qui règnent dans la zone supérieure.

Quand on fait usage des cheminées d'appel il est bon de prendre quelques précautions contre les agents atmosphériques ; autrement, on court risque de voir, par certains vents, le tirage suspendu ou même l'air et la poussière du dehors s'engouffrer dans les salles. Pour y parer, on surmonte souvent ces cheminées d'une lanterne dont les quatre faces sont munies de persiennes disposées comme celles des croisées d'appartements. Plus simplement encore, on coiffe la cheminée d'un chapeau mobile en tôle ou en bois, qui tourne au gré du vent, de manière à ce que l'orifice d'expulsion soit toujours préservé. Une multitude de fabriques en Angleterre sont surmontées de ces appareils, dont l'aspect uniforme et l'orientation en même sens rappellent assez bien de loin les capuchons des pèlerins.

1. C'est l'expression dont se servait avec nous le directeur, M. Wilson.

Mais la ventilation naturelle, quelle que soit la variété des agencements, est loin de toujours suffire. D'abord il est des opérations qui dégagent des vapeurs ou des poussières en telle abondance que nonobstant un grand nombre d'orifices et des circonstances atmosphériques très-favorables, les ouvriers se trouvent encore incommodés. En second lieu, beaucoup de travaux se prêtent mal à être exécutés dans des locaux ainsi ouverts à tous les vents. Quelques-uns même ne peuvent être menés à bien que dans des salles absolument à l'abri des poussières du dehors; on a proposé, il est vrai, en ce cas, de munir les croisées de treillages serrés, mais alors le renouvellement de l'air devient très-faible. Enfin, pendant l'hiver, on ne saurait songer, dans les pays du Nord surtout, à laisser l'air extérieur pénétrer librement dans les ateliers; il faut préalablement le chauffer et en assurer la circulation par des dispositions appropriées. Bref, en une foule de circonstances, on est forcé de recourir à la ventilation artificielle.

Les moyens destinés à la réaliser se partagent en trois classes : 1° appareils mécaniques, autrement dits *ventila-teurs*, tels que caisses à piston, pompes, soufflets, ventilateurs à aubes, à hélice etc.; 2° appareils de chauffage ou *calorifères*, tels que poêles et cheminées à double courant d'air, étuves à air chaud, etc.; 3° communications avec un foyer ou une cheminée puissante extérieure à l'atelier, et agissant à la manière d'une machine aspirante.

Nous ne nous proposons pas de décrire les divers systèmes de ces appareils, ce qui n'offrirait qu'un médiocre intérêt, mais seulement d'indiquer les règles essentielles qui président à leur emploi, ainsi que les dispositions adoptées dans les principaux établissements. Un mot d'abord de la valeur relative des trois classes de procédés.

Les appareils mécaniques sont les plus puissants; ils marchent en toute saison et on en peut faire varier l'effet à volonté. Par contre, ils nécessitent l'adjonction de moyens

2

spéciaux de chauffage pendant l'hiver. Les calorifères réalisent en même temps le chauffage, mais comme ventilateurs ils sont de nul secours pendant l'été et sont limités dans leur effet en toute saison. Quant à l'aspiration à l'aide d'un foyer extérieur, on peut l'assimiler à un moyen mécanique, avec cette infériorité toutefois que ce foyer étant ordinairement affecté à certaines opérations de la fabrique, par exemple à la génération de la vapeur, la ventilation est forcément limitée et se trouve en outre subordonnée à toutes les vicissitudes de ces mêmes opérations. Au total, les appareils mécaniques sont de rigueur quand la ventilation doit être active et incessante, c'est-à-dire quand il y a de forts dégagements à combattre, comme dans le battage ou le cardage des matières textiles. Les calorifères, au contraire, conviennent pour une ventilation modérée et pour des travaux qui permettent, l'été, de laisser les croisées ouvertes, comme dans les fabriques de cigares ou de cartonnages, dans les salles où l'on empaquette la marchandise, etc. L'aspiration par un foyer est un procédé économique, mais dont l'emploi dépend avant tout des circonstances particulières dans lesquelles on se trouve. On n'y doit songer que si l'on dispose d'un appareil puissant, nécessité par les besoins de l'industrie, et si le volume d'air que réclame la ventilation n'est pas assez fort pour entraver le tirage. En outre les salles à desservir doivent être peu éloignées du foyer et à un niveau notablement inférieur à celui du faîte de la cheminée. Quand ces diverses conditions se trouvent réunies, ce procédé devient fort avantageux. C'est ainsi que M. Taunzen, à Glasgow, a pu assainir, en quelque sorte sans bourse délier, plusieurs ateliers de sa fabrique d'engrais artificiels, grâce à son immense cheminée de 142 mètres de haut [1]. MM. Villeminot, Huart, V. Rogelet et Cie,

---

1. Cette cheminée, dont les dimensions ont été commandées par des circonstances étrangères à la salubrité des ateliers, produit une telle aspiration que nous avons vu entraîner une botte de foin placée dans un carneau.

à Reims, ont agi de même pour leur salle de filage où
les poussières sont d'ailleurs peu abondantes. Cette salle,
qui ne compte pas moins, de 4.000 mètres carrés de surface
est ventilée uniquement par la cheminée des chaudières.

Signalons en passant quelques autres expédients économiques que certaines industries peuvent employer. Dans les
filatures de coton, par exemple, la grande aspiration qui
s'exerce dans la salle des batteurs peut être utilisée pour
aérer les ateliers où l'atmosphère n'est pas très-chargée : il
suffit pour cela de laisser ouverte la porte de communication
entre les deux salles. C'est de cette manière qu'on ventile
l'atelier du filage dans plusieurs manufactures de l'Alsace,
entre autres chez MM. Schlumberger fils et Cie, chez
MM. Werhlin, Hofer et Cie, etc. De même, chez M. Wulvéryck, à Saint-Quentin, l'atelier de lavage et de peignage de
la laine est aéré au moyen de l'aspiration du séchoir[1].

Dans l'agencement de la ventilation, trois choses sont à
considérer : 1° la prise d'air, 2° l'expulsion dans l'atmosphère,
3° le mode de distribution dans l'atelier.

La prise d'air joue un rôle très-important. Il va de soi que
l'air admis dans les salles doit être pur et que la prise doit
par conséquent être à l'abri des causes qui tendent à le vi-
cier. Cette condition est connue et elle peut, en général, être
réalisée ; nous ne nous y arrêterons donc pas. Mais il est un
point qui, dans la pratique, donne lieu à de très-grandes
difficultés : celui de la température ; car s'il est toujours possible d'introduire de l'air chaud en hiver, il l'est beaucoup
moins d'introduire de l'air frais en été, surtout quand la
consommation est considérable. En vain place-t-on la prise
dans les conditions en apparence les meilleures, comme

---

1. Il n'y a pas à craindre qu'une semblable disposition ne fasse naître
des courants d'air nuisibles aux ouvriers. Nous avons constaté chez
M. Wulvéryck que tandis que la vitesse de l'air est très-grande sur le pas
de la porte de communication, elle est insensible à un mètre de distance
et est sans danger aucun, par conséquent, aux places de travail.

dans une cour à l'ombre, sous des arbres, etc.; l'air frais ne tarde pas à être épuisé et celui qui le remplace arrive avec la température de l'atmosphère ambiante. Ainsi M. Fauquet, à Oissel, alimente sa filature à l'aide d'une galerie souterraine, de 30 mètres de long et 2 mètres de large, qui débouche sur la Seine et à l'ombre des arbres de la rive; néanmoins au bout d'un jour ou deux, l'air aspiré est sans fraîcheur, et la galerie elle-même s'est échauffée. De même, à la manufacture impériale des tabacs de Nantes, on a mis à profit une vaste cave de 200 mètres de long et 4 mètres de large pour y établir l'aspiration; mais après quelques jours la cave entière, sous l'influence du passage de l'air chaud, a pris la température de l'atmosphère extérieure. On peut donc poser en principe que, sauf des circonstances tout à fait exceptionnelles, l'emplacement de la prise a peu d'effet sur la température de l'air introduit. Pour y suppléer il faut recourir à un rafraîchissement artificiel, exercé soit sur l'air lui-même, soit sur les parois des ateliers.

Le mode le plus simple et en même temps le plus économique paraît être de faire passer l'air à travers une pluie d'eau froide. On produit celle-ci avec une pomme d'arrosoir agissant à l'entrée de la galerie d'aspiration, ou préférablement, à l'aide d'un tuyau transversal, percé de petits trous, d'où s'échappe une sorte de rideau de pluie perpendiculaire à la galerie. On peut encore, si l'on veut rendre le procédé plus efficace, disposer plusieurs pluies semblables le long du chemin parcouru par la colonne d'air. M. Fauquet, qui a eu recours à ce moyen, s'en loue beaucoup; il y trouve en outre l'avantage de maintenir dans les salles un certain degré d'humidité favorable au travail du coton. Plusieurs établissements, entre autres la manufacture de tabacs de Marseille, ont adopté la même disposition [1]. Un expédient moins fa-

---

1. Nous nous restreignons ici aux seuls établissements industriels. Autrement nous aurions mentionné en première ligne le parlement anglais, où ce mode a été réalisé, comme on sait, dans les conditions les plus parfaites!

vorable au point de vue de la température, mais qui réalise
assez bien la condition d'hygrométrie et est éminemment
économique, a été employé par MM. Werhlin, Hofer et Cie
dans leur salle de tissage de Mulhouse : ils ont pratiqué sous
le plancher, des carnaux pourvus de bouches, dans lesquels
circule l'eau de condensation des machines, ce qui permet
d'introduire à volonté la vapeur dans l'atelier.

Le rafraîchissement opéré à l'extérieur, sur les parois
de l'atelier, n'offre pas le même avantage quant à l'hygrométrie et, de plus, il est assez dispendieux. Par ce système,
on arrose, d'une manière soit permanente soit intermittente,
les murs ou la toiture. On a même essayé de faire couler sur
le toit une lame continue d'eau, qu'on reprenait à mesure
et qu'on faisait couler de nouveau afin de diminuer les frais
de pompage ; mais l'agencement est assez compliqué et le
rafraîchissement, bien que notable, n'a pas été jugé en rapport avec la dépense. L'arrosage simple est préférable. Toutefois ce dernier moyen n'est lui-même avantageux que s'il
ne nécessite pas quelque construction spéciale; en d'autres
termes, il faut avoir l'eau sous la main et pouvoir l'élever
avec le moteur de la fabrique. C'est ce qui a été réalisé d'une
manière très-heureuse dans la filature de Brunswick Mill,
une des plus importantes de Manchester, puisqu'elle occupe
96.000 broches. Le directeur a disposé dans la cour principale deux jets d'eau, alimentés par les cuves de condensation des machines et en relation avec les pompes des
chaudières. Pour mettre ces jets d'eau en activité, il
suffit de tourner un robinet, et aussitôt, sous la pression déterminée par les pompes, l'eau est lancée contre les murs et
jusque sur le toit des ateliers au cinquième étage. Bien que
cette eau soit à une température un peu élevée, il n'en résulte pas moins un rafraîchissement sensible, à cause de la

mais un manufacturier aurait le droit de penser que ce qui est de mise au
palais de Westminster ne serait pas assez économique pour une simple
fabrique.

vaporisation rapide qui se produit sur les surfaces fortement échauffées par les rayons solaires. Le directeur nous a
déclaré qu'il avait pu ainsi améliorer notablement le séjour
des salles sans faire aucune dépense appréciable.

Comme tendant au même but, il n'est pas hors de propos
de signaler un détail de construction qui, dans les fabriques
en rez-de-chaussée, exerce une influence sensible sur la
température. Nous voulons parler de la disposition à donner
au toit et par suite au plafond, qui fait corps avec lui, en vue
d'atténuer l'effet des variations de température qui se produisent au dehors. C'est par la toiture en effet que les agents
météorologiques se font surtout sentir à l'intérieur : elle est
non-seulement plus exposée à leur action que les murs,
mais elle est généralement plus mince et beaucoup plus con-
ductrice de la chaleur que ces derniers. Il faut remédier à
ce défaut et cela, par des moyens économiques : car avec
l'énorme développement superficiel des ateliers en rez-de-
chaussée, les couvertures économiques sont seules de mise.
Les matériaux doivent donc être à la fois peu coûteux et
mauvais conducteurs.

En général les manufacturiers ont soin de peindre la
toiture en blanc extérieurement. La précaution est bonne
toujours, mais elle est fort insuffisante : car si l'on amortit
ainsi l'action directe des rayons solaires, on modifie faiblement les échanges de calorique qui s'effectuent par conductibilité. Plusieurs alors recouvrent le toit avec des nattes de
paille arrosées de lait de chaux : c'est un progrès pour l'isolement, mais les nattes ont le défaut de pourrir ; en outre
elles laissent passer l'eau qui coule ainsi directement sur le
toit et y séjourne. Parmi les dispositions plus perfectionnées
on peut citer les deux suivantes, qui satisfont très-bien à la
condition du bon marché.

Chez MM. Werhlin, Hofer et Cⁱᵉ, la toiture de la salle de
tissage est d'abord peinte en blanc, comme nous l'indiquions.
De plus, elle est à doubles parois, formées simplement de

lattes minces : entre les parois est enfermé une sorte de
magma poreux qu'on a fabriqué économiquement avec de la
sciure de bois réunie par une bouillie de lait de chaux.
Enfin elle est séparée du plafond proprement dit par un vide
de quelques centimètres. Toutes les dispositions, on le voit,
tendent à supprimer la conductibilité. La solution paraît
complète à ce point de vue, mais on peut lui reprocher de
faire intervenir des matériaux trop combustibles. Aussi pré-
férerions-nous, pour notre part, le mode employé par M. Octave Fauquet. Quand il s'est agi, dans cette manufacture, de
couvrir la grande salle de filage, on a commencé par établir,
sous chaque partie de voûte à construire, un cintrage provi-
soire en planches. Perpendiculairement à ce cintrage, on
juxtaposait des bouteilles, dressées alternativement sur le
gros et sur le petit bout, les vides étant comblés de plâtre. On
laissait sécher et l'on retirait ensuite les bouteilles, de façon
qu'il ne restait plus qu'un système très léger et en quelque
sorte spongieux, formé entièrement de plâtre. On étendait
dessus et dessous, une couche mince sans solution de continuité, et l'on obtenait finalement un plafond à double paroi,
comprenant un matelas d'air emprisonné dans une multitude
de cellules, et par conséquent très-mauvais conducteur du
froid ou de la chaleur régnant sur la toiture. Il n'y a pas de
croisées dans les murs latéraux ; on les a exclusivement ménagées dans le plafond et elles sont toutes à double vitrage
pour mieux intercepter la chaleur.

L'expulsion de l'air des salles, second point mentionné
dans l'agencement de la ventilation, mérite grande considération, car elle doit avoir lieu de manière à n'incommoder
ni les ouvriers ni les voisins. Quand il ne s'agit que de
se débarrasser d'un air respiré et plus ou moins vicié par
des gaz ou des vapeurs, il suffit en général de l'évacuer au
dessus du toit des ateliers. L'agitation de l'atmosphère extérieure en détermine promptement la diffusion et aucun
inconvénient n'est à redouter. Mais quand cet air est forte-

ment chargé de poussières, ainsi que cela a lieu dans plusieurs industries, celles des matières textiles, de la papeterie, de la tannerie etc., on est exposé à ce que les impuretés retombent et rentrent dans les ateliers par les croisées ouvertes. C'est ce qui arrive, par exemple, dans la magnifique filature de la Lys, à Gand. L'atelier de cardage du lin a été parfaitement assaini grâce à une ventilation puissante, mais les poussières expulsées dans cinq puits ouverts au milieu de la cour ne s'y trouvent pas suffisamment arrêtées et, quand le vent souffle, elles sont emportées dans les salles voisines. Il est donc nécessaire, en pareil cas, de prendre certaines précautions. Le problème se résout de lui-même dans les fabriques où les poussières ont de la valeur; car alors on s'occupe tout naturellement de les recueillir, même au prix d'installations perfectionnées (nous aurons occasion d'en indiquer quelques-unes en traitant des moyens d'assainissment spéciaux). Mais nous parlons ici des poussières inutilisables, pour lesquelles par conséquent on veut éviter les frais.

Nous avons vu réussir trois dispositions différentes, qu'on peut appliquer suivant les circonstances.

La première, qui est peut-être la plus pratique et la plus sûre, consiste à décharger le courant impur dans un local assez vaste pour que la vitesse y soit très-faible : les débris se déposent alors, à l'instar de ce qui se passe pour l'eau trouble dans les grands bassins de décantation. Ce procédé fonctionne parfaitement dans la filature de M. Saladin, à Nancy. La chambre à poussières y est constituée par une cave de cinquante mètres de long et de treize mètres carrés de section ; la vitesse est ainsi très-ralentie et l'air se débarrasse entièrement avant d'atteindre l'orifice de sortie. Quand on ne dispose pas d'un local aussi vaste, on peut y suppléer jusqu'à un certain point en interposant sur le parcours de l'air un ou plusieurs treillages serrés destinés à intercepter les filaments; c'est ce qui a lieu chez MM. Werhlin, Hofer et Cie. La chambre à poussières de cet établissement débouche dans une petite galerie souterraine, à travers un treillage en bois formé de barreaux juxtaposés à sept ou huit millimètres de distance. Mais cette disposition, pour être tout à fait efficace, conduit à multiplier les treillages ou à les avoir très-serrés, ce qui peut faire naître une contre-pression nuisible au jeu du ventilateur.

Le second procédé se résume à mettre la chambre à poussières en relation avec une cheminée d'appel et préférablement avec la cheminée même des appareils à vapeur, laquelle est ordinairement plus haute et offre plus de tirage. On en voit un bon exemple dans la manufacture de M. Cooke, à Manchester. L'air après avoir circulé dans un long conduit souterrain, où les impuretés les plus lourdes s'arrêtent, traverse une chambre noire, où il achève presque entièrement de se débarrasser, et de là va à une cheminée de cinquante mètres d'élévation. On objecte à ce moyen le danger d'incendie : on dit que les filaments lancés dans la cheminée pourraient s'y enflammer et porter ainsi le feu aux ateliers. Quoi qu'il en soit de ces appréhensions, qui nous semblent exagérées, il serait bien facile de les prévenir en interposant un ou plusieurs treillages avant l'entrée dans la cheminée. Cette disposition serait bien préférable aux simples cheminées d'appel, qui n'étant jamais très-élevées et étant dépourvues d'un tirage artificiel, ne portent pas les poussières assez haut et leur permettent de se rabattre dans les salles quand le vent les y pousse.

Le troisième procédé efficace consiste à faire tomber dans la colonne d'air une pluie serrée, avant l'orifice de sortie: la plus grande partie des débris est ainsi entraînée vers le sol. Tel est le moyen adopté par M. Paul Breton, dans sa papeterie du Pont de Claix (Isère), pour les poussières provenant du nettoyage des chiffons. L'air aspiré du blutoir circule dans une galerie de cinq à six mètres de long et rencontre une pluie en rideau fournie par un tuyau transversal. Disons toutefois que cet agencement conviendrait moins bien dans une filature, où les poussières ne sont pas exclusivement terreuses, mais sont mélangées de filaments textiles qui résisteraient davantage à l'action du liquide. D'ailleurs la fourniture de l'eau, quand la ventilation s'exerce sur une grande échelle, ne laisserait pas d'être assez onéreuse.

A défaut de l'un ou de l'autre de ces trois procédés, on peut recommander certaines précautions qui atténuent toujours le mal. La plus efficace c'est, quand l'emplacement le permet, d'expulser les impuretés derrière un rideau d'arbres, qui les isole conséquemment de la fabrique, ou au dessus d'un cours d'eau et le plus près possible de la surface, de manière à ce que les particules qui tombent ne puissent plus être reprises par le vent. Du reste le manufacturier a toujours intérêt à se précautionner contre les poussières qu'il expulse : car celles-ci, en rentrant dans les ateliers, y détériorent le matériel, et de plus, quand elles sont combustibles, comme dans les filatures, elles peuvent devenir un agent d'incendie.

Reste enfin la question de la distribution de l'air dans les salles, ou, si l'on préfère, de son mode de circulation.

Quelques règles générales sont à observer.

La première, c'est que l'entrée de l'air soit placée le plus loin possible du point où s'engendrent les impuretés, et la sortie le plus près possible. La raison en est simple : c'est afin de ne pas porter ces impuretés sur les autres travailleurs. Ainsi, dans les filatures où l'on réunit le filage aux opérations préliminaires, l'air doit circuler des métiers aux batteurs ou aux cardes et non des cardes aux métiers. En second lieu, il convient d'introduire l'air froid au niveau du plancher et non pas en haut, afin de soustraire les ouvriers aux fâcheux effets qui résulteraient de la descente d'un air froid sur la tête. Cette disposition se concilie avec l'économie, en ce qu'elle permet de loger les conduites dans le plancher et d'éviter des frais de pose. En troisième lieu, les appareils de chauffage doivent fonctionner le plus près possible des bouches d'introduction, si même ils ne les absorbent. C'est une faute que l'on commet dans certains ateliers, d'admettre l'air au niveau du plancher et de placer en même temps des tuyaux d'eau chaude ou de vapeur à un ou deux mètres au dessus et exclusivement le long des murs; car de la sorte, les ouvriers ont trop chaud à la partie supérieure du corps et trop froid à la partie inférieure : en outre, ceux qui travaillent au milieu de la salle profitent très-peu de la chaleur.

Le principe de l'introduction de l'air froid par en bas souffre cependant une exception : c'est quand les émanations ou poussières sont lourdes et en même temps assez dangereuses pour qu'il importe d'y soustraire immédiatement les ouvriers. Il est alors avantageux de faire circuler l'air de haut en bas pour rabattre plus sûrement les impuretés. Mais on doit se prémunir, en pareil cas, contre le danger que nous signalions tout à l'heure, touchant la descente d'une atmosphère froide sur la tête des travailleurs; il devient utile de chauffer l'air introduit, à moins que la nature des opérations ne fixe pas l'ouvrier à la même place mais l'oblige, au contraire, à un déplacement continuel.

Enfin, nous remarquerons que dans les salles spacieuses, il convient de multiplier les orifices d'entrée et de sortie ; sans cela une portion du local échappe nécessairement à la ventilation, laquelle tend toujours à s'effectuer en ligne directe et par conséquent laisse sans renouvellement toutes les parties dépourvues de bouches.

On a beaucoup discuté le point de savoir si la ventilation devait avoir lieu par voie d'aspiration ou de refoulement c'est-à-dire si la force devait agir pour introduire l'air pur ou pour expulser l'air vicié. Cette question ne nous paraît pas comporter une solution absolue, car la solution dépend d'une foule de circonstances et en particulier de la nature de l'industrie. Par exemple, il est bien évident que si l'on veut utiliser le tirage d'une cheminée, le mode aspiratoire en résulte naturellement; au contraire, si pour quelque motif étranger à la ventilation on a adopté les calorifères, le mode par refoulement en est la conséquence. Même en laissant de côté ces considérations accessoires, on ne saurait formuler une conclusion uniforme. En effet, quand on se propose d'agir sur une source intense d'impuretés, et dans un local restreint, l'aspiration est bien préférable. Au contraire, si les impuretés sont peu abondantes et le local assez spacieux, le refoulement est plus avantageux. Tout ce qu'on peut dire, d'une manière générale, c'est que l'aspiration, au voisinage immédiat du point où elle s'exerce, est plus puissante que le refoulement, mais son action s'étend à une moindre distance. La raison en est que l'aspiration détermine toujours, par les fentes des portes et des croisées voisines, un appel d'air énergique, tandis que le refoulement ne produit pas par ces mêmes fissures un échappement comparable. Le mieux, dans les salles très-vastes, est de combiner les deux actions et de refouler d'un côté tandis qu'on aspire de l'autre. On détermine ainsi une circulation plus régulière et plus étendue. Les bouches par lesquelles se fait soit l'admission soit l'expulsion, doivent d'ailleurs être toujours munies de registres mobiles, afin qu'on puisse les démasquer plus ou moins, à volonté. Il est en effet indispensable de pouvoir tenir compte des circonstances qui tendent incessamment à faire varier le tirage dans une salle, soit parce qu'on ouvre des orifices, soit parce que le soleil ou le vent font varier la température sur certains points, soit enfin parce que les opérations sont inégalement conduites aux diverses heures du jour. Toutes ces circonstances tendraient à rendre la circulation trop active dans certaines directions et trop lente dans d'autres, si en fermant ou ouvrant à propos quelques bouches d'aérage on n'avait pas le moyen de neutraliser de semblables influences.

Pour montrer la diversité de solutions à laquelle on est conduit en industrie, nous citerons trois exemples, empruntés à de très-grands établissements. Ces exemples sont relatifs : l'un à une atmosphère à peu près exempte de poussières, l'autre à une atmosphère moyennement chargée, et le troisième, à une atmosphère extrêmement chargée.

Le premier exemple est celui d'un atelier à confectionner les cigares, dans les manufactures impériales des tabacs.

Dans ces sortes d'ateliers, il se produit effectivement très-peu de poussières, mais on a à se prémunir contre les émanations de tabac humecté et surtout contre celles qu'engendre la grande agglomération des personnes. Le système de ventilation est mixte et basé à la fois sur le principe du chauffage et sur celui de la propulsion mécanique. L'air pur est puisé au dehors par des ventilateurs ; il circule entre les solives du plancher et est émis dans l'atelier par des bouches de poêles chauffés pendant l'hiver. Les orifices de sortie sont situés sur le plancher même ; les conduites de dégagement, semblables à celles d'admission et ménagées comme elles entre les solives, se rendent à des cheminées d'appel au dessus des toits. La distribution est calculée sur le pied de 8 mètres cubes par personne et par heure. A ce chiffre on constate la disparition de toute odeur et de toute humidité. Telle est la disposition générale adoptée par MM. Rolland et Demondésir [1] dans plusieurs établissements, à Bercy, Nantes, Châteauroux, Metz, etc. A Nantes, qui offre un bon type, le ventilateur a 1^m,30 de diamètre et fait 350 tours à la minute ; il dessert cinq salles de 40 mètres sur 13, pouvant contenir chacune 250 ouvrières environ. Chaque salle est pourvue de quatre poêles de chauffage, desservis chacun au moyen de deux conduits entre solives de 0^m,35 sur 0^m,18 de section, soit en tout un demi mètre carré de surface d'admission, et autant pour la sortie qui s'effectue par des conduites semblables. Les cheminées d'appel, au nombre de deux, débouchent à 8^m,50 au dessus du niveau

1. M. Rolland est aujourd'hui directeur général des manufactures de l'État ; M. Demondésir est ingénieur en chef de la même administration.

du plancher de l'étage supérieur. La prise d'air a lieu, comme nous avons dit, dans une grande cave qui permet, le cas échéant, de marcher à l'air frais pendant quelques jours.

Le second exemple est celui de la filature en rez-de-chaussée de M. Octave Fauquet, à Oissel, que nous avons déjà eu occasion de citer. La salle principale abritant à la fois le cardage et le filage mesure 9.000 mètres carrés de surface ; c'est, pensons-nous, la plus grande de France. La présence des cardes l'expose à un degré moyen de poussières dont il importe de préserver le département du filage. Une aération énergique est obtenue au moyen de deux ventilateurs rotatifs, de 1^m,50 de diamètre, et de 300 tours à la minute. Ils sont placés chacun dans une galerie souterraine et agissent aux deux extrémités de la salle, l'un pour introduire l'air, l'autre pour le rejeter. La circulation s'effectue à l'aide de conduites logées sous le plancher et munies de trente orifices grillés, dont moitié pour l'entrée et moitié pour la sortie. Le jeu des appareils peut être renversé à volonté et par conséquent la circulation peut avoir lieu dans un sens ou dans l'autre ; mais selon une remarque antérieure, c'est le ventilateur placé près des cardes qui agit ordinairement pour expulser, afin de ne pas renvoyer les impuretés sur le filage.

Le troisième exemple, qui est celui d'un atelier très-chargé de poussières, est fourni par la salle de cardage de la grande filature de lin de la Lys, à Gand. Cet établissement est peut-être celui où l'on s'est le plus préoccupé d'assainir cette opération, pratiquée d'ordinaire dans de si mauvaises conditions. Toutes les machines à carder sont réunies dans une même salle, de grandes dimensions, percée de croisées sur les deux longs côtés. Pendant l'été, les cardes fonctionnent à l'air libre, les croisées étant large ouvertes. Mais pendant l'hiver, elles sont recouvertes d'une enveloppe bien close communiquant à un large carneau souterrain qui longe l'atelier et dans lequel agit un ventilateur puissant. Les débris sont expulsés dans des puits creusés au milieu de la cour. Indépendamment de cette disposition, il existe près de chaque machine un tuyau vertical de 15 centimètres de diamètre et d'un mètre de haut, lequel communique au même carnau et dont le rôle est d'aspirer les poussières qui voltigent auprès des cardes. D'autre part, un ventilateur moins puissant, situé entre le plafond et les combles, aspire l'air dans la région supérieure de la salle et le lance au dessus du toit ; et tout récemment encore on a dû installer deux petits ventilateurs supplémentaires, aux extrémités de l'atelier, où l'aspiration se montrait insuffisante.

Ainsi aux trois exemples que nous venons de citer correspondent trois solutions différentes. Pour une atmosphère très-peu chargée, on s'est borné à refouler l'air, l'aspiration étant à vrai dire nulle, puisqu'elle ne résulte que d'une cheminée d'appel peu élevée. Pour une atmosphère plus chargée, on a employé à la fois le refoulement et l'aspiration mécanique, mais il a suffi de deux centres d'action éloignés. Enfin, pour une atmosphère extrêmement chargée, on a employé exclusivement l'aspiration, mais en multipliant beaucoup les points d'action afin de compenser la prompte diminution d'effet qui s'observe à mesure qu'on s'éloigne de chacun d'eux. Ces solutions n'ont, bien entendu, rien d'absolu, et il ne serait pas difficile de citer des industries qui, placées, par exemple, dans le deuxième cas, ou même dans le premier, empruntent le mode de ventilation du troisième [1]. Toutefois on trouve là une indication générale, conforme à la pratique la plus habituellement suivie.

---

1. Ainsi, dans la manufacture de laine de MM. Hauzem, Gérard et Cie, à Verviers (Belgique), la salle de filage, où les poussières sont moins fortes que chez M. Fauquet, est exclusivement aérée par aspiration. Deux ventilateurs énergiques expulsent l'air aux deux extrémités, tandis que plusieurs bouches distribuées sur le plancher permettent l'introduction de l'air frais. Aussi n'aperçoit-on ni filaments ni poussières voltiger autour des machines.

MOYENS DESTINÉS A PRÉVENIR LES DÉGAGEMENTS A L'INTÉRIEUR DES ATELIERS.

Il est des opérations qui donnent lieu à des dégagements si abondants ou d'une nature si dangereuse que la ventilation des salles serait absolument insuffisante pour mettre les ouvriers à l'abri de leurs fâcheux effets. D'ailleurs, dans un grand nombre d'industries, celle des produits chimiques entre autres, le travail s'accomplit ordinairement dans des locaux ouverts et parfois même à l'air libre ; les instruments d'aérages n'y sont donc pas applicables. L'assainissement, en pareil cas, doit avoir pour objet d'empêcher les dégagements de venir au contact des ouvriers, soit en retenant ces dégagements dans les appareils mêmes où ils se produisent, soit en leur offrant une issue directe hors des ateliers. De là, deux catégories d'agencements à adapter aux appareils de fabrication : les uns, consistant à obtenir une fermeture plus ou moins hermétique de ces appareils ou de leurs enveloppes, les autres à déterminer un entraînement plus ou moins énergique des substances dégagées pendant le traitement.

Notre intention n'est pas pour le moment de décrire les diverses dispositions pratiques qu'on a occasion de rencontrer et que nous renverrons au chapitre des moyens *spéciaux* d'assainissement : nous voulons seulement donner des règles générales, appuyées de quelques exemples destinés à en faire saisir l'esprit et la portée.

La première catégorie d'agencements, ceux qui visent à renfermer les dégagements dans un espace circonscrit, sans issue au dehors, ne saurait convenir qu'aux poussières et aux émanations qui ne sont pas susceptibles de prendre une tension croissante par le fait de leur accumulation :

car autrement, sous l'influence de cette tension, elles s'échapperaient à travers les interstices des appareils et pénétreraient dans l'atelier [1]. Mais même cette condition fondamentale étant remplie, les dégagements ont toujours une grande propension à se répandre au dehors. En effet, bien que la tension à l'intérieur ne dépasse pas la pression ordinaire, les corps pulvérulents et gazéiformes trouvent leur chemin à travers les joints des enveloppes et à plus forte raison s'échappent par les orifices qu'on a occasion d'ouvrir. Cette dernière cause d'échappement étant même la principale, tous les soins doivent être pris en vue de la restreindre, c'est-à-dire qu'on doit chercher dans chaque cas des arrangements qui permettent d'introduire ou de retirer les matières et de surveiller le travail sans qu'il soit nécessaire de démasquer des orifices qui livreraient passage aux exhalaisons.

Relativement à l'introduction des matières, au lieu de charger directement dans l'appareil même de fabrication, on se sert de l'intermédiaire d'une trémie, placée au dessus de cet appareil et qui lui distribue la charge d'une manière continue ou intermittente. Si les matières en chargement sont assez ténues, elles peuvent, accumulées sur une certaine épaisseur, intercepter les dégagements qui tendraient à se faire par l'orifice de communication. Donc en ce cas, que cet orifice soit toujours ouvert ou qu'il ne le soit que par moments, il suffit pour éviter tout dégagement de ce chef de maintenir la trémie constamment pleine. Si, au contraire, la charge n'est pas de nature à arrêter les exhalaisons, on peut, en allongeant la gaine qui établit la communication de l'appareil avec la trémie, transporter celle-ci hors du local où se

1. Il ne s'agit pas ici, bien entendu, des *vases clos* fonctionnant à haute pression. Ces sortes d'opérations, d'ailleurs en petit nombre, n'ont évidemment pas besoin d'être assainies, au point de vue qui nous occupe, puisque les vases ne permettent aucune issue. Nous ne voulons parler que d'appareils dans le genre de ceux qu'on obtient, par exemple, en renfermant une meule à broyer dans un bâti plus ou moins jointif.

tiennent habituellement les ouvriers et par conséquent les mettre à l'abri des dégagements. Nous citerons un exemple de la première combinaison, emprunté à la fabrique de produits chimiques de M. Charles Kestner, à Thann, et un exemple de la seconde, emprunté à la fabrique de ciment de M. Coignet à Saint-Denis (Seine).

La disposition adoptée par M. Kestner a pour but de soustraire les ouvriers aux émanations qui se produisent pendant le brassage et l'embarillage du chlorure de chaux. Ordinairement cette opération se fait à découvert et elle est assez malsaine, surtout à cause de la circonstance que le chlorure vient tout droit des chambres, en sorte qu'il est encore imprégné de chlore gazeux qui s'échappe pendant la manipulation. Chez M. Kestner le mélangeur mécanique est renfermé dans une enveloppe close pourvue de deux orifices : l'un, à la base d'une trémie, pour l'introduction, l'autre à la partie inférieure de l'appareil, pour la vidange. Le chlorure est chargé, dans les chambres mêmes, dans des baquets d'un type uniforme et à fond mobile, qui peuvent s'adapter exactement à l'ouverture de la trémie. Aussitôt le baquet en place, on enlève le fond et le chargement descend dans la trémie. Comme le baquet est remplacé dès que le fond devient libre, la trémie reste toujours pleine, en sorte que l'orifice du mélangeur est constamment recouvert d'une couche de matière pulvérulente qui s'oppose au passage des émanations.

Chez M. Coignet, la disposition tend à préserver les travailleurs des poussières dues au tamisage de la chaux. Comme la chaux concassée versée dans la trémie ne suffirait pas à intercepter le dégagement, celle-ci est reléguée dans une petite chambre close où l'ouvrier ne pénètre pas et où la matière arrive au moyen d'une roue à godets.

L'enlèvement hors des appareils des substances élaborées doit, quand rien ne s'y oppose, être entouré de précautions analogues. Dans un grand nombre de cas, notamment dans le broyage et le blutage, le produit se trouve tout naturellement et par le fait même de la fabrication, déversé en un point déterminé. Dans d'autres cas, il est facile de l'y amener par quelque addition aux mécanismes, par exemple en installant des pièces dites *ramasseuses*, qui tournent avec les outils de fabrication et font converger vers le centre la substance éparpillée sur la table. On peut ainsi précipiter le produit dans un compartiment spécial ou dans quelque ajutage au fond duquel est situé l'orifice de sortie. Rien de plus simple en ce cas que d'éviter les dégagements à l'extérieur, soit qu'on veuille recueillir le produit d'une manière continue, au fur et à mesure de la fabrication, soit qu'on veuille le retirer d'une manière intermittente. Il suffit d'adapter le col de l'appareil récepteur au tuyau de décharge, de façon que la jonction entre eux soit complète. Si cet appareil s'y prête mal, s'il est, par exemple, à parois rigides, comme les barils ou tonnelets, on adapte à demeure, autour de l'orifice de sortie, un manchon flottant qui peut, dès lors, s'ajuster exactement aux vases qu'on veut remplir. Telle est la précaution prise dans plusieurs établissements, entre autres chez M. Crebessac, à Bordeaux, où l'on fabrique en grand une poudre dite *antioïdique*, à l'aide de pyrites et de diverses autres substances qu'on réduit à un état d'excessive ténuité. Toutes les parties de l'appareil, lequel a un grand développement, sont ajustées avec beaucoup de soin et ne laissent point échapper de poussières. La poudre fabriquée est reçue dans des sacs en toile serrée dont la tête se noue exactement autour du tuyau de vidange. L'orifice est maintenu fermé par une valve pendant qu'on change les sacs et l'opération s'accomplit sans le moindre inconvénient pour les ouvriers.

Quand on a affaire à des liquides, des précautions un peu différentes dans la forme, mais reposant sur les mêmes principes, peuvent être adoptées. On s'arrange alors pour que ces liquides, tant à l'entrée qu'à la sortie, coulent par *trop plein*, c'est-à-dire que les tuyaux abducteur et d'amenée sont pourvus d'un siphon renversé, constituant ce qu'on nomme communément une *fermeture hydraulique à siphon*. On en peut voir un exemple dans l'appareil à condenser l'acide chlorhydrique au moyen des lessives de marcs de soude, récemment installé par M. Buquet à la fabrique de produits chimiques de Dieuze. Cette réaction (sur laquelle nous reviendrons plus tard), engendre un dégagement d'hydrogène sulfureux dont il est essentiel de préserver les ouvriers. Dans ce but, la caisse est mastiquée et goudronnée : tous les joints sont parfaitement lutés, et les liquides sont introduits et retirés d'une manière continue, sans qu'il en résulte aucune communication entre l'atmosphère du dedans et celle du dehors.

En résumé, toutes les fois que les circonstances le permettent, les appareils d'où les dégagements s'effectuent doivent être disposés de telle façon que les ouvriers soient dispensés de les ouvrir pour introduire ou retirer la charge. Quand il est nécessaire de surveiller l'opération, on ménage un regard vitré par lequel l'ouvrier peut, à tout instant et sans démasquer aucun orifice, suivre la marche du travail.

Mais il est des cas, où pour une raison ou pour une autre, les appareils ne peuvent être maintenus clos et où il faut au contraire les ouvrir de temps en temps. On a alors à se prémunir doublement contre les dégagements : 1° contre ceux qui se font sentir au moment même de l'ouverture ; 2° contre ceux qui se produisent d'une manière continue par les joints des parties mobiles de l'appareil. Rien, en effet, n'est moins aisé, dans la pratique, que d'avoir des fermetures parfaitement hermétiques ; ce n'est guère qu'en les mastiquant ou les lutant, précaution peu compatible avec une manœuvre fréquente, qu'on parvient à intercepter les dégagements. Quelque soin qu'on prenne pour ajuster les panneaux qui recouvrent les orifices, il se produit toujours, par suite des chocs, des variations de température, de l'introduction des corps étrangers, etc., un jeu plus ou moins considérable grâce auquel les poussières ou les émanations peuvent se faire

jour. Quand les dégagements sont d'une nature très-insalubre, il faut donner une attention extrême à la construction
de l'appareil. On peut citer sous ce rapport, comme un modèle de précision, la cloche qui, chez M. Merck, à Darmstadt,
abrite la meule sous laquelle on pulvérise en grand les substances dangereuses, entre autres la belladone. Cette cloche,
en tôle épaisse, est suspendue au plafond par de grosses
chaînes en fer qui permettent de l'élever ou de l'abaisser à
volonté. Le bord légèrement aminci peut s'engager exactement dans une étroite rainure circulaire, ménagée dans la
table de pulvérisation. Une fois le chargement des substances
opéré, on nettoie la rainure, afin qu'aucun débri ne gêne la
manœuvre, et l'on adapte la cloche dessus, de façon à envelopper parfaitement le champ du travail. Quand il faut rou-
vrir, on a soin de laisser toutes les poussières se déposer au
préalable et l'on remonte ensuite la cloche par un mouvement
lent et sans secousse qui ne fait soulever aucune matière
pulvérulente. M. Merck s'est arrêté à cette disposition « parce
« que, nous disait-il, avec aucun système de portes, il n'avait
« pu obtenir de fermeture vraiment hermétique. »

Pour prévenir les dégagements qui tendent, avons-nous
vu, à se manifester au moment même de l'ouverture des appareils, le premier moyen qui se présente à l'esprit est précisément celui que nous mentionnions tout à l'heure inci-
demment, en décrivant la pratique de M. Merck : c'est de
laisser aux poussières ou aux émanations le temps soit de se
déposer soit de se condenser, avant de procéder à l'ouverture.
Un grand nombre d'industriels emploient effectivement cette
précaution. Parmi ceux qui l'appliquent avec le plus de méthode, on peut citer M. Lefebvre, fabricant de céruse à Mou-
lin-lès-Lille, et MM. Vander Elst, frabricants de produits
chimiques à Bruxelles.

Chez M. Lefebvre, le blutage de la céruse broyée s'effectue
dans l'intérieur d'une enveloppe qui abrite en même temps
les chariots destinés à recevoir le produit. Pour plus de sûreté

l'enveloppe est à double paroi, de façon que les poussières qui passent à travers les joints de la première soient arrêtées par la seconde. L'opération se fait pendant le jour et les charriots se trouvent toujours remplis dans le courant de l'après-midi; mais on les laisse passer la nuit à la même place et ce n'est que le lendemain à la reprise du travail qu'on les retire de leur abri. Quant à MM. Vander Elst, ils préparent le chlorure de chaux dans des chambres où, à la vérité, les ouvriers ne pénètrent pas ; mais comme ceux-ci sont obligés, pour ramener le produit au dehors, de manœuvrer leurs instruments à travers les portes ouvertes, ils sont exposés aux fortes émanations de chlore qui se font sentir aux premières heures. Dans le but de les y soustraire, ces industriels ont établi une chambre supplémentaire, qui leur permet de laisser reposer chaque chambre pendant deux ou trois jours avant d'en faire opérer le défournement.

Cette dernière précaution a un inconvénient : c'est de faire perdre beaucoup de temps. Aussi a-t-on été conduit, en bien des cas, à y suppléer au moyen de la seconde série d'agencement que nous avons à faire connaître, c'est-à-dire en donnant une issue directe aux dégagements. Mais avant d'aborder cette partie du sujet, nous devons signaler un artifice qui, dans quelques circonstances, permet d'abréger considérablement le temps du dépôt en même temps que de diminuer les émanations pendant la fabrication elle-même. Il consiste à injecter de la vapeur d'eau dans l'intérieur de l'appareil. Telle est la pratique adoptée par MM. Howards et fils, dans leur fabrique de sulfate de Quinine à Stratford, près de Londres. Le broyage des écorces de quinquina dégage comme on sait, des espèces d'aiguilles très-fines qui lorsqu'elles voltigent dans l'atmosphère des salles produisent sur les ouvriers des phénomènes d'irritations de la peau extrêmement douloureux. La ténuité de ces corpuscules leur permettrait de trouver passage à travers les interstices de l'enveloppe en planches qui chez MM. Howards recouvre la meule ; en outre les nécessités de la fabrication ne permettraient pas toujours d'attendre avant d'ouvrir l'appareil. Grâce à l'injection de la vapeur d'eau, les poussières sont rabattues en grande partie et par suite le dégagement dans l'atelier est beaucoup diminué.

La seconde série d'agencements à laquelle nous avons fait allusion, à savoir ceux qui ont pour but de conduire les dégagements au dehors, joue un très-grand rôle dans les industries dangereuses ou pour mieux dire dans celles qui sont susceptibles de le devenir à raison de la quantité aussi bien que de la nature des éléments étrangers qui tendent à s'introduire dans l'atmosphère des ateliers. Ces agencements sont tout à fait indispensables quand la source des impuretés est extrêmement abondante ou que celles-ci pourraient par le fait de leur accumulation prendre une tension croissante. Ils le sont encore quand les convenances de la fabrication exigent que les corps étrangers soient éliminés des substances utiles, ainsi que cela a lieu, par exemple, pour le cardage ou le battage des matières textiles.

Les dispositions conçues dans cet ordre d'idées sont fort nombreuses. On peut les distinguer en deux grandes classes, selon que le dégagement s'effectue avec ou sans le concours d'une aspiration artificielle destinée à l'activer. Chacune de ces classes elles-mêmes peut être subdivisée en deux autres, suivant qu'on laisse perdre les matières expulsées ou suivant, au contraire, qu'on se propose de les recueillir pour les faire rentrer dans la fabrication. On a donc finalement quatre types principaux d'agencements dont nous indiquerons des spécimens.

Avant de procéder à cette description, nous ferons une remarque générale : c'est que tous les appareils dont nous nous occupons en ce moment, précisément parce qu'ils ont une issue directe au dehors, n'ont plus besoin, comme les précédents, d'être hermétiquement clos du côté des ateliers. Ils peuvent avoir des joints plus ou moins imparfaits ou

même garder des orifices de travail ouverts : il suffit seulement que les choses soient disposées de telle façon que la
circulation se fasse toujours de ces orifices à l'issue extérieure et jamais de l'issue extérieure vers ces orifices. En un
mot il ne faut pas qu'on risque d'avoir jamais un refoulement à l'intérieur des ateliers. Il résulte de là une grande
simplification dans la construction des appareils, puisqu'on
n'est plus obligé de rechercher des conditions de parfait
isolement, conditions toujours difficiles, nous l'avons vu, à
réaliser dans la pratique.

Les appareils sans aspiration artificielle ne peuvent guère
être employés que dans des opérations où la température est
assez élevée pour qu'il en résulte tout naturellement une
circulation dans le sens même où l'on veut diriger le courant d'impuretés. En d'autres termes, dans ces sortes d'appareils doit s'établir un tirage analogue à celui des cheminées d'appartements. Mais comme ce tirage, quand il est dû
à la seule influence des opérations elles-mêmes, est souvent
assez faible, il ne saurait suffire alors pour l'entraînement
des poussières et il conviendrait au plus pour les gaz ou
les vapeurs. Le type le plus répandu des agencements
faits pour y suppléer, quand on ne se propose pas d'ailleurs
de recueillir les matières expulsées, est vulgairement connu
sous le nom de *hottes de dégagement*.

Ces hottes qu'on rencontre à chaque pas dans l'industrie,
et qui sont susceptibles d'y rendre de grands services, doivent
être établies d'après certains principes auxquels elles ne
satisfont que trop rarement. Leur grand écueil, quand elles
ne sont pas pourvues d'une aspiration artificielle, c'est de
tirer mal ou même de refouler. Pour éviter qu'il en soit
ainsi il faut d'une part que la cheminée de dégagement soit
élevée et en même temps protégée contre les agents atmosphériques, et d'autre part que l'espace compris entre les
parois de la hotte et les appareils de fabrication soit aussi
réduit que possible, de manière à prévenir l'introduction de

l'air froid qui romprait nécessairement le tirage. Or, ce n'est
pas ce qui a lieu ordinairement ; les cheminées sont, au
contraire, fort basses, et les bords de la hotte sont à une
grande distance des appareils. Aussi les vapeurs inclinent-
elles tantôt d'un côté, tantôt de l'autre, obéissant à tous les
courants d'air qui se forment dans la salle, et se dégagent-
elles à l'intérieur des ateliers autant qu'au dehors.

Une des meilleures installations qu'on puisse citer est
celle des caisses à colle forte de la fabrique de M. Coignet à
Saint-Denis. La gélatine liquide, amenée par des tuyaux
distributeurs des réservoirs dans ces caisses, est concentrée
et transformée en colle forte au moyen de tubes à vapeur
appliqués sur le fond. Cette opération est accompagnée
d'odeurs plus ou moins nauséabondes, surtout vers la fin
de la cuisson. Pour en préserver les ouvriers, chaque caisse,
dont la forme est celle d'un rectangle très-allongé, est exactement recouverte par une hotte en bois, qui descend très-
près des bords, de façon à laisser seulement un petit intervalle libre qui permet de surveiller au besoin, la liqueur.
La cheminée débouche sur le toit, à 15 mètres environ
d'élévation au dessus des appareils. Le tirage est des plus
réguliers ; l'air aspiré sous les bords de la hotte est entraîné
avec les vapeurs dans la cheminée. On circule entre les
rangées de caisses sans percevoir la moindre odeur.

Il n'est pas toujours possible d'ajuster les hottes avec autant
de précision : car les nécessités du travail obligent souvent à
ménager un certain intervalle, soit pour charger les matières,
soit pour les brasser pendant le traitement. En outre la température n'est pas constamment à l'ébullition et il arrive
même qu'elle diffère assez peu de celle de l'atmosphère ambiante. Dans ces conditions le tirage est trop faible, quelque
soin qu'on mette d'ailleurs à l'installation. Il faut en venir
alors à une précaution qu'on ne saurait trop recommander
dans tous les cas, car elle est la meilleure garantie de l'efficacité des appareils : c'est de mettre la hotte en communi-

cation avec quelque cheminée de l'usine, ou d'y entretenir une combustion spéciale, par exemple, à l'aide de becs de gaz. On rentre ainsi dans la catégorie des appareils à aspiration artificielle dont nous nous occuperons bientôt.

Quand on se propose de recueillir tout ou partie des éléments dégagés, les hottes deviennent tout à fait insuffisantes, car l'entrave apportée à la circulation, par l'arrêt même des matières, tend à faire refluer le dégagement à l'intérieur. Donc à moins d'une aspiration auxiliaire très-énergique, il faut fermer soigneusement les générateurs du côté des ateliers. C'est à ce principe que se rattache la classe si nombreuse des opérations dites *à vases clos*, avec appareils de condensation pour l'arrêt des vapeurs. Ces condenseurs qui affectent les dispositions les plus diverses, séries de bonbones, serpenteurs entourés d'eau froide, etc., communiquent finalement avec le dehors et y émettent la portion du dégagement qui échappe à la condensation. Le principe de ces agencements est trop simple pour que nous ayons à nous y arrêter : tout le monde connaît la double condition fondamentale à laquelle ils doivent satisfaire au point de vue de la salubrité ; condition qui consiste en ce que, d'une part, les fermetures soient hermétiques, et que, d'autre part, le condenseur laisse un passage suffisant pour la circulation des gaz, afin que des fuites ne risquent pas de se produire à l'intérieur des ateliers.

Les appareils dans lesquels on exerce une aspiration artificielle conviennent également bien aux vapeurs et aux poussières. Tant qu'il ne s'agit que de lancer les produits au dehors, évidemment il n'y a pas de difficulté : un ventilateur mécanique ou le tirage de quelque foyer les entraîne dans la direction qu'on désire. Tel est précisément l'office des hottes aspirantes dont nous parlions tout à l'heure. On peut rattacher à la même catégorie les guérites ou cages vitrées dans lesquelles on enferme des appareils de dégagements et où parfois l'ouvrier travaille en introduisant seule-

ment les bras et tenant son corps hors de l'enceinte. L'ouvrier est ainsi préservé des vapeurs, qui sont entraînées
dans un foyer ou dans une cheminée. Il n'y a pas plus de
difficultés à recueillir les dégagements susceptibles d'une
condensation ou d'une absorption quelconque ; les moyens
employés précédemment suffisent ici, à plus forte raison
puisque leur fonctionnement est aidé par le jeu des instruments d'aspiration. Mais le problème se complique quand
les poussières à recueillir sont abondantes et entraînées d'un
mouvement énergique. L'interposition des diaphragmes destinés à les arrêter, des toiles métalliques, par exemple, a
pour résultat de nuire en même temps au tirage, et cela
avec d'autant plus de force que ces moyens d'interception
sont eux-mêmes plus efficaces. Pour y obvier, on a généralement recours, dans l'industrie, à l'un des trois procédés suivants : 1º chambre de dépôt; 2º changement brusque de
mouvement ; 3º précipitation par attraction moléculaire.

Nous avons déjà eu occasion, en parlant de la ventilation
des ateliers, de faire connaître le principe des chambres de
dépôt, lequel n'est autre, avons-nous dit, que celui des
bassins de décantation pour les liquides ; nous n'y reviendrons pas. Quant au second procédé, il est basé sur ce
fait que si l'on change brusquement la direction d'un courant aériforme, les particules solides en suspension dans ce
courant n'obéissent pas au changement de direction avec la
même facilité que les gaz eux-mêmes, en sorte que tandis
que ces derniers s'infléchissent par suite de la nouvelle direction qu'on leur donne et continuent de cheminer, les poussières au contraire tendent à se déposer au pied même de
l'obstacle qui rompt le courant. Comme exemples de l'application de ce principe, nous citerons la tannerie de M. Piret
Pauchet à Namur, et la fabrique de céruse de M. Bruson, à
Portillon, près de Tours.

Dans le premier de ces établissements, on prépare le tan
sur une grande échelle, à raison de 15.000 kilog environ

par jour. Aussi a-t-on un grand intérêt, non-seulement à
préserver les ouvriers des poussières, mais encore à ne rien
perdre de celles-ci qui ont de la valeur. Le broyage des
écorces est effectué par trois paires de meules horizontales
marchant à une grande vitesse. Chaque paire est renfermée
dans une enveloppe métallique bien close munie de deux
tuyaux : l'un pour la charge des matières, l'autre pour l'enlèvement des poussières. Les tuyaux d'aspiration des trois
appareils convergent vers un tuyau commun, dans lequel
agit un ventilateur puissant. Les parties ténues ainsi enlevées
des meules sont lancées horizontalement dans une caisse en
forme de trémie fermée, à la partie supérieure de laquelle est
un tube d'échappement. L'air sort par ce tube, tandis que la
plus grande partie des poussières, précipitées vers la paroi
opposée à l'orifice d'admission, se heurtent contre elle et
tombent au fond de la trémie où on les recueille.

Chez M. Bruzon le blutage de la céruse broyée a lieu à
l'aide d'une ventilation énergique exercée dans l'enveloppe
même du broyeur. La poudre d'un certain degré de finesse
est déplacée et lancée dans un tuyau métallique presque
vertical de 7 à 8 mètres de haut, à l'extrémité duquel elle
est reçue dans un réservoir fermé, tandis que la colonne
d'air, brusquement infléchie dans sa direction, redescend
par un tuyau parallèle et revient au ventilateur. Le broyeur
est alimenté par un distributeur contenu dans une gaîne qui
communique à la cheminée de·quelques fours à zinc. L'aspiration est puissante, car au moment du chargement, loin
que les poussières rentrent dans l'atelier, c'est au contraire
l'air du dehors qui se précipite dans la gaîne. Des appareils
exactement semblables sont consacrés, dans le même établissement, au travail du minium.

Le troisième procédé repose sur cette observation que
des corpuscules animées d'une vitesse modérée, venant à
circuler dans le voisinage immédiat de surfaces, ils ne tardent pas à obéir à l'attraction exercée sur eux par ces sur-

faces et se précipitent graduellement sur elles. Il suit de là
qu'avec des appareils d'un faible volume relatif, mais offrant
des surfaces de contact très-étendues, une masse d'air peut
être à peu près dépouillée des poussières qu'elle charrie. Tel
est le principe des appareils de dépôt de M. Perrigault de
Rennes, inventés récemment et déjà appliqués à un grand
nombre d'industries, entre autre à des meuneries et à des
tanneries. Ce sont des caisses de longueur et largeur variables, suivant les besoins de l'industrie, et divisées par des
tablettes en bois horizontales, en une série de compartiments
superposés et communiquants, de 8 à 10 centimètres de
haut ; l'air circule entre ces tablettes et c'est sur elles qu'il
abandonne ses poussières [1]. Nous avons vu une très-bonne
application de ces appareils chez M. Leroux, tanneur à
Rennes, qui prépare pour lui ou ses confrères, 2.500 à
3.000 tonnes de tan tous les ans. Le broyage des écorces se
pratique dans des moulins à noix parfaitement clos. Immédiatement au dessus de la cloche est un orifice d'aspiration
par lequel un ventilateur lance les poussières dans la casse

1. Voici comment M. Perrigault raconte lui-même, dans une brochure
de 1863, l'origine de son invention : « Me trouvant, dit-il, dans une
« chambre où pénétrait un rayon de soleil et où l'air était tranquille, je
« vis des atomes nombreux flottant dans l'atmosphère.... Une table était
« devant moi, la pensée me vint d'étudier quelle marche suivraient ceux
« de ces corpuscules qui se trouvaient dans le voisinage de sa surface....
« Arrivés à 1 ou 2 millimètres seulement, je les vis se précipiter sur la
« surface de la table, obéissant évidemment à une loi d'attraction dont
« les effets n'ont jamais été signalés.
« Je reconnus alors pourquoi tous les rayons d'une bibliothèque, le
« premier comme le dernier, pourquoi tous les meubles d'un appartement
« se trouvent en même temps chargés d'une couche de poussière. C'est
« que ces atomes qui se promènent horizontalement ne tombent que lors-
« qu'ils arrivent dans le voisinage très-rapproché de la surface d'un corps
« solide. — Cette observation me conduisit à penser que si, à partir des
« meules, je faisais circuler l'air chargé de folle farine dans des conduits
« d'une grande largeur horizontale et d'une très-faible élévation verticale,
« je parviendrais à amener l'un après l'autre tous les atomes de folle fa-
« rine dans la sphère d'attraction de la surface horizontale des tablettes,
« et que, par conséquent, je déterminerais leur précipitation. »

Perrigault. Elle a 4^m,50 de long, 1^m,70 de large et 1^m,10 d'élévation; elle est divisée en dix compartiments, de 9 centimètres
de haut chacun, que l'air parcourt successivement avant de
s'échapper par dessus le toit de la fabrique. Le courant est
donc en contact avec les tablettes sur une longueur totale de
45 mètres; aussi le dépôt des poussières est-il presque complet avant l'orifice de sortie. M. Leroux utilise ces débris,
qu'il reconnaît, à poids égal, plus actifs que le tan ordinaire,
et dont la récolte constitue ainsi pour lui un bénéfice notable, en même temps qu'une condition d'assainissement
pour son usine.

Nous rencontrerons par la suite bien d'autres exemples
de dispositions prises en vue d'empêcher les dégagements
d'arriver au contact des ouvriers. Mais comme ces dispositions sont plus ou moins liées à la fabrication elle-même
et qu'elles varient dès lors, sinon en principe, au moins dans
leurs détails, d'une industrie à l'autre, il nous paraît préférable d'en renvoyer la description au chapitre des *moyens
spéciaux* nous étant borné ici aux exemples strictement
nécessaires pour faire saisir les règles générales que nous
avions à formuler.

APPAREILS A PROTÉGER LES ORGANES RESPIRATOIRES.

Ces appareils forment, pour ainsi dire, le complément des
moyens qui précèdent; ils sont destinés à protéger les travailleurs contre des dégagements dont il est difficile, sinon
impossible, de les préserver efficacement par des dispositions
appliquées soit aux ateliers, soit aux appareils de fabrication.

Malgré les incontestables services que ces appareils sont
susceptibles de rendre dans des cas particuliers, aucun type

ne s'est encore beaucoup généralisé. On leur reproche d'être
gênants à porter, parfois même d'être assez lourds pour occasionner promptement de la fatigue. En tous cas, ils donnent
de la chaleur au visage, et exigent de la part de l'ouvrier
quelques soins qui ne sont pas toujours dans son caractère.
Enfin, une dernière raison qui n'a pas été étrangère à leur
peu de succès, mais qui est évidemment destinée à disparaître
devant le progrès des mœurs, est tirée ce faux point d'honneur et de cette crainte des sarcasmes qui portent souvent
l'ouvrier à braver inconsidérément le danger et à repousser
les précautions propres à l'atténuer. Il y a lieu d'espérer
qu'à mesure que les notions d'hygiène se vulgariseront et
que ces appareils eux-mêmes se perfectionneront, l'usage
s'en répandra davantage dans certains métiers.

Sous ce rapport l'Angleterre est plus avancée que le continent. On y compte déjà diverses professions dans lesquelles
les travailleurs commencent à user de *respirateurs*, sortes de
petits masques abritant le nez et la bouche et fixés par des
cordons noués derrière la tête. On en connaît deux types
principaux : les uns, de l'invention du docteur Stenhouse,
de Londres, sont formés d'une couche mince de charbon de
bois serré entre deux toiles métalliques à larges mailles ;
les autres se composent de plusieurs épaisseurs de toiles métalliques à mailles très-fines.

Les premiers sont destinés à protéger contre les gaz et les
vapeurs. On les a employés dans les égouts des grandes villes,
notamment à Glasgow et à Londres, mais ils y sont devenus
moins utiles depuis les améliorations données à ces voies souterraines. On s'en sert dans quelques hôpitaux, entre autres à
Guy's hospital, pour soigner des maladies contagieuses ou à
odeurs repoussantes. Enfin on en use dans diverses fabrications où les ouvriers sont exposés à des vapeurs très-délétères.
Le charbon de bois agit pour désinfecter l'air au passage ; il
intercepte les éléments nuisibles qui se condensent dans les
pores du charbon et laisse entre les fragments une issue suf-

lisante pour l'accomplisement de l'acte de la respiration. Le
même charbon peut servir, paraît-il, assez longtemps, un mois
et plus, sans être renouvelé. Le docteur Stenhouse recommande particulièrement le charbon de bois dit *platinisé*, préparé avec du bichlorure de platine. Des applications importantes et, assure-t-on, satisfaisantes, ont été faites dans les
hôpitaux de l'armée anglaise pendant les guerres de Crimée et
des Indes et tout récemment pendant l'expédition d'Abyssinie.

Le second type de respirateurs, beaucoup plus usité, a
pour fonction de laisser passer librement les gaz, mais
d'arrêter les poussières même les plus fines. Ces appareils
ont pris faveur, depuis quelques années, dans des branches
d'industries variées, le moulage des métaux, le broyage des
pierres, le polissage, etc. Nous en avons rencontré plusieurs
spécimens dans la grande fabrique de verre de MM. Chance,
à Spon-Lane, près Birmingham. Les ouvriers occupés au
broyage des matières premières, à la pulvérisation de l'émeri et surtout à la composition des mélanges (dans lesquels
entrent la chaux, le sulfate de soude, le manganèse, l'arsenic
etc.) s'en servaient régulièrement et se louaient beaucoup
de leur efficacité [1]. Du reste, ce n'est pas seulement dans les
fabriques que ces sortes d'appareils sont appréciés. Dans les
villes très-industrielles, comme Birmingham, Leeds, etc.,
où l'atmosphère est très-chargée, il n'est pas rare, par les
temps bas et humides, de voir les passants en porter dans
la rue pour se préserver des particules solides charriées
par la fumée.

En France les dispositions essayées sont assez nombreuses,
mais elles ont, en général, un caractère moins pratique que

---

1. L'un des ouvriers nous disait que ces respirateurs « valaient leur
poids d'or », et un autre, que « sans eux il n'aurait pu passer deux
« mois chez M. Chance ». Ces appareils, fort bien faits, sortaient de la
maison Jeffreys, qui a un dépôt chez M. Tweedie, dans le Strand, à
Londres. Les toiles métalliques, au nombre de deux seulement, étaient
en argent plaqué et ne s'altéraient pas à l'usage.

colles que nous venons d'indiquer. L'une d'elles, qui se rapproche beaucoup, mais avec une infériorité évidente, du respira-
teur anglais, est usitée chez quelques industriels, entre autres
chez M. Camus, fabricant d'acétate de plomb, à Ivry. C'est
un masque qui couvre la moitié inférieure du visage et qui
est formé d'une éponge serrée entre deux toiles métalliques;
il sert aux hommes qui opèrent l'embarillement de l'acétate.
Le principal défaut de cet appareil c'est qu'il a besoin d'être
savonné tous les jours. En outre l'interposition de l'éponge
le rend très-échauffant, au point que les ouvriers le soulèvent
de temps en temps pour respirer plus librement. Aussi, chez
M. Orsat, fabricant de céruse, à Clichy, les ouvriers ont-ils
renoncé à s'en servir, parce que c'était pour eux une occasion
de porter perpétuellement au visage leurs doigts chargés de
matière toxique.

M. Paris, fabricant d'émaux, à Bercy, a fait breveter un
autre appareil, destiné à arrêter les poussières fines qui se dégagent, soit pendant le broyage des matières, soit pendant
l'application aux pièces de la poudre à émailler. Il se compose
d'un masque et d'un long tuyau flexible que l'ouvrier sus-
pend sur le côté et qui supporte un tambour d'aspiration recouvert de flanelle (Pl. VI, fig. 6). Le masque étant en gutta-
percha, on en ramollit les bords en les trempant dans de
l'eau chauffée à 60 ou 70 degrés ; ces bords s'adaptent alors
parfaitement sur le visage, et lorsqu'ils sont refroidis, ils
reprennent leur consistance en maintenant un complet isolement avec le dehors. Quant à la flanelle à travers laquelle
s'effectue la respiration, elle doit être toujours humectée;
pour la rendre telle, il suffit de plonger le tambour dans l'eau
et de le secouer avant de l'employer. Quelques industriels
font usage de cet appareil, livré par M. Paris à la vente
publique. On peut lui reprocher d'être compliqué et lourd à
porter ; de plus la nécessité du trempage crée, en bien des
cas, un obstacle pratique.

Une invention un peu semblable est due au sieur Poirel,

ancien ouvrier meulier à la Ferté-sous-Jouarre. Elle a été inspirée par le désir de remédier aux inconvénients très-graves
qu'entraîne le piquage des meules. Cette opération est accompagnée, on le sait, d'un dégagement considérable de
poussières de grès et d'acier, qui au bout d'une dizaine
d'années déterminent des maladies souvent mortelles. La
population ouvrière de la Ferté est décimée par cette cause
d'insalubrité. Les patrons viennent d'en atténuer les ravages
en remplaçant les anciens ateliers fermés par de vastes hangars grillés où les ouvriers travaillent à peu près au grand
air. L'absorption des poussières est sensiblement diminuée,
mais elle ne laisse pas de produire encore de funestes effets.
L'appareil Poirel, dit *absorbant hydraulique* (Pl. VI, fig. 5),
se compose essentiellement d'un masque supportant un petit
réservoir d'eau à travers lequel se fait l'aspiration, et surmonté d'une soupape par laquelle se fait l'expiration. Les
poussières les plus ténues sont absorbées par la mince nappe
liquide que l'air est obligé de traverser. L'eau est renouvelée
en moyenne toutes les deux heures et on la voit alors fortement chargée de matières étrangères. Malgré l'efficacité
réelle de cet absorbant, six ou huit ouvriers à peine s'en
servent régulièrement, à cause du poids et de la gêne qui en
résultent pour eux. Le même motif l'a fait abandonner chez
MM. Firmin Didot, où les hommes chargés du nettoyage
des chiffons l'avaient d'abord adopté.

Ces trois types d'appareils ne préservent que des poussières. Celui qui a été récemment imaginé par M. Galibert
et qui a reçu par deux fois les encouragements de l'Académie des sciences, a pour objet de mettre à l'abri du
danger qu'on rencontre dans tout milieu non respirable,
quelle que soit la nature de l'insalubrité. Il consiste en un
masque respiratoire proprement dit, communiquant avec un
réservoir d'air que l'opérateur emporte avec lui partout où il a
besoin de pénétrer (Pl. VI, fig. 7). L'outre ou vessie servant
de réservoir est par elle-même très-légère. On la gonfle en

quelques secondes au moyen d'un soufflet, et l'on introduit
quatre-vingts litres d'air dans cette sorte de ballon, que l'o-
pérateur fixe sur son dos, comme une hotte de chiffonnier, à
l'aide de bretelles et d'un ceinturon. La communication est
établie au moyen de deux tuyaux en caoutchouc aboutissant,
celui d'aspiration dans le bas du réservoir, et celui d'expiration dans le haut. Dans ces conditions, la provision de quatre-
vingts litres paraît suffire pour une demi-heure. Du reste,
l'opérateur ayant un long travail à accomplir pourrait emporter plusieurs appareils de rechange ainsi gonflés. Cette invention a été l'objet de plusieurs expériences publiques qui ont
eu un assez grand retentissement [1]. Diverses compagnies

t. Nous citerons celle du 9 août 1864, qui a eu lieu à la caserne des
pompiers du Château-d'Eau, en présence de M. le général de division
Ulrich. Une cave avait été remplie de fumée. « M. Galibert, dit le *Moni-*
teur universel du 23 août, est descendu dans cette cave et y est demeuré
« un temps très-notable. Aucune trace de souffrance ne se lisait sur sa
« physionomie, lorsqu'il est sorti de ce séjour asphyxiant. »
Des expériences analogues ont été répétées le 8 janvier 1865 dans l'hô-
tel de la Société générale, et le 27 avril dans la caserne de la rue Culture
Sainte-Catherine, en présence d'hommes compétents. Des personnes étrangères au maniement de l'appareil, de simples sapeurs pompiers, ont tour à
tour pénétré dans des caveaux pleins d'acide sulfureux ou de fumées
irritantes et ont pu y faire impunément des séjours de dix et quinze minutes.
Dans le modèle présenté à l'Académie par l'inventeur, en janvier
1867, le réservoir d'air était fort amélioré. Au lieu d'être fait d'une peau
de bouc sans coutures, laquelle a le double inconvénient de donner une
odeur désagréable et de ne pas permettre des dimensions graduées,
il est formé de deux épaisseurs de toile de chanvre comprenant
entre elles 16 couches de caoutchouc dissous dans de la benzine. Ces
couches disparaissent en quelque sorte par la pression et sont absorbées
par les toiles, qui deviennent ainsi fortement adhérentes l'une à l'autre et
ne présentent qu'une épaisseur totale d'un millimètre. La toile extérieure
est assez solide pour résister aux chocs et écorchures qui se produisent à
la rencontre des objets extérieurs La toile intérieure, au contraire, est
très-fine et serrée. Quant à l'opération du gonflement, elle se fait sans le
secours du soufflet. Il suffit d'écarter les deux disques en bois qui constituent les faces inférieure et supérieure du réservoir pour qu'immédiatement
celui-ci se remplisse d'air au moyen d'un robinet qu'on ferme aussitôt
après. L'appareil est dès lors en état de servir.

industrielles paraissent devoir y recourir; on en recommande l'emploi pour les ouvriers puisatiers, égouttiers, vidangeurs, et tout particulièrement pour les personnes appelées à combattre des incendies.

Quelquefois, dans les fabriques, on dispose de moyens qui permettent d'offrir une protection efficace aux ouvriers chargés de certains travaux. Un manufacturier préoccupé de la sécurité de son personnel peut trouver dans son outillage industriel une solution simple de la difficulté. Nous citerons, comme exemple, l'expédient employé par M. Gundelach, dans les fabriques de produits chimiques de la Société de Mannheim, pour préserver les hommes qui visitent ou réparent les chambres de plomb de l'acide sulfurique ainsi que les chambres à chlorure de chaux. Dans les établissements bien dirigés, ce travail se fait avec beaucoup de soin, car il a pour objet de supprimer toutes les fuites, lesquelles sont une cause de perte pour la fabrication. Les ouvriers ont donc à séjourner assez longtemps dans les chambres au moment même où les opérations viennent d'y être suspendues et où par conséquent les gaz délétères s'y trouvent encore en proportion notable. M. Gundelach munit ses hommes d'une sorte de casque de pompier en carton, qui se rabat sur les épaules. Ce casque est muni d'orifices vitrés pour la vue et il communique à la pompe à air au moyen d'un tube très-flexible. Pendant toute la durée du séjour dangereux la pompe entretient une atmosphère d'air pur entre le visage de l'ouvrier et la paroi du casque; c'est dans cette région que s'accomplit la respiration. La même précaution est en vigueur dans les succursales de la Société, à Worms et à Heilbronn (Wurtemberg). On en a fait usage pendant un certain temps à Chauny, mais on y a renoncé. En la citant, nous ne prétendons pas dire qu'il n'y en ait pas de meilleure; nous avons voulu seulement montrer comment on peut, à l'occasion, tirer parti des ressources naturelles de l'usine pour parer aux inconvénients.

En résumé, il nous paraît que des divers appareils essayés, les respirateurs anglais et l'appareil Galibert, chacun dans son genre, méritent la préférence. Les premiers sont d'un usage plus facile en industrie : ils conviennent aux opérations qui exigent une préservation *permanente*, comme celles des manufactures; le dernier, qui est d'une efficacité plus complète, mais d'une pratique moins simple, ne convient guère qu'aux opérations *accidentelles* ou tout au moins d'une durée très-limitée ; aussi trouvera-t-il son application peut être plus encore hors de l'industrie proprement dite que dans l'industrie elle-même.

A défaut de quelque appareil perfectionné, les patrons doivent favoriser de tout leur pouvoir l'usage des précautions qui, sans faire disparaître le danger, sont du moins susceptibles de l'atténuer. Une touffe de chanvre ou de lin, par exemple, une éponge humectée, ou encore un simple mouchoir noué sur le nez et la bouche diminuent les inconvénients. M. Bell, à Washington près Newcastle, a beaucoup amélioré le sort des ouvriers et ouvrières qui manipulent l'oxychlorure de plomb, en les obligeant à porter un voile de batiste rabattu sur le visage.

Comme se rattachant à l'emploi des appareils protecteurs, on peut citer une application des toiles métalliques, faite non en vue d'intercepter les poussières ou les gaz, mais d'affaiblir le rayonnement de la chaleur dans certaines élaborations. Chez MM. Chance, par exemple, les ouvriers qui soufflent le verre et lui font prendre la forme de grands disques qu'ils amincissent ensuite peu à peu en les faisant tourner devant l'ouverture brûlante des fours, portent pendant cette opération une toile métallique très-fine qui leur couvre toute la figure. Cette précaution peut avoir son utilité dans un grand nombre d'industries, entres autres dans celles où l'on travaille les métaux à chaud.

Une autre application d'appareils protecteurs consiste dans les lunettes en toile métallique avec orifice vitré au centre,

que portent les ouvriers qui veulent préserver leurs yeux
contre les éclats de nature à les blesser. Ce moyen est en
usage et on ne saurait trop le recommander dans le concassage des pierres, le piquage des meules, le forgeage des
métaux, etc. Il convient même aux personnes qui sont simplement exposées à rencontrer des poussières sous une grande
vitesse relative, comme les mécaniciens de chemins de fer.

MESURES DESTINÉES A COMBATTRE L'INFECTION.

Les salles de travail tendent toujours plus ou moins à
s'infecter, soit par suite des substances qu'on y traite, soit
par le simple fait du séjour des travailleurs. La ventilation
est un préservatif puissant, mais seule elle ne suffirait pas :
car non-seulement elle ne renouvelle pas l'air dans toutes
les parties des locaux et laisse souvent bien des recoins
non visités, mais elle ne saurait empêcher ni l'absorption
des émanations par les parois, ni la lente accumulation des
débris dans les angles des murs et dans les fissures du
plancher. Le local tout entier devient ainsi, au bout d'un
certain temps, un foyer de dégagements extrêmement insalubres.

Le moyen le plus sûr d'y parer est une extrême propreté.
Sans parler des soins ordinaires (balayage, lavage, etc.), qui
vont de soi, on doit insister particulièrement sur une précaution en honneur dans les établissements bien tenus et
dont la loi anglaise a fait une obligation positive dans
la plupart des branches d'industries : nous voulons parler
du blanchiment périodique à la chaux des diverses parties
de la fabrique. Aux termes des règlements en vigueur
dans le Royaume Uni, tout mur intérieur, toute cloison,

tout plafond, tout couloir, corridor ou escalier, en un mot tout l'intérieur des bâtiments consacrés à l'exploitation industrielle, doit être soigneusement blanchi à la chaux une fois par an. Les parties peintes à l'huile doivent être repeintes tous les sept ans, et, dans l'intervalle, elles sont lavées et nettoyées au savon chaque année. Et qu'on ne croit pas que ce soit là une lettre morte ; la prescription est, au contraire, exécutée très-ponctuellement. Elle est même entrée à ce point dans les mœurs des manufacturiers anglais que beaucoup déclarent qu'ils continueraient à l'observer si elle cessait d'être obligatoire, car ils y trouvent leur compte par l'amélioration qui en résulte non-seulement dans la santé du personnel, mais encore dans l'entretien des bâtiments et de l'outillage. On n'est pas forcé, bien entendu, de faire subir l'opération à la *totalité* de l'usine à la fois, mais on peut procéder par parties successives, à condition que la règle soit respectée pour chaque partie prise isolément. On met à profit les fêtes et dimanches et l'on parvient ainsi à passer toute l'usine à la chaux sans avoir besoin pour cela de perdre un seul jour de travail.

Dans les salles très-éclairées, des parois complétement blanches peuvent fatiguer les yeux des ouvriers ; aussi, plusieurs fabricants ont-ils soin d'en amortir l'éclat à l'aide d'une coloration légère. Il est tel filateur de Manchester qui a poussé l'attention jusqu'à donner aux murs une nuance bleu tendre qui repose doucement la vue. Cette recherche qu'on ne saurait trouver puérile, puisque de très-grands manufacturiers ne la dédaignent pas, a surtout sa raison d'être dans les salles où les ouvriers s'adonnent à des occupations délicates, qui exigent de leur part beaucoup de contention et un coup d'œil très-exercé.

Une particularité sur laquelle il nous sera permis de dire quelques mots, parce qu'elle influe beaucoup sur la salubrité, est relative aux cabinets d'aisances qui, dans bien des fabriques, sont situés tout à côté des ateliers et souvent même n'en sont séparés que par une porte dormante. Cette disposition, prise en vue de ménager le temps des ouvriers et de prévenir les désordres, a le grand inconvénient de donner des odeurs aux salles, d'autant plus que ces sortes de locaux sont en général fort mal tenus. S'il est difficile, avec les habitudes du personnel, d'arriver à des conditions tout à fait satisfaisantes, on peut du moins, par quelque procédé technique, diminuer beaucoup les émanations. Un moyen fort simple et très-efficace, qu'il est presque toujours possible d'appliquer, consiste à mettre le tuyau de chute en communication avec une cheminée de l'usine, notamment avec celle des appareils à vapeur dont le tirage est fort actif. A la grande raffinerie de M. Binyon, à Manchester, où plusieurs cabinets d'aisances se trouvent superposés aux divers étages, il a suffi de faire communiquer avec la cheminée le tuyau commun des latrines, immédiatement au dessus du siège le plus élevé, pour que la désinfection fût complète. L'aspiration est même si vive que l'air du dehors afflue dans le tuyau par les ouvertures des sièges. M. Wulvéryck, à Saint-Quentin, a fait communiquer aussi la fosse et a eu également un excellent résultat.

A défaut de ce moyen, on peut réaliser une aspiration à l'aide de quelque combustion lente et sans flamme : nous disons *sans flamme,* parce qu'il est indispensable de se prémunir contre les explosions qui sont à redouter avec les gaz des fosses. Pour ce motif, chez MM. Rogelet, à Reims, on entretient dans le tuyau d'aérage un feu de tourbe.

En temps d'épidémie et, pour certaines industries, en tous temps, il peut être nécessaire de recourir à des agents chimiques pour détruire l'infection. La difficulté, en pareil cas, ne vient pas du manque de désinfectants efficaces, mais du grand nombre de ceux qu'on préconise comme tels et dont beaucoup ne sont que des ingrédients sans valeur. Parmi les réactifs déjà anciens, le chlorure de chaux pour les lavages ou le saupoudrage et le chlore gazeux pour les fumigations paraissent être encore ce qu'il y a de mieux. Parmi les réactifs nouveaux, dout certains jouissent de propriétés remarquables, on peut recommander le perchlorure de fer, le phosphate acide de magnésie et l'acide phénique ou les composés qui le contiennent [1]. Ces divers corps sont employés ordinairement à l'état de solutions plus ou moins étendues et ils servent tantôt à laver les planchers et les murs, tantôt à prévenir ou à combattre la putréfaction des matières organiques traitées dans les ateliers.

Les substances phéniquées surtout, même à très-faibles doses, paraissent destinées à rendre de grands services. Le Dr Grace Calvert, de Manchester, a constaté, par exemple, que les dépouilles animales trempées dans une

1. Après ces réactifs on peut en citer d'autres qui, sans être aussi répandus, sont cependant largement employés. De ce nombre sont : l'iode, l'acide sulfureux, et tout récemment l'ozone. Le chlorure de zinc, dont on faisait un grand usage à bord de la flotte anglaise, vient d'être interdit par les lords de l'Amirauté, à la suite de quelques empoisonnements dont ont été victimes des marins qui en avaient avalé accidentellement. Cette circonstance a naturellement enlevé à ce réactif beaucoup de son ancien crédit ; on lui reproche d'ailleurs de n'être pas un *désinfectant* dans le sens chimique du mot, mais de masquer seulement les odeurs sans les détruire. La question des désinfectants a été reprise dans le Royaume Uni par plusieurs savants, à l'occasion de la peste bovine et du choléra de 1865 et 1866. La commission d'enquête nommée par la Reine pour étudier les moyens de combattre le fléau, avait chargé le Dr Angus Smith de faire une série d'expériences tendant à établir le pouvoir comparatif des divers agents chimiques qui offrent un caractère pratique, au point de vue de la désinfection. Ce savant en a rangé cinq des plus usuels dans l'ordre suivant : chlore, acide chlorhydrique, acide sulfureux, acide phénique et acide crésylique. Ces deux derniers corps sont placés par lui au bas de l'échelle, malgré leurs remarquables propriétés, parce qu'ils ont été considérés plutôt comme aptes à empêcher l'infection qu'à la détruire. De son côté, le docteur G. H. Barker conclut ainsi d'une série d'expériences :

« Pour la destruction des odeurs et la désinfection rapide, le chlore est le « plus efficace des agents connus ; pour un effet constant et continu, l'o-« zone ne laisse rien à désirer : on le dégage en faisant agir de l'acide « nitrique sur une pièce de monnaie en cuivre : à défaut de l'ozone, l'iode « exposé à l'air sous la forme solide est ce qu'il y a de meilleur ; pour la « destruction des odeurs et la désinfection des substances liquides ou « demi-liquides, de nature à subir la décomposition, ce qu'il y a de meil-« leur est l'iode (employé sous la forme de teinture). »

eau contenant deux à trois millièmes d'acide phénique, étaient préservées de la fermentation pendant plusieurs mois[1]. Les recherches du Dr Lemaire, en France, ont confirmé cette propriété et en ont fait sortir diverses conséquences utiles à l'hygiène. On conçoit dès lors comment, dans les circonstances où l'on traite des matières exposées à perdre leur état de fraicheur, on peut parer aux inconvénients en versant un peu d'acide phénique dans les récipients, de manière à prévenir les émanations putrides. A plus forte raison les particules organiques contenues dans les fissures du plancher ou des parois peuvent-elles, au moyen d'ablutions périodiques, être rendues inoffensives. Les simples lavages à l'eau de goudron minéral, dans lequel entre, comme sait, une faible proportion d'acide phénique, produisent aussi de bons effets, comme l'a constaté M. David, fabricant de tissus à Saint-Quentin. Cet industriel, sur les indications du Dr Lemaire, a assaini entièrement, par ce moyen, les latrines de son établissement, qui, auparavant, exhalaient de fort mauvaises odeurs. Les emplois de l'acide phénique ont été fort diversifiés et on l'a fait entrer dans un grand nombre de mélanges dont la composition varie suivant les habitudes du pays. Une des préparations qui, en Angleterre, est le plus appréciée, est un mélange de phénate de chaux et de sulfite de magnésie, imaginé par le Dr Angus Smith de Manchester, et connu sous le nom de *composé Mac Dougall.*

En résumé, dans tous les ateliers où à cause, soit d'une épidémie régnante, soit d'une grande agglomération de travailleurs, soit enfin de la présence de matières organiques sujettes à décomposition, on a lieu de redouter une infection plus ou moins sérieuse, on ne doit pas hésiter à recourir à des agents chimiques, et parmi ces agents, ceux

---

1. Nous avons eu occasion de voir chez M. Vickers, fabricant de gélatines à Manchester, des peaux ainsi préparées qui venaient d'Australie et qui n'avaient aucune odeur.

que, pour notre part, nous conseillerions dans le plus grand
nombre de cas, sont : 1° pour les fumigations, le chlore
gazeux et l'acide sulfureux ; 2° pour les lavages, le chlorure
de chaux et les composés phéniqués.

MESURES HYGIÉNIQUES DIVERSES.

Les dangers inhérents aux professions insalubres peuvent
être diminués dans une large proportion par un ensemble de
mesures de détail, qui ne sont ni difficiles à appliquer, ni
coûteuses, mais qui exigent de la part du patron un esprit
de sage administration, et de la part de l'ouvrier un peu de
soin et de bon vouloir.

Un des points qui appellent le plus la sollicitude des
maîtres de fabriques, c'est le repas des ouvriers. Il importe
extrêmement qu'à ce moment toutes les circonstances de
nature à amener le contact des matières toxiques soient
strictement écartées. Il convient donc, en premier lieu,
que le repas ne soit pas pris dans les locaux où ces matières
sont travaillées et surtout dans ceux où elles dégagent des
poussières. On ne saurait trop louer la pratique adoptée
par plusieurs grands industriels, d'affecter une salle spéciale ou réfectoire aux repas du personnel. L'utilité de
cette mesure est tellement sentie en Angleterre, que la
loi l'a rendue obligatoire vis-à-vis des femmes et des
adolescents, et cela, non-seulement dans les fabriques
insalubres proprement dites, mais encore dans des établissements qui ne semblent pas mériter cette qualification,
comme les filatures. C'est qu'en effet, quelle que soit la
nature de l'industrie, il y a toujours un grand avantage
à ce que les ouvriers soient momentanément soustraits

à l'atmosphère plus ou moins nauséabonde des salles de travail; d'un autre côté, la fabrication a beaucoup à gagner à ce que les ateliers ne soient pas continuellement souillés par des débris de nourriture. Les usines importantes, de toute nature, se trouveront donc bien de l'organisation d'un réfectoire.

Il faut veiller en outre à ce que les ouvriers arrivent au repas complétement débarrassés de toute trace de matières dangereuses. Ainsi à la fabrique de céruse de M. Bezançon, à Paris, l'ouvrier est tenu, chaque fois qu'il quitte son travail, de se laver dans des baquets contenant une solution faible de sulfure de potassium. Ces baquets sont disposés extérieurement, le long du murs de l'atelier et sur le passage des hommes, de manière à ce que ceux-ci ne puissent éviter de les rencontrer. On est d'ailleurs obligé de les surveiller à cause de leur tendance naturelle à se soustraire à toute précaution de ce genre [1]. A l'ancienne fabrique d'allumettes de M. Bernhard, à la Villette, les ouvriers se lavaient avec un savon sableux très-caustique qui enlevait bien le phosphore incrusté dans les pores. Ce manufacturier nous assurait qu'il avait ainsi diminué beaucoup les cas de nécrose, lesquels selon lui, proviennent en grande partie, du phosphore absorbé par la peau des mains pendant les opérations. Une

---

[1]. Cette insouciance des ouvriers pour leur propre sécurité, insouciance qui se traduit par une sorte de force d'inertie quand ce n'est pas même par une résistance ouverte, paralyse souvent, il faut bien le dire, la bonne volonté des patrons. En voici deux exemples entre mille. Chez MM. Roberts, Dale et Cie, à Manchester, les hommes employés à la préparation du vert de Schweinfurt (où entrent, comme on sait, du cuivre et de l'arsenic) sont exposés à des maladies de peau qui se développent principalement sur les parties du corps où les ouvriers ont occasion de porter les mains pendant leur temps de travail. Eh bien! M. Roberts fils nous racontait que non-seulement on n'avait pu obtenir d'eux qu'ils se servissent de gants de peau, mais que même ils négligeaient, avant de vaquer à leurs nécessités, de se laver les mains à la fontaine placée tout exprès auprès des cuves. Chez M. Bell, à Washington, on a dû renoncer aux bains qu'on faisait prendre périodiquement aux ouvriers qui manipulent l'oxychlorure de plomb, car cette sujétion leur était si désagréable qu'elle les éloignait de l'usine.

autre précaution également utile, surtout quand la fabrication donne des poussières, c'est de faire changer les vêtements de dessus. Chez M. Bell, à Washington, les ouvriers qui manipulent l'oxychlorure de plomb ont un costume de travail qu'ils ne portent que dans l'atelier.

Un principe fondamental dans toutes les industries, c'est de ne pas laisser indéfiniment les mêmes ouvriers aux travaux dangereux, mais, au contraire, de les faire alterner avec ceux qui sont occupés aux autres branches de la fabrication, de manière à ce que les uns et les autres restent chaque fois exposés pendant une période de temps assez courte. La durée de cette période dépend d'ailleurs naturellement et du degré de l'insalubrité et des convenances de l'industrie. Il n'y a rien d'absolu à cet égard : l'essentiel, c'est que la mauvaise influence soit rompue avant que l'organisme ait pu être gravement affecté. D'après ce principe, aux cristalleries de Saint-Louis et de Baccarat on ne laisse les hommes à la préparation du minium que pendant six jours de suite. Au bout de la semaine on les envoie travailler en plein air, circonstance très-propice pour détruire les effets de l'intoxication. On a soin, en outre, de choisir des gens de la campagne demeurant à quelques kilomètres de la fabrique, lesquels ont par conséquent un grand exercice à faire à leur sortie du travail. La Cie de Saint-Gobain, Cirey et Chauny a été guidée par le même principe dans l'opération bien plus insalubre encore de l'étamage des glaces, opération qui se pratique, comme on sait, dans ses ateliers de Paris. Les ouvriers n'étament que deux fois par semaine, trois fois au plus, de six heures du matin à midi. Le reste du temps ils s'adonnent à des travaux inoffensifs.

C'est à une précaution semblable que les petites fabriques de caoutchouc soufflé, devenues si nombreuses à Paris depuis quelques années, doivent de n'être pas plus insalubres, malgré les conditions très-défectueuses où se trouvent la plupart d'entre elles. Le travail du caoutchouc s'y effectue à l'aide du

sulfure de carbone, dont les vapeurs, pernicieuses à un haut
degré, peuvent déterminer à la longue l'aliénation mentale
ou une prostration voisine de l'idiotisme. Habituellement les
vases renfermant la dissolution sont découverts et placés sous
la main des trempeurs, que rien par conséquent ne préserve
des émanations. Les ravages seraient incalculables si les
fabricants n'avaient le bon esprit d'occuper les hommes
au sulfure seulement deux ou trois fois par jour, et une
heure au plus chaque fois.

Ces divers exemples montrent comment les industries
modifient, suivant la nature des opérations, l'application
du même principe.

A défaut d'alternance, on doit abréger la durée du travail,
la couper, par des intervalles de plein repos et exiger que
pendant ces repos l'ouvrier sorte de la fabrique pour respirer
le grand air. On ne saurait croire à quel point ces sorties
sont salutaires pour arrêter les progrès de l'intoxication.
Aussi sont-elles devenues depuis quelques années la règle
d'un grand nombre de fabriques anglaises, notamment de
celles d'allumettes phosphoriques.

Un manufacturier soucieux de son personnel doit également avoir l'œil ouvert sur les moindres symptômes de maladie offerts par les ouvriers, pour leur faire immédiatement
suspendre le travail. C'est là en effet le plus puissant et
parfois le seul moyen de guérir une maladie professionnelle[1].
Dans les fabriques de quinine, par exemple, l'éloignement
momentané suffit ordinairement pour faire cesser un état
pathologique contre lequel toutes les médications auraient
échoué.

---

1. Le Dr Garman, de Londres, qui a été fréquemment appelé pour soigner
les affections dues au phosphore, remarque que dans tous les cas où il a
pu faire donner aux enfants une permission de vingt quatre heures, avec
promenade en plein air, il a obtenu un amendement très-sensible du côté
de la poitrine. « L'air pur ainsi aspiré affaiblit, dit-il, l'influence des vapeurs pernicieuses absorbées pendant le travail. »

Enfin tout grand établissement industriel doit être organisé
de manière à ce que les ouvriers puissent y recevoir quelques
soins essentiels propres à prévenir ou à combattre les premières atteintes de la maladie. La nature de ces soins est déterminée par des visites médicales périodiques. Au milieu de
la diversité de prescriptions qui en résulte naturellement,
suivant les industries, il est une mesure très-générale qu'on
doit signaler, c'est l'usage des bains. Beaucoup de fabriques
aujourd'hui ont une salle de bains à la disposition de leurs
ouvriers. Le plus souvent l'eau employée est de l'eau naturelle, mais dans certaines industries insalubres, par
exemple, dans celles qui s'exercent sur les dérivés du plomb,
on verse dans le bain un réactif (soit un sulfure alcalin,
soit de l'acide sulfurique) de nature à s'emparer de l'élément
toxique. Dans les fabriques d'allumettes phosphoriques on
fait souvent usage d'une solution de carbonate de soude [1].
Mais quelle que soit la composition du bain et lors même
qu'il se réduit à un simple lavage du corps à l'eau pure, il
n'en constitue pas moins une des ressources les plus efficaces dans toute espèce de professions.

On peut rattacher aux mesures hygiéniques un ordre de
précautions qui ont pour but de protéger les ouvriers contre
les atteintes des mécanismes. Les engins de tous genres que
l'industrie met en mouvement ne font sans doute guère
moins de victimes que les substances insalubres : car si celles-
ci atteignent plus sûrement les personnes qui les manient,
les engins mécaniques de leur côté se rencontrent dans un
bien plus grand nombre d'établissements. En tous pays le
législateur s'est préoccupé d'y remédier : mais nulle part les
mesures édictées dans cette intention ne sont aussi complètes
ni aussi scrupuleusement observées qu'en Angleterre. Dans

---

1. Le Dr Letheby, de Londres, qui a fait une étude approfondie des
moyens de combattre les pernicieux effets du phosphore, recommande
également l'usage des boissons alcalines et le rinçage fréquent de la bouche
avec une légère solution de carbonate de soude.

toutes les manufactures où l'on travaille les matières textiles, ainsi que dans un grand nombre d'industries telles que celles des poteries, des allumettes, des papiers peints, etc., les moyens de protection contre les mécanismes ne laissent à peu près rien à désirer. Les dispositions à prendre à cet égard peuvent se résumer ainsi :

Les machines à vapeur, les roues hydrauliques et, d'une manière générale, tous les moteurs avec leurs accessoires naturels doivent être exactement entourés d'une clôture de toutes parts, de telle façon que les ouvriers puissent circuler tout autour sans risquer d'être atteints. Il convient également, surtout quand l'atelier est fréquenté par des femmes ou des enfants, d'envelopper soigneusement les diverses pièces des machines, telles que roues d'engrenage, poulies ou tambours servant à transmettre le mouvement. Cette prescription ne s'applique pas seulement aux organes de transmission entre les diverses machines ou appareils, mais aussi entre les parties d'un même appareil. Dans un métier à filer, par exemple, il y a, comme on sait, trois ou quatre catégories d'engrenages, de diamètres décroissants, qui servent à mouvoir les diverses pièces du métier. Toutes celles de ces roues que l'ouvrier est exposé à rencontrer doivent être exactement enveloppées de façon que la main puisse se promener sans danger entre les organes. Les machines anglaises sont, sous ce rapport, admirablement établies ; il n'y a pas de pignon, pas de roue, pas d'engrenage, si petit qu'il soit, qui n'ait son enveloppe métallique sous laquelle il fonctionne et qui le dérobe au contact de l'ouvrier[1]. Ces dispositions doivent s'étendre à tous les outils rotatifs, qui ne sont pas ordinairement compris dans la désignation générique

1. Ces précautions sont si bien passées maintenant dans les habitudes de l'industrie anglaise que les constructeurs de machines y adaptent eux-mêmes tous les appareils de protection nécessaires. La machine est livrée au manufacturier dans des conditions qui dispensent celui-ci d'y faire aucune addition. Les grandes fabriques du Lancashire et du Yorkshire peuvent aujourd'hui servir d'exemple.

de mécanisme, mais qui sont néanmoins susceptibles d'occasionner des accidents.

Des dispositions d'un autre genre, bien que conçues dans le même esprit, doivent protéger les ouvriers contre les ruptures de pièces qui sont soumis à des efforts de déchirements. Sans parler des volants et autres roues de grands diamètres, on sait que les meules à repasser, par exemple, sont sujettes à éclater. Il convient, soit par un système d'armature convenable, soit de toute autre manière, de prévenir ces ruptures et les dommages qui en sont la suite. Dans certaines fabrique de coutellerie on se sert d'une plaque en fonte ou *garantie*, interposée entre la meule et l'ouvrier. Une pensée semblable doit, à plus forte raison, présider aux arrangements des locaux où l'on travaille les matières fulminantes; ainsi chez MM. Gaupillat, fabricants d'amorces à Bellevue (Seine), l'ouvrier chargé d'appliquer la poudre aux capsules est préservé par un bouclier en tôle qui le sépare de l'appareil où la poudre est distribuée. Au surplus nous reviendrons avec plus de détails sur ces particularités quand nous décrirons les moyens d'assainissement spéciaux.

Pour donner plus de force aux différentes mesures de salubrité ou de sécurité prises par les patrons dans l'intérêt de leurs ouvriers, mesures dont l'efficacité dépend en grande partie du bon vouloir de ceux-ci à les observer, on a adopté, en Angleterre, une disposition dont le principe nous semble excellent. Une loi du 25 juillet 1866 [1] autorise le fabricant à prendre des règlements intérieurs qui, avec l'approbation du ministre, deviennent, vis-à-vis des ouvriers, de véritables ordonnances de police en vertu desquelles ils sont tenues de se conformer, sous peine d'amende à prononcer par les tribunaux, aux mesures destinées à assurer « la propreté et la ventilation » de l'établissement. Même en l'absence d'une telle prescription légale, qui

1. *The factory acts extension act.*

manque effectivement en France, chaque manufacturier peut, du moins, au moyen d'une consigne affichée dans son usine, porter à la connaissance de ses ouvriers les principales précautions hygiéniques qu'ils doivent observer, sous peine de retenues pécuniaires ou même de renvoi. D'un côté ces consignes, d'une forme toujours un peu solennelle, ont plus de poids que les recommandations verbales ; d'un autre côté elles ont l'avantage, en cas d'accidents, de dégager beaucoup plus complétement la responsabilité du patron devant les tribunaux.

LIMITE D'AGE ET DURÉE DU TRAVAIL.

Nous ne saurions terminer ces considérations générales sur la protection des travailleurs, sans dire quelques mots d'un sujet qui s'y rattache visiblement : nous voulons parler de l'âge et de la durée du travail des personnes occupées dans les manufactures.

La plupart des nations industrielles de l'Europe ont été conduites à établir à cet égard des règles positives, parce qu'on y a vu avec raison une condition indispensable de la force et de la santé [1] des classes ouvrières. En attendant qu'une législation plus efficace que celle de 1841 ait définitivement résolu la question en France, voici les conclusions fondamentales auxquelles on s'est arrêté en divers pays, notamment en Angleterre, et qu'on doit regarder comme un *minimun* de ce que réclame l'hygiène bien entendue des jeunes ouvriers.

On est à peu près d'accord aujourd'hui pour reconnaître

1. Nous ajouterions : *et de la moralité,* si ce point de vue ne sortait du cadre de notre travail.

que les enfants ne doivent pas être admis dans les fabriques
avant l'âge de huit ans, et qu'ils ne doivent pas être assi-
milés aux hommes faits avant l'âge de 18 ans. De huit à
18 ans, on les distingue en deux catégories qui sont ordinairement établies : l'une de 8 à 13 ans ; l'autre de 13 à 18 ans.
Les femmes au delà de 18 ans restent, en Angleterre, comprises dans la deuxième catégorie. Ces deux catégories sont
soumises à des règles distinctes, dont les détails varient naturellement d'un pays à l'autre.

Des diverses réglementations en vigueur ou proposées
ressortent les trois points suivants, gagnés définitivement
à la cause des travailleurs :

1° L'une et l'autre catégorie doivent être exemptées du
travail de nuit, sauf le cas de force majeure ;

2° La seconde catégorie, celle des enfants de 13 à 18 ans et
des femmes d'un âge supérieur, ne doit point être retenue à
l'usine plus de douze heures par jour. Ces douzes heures de
séjour doivent d'ailleurs être coupées par deux ou trois intervalles de plein repos, de manière que la durée totale du
travail effectif soit ramenée à dix heures environ et qu'il n'y
ait jamais plus de cinq heures de travail consécutif ;

3° La première catégorie ou celle des enfants de 8 à 13 ans
ne doit faire que la moitié du service de la seconde [1].

Mais il est une foule de cas où ce *minimum* ne suffit pas
pour protéger efficacement les jeunes ouvriers et où par
exemple, la limite d'âge de 8 ans est beaucoup trop basse.
La convenance d'une limite plus élevée dépend, dans chaque
industrie, de la nature des travaux à effectuer. Tout ce qu'on

---

1. Cette prescription se combine ordinairement avec l'obligation de
fréquenter l'école pendant l'autre partie de la journée.

Afin de concilier cette faible durée du service des enfants avec les besoins de la fabrication, le manufacturier divise ordinairement son personnel d'enfants en deux brigades, qui sont au travail, l'une le matin, l'autre
l'après-midi. En outre, et pour que les conditions soient bien égales entre
les deux brigades, elles permutent de mois en mois, c'est-à-dire que celle
du matin passe au soir et *vice versâ*.

peut dire à cet égard, d'une manière générale; c'est que plus les opérations sont insalubres et pénibles, plus il convient de reculer la limite d'âge des enfants.

La loi anglaise a entrepris de tenir compte jusqu'à un certain point de ces considérations et dans ce but elle a établi diverses exceptions : ainsi, elle a posé la limite de 11 ans pour le repassage des métaux et le coupage de la futaine, celle de 12 ans pour les ateliers où l'on fond et recuit le verre, etc. Mais il est difficile de poser une limite pour chaque industrie ; en particulier l'appréciation, dans la plupart des cas, incombe en réalité au manufacturier. C'est donc à lui qu'il appartient surtout de faire la part des conditions de sa fabrication, et s'il y a lieu, d'aller au delà de ce qu'exige la loi, en ne perdant jamais de vue ce principe tutélaire, que les restrictions mises à l'emploi des jeunes travailleurs, si elles peuvent parfois occasionner des embarras momentanés, ne risquent jamais de compromettre sérieusement l'industrie, mais qu'au contraire elles finissent toujours par devenir pour le fabricant un élément de force et de prospérité [1].

1. Si quelqu'un pouvait douter de cette vérité, il suffirait de consulter les enquêtes qui ont eu lieu en Angleterre, à la suite de la mise en vigueur des deux *factory acts* de 1864, qui avaient eu pour effet d'étendre à diverses fabrications les anciennes restrictions concernant les filatures. L'immense majorité des industriels atteints par la nouvelle loi, interrogés en 1865, c'est-à-dire l'année même où ils la subissaient pour la première fois, n'ont pas hésité cependant à se prononcer catégoriquement en sa faveur. Ils ont déclaré qu'après les embarras inévitables du début, l'industrie devrait finalement profiter du nouvel ordre de choses. Ainsi « MM. R. Cochran et Cie, de la grande Poterie Britannique, à Glasgow, « avouent qu'ils ont eu, au début, un peu de crainte sur les effets de l'acte, « mais qu'ils sont maintenant persuadés que, nonobstant quelques désa-« gréments, en partie inséparables de tout changement, l'industrie en « profitera plus tard très-largement, car ils prévoient qu'il y aura plus de « régularité dans les travailleurs, et que l'âge plus élevé des jeunes gar-« çons assurera pour l'avenir une meilleure classe d'ouvriers. » M. Maling, de la poterie Ford, à Newcastle, n'est pas moins explicite : « Je suis « très-heureux, dit-il, que le *factory act* de 1864 ait été introduit. Je pense « qu'il moralisera beaucoup les ouvriers. » MM. Bell et Black, de la grande fabrique d'allumettes de Stratford, déclarent que « l'acte, loin de

CHAPITRE II

PROCÉDÉS SPÉCIAUX.

Dans cette description nous procèderons par nature d'industries, en laissant toutefois de côté celles qui ont peu d'importance ou qui sont faiblement insalubres, ou encore celles dont les procédés d'assainissement sont aujourd'hui assez généralement connus et pratiqués pour qu'il y ait peu d'intérêt à les rappeler.

TRAVAIL DU PLOMB ET DU CUIVRE.

Les industries où l'on travaille ces deux métaux sont toutes

« leur nuire, leur a été avantageux, et qu'ils ne doutent pas que leur opi-
« nion ne soit partagée par tous les grands fabricants d'allumettes. »
MM. Heywod, Higginbottom, Smith et Cⁱᵉ, fabricants de papiers peints,
à Manchester, disent : « Nous ne pensons pas que la production en soit
« du tout troublée. En un mot, nous produisons plus dans le même temps,
« parce que nos jeunes gens ne sont pas épuisés comme auparavant par la
« longue durée du travail. » Nous croyons inutile de multiplier davantage
les citations. (Voir, pour plus de détails, l'enquête faite en 1865 par
M. Alexandre Redgrave, inspecteur général des *factories*. Voir aussi le
rapport d'avril 1867, de M. Baker collègue de V. Redgrave.) En ce moment
même, les deux *factory acts* de 1867, qui ont fini par saisir la presque
totalité des industries, donnent lieu à des appréciations semblables; les
rapports d'inspection de 1869 constatent que la première application a
trouvé un accueil très-favorable.

plus ou moins malsaines ; les ouvriers y subissent l'intoxication soit par contact, soit surtout par les émanations qu'ils sont exposés à aspirer. On doit citer en premier lieu le fondage des métaux et de leurs alliages, le traitement des minerais de plomb au four à manche, le travail de la coupellation, etc. Quant au grillage ou au fondage dans les fours à réverbère, il est beaucoup moins insalubre, à cause de l'excellent tirage qui règne ordinairement dans ces fours et qui empêche les gaz de pénétrer dans l'atelier, même pendant que les portes de travail restent ouvertes.

Lorsqu'on fond le plomb dans des chaudières, la précaution usuelle consiste, comme pour la plupart des dégagements nuisibles, à surmonter ces chaudières de hottes à peu près hermétiques, qu'on ouvre seulement pour les convenances du travail. Toute la difficulté de cette disposition, fort simple en théorie, réside dans le tirage, qui a besoin ici d'être extrêmement énergique, à cause de la densité exceptionnelle des vapeurs. Dans les établissements même bien tenus, on se contente trop souvent de faire déboucher la hotte à la cheminée du foyer, ce qui est absolument insuffisant. La disposition prise par M. Lepau, dans son importante fonderie de Lille, est bien préférable. Les hottes, munies chacune d'un registre qui permet de fermer celles dont les chaudières ne marchent pas, communiquent à un carnau commun qui débouche sous le cendrier des appareils à vapeur. Ce cendrier est d'ailleurs pourvu de portes ouvrant à l'air libre et dont on use plus ou moins, selon le nombre des chaudières en activité, de manière à emprunter constamment aux hottes de ces dernières toute la quantité d'air qu'elles peuvent fournir pour alimenter la combustion ; d'où il résulte que l'aspiration des vapeurs plombeuses dans ces hottes est nécessairement fort active.

Le fondage du cuivre et de ses alliages, dans les fours dits à creuset, offre des inconvénients analogues, si ces fours n'ont pas un tirage suffisant pour produire une bonne aspi-

ration au moment où on les découvre afin de surveiller ou
de retirer le creuset. L'ouvrier qui se tient alors debout au
dessus du four pour enfoncer sa pince, est exposé à aspirer
les vapeurs métalliques. En vue d'y parer, on doit diminuer
autant que possible l'orifice du four et établir au dessous
une communication avec une cheminée puissante. Telle est
la disposition adoptée par plusieurs fondeurs, entre autres
M. Maurel, à Marseille. Les fours de cet industriel communiquent avec la cheminée des appareils à vapeur, haute de
plus de 30 mètres, et toutes les dimensions sont si bien
combinées que l'ouvrier, penché au dessus de l'orifice, non-
seulement n'aspire pas d'émanations, mais ne ressent pas
même de chaleur.

A l'usine de MM. Æshger, Mesdach et Cie, à Biache
Saint-Vaast (Pas-de-Calais), le four de coupellation déga-
geait, comme toujours, d'abondantes vapeurs plombeuses
qui affluaient à l'orifice par lequel on charge et l'on sur-
veille la coupelle. On avait essayé d'y remédier au moyen
d'une hotte ; mais loin d'enlever les vapeurs, souvent elle
les rabattait; en outre l'ouvrier était obligé d'engager sa tête
sous la hotte, ce qui le plaçait dans les pires conditions. On
y a obvié complétement et par un moyen bien simple : deux
carnaux d'échappement, ménagés dans la maçonnerie, à
droite et à gauche de l'orifice de travail, se réunissent à un
conduit commun qui débouche *obliquement*, sous un angle
de 35 à 40 degrés, dans le carnau des flammes du foyer.
Celles - ci déterminent dans le conduit une aspiration
énergique, qui prévient la sortie des fumées dans l'atelier.

Les fourneaux à manche de cette usine ont été l'objet
d'améliorations analogues. Les petites cheminées avec porte
de chargement dont on les surmonte d'ordinaire tirent
médiocrement et ne préservent pas assez l'ouvrier des vapeurs qui s'échappent du gueulard. On y a substitué une galerie voûtée, horizontale, qui recouvre les têtes de tous ces
fours (Pl. I, fig. 5 à 8), et qui communique à un système

aspiratoire d'une grande puissance, formé par le carnau
général des flammes de l'usine [1].

Le battage et le laminage du cuivre et du laiton ne sont
pas exempts d'inconvénients. Toutefois quelques soins hygiéniques, notamment le lavage des mains et du corps,
avec une bonne aération des salles, suffisent pour conjurer
le danger. On n'est même pas éloigné de croire que réduite à ces faibles proportions, l'intoxication du cuivre est
plutôt favorable que nuisible à la santé, et à cet égard on
cite en Angleterre des districts où les ouvriers en cuivre
ont été moins maltraités par les épidémies cholériques que
le reste de la population.

CÉRUSE ET AUTRES DÉRIVÉS DU PLOMB.

Nous touchons ici à une des industries les plus malsaines.
Aussi a-t-elle été depuis quelques années l'objet des recherches les plus louables de la part des grands manufacturiers. On voit aujourd'hui des établissements, en France particulièrement, où le mal a été réduit presque aux dernières
limites.

Dans la fabrication de la céruse on peut dire que tout est
dangereux : aussi convient-il de suivre tous les détails des
opérations pour se rendre compte du degré d'assainissement
dont l'ensemble est susceptible. On connaît plusieurs méthodes de préparation de la céruse : nous nous bornerons
aux méthodes hollandaise et française, les mêmes particularités insalubres se retrouvant, à peu de chose près, dans
toutes les autres.

La méthode hollandaise est, quant à présent, la plus répandue. On en trouve de nombreuses applications dans la
plupart des pays de l'Europe ; en France même, elle a pris

---

1. Ce système aspiratoire a été institué en vue de protéger le voisinage : nous y reviendrons plus loin.

le pas sur la méthode nationale. Un des établissements les mieux installés et dont les procédés ont servi de modèle à plusieurs autres, est celui de MM. Théodore Lefebvre et Cie, à Moulin-les-Lille. Il a été trop souvent décrit dans des livres spéciaux pour que nous ayons besoin d'en parler avec beaucoup de détails. Nous rappellerons seulement les points principaux.

La fonte du plomb en lamelles, l'ajustement et le démontage des tas n'offrent rien de saillant. Il convient seulement de remarquer que la fonte doit s'effectuer avec les soins que nous avons indiqués à l'article précédent. Après le démontage, vient le grattage des lames carbonatées. Celles-ci, apportées dans l'atelier, sont tout d'abord dépouillées de la partie la plus friable, qui peut être détachée sans effort et sans donner beaucoup de poussières ; elles sont ensuite mises sous des cylindres cannelés qui achèvent de les décaper (Pl. I, fig. 3 et 4). Le blanc en écaille qui s'en détache passe entre de nouveaux jeux de cylindres, et tombe à travers un blutoir dans des fosses souterraines où on l'humecte pour éviter les poussières. On opère ensuite le broyage à l'eau sous des meules horizontales. A partir de ce moment, les opérations se bifurquent, une moitié de la céruse étant destinée à être vendue en poudre, et l'autre moitié à être vendue en pâte.

La première moitié, celle pour la vente en poudre, est séchée dans des pots et dépotée à la main avant d'être devenue friable ; puis on l'écrase au moulin, on la broie sous des meules, on la passe au blutoir et finalement on la recueille dans des chariots qui sont renfermés avec le blutoir sous la même enveloppe double et qu'on retire avec les précautions que nous avons fait connaître dans la première partie de ce travail. L'embarrillage qui clôt la série de ces opérations est complété par le pressage à la machine. Cette fabrication se recommande comme on voit : 1° par la substitution des moyens mécaniques à la main de l'homme

dans les détails les plus périlleux ; 2° par le parfait isolement
des appareils, toujours soigneusement clos ; 3° par la précaution prise d'humecter la céruse toutes les fois que les ouvriers
la manipulent directement.

La moitié de la céruse, destinée à être vendue en pâte,
est l'objet d'un assainissement plus radical et qu'on ne saurait trop souhaiter de voir se généraliser : le broyage à
l'huile. Au sortir des premières meules à eau, la céruse
demi-humide est introduite dans des pétrins mécaniques,
avec une quantité convenable d'un mélange formé d'un
tiers d'huile de lin et de deux tiers d'huile d'œillette. La pâte
ainsi obtenue est passée entre des cylindres broyeurs ou laminoirs qui lui donnent la ténuité voulue. L'eau ne tarde
pas à être expulsée par l'huile et l'on obtient le produit
onctueux livrable immédiatement au consommateur. Ce
mode d'expulsion de l'eau constitue un progrès capital qui
ne date que de quelques années [1]. Pour rendre compte de
l'assainissement qui en résulte, il suffit d'énumérer les opérations à la main qui, par là, se trouvent supprimées; ce sont:
la mise en pot, le travail du séchoir, le dépotage, l'empaque-
tage et l'embarillage, sans parler du broyage et du blutage
à la machine qui, avec quelque soin qu'on les exécute,
sont toujours une occasion de poussières pour l'atelier. Il
convient en outre de remarquer que le travail à l'huile a
l'avantage de diminuer beaucoup la main d'œuvre générale
et par suite le nombre de personnes exposées à l'intoxication. C'est ainsi qu'avec trente ouvriers, M. Bezançon, à
Paris, qui prépare à l'huile toute sa céruse, fabrique aujour-
d'hui, nous disait-il, 50 p. 0/0 de plus, qu'autrefois avec
quatre-vingts [2]. Il y aurait à tenir compte, il est vrai, des
progrès mécaniques réalisés dans ces dernières années.

1. Ce phénomène remarquable vient d'être l'objet des savantes recherches de M. Chevreul.

2. M. Bezançon, qui fait les plus louables efforts pour propager l'emploi de la céruse à l'huile, espère que la vente en poudre finira par cesser

Les procédés d'assainissement qui viennent d'être décrits, sont puissamment aidés, chez M. Lefebvre, par la disposition même des ateliers qui sont hauts, larges et bien aérés. Le travail, concentré le long des murs sous des châssis hermétiques, échappe aux regards du visiteur, qui n'aperçoit que quelques ouvriers en apparence inoccupés (Pl. I, fig. 1 et 2). Grâce à ces sages mesures et à diverses précautions de détail qu'il serait superflu de mentionner, M. Lefebvre a pu supprimer tout accident grave, malgré une production qui dépasse le chiffre de 2 millions et demi de kilogrammes.

Les mêmes perfectionnements se retrouvent avec quelques variantes dans plusieurs grands établissements. Le travail à l'huile, notamment, a été promptement adopté par les principales maisons, mais avec des modifications qui parfois en diminuent les avantages hygiéniques. Ainsi dans la fabrique, d'ailleurs si bien installée, de M. Bezançon, que nous citions tout à l'heure, on juge à propos, avant d'incorporer l'huile à la céruse, d'expulser préalablement l'eau. A cet effet, on commence par comprimer la pâte et par la dessécher à l'étuve, de façon à avoir des pains peu résistants qui donnent le moins de poussière possible (cette dessiccation a lieu sans élévation de température, parce qu'on ne se propose pas de *surprendre* le blanc de plomb pour le rendre plus friable, ainsi qu'on y tend quand on veut le livrer en poudre). Les pains privés de leur eau sont concassés, et portés dans les mélangeurs à l'huile. Le concassage, même dans ces conditions, ne laisse pas d'être assez insalubre pour les ouvriers ; aussi les fait-on régulièrement alterner avec ceux des autres branches de la fabrication. Au contraire, chez M. Bruzon, à Tours, le travail à l'huile a reçu un perfectionnement, sinon au point de vue de l'hygiène, du moins au point de vue de la rapidité de la fabrication : la pâte de

entièrement. Elle n'est maintenue, selon lui, que par les habitudes et les préjugés du commerce, notamment par la crainte d'avoir des produits moins purs.

céruse, reprise telle quelle dans les cuves, est portée directement aux mélangeurs, et de là, passée aux laminoirs comme
chez M. Lefebvre ; avec cette différence que les laminoirs
sont chauffés intérieurement à la vapeur, ce qui paraît activer le départ des dernières traces d'eau.

Les autres parties de la méthode hollandaise ont été
l'objet d'améliorations de détail. Le grattage des lames ou
décapage est fréquemment assaini en Angleterre (par
exemple, chez MM. Walkers, Parker et Cⁱᵉ, et chez
MM. Locke, Blackett et Cⁱᵉ, à Newcastle) par la précaution
prise de faire tomber sur les lamelles, pendant qu'on les
nettoie, un filet continu de céruse liquide qui absorbe
les poussières. En outre, chez MM. Barker et Cⁱᵉ, à Sheffield,
toute l'opération a lieu mécaniquement, et les ouvriers
chargés de pousser les lames mouillées sous les laminoirs,
sont munis chacun d'un trident en fer, de 75 centimètres
de long, qu'ils ne doivent jamais abandonner pendant le
travail. Défense expresse leur est faite de manier les lames
avec les doigts et l'on renvoie inexorablement de l'usine
ceux qui s'oublient à le faire. Mais nulle part cette partie du
travail ne nous a paru aussi bien entendue que dans la
fabrique de M. Bezançon. Les cylindres y sont remplacés
par de petits marteaux pilons, dont le jeu est beaucoup plus
efficace, et les lamelles battues sur une table exigent beaucoup moins le concours de l'ouvrier pour être maintenues
sous l'outil que pour être ramenées entre les laminoirs. Dans ces conditions, le décapage peut être entièrement pratiqué à la machine, et il n'est plus nécessaire,
comme chez M. Lefebvre, d'effectuer un premier décapage
partiel à la main avant d'envoyer les lames aux cylindres.

Chez M. Orsat, à Clichy, le broyage de la céruse séchée
à l'étuve a été amélioré par la mise en communication de
l'enveloppe des meules avec un ventilateur, en même temps
que par l'installation de doubles ramasseuses qui dispensent
d'ouvrir le bâti autrement que pour charger. Il convient

de citer une autre innovation importante, réalisée dans la même maison, et qui diminue beaucoup le contact des ouvriers. Elle est relative à la manipulation des pains de céruse : l'étuve est constituée par une longue galerie en briques parcourue par un chemin de fer ; les terrines humides, placées sur des chariots, entrent par une extrémité et, après trois jours environ, ressortent séchées par l'autre extrémité.

Enfin les manipulations qu'entraînaient le démontage des tas et le grattage des lames se trouvent en grande partie supprimées dans le procédé appliqué par M. Delmotte-Hooreman, à Mariakerke-lès-Gand (Belgique), ainsi que dans la fabrique de Rheinbroke (Prusse rhénane). Ce procédé, sur la valeur industrielle duquel nous n'avons pas à nous prononcer, consiste à suspendre les lames de métal dans des chambres closes, et à faire arriver de la vapeur d'acide acétique, de l'air et de l'acide carbonique fourni par du coke en combustion. Au bout de trente ou trente-cinq jours l'attaque du plomb est terminée et l'on ramasse sur le sol des chambres une céruse extrêmement blanche et très-régulière.

Abordons maintenant la méthode française ou *de Clichy.*

L'établissement qui nous a offert les particularités les plus saillantes, au point de vue de la salubrité, est celui de M. Ozouf, à Saint-Denis. Cette fabrique, de fondation toute récente, est loin d'être au premier rang comme importance, puisque sa production totale n'a jamais dépassé 7 à 800,000 kilog. et qu'elle a même subi de longs temps d'arrêts motivés, paraît-il, par des circonstances étrangères à la question technique. Elle n'en mérite pas moins de fixer l'attention à un double titre : 1° par la nature chimique des procédés employés ; 2° par la disposition matérielle des appareils destinés à les mettre en œuvre. Les uns et les autres ont concouru à la placer dans des conditions d'hygiène qu'on rencontre bien rarement dans cette périlleuse industrie ; pour ce motif, nous la décrirons avec quelques détails

quoique en ce moment même, croyons-nous, la fabrication
soit arrêtée.

. Le mode de préparation de la céruse, chez M. Ozouf, ne
diffère pas, en principe, du procédé connu. Il s'agit toujours
de dissoudre l'oxyde de plomb dans l'acide acétique et de
décomposer l'acétate tribasique de plomb par un courant
d'acide carbonique. Mais ce qui constitue l'originalité du
procédé, c'est la manière dont on fait agir l'acide carbonique. Au lieu d'employer ce corps mélangé à une grande
quantité de gaz inertes, ainsi que cela a lieu communément,
M. Ozouf le prépare à un parfait état de pureté. Cette pureté
a des conséquences très-importantes au point de vue de
l'assainissement, car elle permet d'abréger certaines opérations et d'en supprimer certaines autres qui, dans la pratique ordinaire, mettent l'ouvrier en contact fréquent avec
la matière toxique. Une autre particularité, à laquelle l'inventeur attache également un grand prix, c'est que la céruse
se trouve entièrement débarrassée de l'acétate de plomb,
dont elle retient jusqu'à 5 et 6 p. 0/0, par les autres méthodes. M. Ozouf attribue à la présence de ce sel la majeure
partie des fâcheux effets qu'on a coutume de rapporter à la
céruse, effets qui, selon lui, s'expliqueraient mal avec un
corps aussi insoluble que le carbonate, tandis qu'ils s'expliquent beaucoup mieux par la grande solubilité de l'acétate. A l'appui de son opinion, il cite ce fait, que plusieurs
des personnes qui usent de ses produits lui ont déclaré en
avoir déjà constaté l'innocuité relative. Ce point, s'il était
confirmé, aurait incontestablement une grande portée.
N'étant pas à même, quant à nous, d'en décider, nous nous
bornerons ici à considérer la fabrication en elle-même.

L'oxyde de plomb destiné à former l'acétate, et sur la préparation duquel nous reviendrons tout-à-l'heure en parlant du
minium, est exclusivement employé à l'état humide, en sorte
qu'aucune poussière n'est à redouter. L'acétate, obtenu par la
voie ordinaire, est mis à réagir dans un cylindre en cuivre

étamé (Planche II, fig. 1), parfaitement clos et muni d'un
agitateur à palettes, dans lequel on fait arriver un courant
d'acide carbonique pur. Ce gaz, préparé comme il sera dit
plus loin, est approvisionné dans un gazomètre ordinaire,
d'où il s'écoule au cylindre par un tuyau mobile en caoutchouc. L'introduction de l'acide est gouvernée à volonté,
à l'aide d'un petit indicateur qui suit les mouvements de
la cloche et dont la graduation est établie d'après le rapport
connu qui existe entre le volume de cette cloche et le
volume également connu de la solution plombeuse titrée
mise dans le cylindre. Cet indicateur fonctionne sous les
yeux de l'ouvrier, qui sait d'avance, d'après les ordres qu'il
a reçus, à quel point exact doit cesser l'introduction du
gaz. « De la sorte, dit M. Ozouf, — et c'est un point sur
« lequel il insiste tout particulièrement, — on obtient avec
« constance et régularité, des céruses à doses facultatives
« d'acide carbonique [1], tandis que dans la fabrication ordi-
« naire, on ne peut régler à volonté la proportion de cet
« acide qui varie souvent du simple au double, au grand
« détriment de la qualité des produits [2]. » Ajoutons que la
carbonatation est extrêmement rapide ; au lieu de 10 à 12
heures, ce qui est la durée commune, elle prend à peine 10
minutes. Nous avons vu, en ce délai très-court, transformer
100 kilogrammes de céruse. La réaction est favorisée par
le mouvement de l'agitateur, et l'introduction du gaz dans
le cylindre a lieu spontanément, sous la seule influence du

1. M. Ozouf a adopté pour ses produits la formule de la céruse hollandaise normale : acide carbonique 12,576 ; eau 1,992 ; oxyde de plomb
85,432 ; ou $3(PbO.CO^2)PbO.HO$.

2. M. Ozouf fait ressortir l'importance extrême qu'il y a, selon lui, à
pouvoir graduer l'absorption de l'acide carbonique : « car, dit il, la qua-
« lité des céruses est en sens inverse de la quantité d'acide carbonique
« qu'elles renferment, puisque l'acide carbonique prend chimiquement la
« place de l'eau dans ce produit et que c'est à une hydratation bien calculée
« qu'il doit sa supériorité. » Ce point étant étranger à la question de su
lubrité, nous n'avons pas à le discuter ici.

vide produit par l'absorption. Une autre conséquence de la pureté de l'acide carbonique, c'est que la céruse est complétement amorphe : la formation des lamelles cristallines, qui déprécient d'ordinaire le procédé français, paraît être prévenue ici par la promptitude de la réaction et par l'ébranlement qui se fait sentir à la fois dans toute la masse.

La céruse est reçue sous forme de magma dans une cuve en bois, d'où l'on soutire l'acétate neutre, et où elle subit un premier lavage. De là, on la fait passer dans une seconde cuve où on la lave de nouveau à l'eau, et ensuite au sous-carbonate de soude afin d'enlever les dernières traces d'acétate. La disparition complète de ce sel est constatée au moyen de l'iodure de potassium qui ne doit plus donner aucune coloration en jaune. Ainsi purifiée, la céruse est séchée dans une étuve ou galerie à chemin de fer. L'opération s'accomplit dans de bonnes conditions d'hygiène, à peu près comme chez M. Orsat : l'ouvrier ne touche pas directement à la céruse, mais il se borne à charger les baquets sur des chariots qui pénètrent dans la galerie par une extrémité et en sortent le lendemain par l'autre, étant remorqués par un câble qu'on manœuvre du dehors. M. Ozouf se proposait même de perfectionner cette opération en faisant sécher la céruse sur un rouleau chauffé intérieurement par un bec de gaz : la pâte sortant de la cuve serait ramenée, par une addition convenable d'eau, à une densité moyenne et se déverserait continuellement sur le rouleau par l'intermédiaire d'une trémie pourvue d'un petit agitateur à mouvement rectiligne alternatif. Cette disposition avait du reste fonctionné déjà et n'avait été mise de côté que temporairement et pour des raisons accessoires.

Au sortir des étuves, la céruse est embarillée immédiatement, sans subir aucun broyage ni blutage préliminaires. La finesse et l'homogénéité du produit brut rendent en effet tout raffinage inutile. Ainsi se trouvent supprimées une série d'opérations fort insalubres pour les ouvriers. Quant à celles qui précèdent le séchage, elles s'accomplissent dans les conditions les plus satisfaisantes, car, à aucun moment, les hommes ne touchent les matières ni ne se trouvent en présence de poussières. Le travail s'accomplit toujours, comme on a vu, par la voie humide, et, de plus, les appareils sont disposés de telle sorte que les liquides circulent de l'un à l'autre, soit sous la seule action de la gravité, soit au moyen de pompes mues à la vapeur. Les ouvriers préposés aux diverses opérations n'ont absolument qu'à tourner un robinet et à laisser faire; on peut dire que rien ne ressemble moins à une fabrique de céruse que cette portion des ateliers [1].

La préparation de l'acide carbonique joue un rôle tellement capital dans le système de M. Ozouf qu'il paraît bon

[1] M. Ozouf se proposait d'installer prochainement un autre procédé qui rendrait la différence plus frappante encore. Ce procédé, qu'il nomme *constant*, par opposition au système actuel qui est *intermittent*, puisqu'on opère par cuvées successives, a déjà, paraît-il, fonctionné d'une manière satisfaisante, mais nous n'avons pas été à même d'en juger. Le principe est toujours le même : il s'agit de décomposer l'acétate tribasique par l'acide carbonique; mais l'appareil est considérablement modifié (Pl. II, fig. 2). A l'aide d'une pompe aspirante et foulante, munie de deux boîtes à soupapes d'une construction particulière, on aspire simultanément l'acide carbonique et la solution d'acétate tribasique. Les deux corps se rencontrent dans la première soupape et sont immédiatement expulsés par la seconde dans un cylindre clos muni d'un agitateur. La réaction est instantanée et à peu près complète au sortir des soupapes; elle se termine, si besoin est, dans le cylindre. Les produits se rendent, de là, dans un vase séparateur, qui restitue au gazomètre l'acide carbonique en excès et écoule la dissolution dans la cuve à déposer. Les opérations se continuent ensuite comme à l'ordinaire. La pompe manœuvre avec une vélocité d'au moins 60 coups par minute. M. Ozouf calcule que les dimensions de ses soupapes peuvent être telles, sans nuire à la réaction, qu'on obtienne un quart de litre de céruse par coup de piston. La production serait ainsi de 15 kilogrammes par minute ou de 9.000 kilogrammes par journée de dix heures. On atteindrait aisément, avec une seule pompe, le chiffre de 2 millions et demi à 3 millions de kilogrammes par an, qui est celui des plus fortes maisons. Par ce procédé, mieux encore que par l'intermittent, on peut avoir, selon M. Ozouf, des sortes de céruses parfaitement régulières, à doses facultatives d'acide carbonique. Avec un semblable appareil et un séchoir mécanique bien installé, la fabrication deviendrait véritablement automatique et se passerait pour ainsi dire de l'intervention de l'ouvrier.

d'en dire quelques mots. On sait que d'ordinaire ce gaz est
obtenu directement par la combustion du coke dans un foyer
et qu'il est refoulé dans la dissolution d'acétate au moyen
d'une machine soufflante. L'intervention de cette machine
est rendue nécessaire par l'extrême impureté de l'acide
carbonique, qui se trouve en effet mélangé d'une grande quantité d'azote libre ainsi que d'un peu d'oxygène et d'oxyde de
carbone, en sorte que la réaction est très-lente et tout à fait
insuffisante pour déterminer l'aspiration du mélange gazeux.
Après avoir essayé de diverses méthodes, entre autres la
décomposition des calcaires et la calcination de l'oxyde de
cuivre en présence de charbon pulvérisé, M. Ozouf est parvenu à rendre tout à fait industriel le procédé des laboratoires qui consiste à dégager l'acide des bicarbonates alcalins, obtenus eux-mêmes au moyen de la réaction des gaz de
la combustion sur une dissolution de carbonate neutre. Les
appareils de M. Ozouf fonctionnent en grand, non-seulement à Saint-Denis, mais aussi à Paris, où depuis
quelques années il prépare l'acide carbonique pour les eaux
gazeuses, sur le pied de 250.000 à 300.000 litres d'acide en
vingt-quatre heures.

Le coke est brûlé dans une sorte de vaste poële en briques
réfractaires garni d'une enveloppe en tôle (Pl. II, fig. 3).
Les gaz passent dans un cylindre à eau courante ou *laveur*,
où ils sont refroidis. De là, ils sont aspirés par des
pompes à air, dont la capacité et le mouvement sont réglés
de façon à faire passer par le foyer la quantité d'air corres
pondant à la formation du maximum d'acide carbonique, et
ensuite envoyés successivement : 1° à travers un condenseur
où s'arrête l'eau entraînée du laveur (de manière à ne pas
altérer le titre de la solution saline) ; 2° à travers cinq cylindres horizontaux communiquants, munis d'agitateurs et
parcourus par une solution sans cesse renouvelée de carbonate de soude, cylindres dans lesquels se fait l'absorption de
l'acide carbonique. Le dernier d'entre eux déverse le bicar-

bonate dans un bac, et de plus il est pourvu d'un tuyau ou cheminée débouchant au dessus du toit, par où s'échappent les gaz étrangers, consistant principalement en azote.

La liqueur de bicarbonate est reprise par une pompe et refoulée dans un cylindre, où elle est portée à la température de 105 degrés au moyen d'un serpentin à vapeur. Elle abandonne son excès d'acide carbonique, qui est refroidi, débarrassé de sa vapeur d'eau et finalement mis en réserve dans le gazomètre. Quant au carbonate neutre, il retourne, après un refroidissement convenable, aux cylindres d'absorption pour se transformer de nouveau en bicarbonate, et ainsi de suite ; en sorte que, sauf les pertes inévitables, le même sel peut servir indéfiniment. Notons, en passant, quelques détails ingénieux : 1° la chaleur abandonnée par le refroidissement du carbonate neutre est utilisée pour réchauffer le bicarbonate. A cet effet, les deux solutions se rencontrent dans un cylindre, l'une circulant dans l'intérieur des tubes, l'autre les enveloppant, et font ainsi échange de températures avant d'aller respectivement au réchauffeur et au réfrigérant spéciaux qui les attendent ; 2° l'eau abandonnée dans le serpentin par l'acide carbonique est exactement restituée à la solution de carbonate neutre, afin de maintenir constant le titre de cette dernière ; 3° la double circulation, du carbonate neutre retournant au cylindre d'absorption et du bicarbonate marchant aux appareils de désomposition est obtenue à l'aide de deux pompes pareilles, conjuguées de façon à ce qu'il y ait toujours concordance parfaite entre les volumes destinés à se remplacer mutuellement.

La préparation du massicot et du minium se rattache à celle de la céruse : elle s'effectue ordinairement dans les mêmes usines et, quand on suit la méthode française, le massicot est l'intermédiaire obligé pour passer du plomb à son carbonate. Les dangers auxquels ces produits exposent les ouvriers sont, d'une part, les émanations qui se produisent pendant l'oxydation du plomb aux fours dormants, et, d'autre part, les poussières dues aux diverses manipulations et notamment au broyage du minium. Cette seconde cause d'insalubrité peut être combattue par les mêmes procédés en usage pour la céruse ; nous n'y reviendrons pas. Quant à la première, elle doit être l'objet de quelques dispositions spéciales. La plus répandue consiste à ménager au dessus de la porte de travail des fours, une petite hotte d'aspiration communiquant à la cheminée, afin que l'ouvrier occupé à ringarder le plomb dans l'intérieur du four pour faciliter l'oxydation, soit préservé des émanations qui tendent à s'échapper par la porte. Tel est le moyen employé par M. Bruzon, à Tours, par MM. Locke, Blackett et Cie, à Newcastle, par M. Brasseur, à Gand, etc. Mais il existe une solution plus radicale et d'un effet plus assuré : c'est de dispenser les hommes du brassage même du plomb et de faire exécuter ce travail par des appareils automatiques. Les nouveaux fours dans lesquels on réalise cet objet sont d'origine anglaise et en usage déjà dans plusieurs fabriques de la Grande-Bretagne ; ils ont reçu de M. Ozouf des perfectionnements de détails assez importants, dont on jugera par la description suivante.

A la fabrique de Saint-Denis, la cuvette du four à massicot est munie d'un agitateur mécanique marchant à la vitesse d'environ 75 tours par minute. Les bras de cet agitateur rasent la surface du plomb de manière à l'*écumer* continuellement et à rejeter l'oxyde, à mesure qu'il se forme, sur le haut de la sole, d'où les gouttelettes de plomb qui peuvent se trouver mélangées au massicot ne tardent pas, grâce à l'inclinaison de la sole, à retomber dans la cuvette qui en occupe le centre. Le four est pourvu sur ses faces opposées de deux portes, l'une pour le chargement et l'autre pour le déchargement ; au dessus d'elles règne une hotte en communication avec la cheminée. Ces portes restent fermées pendant tout le temps de l'oxydation ; l'air nécessaire étant fourni par une prise spéciale, ménagée dans la maçonnerie

du four. L'ouvrier n'intervient donc que pour charger ou
décharger la matière, ce qui a lieu toutes les six heures; et à
ces moments il est préservé des vapeurs par les hottes dont
l'aspiration est énergique. Le massicot sortant du four est
reçu dans une cuve à eau et subit toutes les manipulations
par la voie humide, ce qui exclut la possibilité des poussières.
On a produit ainsi, chez M. Ozouf, en vingt-quatre heures
2.400 kilogrammes d'oxyde destinés à être convertis partie
en acétate et partie en minium.

La préparation du minium repose sur les mêmes principes. La suroxydation s'opère dans un four également muni
d'un agitateur mécanique, mais qui se ment beaucoup plus
lentement, à raison d'un tour seulement par minute. L'air
arrive sur la matière au moyen de neuf prises convenablement distribuées. On charge à la fois 500 kilogrammes et la
transformation dure vingt-quatre heures. Les portes sont
aussi pourvues de hottes de dégagement en relation avec la
cheminée. Le minium obtenu est très-beau de ton.

Ces sortes de fours nous paraissent réaliser l'assainissement d'une manière complète; ils peuvent également s'appliquer à la conversion de la céruse en mine orange, laquelle
se pratique dans quelques usines et mérite au même titre
d'être assainie.

Pour épuiser la question relative à la céruse, nous
devons mentionner une tentative qui ne tendrait à rien
moins qu'à faire disparaître ce corps de l'industrie : nous
voulons parler de la substitution du blanc de zinc au blanc
de plomb. La nouvelle couleur est déjà entrée en proportion
notable dans la consommation. Elle fournit, assure-t-on,
des tons aussi blancs et, de plus, inaltérables à l'air, même
sous l'influence de l'hydrogène sulfuré. Mais il ne paraît pas
qu'elle puisse lutter d'éclat avec la céruse ; en outre, il faudrait remplacer les diverses couleurs dérivées du plomb par
des produits analogues tirés du zinc. La question a été par-

tiellement résolue, mais il reste encore beaucoup trop de
difficultés à vaincre pour que la céruse ne continue pas à
avoir un grand débouché. D'autres corps, tels que le sulfate
de baryte, ont été également proposés, mais avec moins de
succès que le blanc de zinc. D'ailleurs, l'introduction de la
céruse à l'huile, en diminuant le danger, tend à diminuer
aussi l'intérêt du problème.

L'industrie fait encore usage d'autres dérivés du plomb
qui, au point de vue de l'hygiène, présentent avec la céruse
une grande analogie : ce sont l'oxychlorure et surtout l'acétate de plomb. Quant aux autres sels plombiques, ils ne sont
pas l'objet de fabrications en grand, mais ils sont habituellement préparés, à l'aide des précédents, par les marchands de
couleurs, dans des ateliers plus ou moins exigus.

Les fabriques d'oxychlorure (la seule très-importante est
celle de M. Bell, près Newcastle), et celles d'acétate, qui
sont assez nombreuses en France et en Allemagne, ne méritent ici aucune mention particulière, car elles sont en
général beaucoup moins bien assainies que les établissements dont nous venons de nous occuper.

ÉMAILLAGE AU PLOMB.

Nous rangeons sous la dénomination générique d'*émaillage* plusieurs industries qui ont pour objet de fabriquer des
émaux plombeux ou de les appliquer sur divers corps. Elles
ont toutes un caractère commun, qui est de donner des poussières éminemment insalubres.

Les moyens de préservation des ouvriers varient selon la
nature des opérations. Chez MM. Engler et Krauss, à Paris,
où l'on émaille des supports de fils télégraphiques, les
émaux sont broyés dans des moulins parfaitement clos. La
poussière recueillie à la partie inférieure est appliquée, soit
à chaud, soit à froid, au moyen de tamis couverts, agités par
l'ouvrier sous une cheminée à large section, pourvue d'un

bon tirage. Cette cheminée est vitrée en avant et en arrière, à la hauteur de la table qui supporte les objets à émailller ; dans le châssis vitré d'avant est ménagée une ouverture suffisante pour que l'ouvrier puisse introduire la pièce chargée du crochet rougi et couvrir celui-ci de poudre. La poussière qui tombe du tamis ainsi que les vapeurs produites par la fusion de l'émail sont aspirées par la cheminée.

Il est à remarquer toutefois, en ce qui concerne la poussière, que rarement cette aspiration réussit complétement : car les particules d'émail sont fort lourdes et elles tendent beaucoup plutôt à tomber qu'à s'élever. Il y a donc tout intérêt à employer un mode d'entraînement qui, au lieu d'agir de bas en haut, agisse de haut en bas. C'est la disposition que se proposaient de réaliser, quand nous avons vu leur usine, MM. Japy, à Vougeaucourt, dans le cas où ils donneraient suite à leur projet d'émailler eux-mêmes leurs ustensiles, livrés aujourd'hui à façon à MM. Jacquemin. Au surplus, la remarque ci-dessus s'applique, comme on l'a déjà dit, à toutes les industries où les poussières produites ont une grande densité ; nous en verrons plusieurs exemples par la suite.

Certains fabricants ont le soin d'employer à l'état liquide les émaux contenant des matières toxiques. Tel est le mode d'opérer de MM. Jacquemin, qui font usage de deux sortes d'émaux : 1° d'un émail *gris* ou noircissant à la cuite, exempt de plomb et d'arsenic ; 2° d'un émail *blanc* ou plombeux, par suite très-insalubre. Ils appliquent le premier seul à l'état pulvérulent, et le second sous forme de pâte claire, dont on badigeonne l'intérieur des vases. Pour le même motif, le broyage des émaux, dans cette usine, à l'aide de marteaux pilons retombant dans des mortiers, a lieu sous l'eau, ce qui supprime absolument les poussières.

C'est là du reste un moyen d'assainissement dont s'accommodent bon nombre d'opérations. Soit avec l'eau, soit avec d'autres liquides, soit en empâtant les matières, on peut, en bien des cas, prévenir la formation des poussières sans nuire pour cela au travail industriel. Ainsi M. Knapp, à Strasbourg, qui prépare des couleurs avec des alliages métalliques, plombeux principalement, broie les matières dans une solution épaisse de gomme arabique et, par là, il assainit une fabrication qui, en Allemagne où l'on broie à sec, nécessite l'intervention de ventilateurs mécaniques.

Mais, pour en revenir à notre sujet, aucun procédé d'émaillage, ne vaut assurément celui qui consiste à supprimer, dans la composition de l'émail, les matières toxiques elles-mêmes Telle est la solution à laquelle on est parvenu pour l'émaillage de la tôle, en Belgique. L'attention publique, à Bruxelles, fut éveillée sur cette industrie, il y a quelques années, à l'occasion d'accidents arrivés à des personnes qui s'étaient servies d'ustensiles émaillés au plomb. M. Delloye-Masson, le principal fabricant de cette ville, se vit obligé de transformer ses procédés de fabrication, sous peine de perdre sa clientèle ou même d'encourir les sévérités administratives. Aidé des conseils d'un habile chimiste, M. Stass, il parvint à éliminer le plomb et l'arsenic, et aujourd'hui il applique, à l'intérieur des vases, un composé complétement exempt de ces deux substances et pouvant cependant rivaliser, sous le rapport de la beauté et de l'économie, avec beaucoup d'émaux plombeux[1]. Le nouvel émail est presque aussi blanc et aussi brillant que l'ancien ; il coûte, à poids égal, un peu plus du double, mais il couvre une surface presque triple, si bien que malgré une augmentation de main-d'œuvre, il donne une légère économie. Aussi M. Delloye-Masson finira-t-il sans doute par l'appliquer à l'extérieur du vase aussi bien qu'à l'intérieur ; mais déjà le progrès réalisé au point de vue de l'ouvrier est considérable puisque celui-ci ne travaille plus la matière plombeuse que par intermittences. En outre, le nouvel émail s'est

1. M. Delloye-Masson nous a témoigné le désir de conserver secrète la composition de son nouvel émail.

prêté à une application à l'état pâteux au lieu de l'emploi sous forme pulvérulente, en sorte que, de ce côté, l'inconvénient des poussières minérales a disparu.

La fabrication des verres-mousseline ou vitraux à dessins pour portes, cloisons, etc., entraîne des dangers analogues à ceux de l'émaillage. Les dessins sont obtenus de deux manières. Par la première, on applique sur le verre un enduit plombeux qu'on fait sécher, et qu'on brosse ensuite à travers les interstices d'une plaque en cuivre découpée à jour suivant le dessin qu'on veut obtenir. Après cela on cuit pour fixer l'enduit restant. L'opération est très-insalubre à cause des poussières que dégage le brossage. On a cherché à les diminuer en gommant un peu l'enduit, mais alors le brossage devient fort délicat. La seconde méthode consiste à recouvrir le verre d'un papier découpé à jour et à l'introduire dans une boîte où l'on a préalablement mis en suspension une poudre d'émail très-fine, qui se dépose lentement à travers les interstices du papier. Le danger vient ici de ce qu'il faut ouvrir la boîte et de ce qu'on inonde alors l'atelier de poussière. M. Decoin, à Paris, a assaini l'opération en adaptant au dehors de la boîte des soufflets mécaniques à l'aide desquels on soulève la poudre, une fois que les plaques de verre ont été enduites et renfermées dans la boîte.

BLANCHIMENT DES DENTELLES A LA CÉRUSE.

Le blanchîment à la céruse offre naturellement tous les dangers inhérents à l'emploi de ce sel de plomb. En Belgique, où cette industrie occupe un grand nombre d'ouvrières, les accidents ont été assez nombreux pour que vers la fin de l'année 1861 le gouvernement ait saisi le Conseil supérieur d'hygiène publique de la question de savoir si l'usage de la céruse devait être absolument proscrit de cette branche d'industrie. Sous l'empire de cette préoccupation, de nombreux procédés ont été essayés pour parer aux inconvénients observés. Nous en citerons deux qui sont appliqués dans quelques maisons.

L'un se résume à remplacer le carbonate de plomb par le sulfate, lequel, à cause de son insolubilité plus grande, expose moins au danger d'intoxication. Cette substitution a été proposée par M. Le Roy, membre de la Commission médicale du Brabant, à la suite d'un grand nombre d'essais portant sur des substances qui avaient le défaut de jaunir ou de ne pas adhérer. Disons toutefois qu'elle ne s'est pas généralisée.

L'autre procédé tend à faire exécuter le battage mécaniquement, au moyen d'un appareil dû à M. Meerens et appliqué dès l'année 1861 dans la maison Allaire, à Bruxelles. Cette machine, dont la disposition intérieure rappelle celle d'un orgue de Barbarie, consiste essentiellement en une caisse hermétique, dans laquelle se glisse l'espèce de portefeuille garni de feutre blanc qui reçoit les fleurs à blanchir. L'ouvrière n'a qu'à tourner extérieurement une manivelle; par la rotation d'un rouleau de bois muni de tenons, des lattes pourvues de ressorts d'acier battent et frappent le portefeuille qui contient les fleurs saupoudrées de blanc de céruse. Ce n'est pas, à vrai dire, une solution complète de la difficulté, puisque l'ouvrière reste exposée au contact du plomb avant et après le battage ; le travail des *appliqueuses* et des *attacheuses*, par exemple, conserve tous ses dangers. Néanmoins il y a là un progrès notable, qui recevra, sans doute, de l'extension.

ALLUMETTES PHOSPHORIQUES.

La fabrication des allumettes au phosphore blanc expose les ouvriers à des maladies graves, principalement à des nécroses qui entraînent souvent la perte des os maxillaires.

Le phosphore agit de deux manières: 1° par le contact, à raison des manipulations auxquelles les ouvriers sont obli-

gés de se livrer; 2° par les émanations qui se répandent dans
les ateliers, surtout pendant le trempage des allumettes. On
remédie à la première cause d'insalubrité par des soins de
propreté et des lavages fréquents, dont nous avons déjà eu
occasion de dire quelques mots et sur lesquels nous ne
reviendrons pas. Quant à la seconde cause d'insalubrité, de
beaucoup la plus grave, elle exige de toute nécessité des
procédés spéciaux.

Un premier moyen qui a été suggéré, il y a quelques années, par le célèbre hygiéniste Dr Letheby, de Londres, et
qui depuis a été appliqué dans une des principales fabriques
du Royaume-Uni, repose sur la propriété connue de l'essence de térébenthine d'empêcher, par sa présence à faible
dose dans l'air, la combustion spontanée du phosphore, et
sans doute aussi de neutraliser l'action des vapeurs déjà formées [1]. Or, on sait que c'est aux acides engendrés continuellement par la combustion lente des vapeurs phosphorées
et accidentellement par l'inflammation des allumettes écra-
sées sur le sol, que sont dues les nécroses dont sont atteints
les ouvriers employés au trempage, au montage des châssis,
à l'étuvage, au démontage.

De ces opérations, la plus insalubre, avons-nous dit, est le

1. Le Dr Letheby a traité en détail cette question dans ses *Lectures
sur la chimie des poisons* au collège médical de London Hospital. Il y
rappelle notamment qu'une proportion de moins de 1/4.000 d'essence de
térébenthine dans l'air, à la température et à la pression ordinaires, suffit
pour arrêter la combustion lente du phosphore. Au surplus, voici comment il s'en est exprimé lui-même devant la commission d'enquête de
1863-1867 sur l'emploi des enfants dans les manufactures.

« L'un des plus importants (moyens préventifs) est de placer des vases
« remplis d'essence de térébenthine dans toutes les salles et locaux où se
« dégagent les vapeurs de phosphore et de faire porter aux ouvriers,
« suspendue au cou et appuyée sur la poitrine, une petite boîte contenant
« de l'essence dont les vapeurs s'échapperaient de la boîte ouverte et se ré-
« pandraient dans l'air aspiré par l'ouvrier ; car j'ai constaté qu'une partie
« de vapeur d'essence dans 5.000 parties d'air suffirait à empêcher com-
« plétement la diffusion des vapeurs phosphorées. »

trempage ; quant aux autres, une bonne disposition des
ateliers peut en prévenir en grande partie les inconvénients.
A la grande fabrique de MM. Black et Bell, à Stratford,
près Londres, qui fournit à la consommation pas moins de
6 millions d'allumettes par jour, les ouvriers trempeurs ont
été, pendant quelques années, munis d'une boîte de fer blanc
suspendue sur la poitrine et remplie d'essence de térébenthine. Ce moyen avait considérablement réduit les cas de
nécroses, et il avait été question un moment de le rendre
obligatoire dans toutes les fabriques du Royaume Uni. Mais
ultérieurement une invention d'un autre genre, due aux
mêmes fabricants et qui paraît destinée à rendre les meilleurs services, a fait abandonner les vases à essence. Nous
voulons parler de la machine à tremper les allumettes, patentée aux noms de MM. Bell et Higgins[1], et employée à
Stratford depuis cinq ans.

Cette machine, dont l'objet est d'exécuter le trempage automatiquement, est renfermée dans un châssis vitré, pourvu à chaque extrémité d'un orifice pour le passage des cadres
d'allumettes et surmonté à son centre d'une hotte de dégagement qui écoule les vapeurs phosphorées au dessus du toit
(Pl. III, fig. 1 et 2). Les enfants préposés au trempage font leur
travail du dehors ; ils n'ont qu'à présenter les cadres garnis
à l'un des orifices et à recevoir les allumettes trempées à
l'autre orifice. Le mouvement des divers organes du système
est fourni par un arbre moteur manœuvré extérieurement.
Un récipient à double paroi sert à contenir la pâte phosphorée, qui est maintenue à une température convenable
au moyen d'eau renfermée entre les parois du récipient et
filtrant sur la pâte par de petits trous percés dans la paroi
intérieure. Un tambour cannelé baigne dans la pâte et s'y
charge, en tournant, d'une couche de phosphore qu'il aban-

---

1. M. Higgins est l'ouvrier de l'établissement qui a conçu la nouvelle
machine.

donne aux allumettes à mesure qu'elles s'y présentent du côté opposé. Celles-ci sont fixées dans des cadres qui se meuvent horizontalement en appuyant sur des galets ; la progression de ceux-ci est déterminée par deux chaînes sans fin enroulées sur des poulies aux extrémités de la machine, lesquelles reçoivent leur mouvement du dehors. Chaque cadre arrive ainsi, à son tour, au dessus du tambour trempeur, et de telle façon que les files d'allumettes qu'il porte correspondent exactement aux cannelures du tambour ; là il est saisi par un châssis vertical qui est en relation avec l'arbre moteur commun, et qui par une très-petite oscillation de haut en bas fait engager légèrement les allumettes dans les cannelures où elles se chargent de la pâte qui y est contenue. Aussitôt après, le châssis reprend sa position primitive et le cadre continue sa marche vers l'extrémité de l'appareil, où les enfants le reçoivent pour l'emporter aux étuves.

Par ce procédé, les ouvriers sont complétement soustraits aux émanations du phosphore au moment même où le maniement de ce corps offre le plus de danger. Aussi MM. Bell et Black ont-ils pu, sans crainte de ramener les nécroses, supprimer les vases à essence qu'ils avaient donnés à leurs trempeurs. Les enfants que nous avons vus occupés à ce travail paraissaient jouir de la meilleure santé.

Nous citerons un autre établissement dans lequel une grande amélioration a été réalisée, non à l'aide de quelque procédé spécial s'exerçant comme précédemment sur une opération déterminée, mais au moyen de mesures d'ensemble, se rattachant à l'installation même de l'usine, et dont les effets se sont fait sentir sur toutes les branches de la fabrication. Il s'agit de la manufacture créée tout récemment par M. de Roubaix, à Hémixem, près Auvers, laquelle, sous bien des rapports, peut servir de modèle aux établissements consacrés à ce genre d'industrie. L'officier du génie, M. Génis, qui en a dirigé la construction, s'est proposé avant tout de soustraire le personnel aux émanations phosphorées, non-seule-

ment pendant le trempage, mais dans les diverses opérations,
et il a demandé la solution de ce problème à la ventilation artificielle. Il en a fait une large et intelligente application, en
ayant soin de la diriger partout de haut en bas et non de bas
en haut, à cause de la grande pesanteur spécifique des vapeurs
à enlever. En même temps il a établi dans ce travail une
division méthodique de nature à en atténuer le plus possible
les dangers.

Cinq bâtiments séparés, 1° pour l'emmagasinage des matières premières, 2° pour le soufrage, 3° pour la préparation
de la pâte phosphorée, 4° pour le trempage, le séchage et la
mise en boîte, 5° enfin pour l'expédition du produit, constituent la fabrique proprement dite. Ils sont tous aérés au
moyen d'une grande cheminée centrale de 2 mètres de diamètre intérieur à la base et de 36 mètres de haut, qui reçoit
les flammes des appareils à vapeur et, en outre, si besoin est,
celles d'un foyer spécial. Le long des deux faces contiguës
de chaque bâtiment règne extérieurement un carnau souterrain en maçonnerie de 60 centimètres de côté, qui débouche
à la cheminée. Partout où le phosphore séjourne, une ouverture, pratiquée dans le mur et communiquant par un petit
conduit au carnau souterrain, donne issue à la vapeur délétère, sans lui permettre de se répandre dans l'atelier. Les
dispositions prises pour saisir le gaz varient d'ailleurs selon
la nature de l'opération. Ainsi, pour la préparation de la
pâte, on a une hotte large et basse, dont l'aspiration est
encore activée par les flammes du petit foyer de fusion.

L'atelier de trempage et de séchage, qui offre le plus de
danger, est particulièrement soigné (Pl. IV, fig. 1 et 2).
C'est une belle salle de 20 mètres sur 15 mètres, dont l'allon-
gement est prévu. Sur les deux côtés longs sont disposés les
séchoirs, au nombre de dix-huit, ayant chacun 1m,80 de
large, 3 mètres de profondeur et 2m,50 de hauteur. Ils communiquent au carnau de ventilation par de triples orifices
au niveau du sol et reçoivent l'air extérieur par des chemi-

nées ouvrant au dessus du toit. Ils sont chauffés par trois
tuyaux de vapeur placés sous le plancher, qu'on démasque
à volonté à l'aide de registres manœuvrés du dehors. L'aspiration est également réglée à volonté. Devant chaque
rangée de séchoirs court un petit chemin de fer venant de
l'atelier de fusion et se rendant au bâtiment d'expédition.
Un chariot en fer reçoit la pâte toute préparée et la présente
successivement devant les séchoirs. A chaque point de sta-
tionnement un orifice d'aspiration pratiqué dans le sol entraîne les vapeurs au carneau. Le trempage se fait rapidement et les cadres sont aussitôt placés dans les séchoirs,
dont les portes en fer sont soigneusement refermées. Le
milieu de la salle est réservé à la mise en boîtes ; et, sous
les tables des ouvriers, sont pareillement ménagées des
bouches d'aspiration. Enfin les boîtes terminées sont chargées en wagon et transportées au lieu d'expédition.
Vu la rapidité des opérations, le très-court séjour du
phosphore dans la salle et l'énergie de l'aréage, cet atelier
paraît à peu près exempt d'inconvénients. Du reste, on pourrait accroître, s'il le fallait, la puissance de la ventilation
pour que la salle fût tout à fait assainie.

Ce bel établissement a commencé sa fabrication sur le pied
de 3 millions d'allumettes par jour. On comptait quadrupler
plus tard ce chiffre et substituer peut-être au phosphore blanc
le phosphore amorphe ou même les pâtes non phosphorées.

C'est en effet dans la suppression même du phosphore
blanc que réside la véritable solution du problème de l'assainissement. La question est à l'ordre du jour dans divers
pays industriels et un grand nombre de substances ont été
proposées dans ce but. Quelques-unes d'entre elles, et au
premier rang le phosphore amorphe [1], sont entrées large-

---

1. Nous citerons aussi les pâtes de M. Canouil, composées en associant
le chlorate de potasse avec des éléments tels que le bichromate de potasse,
le nitrate de plomb, l'oxysulfure d'antimoine etc , ainsi que les allumettes
dites *électriques* de M. Fexlong à Glasgow, dans lesquelles le phosphore

ment dans la consommation. Chacun connaît les allumettes de M. Coignet, de Lyon. Les procédés de ce manufacturier sont exempts de dangers pour les ouvriers. Le phosphore amorphe est mis en pâte avec de la colle-forte et sert à peindre le papier sur lequel l'allumette doit être frottée. Le bout de celle-ci est formé, indépendamment du soufre, par un mélange de chlorate de potasse et de sulfure d'antimoine. Ainsi, non-seulement le trempage et le séchage sont assainis, mais le dégarnissage des cadres et la mise en boîte ne peuvent plus occasionner de ces brûlures si fréquentes avec le phosphore ordinaire. On reproche à ce produit de nécessiter l'emploi d'un papier qui s'altère à l'humidité, et qui, dans tous les cas, est mis ordinairement hors d'usage bien avant que la boîte d'allumettes soit consommée ; en outre le prix de vente est plus élevé. MM. Coignet, qui ne méconnaissent pas ce que ces objections peuvent avoir de fondé, font tous les jours des efforts pour les prévenir et, en ce qui concerne notamment les papiers à friction, il est incontestable que les dernières qualités obtenues sont très-supérieures aux précédentes.

A propos des allumettes, nous signalerons un détail, étranger au phosphore, mais qui ne laisse pas d'être préjudiciable aux ouvriers : c'est la confection des bois d'allumettes On sait que ces bois, après avoir été découpés et séchés, sont portés aux ouvrières qui les assemblent de longueur dans des caisses et les repassent aux monteuses de cadres. Cet assemblage est accompagné d'un dégagement de poussière ligneuse très-ténue qui couvre les ouvrières comme de farine et finit par irriter fortement leurs bronches. Chez MM. Toyon, Delpit et Cie à Nantes, on a soin de nettoyer préalablement les bois dans une sorte de machine à vanner avec blutoir, en sorte qu'ils arrivent à l'atelier parfaitement exempts de poussière.

---

est remplacé par une pâte également à base de chlorate de potasse, et qui ne prennent feu que par la friction sur des plaques en fer.

La préparation en grand du phosphore blanc, bien qu'ayant
lieu dans des établissements distincts de ceux où l'on fabrique
les allumettes, se rattache naturellement à cette dernière industrie, car elle présente, à un degré moindre [1],
la même nature d'inconvénients. Elle exige donc certaines précautions. MM. Coignet, qui sont les grands producteurs du phosphore en France, ont fait des efforts louables
pour assainir leur industrie. En principe, chez eux, dans
toutes les opérations qui font suite à la distillation, le
phosphore est sous l'eau ; l'ouvrier ne le touche jamais.
Quant à la distillation elle-même, elle a lieu dans des cornues bien installées, lutées avec un soin parfait. On sent fort
peu d'odeur dans l'atelier, ouvert d'ailleurs à tous les vents.
Le tamisage à travers la peau de mouton chamoisé s'opère
dans un cylindre clos, rempli d'eau chaude. Le phosphore
fondu étant introduit sur la peau, l'eau qui le surmonte est
mise en communication avec une presse hydraulique dont
l'action détermine le tamisage. Le soufflage au tube, ayant
pour objet de débiter le phosphore en baguettes cylindriques,
est remplacé par le moulage sous l'eau. La matière liquide
est versée dans des bassins à fond cannelé, où elle prend la
forme de billes de chocolat. On écoule l'eau chaude qui gar-
nit les bassins et on la remplace par un courant d'eau froide

---

[1]. On a fait à Lyon des observations très-suivies desquelles il résulte, en
effet, que les fabriques de phosphore sont moins malsaines que celles d'allumettes. Ce fait paraît tenir à deux causes : d'une part, les émanations
phosphorées sont surtout nuisibles à faible distance, comme dans le
trempage des allumettes ; d'autre part, les vapeurs engendrées ne sont
pas identiquement les mêmes dans les deux cas. Dans l'atmosphère des
fabriques de phosphore c'est l'acide qui domine et dans l'atmosphère des fabriques d'allumettes c'est la vapeur même du phosphore. Il faut tenir compte
aussi du genre de vie des ouvriers, très-différent dans les deux industries ; il n'est pas douteux que les ouvriers des fabriques de phosphore,
habitant généralement la campagne et travaillant dans des ateliers moins
clos, ayant beaucoup plus de facilité pour sortir au grand air et plus de
variété dans l'occupation, sont, ainsi qu'on l'a remarque déjà faite, beaucoup
moins exposés à subir l'intoxication.

qui produit la solidification immédiate du phosphore. L'ouvrier est ainsi soustrait à la plus puissante cause d'insalubrité qu'on observe dans cette industrie.

La préparation du phosphore amorphe, monopolisée, comme on sait, par les mêmes fabricants, comporte également quelques moyens d'assainissement. Le phosphore blanc est placé dans une marmite en fer, fermée par un couvercle soigneusement vissé et luté. Le centre du couvercle est percé d'un trou dans lequel passe un tube en cuivre porteur d'un thermomètre afin d'assurer le maintien de la température entre 260 et 280 degrés, pendant quinze jours consécutifs. Primitivement la marmite était absolument hermétique, en sorte qu'il s'y établissait une énorme pression, qui a mis en danger la vie des ouvriers. MM. Coignet ont reconnu par une série d'expériences qu'on pouvait, sans inconvénient pour la qualité du produit, laisser ouvert le tube thermométrique. Le phosphore amorphe solide qu'on en retire est broyé par des meules siliceuses sous l'eau, et purifié au moyen d'une solution de soude caustique bouillante. La réaction de l'alcali sur le phosphore blanc détermine un dégagement abondant d'hydrogène phosphoré. La hotte en relation avec la cheminée, qui surmonte la chaudière, est insuffisante pour protéger les ouvriers : aussi MM. Coignet ont-ils dû abriter la chaudière sous un châssis vitré débouchant dans le foyer.

Outre l'insalubrité proprement dite, les fabriques d'allumettes font naître le danger d'incendie. Pour y obvier, l'autorité publique prescrit diverses dispositions, entre autres le parfait isolement des bâtiments et l'emploi de matériaux incombustibles dans les salles particulièrement exposées. Dans les étuves de séchage, où l'élévation même de la température crée un danger de plus, on interdit les moyens de chauffage de nature à provoquer l'inflammation du phosphore; on renonce aux poêles à courant d'air chauffé et l'on adopte les

tuyaux à courant d'eau chaude. Un détail qui au premier
abord semble peu important et qui, en réalité, est une des
principales causes d'incendie des fabriques, est la conflagration des allumettes maniées par les ouvriers. On doit avoir
constamment du sable dans toutes les salles, pour étouffer
les allumettes dès qu'elles prennent feu [1].

Nous n'insisterons pas sur ces détails qui, au point de vue
technique, n'offrent rien de particulier, et qui se résument
en une installation intelligente et une bonne surveillance.

FULMINATES ET AMORCES.

L'industrie des fulminates et amorces comprend deux
sortes d'opérations : 1° la préparation de la matière fulminante proprement dite ; 2° l'application de cette matière ou
de la poudre aux capsules. La première opération donne lieu,
quand le fulminate est à base de mercure, à un dégagement
de vapeurs extrêmement délétères. La seconde opération, est
exempte d'insalubrité, mais elle présente à un haut degré le
danger d'explosion ; ce danger peut même, selon le mode
adopté, se manifester à toutes les phases de l'opération. Les
précautions à prendre dans cette industrie sont donc de
deux natures bien tranchées.

Les dégagements qui accompagnent la préparation du
fulminate de mercure se produisent : 1° quand on attaque
le mercure par l'acide nitrique, en vue d'obtenir le nitrate

---

1. L'inflammation des allumettes est très-fréquente dans les fabriques et
sans nul danger pour peu que l'ouvrier soit attentif. A chaque instant,
soit en dégarnissant les cadres, soit en remplissant les boîtes, quelque
allumette s'enflamme par le frottement et communique le feu à ses voisines :
mais il suffit de jeter dessus une poignée de sable pour qu'aussitôt toute
combustion s'arrête. Le vrai danger c'est quand les travaux ont cessé et que
les ateliers sont devenus déserts. Un incendie peut prendre alors tout son
développement. C'est à ces moments qu'il importe d'avoir une surveillance
bien organisée, notamment des veilleurs de nuit.

acide de mercure ; 2° quand on fait réagir ce nitrate acide
sur l'alcool. Dans la première période, on a des vapeurs
nitreuses, et dans la seconde, des vapeurs à la fois nitreuses
et éthérées, entraînant avec elles du mercure volatisé et
même une petite proportion d'acide cyanhydrique. Ces
réactions successives peuvent d'ailleurs, au gré des fabricants, s'effectuer dans les mêmes appareils ou dans des batteries d'appareils distincts.

En principe, il semble aisé de se garantir contre le dégagement en employant des vases suffisamment étanches ;
mais dans la pratique, nous en avons déjà fait la remarque,
rien n'est plus difficile, que de satisfaire à ces conditions
d'herméticité parfaite, lesquelles pourtant seraient de rigueur
ici, vu le caractère spécial des vapeurs ; car avec des gaz tels
que l'acide cyanhydrique, par exemple, la moindre fuite aurait
le plus grands dangers. Aussi la plupart des fabriques de
fulminate ont-elles plus ou moins à souffrir de ces opérations. Chez MM. Gaupillat, à Bellevue (Seine), dont nous
décrirons tout à l'heure le bel établissement, les dispositions
adoptées sont les suivantes :

La préparation du nitrate acide de mercure a lieu dans
des ballons en verre dont le col s'engage dans un tuyau en
grès qui débouche à la cheminée des foyers. Les joints sont
lutés, l'aspiration est énergique et les vapeurs nitreuses sont
totalement entraînées. Les ouvriers n'en respirent qu'une
proportion insignifiante, au moment où ils débouchent les
ballons, mais il n'en résulte pas d'incommodité réelle. La
seconde partie des opérations ou la réaction du nitrate acide
sur l'alcool est beaucoup plus dangereuse. L'appareil, entièrement en grès vernissé, comprend : 1° de grandes jarres dans
lesquelles sont mises les matières à réagir ; 2° une bonbonne
de condensation ; 3° un tuyau condenseur serpentant en zig-
zag le long du mur, avec coudes nombreux, afin de mieux
retarder les gaz et de favoriser la précipitation des vapeurs ;
4° enfin une dernière bonbonne de condensation, de laquelle

ne s'échappe plus aucune matière appréciable. Tous les joints
sont soigneusement lutés, mais comme les opérations ne
comportent pas ici un tirage artificiel énergique, il se produit toujours quelque fuite aux appareils. Le lut se dessèche
et se fendille, pour peu qu'on omette de l'entretenir. La vidange des bonbonnes de condensation est le détail le·plus
malsain. Elle s'effectue dans des bacs souterrains ; mais
ces bacs étant dans l'atelier même, les ouvriers en subissent
les émanations au moment de la reprise des liquides. Enfin,
un autre inconvénient du système, c'est que les opérations
ne sont pas continues : il faut les suspendre pour renouveler
les matières.

Une disposition bien préférable est due à M. Chandelon,
professeur de chimie à l'Université de Liége. Elle est appliquée depuis quelques années à l'école de pyrotechnie d'Anvers (précédemment à Liége), et l'on n'a pas eu un seul
accident à déplorer. Elle atteint, en effet, très-bien le triple
but que s'est proposé son auteur, savoir : 1° prévenir les
fuites à travers les joints des tourilles, 2° éviter l'usage du
siphon ou le démontage des pièces pour l'extraction des liqueurs obtenues, 3° rendre les opérations continues, d'inter-
mittentes qu'elles étaient auparavant. L'appareil est ainsi
constitué : deux ballons en verre à épaisses parois, d'une
capacité de 40 à 50 litres, reçoivent les matières premières
(Pl. III, fig. 3 et 4). La partie supérieure du col porte un collier
en bois, recouvert d'une feuille de plomb, lequel s'adapte à
frottement avec le tuyau formant l'origine du condenseur.
Celui-ci se compose d'une douzaine de tourilles en grès, de
90 litres de capacité environ, dont la dernière communique
à un tuyau fixe qui entraîne dans la cheminée les vapeurs
non condensées. Tous les colliers de joints sont munis d'une
rainure, faisant fermeture hydraulique, dans laquelle on a
soin de renouveler l'eau froide à mesure que celle-ci s'é-
goutte graduellement dans l'intérieur des bonbonnes. Enfin,
chaque vase porte à sa partie inférieure un robinet qui dé-

verse les liquides de condensation dans un conduit en grès
placé sous le sol de l'atelier et débouchant au *bac à saturer*
en plein air. Les deux ballons sont chargés à tour de rôle.
Quand la réaction engagée dans l'un d'eux est terminée, on
détache le tube qui s'implante sur la première bonbonne à
condenser ; on bouche avec soin l'orifice ainsi découvert et
l'on commence une nouvelle réaction dans l'autre ballon.
De la sorte le travail est pour ainsi dire continu, sans qu'on
soit exposé pour l'alimenter à livrer passage aux vapeurs
dans l'atelier.

Le danger d'explosion, beaucoup plus redoutable encore
que l'insalubrité, a surtout occupé l'attention des fabricants.
On a cherché à y parer, soit par l'aménagement des ateliers
et les soins apportés au travail, soit par l'adoption de nouveaux procédés de fabrication. L'établissement de MM. Gau
pillat est remarquable à ce double point de vue.

Nous ne nous arrêterons pas à la construction des ateliers,
dont le principe est bien connu. Ce principe fondamental
consiste, comme on sait, à établir chaque bâtiment en
matériaux très-légers, et à isoler les bâtiments les uns
des autres, avec interposition d'obstacles ou de défenses, de
telle façon que la commotion ou l'incendie ne puisse se propager. Ces défenses, chez MM. Gaupillat, sont formées de
hautes fortifications en terre gazonnée, de plusieurs mètres
d'épaisseur, qui entourent chaque atelier et lui masquent
entièrement la vue des autres. Quant à la partie technique
de l'industrie, il y a lieu de distinguer deux catégories d'o-
pérations ; les unes se rapportant aux amorces ordinaires ou
amorces à fulminate de mercure ; les autres ayant trait aux
amorces dites de Paris, ou amorces à fulminate de plomb,
de l'invention de MM. Gaupillat [1].

1. Nous ne pouvons indiquer la composition de ce nouveau fulminate,
que MM. Gaupillat nous ont prié de ne pas faire connaître. Ce point n'importe pas d'ailleurs à l'intelligence des mesures d'assainissement dont on
lira plus loin la description.

Le détail le plus saillant de la fabrication des amorces ordinaires est le chargement mécanique des capsules. L'appareil usité pour cette opération n'est autre qu'une boîte à trois fonds percée de trous. Les trous du premier et du troisième fond correspondent entre eux exactement. Ceux de la plaque intermédiaire peuvent être amenés à correspondre à ceux des deux autres plaques, mais au repos elle intercepte au contraire la communication. Les capsules vides sont disposées sur le fond inférieur, et la poudre est chargée sur le fond supérieur. L'ouvrier, séparé de l'appareil par un bouclier en tôle, donne, au moyen d'un déclic, un léger glissement à la plaque du milieu et les orifices de celle-ci arrivent alors en correspondance avec les autres pour livrer passage à la poudre. Il retire ensuite, avec une poignée, la plaque du fond contenant les capsules chargées, et il la passe sous une presse, dont les dents, correspondant exactement aux capsules, appliquent la poudre à la pression voulue.

Les amorces de Paris constituent aujourd'hui la partie principale de la fabrication de MM. Gaupillat. Le fulminate au plomb est beaucoup plus explosible que l'autre, mais il offre de tels avantages de prix qu'on a été excité à lui donner une grande extension malgré les extrêmes dangers inhérents à son maniement. Mais pour qu'un tel résultat pût être obtenu il fallait que le péril fût conjuré. MM. Gaupillat ont dû y déployer toutes les ressources de leur art, et, chose surprenante, ils sont parvenus à rendre la nouvelle industrie moins redoutable que l'ancienne. La solution adoptée par eux, après de nombreuses vicissitudes, est aussi simple qu'ingénieuse. Elle repose sur ce double principe : 1° composer le mélange explosible sous la forme pâteuse et l'appliquer à un état d'humidité tel qu'aucune explosion ne puisse survenir ; 2° diviser la matière par fractions en quelque sorte infiniment petites, pendant toutes les manipulations ultérieures, afin que si une explosion a lieu, elle soit graduelle ou *successive* au lieu d'être *instantanée*, et qu'à la place

d'un choc violent on ait un coup très-allongé, sans danger
aucun pour la sécurité. Le premier point a été résolu au
moyen d'une solution de gomme adraganthe, au degré convenable, dans laquelle on délaye le mélange explosible. Le
second point mérite explications.

La pâte est placée dans un chariot qui glisse sur un long
chevalet et la distribue à une batterie de plaques en cuivre
percées chacune de 250 trous contenant les charges pour autant de capsules. Les plaques sont retirées, nettoyées et chargées sur des chariots en fer, en observant toujours le même
principe de division ; c'est-à-dire que les rangées de plaques
alternent sur le chariot avec des feuilles de tôle destinées à
empêcher ou du moins à retarder la propagation de l'explosion d'une rangée à l'autre. De même les chariots sont disposés dans autant de compartiments séparés les uns des
autres par des murs. Les plaques, convenablement séchées
dans des étuves à température constante, sont emportées
dans l'atelier de la presse, où elles s'ajustent sur des plaques
semblables munies de capsules vides, de manière à ce que
chaque capsule se trouve sous une charge de poudre. Elles
passent ensuite sous une presse très-énergique dont les dents
enfoncent la poudre dans les capsules.

On remarquera ce qu'a de particulièrement heureux une
combinaison en vertu de laquelle la poudre, une fois composée, ne subit plus qu'une seule manipulation, à savoir l'
distribution aux plaques. A partir de ce moment, elle n'est
exposée effectivement à aucun contact; c'est la plaque chargée, tenue par une poignée, qui devient en quelque sorte
l'élément du travail. Or, grâce à la division extrême de la
poudre, ces plaques sont tout à fait inoffensives; quand la
conflagration se détermine dans l'une d'elles, l'ouvrier qui
la tient n'a pas même la main blessée. Les résultats obtenus
par cette méthode sont tellement satisfaisants que MM. Gaupillat se préoccupent des moyens de l'appliquer au fulminate de mercure. Malheureusement la plupart des métaux,

le cuivre surtout, sont attaqués par cette dernière substance;
aussi fait-on des essais avec des plaques en fer. En résumé
c'est en recourant à une poudre de nature plus explosible
qu'on a rendu les opérations moins dangereuses.

La fabrique de MM. Ludlow, à Birmingham, une des
plus importantes du Royaume-Uni, a réalisé une amélioration analogue, sous certains rapports, à celle que nous
venons de décrire. Les matières destinées à former le mélange détonant (chlorate de potasse, sulfure d'antimoine,
etc.) sont associées dans une liqueur gommeuse. Les capsules sont disposées à l'avance dans des plaques en cuivre
percées de 7 à 800 trous, et la poudre leur est distribuée
dans un état d'humidité tel que l'explosion ne soit pas à
craindre. Les capsules une fois garnies sont recouvertes de
vernis et mises ensuite au séchoir. On n'a plus, après cela,
qu'à les retirer de la plaque pour les livrer au commerce.
Toutes les opérations s'effectuent, on le voit, comme chez
MM. Gaupillat, sans que les capsules soient jamais maniées
directement : l'ouvrier ne touche qu'aux plaques, lesquelles
sont, à cet effet, munies d'une poignée. La particularité saillante de cette méthode et ce qui la caractérise, c'est
que l'application de la poudre aux capsules et le ver-
nissage se font dans des conditions qui permettent de ne
pas recourir à la presse, dont l'action détermine toujours
des explosions partielles. Ajoutons, ce qui n'est pas sans
intérêt, que l'association des matières est entendue de telle
sorte que les plaques en cuivre ne sont point altérées par le
contact de la pâte. La manufacture de M. Ludlow est loin,
d'ailleurs, comme installation, d'offrir toutes les garanties
de sécurité que présente à un si haut degré l'établissement
de M. Gaupillat ; mais le procédé n'en est pas moins intéressant à signaler.

Un autre perfectionnement, sur lequel on ne peut aussi
bien se prononcer, attendu que l'auteur garde en partie le secret, est celui que MM. Eley frères ont mis en pratique à

leur fabrique de Calthorpe, à Londres, la plus grande du
royaume, et dans laquelle on opère sur le fulminate de
mercure. Ce corps n'est employé qu'à l'état humide, c'est-
à-dire mélangé avec 20 p. 100 de son poids d'eau, et par quantités très-faibles, ne dépassant jamais 12 à 15 grammes d'un
coup. Toutes les autres substances qui entrent dans la préparation, concurremment avec le fulminate, sont également
à l'état humide. Quelque vagues que soient ces indications,
nous croyons utile de les reproduire, parce qu'elles peuvent
mettre les fabricants sur la voie d'un progrès sanitaire. Le mode d'application de la charge diffère aussi des
pratiques habituellement suivies, mais MM. Eley ne le font
point connaître. Signalons enfin, comme bonnes à imiter,
les salutaires précautions prises dans la même usine pour
la garde de ce corps dangereux: le dépôt est dans un champ
isolé, hors ville, et le fulminate est conservé sous l'eau.
Somme toute et quelle que soit au juste la valeur des nouveaux procédés de MM. Eley, il est hors de doute que la
sécurité y a beaucoup gagné, car les accidents qui étaient
autrefois assez fréquents chez eux ont maintenant tout à
fait disparu.

SULFURE DE CARBONE.

Les ouvriers qui aspirent les vapeurs de sulfure de carbone
sont sujets à des phénomènes morbides d'une extrême
gravité, qui peuvent même aboutir à l'aliénation mentale
ou à une prostration voisine de l'idiotisme [1]. A l'insalubrité s'ajoute le danger d'incendie, dans le cas où le
sulfure de carbone est manié par grandes masses.

Les opérations qui exposent les ouvriers à l'action des vapeurs sont principalement celles qui se rattachent à l'indus-

---

1. On doit à M. le Dr Delpech une excellente monographie de cette
maladie nouvelle, *Recherches sur l'intoxication spéciale que détermine le
sulfure de carbone,* 1863.

trie du caoutchouc. Le procédé Parkes, ou procédé de vulcanisation à froid, consistant à dissoudre le caoutchouc dans
un mélange de sulfure de carbone et de chlorure de soufre,
est généralement adopté pour la fabrication du caoutchouc
soufflé, et parfois pour celle des vêtements dits imperméables. Dans la fabrique de MM. Aubert et Gérard, à
Paris, où l'on avait conservé ce dernier travail, on pouvait,
avant l'incendie qui a dévoré cet établissement en 1867,
observer de bonnes dispositions prises en vue de protéger les
ouvriers contre les vapeurs. L'atelier était bien établi sous
le rapport de l'aérage et les vases contenant la solution étaient
pourvus de fermetures hydrauliques ; mais la mesure la
plus efficace avait consisté à ménager dans le plancher, situé
au premier étage, des vides nombreux représentant environ
le huitième du plein. La vapeur très-lourde de sulfure de
carbone tombait naturellement à travers cette claire-voie, et
la respiration des ouvriers s'accomplissait au-dessus de la
zone délétère. Ces industriels fabriquaient également les fils
circulaires de caoutchouc à l'aide du même dissolvant : la
pâte était ensuite comprimée et forcée de passer à travers
les trous d'une filière. Les précautions prises pour cette dernière opération consistaient à renfermer l'appareil de compression dans une boîte communiquant avec un ventilateur,
et à faire mouvoir les toiles sans fin qui recevaient les fils,
dans une sorte de galerie close pareillement ventilée.

Les autres grandes maisons de Paris ont fait d'intelligents efforts pour se dispenser d'avoir recours au sulfure
de carbone. La plupart des objets industriels y sont aujour-
d'hui fabriqués mécaniquement, sans le secours de dissol-
vants, par le procédé dit à l'américaine. La vulcanisation s'obtient en triturant à chaud le caoutchouc avec du soufre en
poudre, de la craie, du noir de fumée, etc., et en l'appliquant
sur des étoffes par le jeu de laminoirs puissants.

On prépare aussi, par voie de dissolution, des imperméables non vulcanisés ; mais le dissolvant est la benzine.

qui n'offre pas les mêmes inconvénients que le sulfure de carbone. Dans la belle usine de MM. Guibal et Cie, à Ivry, dirigée par M. l'ingénieur des mines Cumenge, il existe une disposition spéciale pour mettre les ouvriers à l'abri des vapeurs de benzine. Chaque table d'application est surmontée d'une sorte de toiture creuse, dans l'intérieur de laquelle circule un courant d'eau froide. Les vapeurs se condensent contre la face inférieure et se rendent dans une petite gouttière à l'extrémité de laquelle on les recueille.

Le travail du caoutchouc soufflé (ballons d'enfants et autres objets) occupe un grand nombre de bras, mais il est exercé exclusivement par des ouvriers en chambre ou dans de très-petites fabriques ; aussi n'a-t-il donné lieu, malgré son extrême insalubrité, qu'à fort peu de tentatives d'assainissement. C'est au point que, selon le docteur Delpech, les ouvriers de cette industrie « sont devenus plus ou moins malades ou infirmes. » Habituellement les vases renfermant la dissolution sont découverts et placés sous la main des trempeurs. Aucun procédé d'aération n'est mis en œuvre pour éloigner les vapeurs. On se borne à restreindre la durée du travail dangereux : l'ouvrier n'est occupé au trempage que deux ou trois fois par jour, et une heure chaque fois ; mais cette durée, toute faible qu'elle est, suffit néanmoins pour entraîner des accidents.

Un ouvrier intelligent de Belleville, le sieur Descamps, qui avait eu beaucoup à souffrir de son industrie, qu'il pratiquait en chambre avec deux ou trois camarades, avait installé un appareil protecteur, consistant en une cage vitrée enveloppant la table de travail. La cloison du côté des ouvriers était pourvue d'orifices pour le passage des mains. Celles-ci étaient garnies de manchons amples, souples et imperméables, terminés par des bracelets de caoutchouc serrés aux poignets. La disposition était fort efficace et les ouvriers ne ressentaient aucune atteinte de sulfure. Ce petit atelier est aujourd'hui fermé, et nous ne croyons pas que l'appareil ait été imité ailleurs [1].

. Le danger d'incendie se rencontre plutôt dans les industries telles que la fabrication en grand du sulfure de carbonne, son application à l'extraction des corps gras, etc. La maison de M. Deiss, à Marseille, où l'on extrait l'huile des graines, offre un spécimen des précautions à prendre en pareil cas. Le réservoir à sulfure est constitué par une citerne souterraine en maçonnerie cimentée, dans laquelle le sulfure est conservé sous une épaisseur d'eau de 2 mètres. On l'en retire à l'aide d'une pompe plongeant au fond, laquelle le distribue à quatre cylindres extracteurs parfaitement clos, de 3 mètres de haut sur 2m,50 de diamètre, contenant les graines oléagineuses. Les vapeurs de sulfure de carbonne et d'hydrogène sulfuré, qui se dégagent pendant l'opération, s'échappent par un tuyau terminé en serpentin dans lequel le sulfure se condense, tandis que l'hydrogène sulfuré sort par un petit tube au dessus du toit. Le mélange d'huile et de sulfure obtenu dans les cylindres est envoyé à l'appareil distillatoire, d'où le sulfure vaporisé retourne au réservoir en traversant également un serpentin condensateur. Ainsi, le réservoir, les cylindres et l'alambic forment les trois parties d'un même tout, entre lesquelles les produits s'échangent selon les phases de l'opération et sans jamais communiquer avec l'air extérieur.

ÉTAMAGE DES GLACES.

On sait que les ouvriers occupés à étamer les glaces sont exposés au tremblement mercuriel, par suite des émanations qu'ils aspirent pendant ce travail.

Les ateliers d'étamage de la compagnie de Saint-Gobin,

[1]. Telle est l'imprévoyance des ouvriers qu'ils tournaient en dérision l'appareil du sieur Descamps et lui avaient donné le nom de *lanterne magique.*

Cirey et Chauny, situés à Paris, sont ceux où il nous a paru qu'on prenait à cet égard le plus de précautions. On avait essayé, dans cet établissement, il y a quelques années, d'organiser une aspiration au dessus des tables d'étamage ; mais, d'une part, elle était inefficace et, d'autre part, elle n'aurait pu parer à plusieurs causes de danger qui subsistent dans l'atelier, indépendamment du travail même des tables. Voici l'ensemble des mesures adoptées actuellement :

La première de toutes, dont nous avons déjà parlé aux *procédés généraux* consiste à n'occuper les ouvriers à l'étamage qu'une faible partie du temps Ils étament, deux fois par semaine, trois au plus, de six heures du matin à midi. Pendant la durée de ce travail, on a soin de maintenir ouvertes toutes les fenêtres de l'atelier, très-vaste d'ailleurs et bien aéré. Les tampons de flanelle avec lesquels on fait l'étendage du mercure sur les feuilles d'étain sont armés d'un bâton de 1^m,20 de longueur, de façon que les émanations s'élèvent toujours loin de l'ouvrier. On conserve le mercure dans des vases fermés ; le couvercle en entonnoir est percé seulement d'un petit orifice pour recevoir le mercure qui découle des tables. Les draps, à travers lesquels il passe pour se purifier en tombant dans les vases, ne sont pas secoués à l'air libre, comme il arrive trop souvent ; mais ils sont battus par un agitateur contenu dans un moulin parfaitement clos. Enfin les ouvriers sont soumis à des soins hygiéniques (bains, lavages, etc.) analogues à ceux qu'on prend dans les fabriques de céruse [1].

Le grand perfectionnement de cette industrie consisterait, si la chose était possible, dans la suppression même du mercure. C'est à ce résultat que vise le nouveau procédé d'argenture de MM. Brossette et Cie à Paris, qui livrent déjà au commerce une quantité considérable de produits Leur pro-

---

1. On ne pourrait prétendre à leur faire porter des gants, parce qu'ils sont obligés de déployer une grande finesse de doigté dans l'ajustement de la glace sur la table.

cédé, graduellement amélioré, se résume aujourd'hui dans les opérations suivantes :

La glace, soigneusement nettoyée, est placée dans une position bien horizontale sur une table en fonte. On répand dessus une dissolution étendue de nitrate d'argent ammoniacal et d'acide tartrique. Au bout de vingt-cinq minutes environ, sous l'influence d'une température de 40 à 50 degrés, la couche d'argent s'est formée et elle recouvre entièrement la glace. Celle-ci est inclinée, lavée à l'eau pure, et soumise de nouveau à une opération en tout semblable à la précédente, si ce n'est que l'agent réducteur, l'acide tartrique, s'y trouve en plus grande quantité. Après cela la glace est séchée et la face argentée est recouverte d'une couche de peinture à l'huile au minium.

Les autres fabricants reprochent aux glaces argentées de se tacher et de jaunir. M. Brossette convient que jusque vers 1863 il se produisait effectivement des taches analogues à celles que fait naître l'humidité sur les glaces étamées, mais il nous affirmait que ce défaut était tout à fait prévenu par ses nouveaux perfectionnements. Quant à la teinte un peu jaunâtre, elle pourrait peut être, comme l'a fait remarquer M. Peligot, devenir moins sensible par le choix judicieux du verre, qui est toujours lui-même légèrement et diversement coloré.

ÉTAMAGE DU FER.

L'étamage du fer n'exige pas, comme l'étamage les glaces, le concours du mercure. L'opération s'accomplit, on le sait, en plongeant les feuilles de tôle dans une série de bains formés simplement d'étain en fusion, sur lequel nage une couche épaisse de suif ou de graisse. Néanmoins, quand cette industrie se pratique en grand, elle devient très-malsaine pour les ouvriers, à cause de la forte quantité de vapeurs acres et pénétrantes et même d'acide carbonique

que dégage la graisse fondue. Ces vapeurs sont d'autant plus abondantes que pour le succès même des opérations le suif doit être maintenu à une température voisine de son point d'inflammation ; aussi arrive-t-il fréquemment que les bains prennent feu, ce qui augmente naturellement beaucoup les émanations et remplit les ateliers de fumées épaisses et irritantes.

Le moyen tout naturellement indiqué de prévenir ces inconvénients, c'est de placer les bains sous des hottes pourvues d'une aspiration suffisante. Mais comme il est nécessaire, pour le travail, que les chaudières soient parfaitement découvertes et que rien ne vienne gêner les mouvements rapides par lesquels les ouvriers plongent ou retirent les pièces, il en résulte que les hottes sont toujours à une assez grande hauteur au-dessus des bains et que le tirage est d'ordinaire insignifiant. Toute la difficulté réside donc dans la solution pratique à donner au problème. On peut recommander, sous ce rapport, les nouvelles dispositions adoptées par MM. Japy dans leur grand atelier d'étamage à Voujeaucourt, où l'on ne compte pas moins d'une trentaine de bains en activité et où il est par conséquent d'une extrême importance de se prémunir contre les vapeurs de suif.

On a conservé dans cette usine le principe des hottes de dégagement, mais avec des précautions propres à éviter les inconvénients que nous signalions. En premier lieu on a renoncé à accoupler, comme on le fait habituellement, les chaudières ou creusets deux à deux ou même trois à trois, c'est-à-dire à faire déboucher leurs hottes dans une cheminée commune, parce qu'on a reconnu que les hottes se gênent réciproquement et que l'aspiration des unes nuit souvent à l'aspiration des autres. Pour un motif analogue on a évité de réunir les vapeurs de la hotte avec les flammes du foyer à la base de la cheminée ou à une faible distance de cette base, parce que la grande ouverture laissée à la hotte et le fort volume d'air qu'elle peut dès lors émettre dans la cheminée, a pour résultat de compromettre le tirage de cette dernière. En conséquence chaque creuset a son foyer, et chaque foyer a sa cheminée propre, laquelle est constituée par un tuyau en tôle de 5 mètres de haut, entouré d'une gaîne en briques de 10 mètres. Les flammes du foyer s'échappent par ce tuyau, tandis que les vapeurs de suif, réunies sous la hotte, débouchent dans la gaîne par un orifice de $0^m,35$ de large, sur $2^m,20$ de haut, en sorte que les unes et les autres ne se rencontrent dans l'intérieur de la gaîne qu'à l'extrémité du tuyau en tôle, soit à 5 mètres au dessus du creuset. Grâce à cette disposition, le tirage du foyer est maintenu, bien qu'on procure une bonne aspiration à la hotte. En même temps, comme l'introduction violente de l'air extérieur, par les portes ou les croisées, a souvent pour effet de chasser les vapeurs dans l'atelier, on y a substitué une ventilation calme et régulière au moyen de carnaux ménagés sous le plancher avec nombreux orifices. Le plafond, très-élevé, est pourvu, de deux mètres en deux mètres, le long de l'arête supérieure, de cheminées d'appel pour dégager les vapeurs qui pourraient encore s'y amasser. Ces diverses précautions ont eu pour résultat de faire disparaître presque entièrement les irritations de la gorge et des bronches auxquelles les ouvriers étaient fort sujets, et le recrutement de ce personnel est devenu beaucoup plus aisé qu'il ne l'était auparavant.

Une particularité industrielle qui donne lieu au même genre d'inconvénients que l'étamage, c'est le trempage des plumes métalliques. A leur sortie du four à réchauffer, les plumes sont brusquement plongées dans un bain de suif, où elles déterminent, par suite de leur haute température, la formation de vapeurs abondantes. Dans les grandes manufactures ce travail prend de l'importance et il est utile d'y aviser, car il occupe en permanence plusieurs ouvriers.

DORURE ET ARGENTURE DES MÉTAUX.

La dorure et l'argenture par les anciens procédés, c'est-à-dire au moyen du mercure métallique ou des sels de mercure, exposent les ouvriers aux mêmes maladies que l'étamage des glaces, et cela d'autant plus fréquemment que ces opérations, délaissées aujourd'hui par la grande industrie, ne s'accomplissent plus guère que dans de très-petits ateliers ou chez des ouvriers en chambre ; or, on sait que dans ces sortes de locaux, les mesures d'assainissement sont, en général, beaucoup moins bien observées que dans les usines importantes.

L'insalubrité se présente à deux périodes de la fabrication : 1° pendant la préparation et l'application de l'amalgame ou des bains de sel mercurique destinés à fixer l'or et l'argent sur le métal étranger ; 2° pendant l'élimination, par voie de chauffage, du mercure resté sur la pièce, en combinaison avec l'or ou l'argent. Les précautions à prendre pendant la première période ont plus ou moins d'analogie avec celles que réclame l'étamage ; nous n'y reviendrons pas. Mais c'est surtout pendant la seconde période que les dangers se produisent. Les vapeurs mercurielles se répandent en partie dans l'atelier et atteignent tous ceux qui s'y tiennent. L'ouvrier qui manie la pièce et la frotte pendant qu'elle est au feu, aspire ces émanations en abondance. Tous les soins doivent donc tendre à agencer l'appareil de chauffage de manière à ce que les vapeurs soient directement entraînées au dehors, sans que le travail soit entravé.

Une disposition qu'adoptent les fabricants avisés et dont on peut voir, par exemple, un type chez MM. Bonin et Cie, à Paris, consiste à abriter le fourneau à vaporiser le mercure sous une hotte vitrée, surmontée d'une bonne cheminée de dégagement. L'ouvrier travaille en passant les bras sous le bord de la vitrine qui descend vers le milieu de sa poitrine. Si la salle est d'ailleurs bien ventillée, l'opération est à peu près exempte de dangers. L'écueil de cette disposition, dans la pratique, c'est que d'un côté, la cheminée manque souvent de hauteur et par suite de tirage, et que, d'un autre côté, l'atelier dont la porte s'ouvre et se ferme continuellement quand on apporte et remporte les pièces, est sujet à des remous d'air qui ont pour effet de refouler les vapeurs hors de la vitrine et de la ramener sous le visage de l'ouvrier.

Le procédé de M. Henry Dufresne, à Paris, serait un bien grand progrès : car il tendrait à supprimer tous les dangers inhérents à la première période des opérations et à diminuer considérablement ceux de la seconde en rendant la friction ou le brossage des pièces inutile. Il repose sur l'intervention de la pile électrique, pour faire faire l'amalgame mercuriel sur la pièce elle-même au moyen d'un courant, dans des conditions notablement différentes de celles où cet amalgame s'obtient ordinairement. Voici, au surplus, l'indication des opérations. M. Dufresne compose un bain de sel de mercure, complétement basique, au lieu des bains acides usités dans la dorure à la pile, et il y plonge les pièces qu'il recouvre, à l'aide du courant, d'une première couche de mercure. Il les porte ensuite dans un bain très-riche, pour les dorer ou les argenter, et les plonge de nouveau dans le premier bain où il les recouvre d'une deuxième couche. Il ne reste plus qu'à faire évaporer le mercure, ce qui a lieu à un feu de forge, sous un châssis *complétement fermé*, et l'on retire les pièces parfaitement dorées ou argentées, paraît-il, sans qu'il soit nécessaire de recourir à une seule friction ou à un seul brossage. Les ouvriers sont ainsi soustraits à tout contact dangereux, et peuvent même se tenir hors du local pendant que l'évaporation s'effectue.

Les nouveaux procédés dits *galvanoplastiques*, adoptés aujourd'hui par les grandes maisons, font disparaître les dangers précédents, mais en font naître d'autres, à la vérité moins graves. La dorure ou l'argenture à la pile est accom-

pagnée d'un dégagement d'hydrogène mélangé d'une petite
proportion d'acide hydrocyanique dont il importe essentiellement de préserver les ouvriers. Mais comme la présence
de ceux-ci n'est pas indispensable à l'opération, on atteint
facilement le but en recourant à quelqu'une des dispositions que nous avons indiquées au chapitre des *procédés
généraux*. C'est ainsi, par exemple, que chez MM. Chris-
toffle, à Paris, les appareils électriques de la dorure et de
l'argenture sont, pour plus de sûreté, transportés hors des
salles et placés dans des cages vitrées, dont la principale,
celle de l'argenture, est ventilée par une cheminée de
25 mètres de haut, dans laquelle brûlent 6 becs de gaz. Chez
MM. Elkington, à Birmingham, l'isolement est moins parfait, mais les piles à argenter sont reléguées à une extrémité de la salle au dessus de laquelle débouche un ventilateur à colonnes qui entraîne les vapeurs au dessus du
toit [1].

L'industrie dont nous nous occupons comporte une
annexe qui, surtout dans les grands établissements, prend
une véritable importance pour l'hygiène : c'est le décapage des pièces. Cette opération consiste, comme on sait,
à chauffer les pièces dans l'acide nitrique pour les débarrasser des matières étrangères qui pourraient nuire à l'application de l'or ou de l'argent. Elle donne lieu à des dégagements de vapeurs nitreuses qui appellent les mêmes moyens
de préservations dont nous avons déjà eu occasion de parler.

ARSENIC ET SES COMPOSÉS

On désigne vulgairement dans les arts sous le nom d'arsenic l'acide arsénieux et quelquefois, mais beaucoup plus

---

1. Les ventilateurs à colonnes sont, comme on sait, des appareils très-
simples consistant en deux colonnes verticales d'inégale hauteur. Une
petite différence de hauteur, 1 mètre par exemple, chez M. Elkington,
suffit en temps ordinaire pour déterminer une ventilation assez active.

rarement, l'acide arsénique. Les industries qui opèrent sur
ces substances sont de trois sortes : 1° celles où l'on fabrique
l'acide arsénieux par le traitement des pyrites arsenicales ;
2° celles où l'on convertit l'acide arsénieux en acide arsénique et subséquemment en arsénites et arséniates, entrant
dans des compositions diverses ; 3° celles enfin où l'on fait
usage de matières préparées à l'aide de ces substances, telles
que les étoffes et les papiers peints. Le contact de l'arsenic
à ces divers états est extrêmement dangereux : il agit sur
l'organisme, soit en s'introduisant dans les voies respiratoires
ou se mêlant aux aliments, soit en attaquant les excoria-
tions de la peau ou certaines parties des muqueuses. Dans
chacune de ces industries il est donc nécessaire de prendre
des précautions spéciales.

Les établissements où l'on extrait l'arsenic des pyrites sont
peu nombreux, vu la grande production qu'une vraie usine
métallurgique est susceptible de donner par rapport à la
consommation qui se fait dans les arts. La principale fabrique est celle de M. Jennings, à Swansea, qui occupe
quarante ouvriers. On y grille des pyrites cuivreuses au four
à reverbère et l'acide arsénieux volatisé sort mêlé aux
flammes du foyer. Pour le recueillir on fait circuler le courant gazeux dans une longue *traînée* ou galerie horizontale
de 60 mètres de long, 2 mètres de haut et 2 mètres de large,
débouchant à une cheminée haute de 55 mètres. La galerie
est percée, de 2 mètres en 2 mètres de distance, d'orifices munis de portes en tôle, hermétiquement lutées pendant le grillage. C'est par ces portes que les ouvriers retirent l'arsenic à
la pelle quand l'opération est terminée et la maçonnerie suffisamment refroidie. L'usine est pourvue de deux appareils
semblables qui fonctionnent à tour de rôle. L'arsenic recueilli
est sous forme de farine blanche. On le livre au commerce
soit, comme on dit, *en fleur,* soit à l'état vitreux ; dans le
premier cas, on lui fait subir une sublimation dans des fours
spéciaux, et dans le second cas une demi-fusion.

Le travail du grillage est sans aucun danger pour les ouvriers, parce que le tirage se faisant bien, aucune émanation ne reflue dans l'atelier. Quant aux gaz sortant de la cheminée, ils contiennent l'arsenic en trop faible proportion et d'ailleurs ils s'échappent à une trop grande hauteur pour qu'on puisse en être incommodé dans l'enceinte de l'usine. Les opérations vraiment malsaines consistent à retirer la poudre de la galerie ou des fours de sublimation, et à la mettre en barils ; aussi s'accomplissent-elles en plein air, afin que les hommes soient moins exposés aux poussières. Ils travaillent avec leur mouchoir noué sur le nez et la mouche. On leur recommande des lavages fréquents, mais il convient de dire qu'ils ne s'y conforment guère. Somme toute, cependant, ils souffrent peu de leur industrie, ce qu'on doit attribuer principalement à ce qu'ils ne sont occupés à la fabrication de l'arsenic que par intermittences : la plus grande partie de leur temps est employée à extraire le cuivre des résidus du grillage. Nous remarquerons d'ailleurs, parce que c'est une condition à rechercher, que l'usine est érigée dans un endroit découvert, exposée aux vents et éloignée de tout obstacle au renouvellement de l'air. Ces circonstances exercent la meilleure influence sur la santé des hommes et combattent activement l'intoxication.

La conversion de l'acide arsénieux en acide arsénique, caractérisée par une abondante production de vapeurs nitreuses, est plutôt insalubre pour le voisinage que pour les ouvriers ; aussi n'en parlerons-nous pas ici. Quant aux industries qui font entrer ces substances dans divers composés, et qui notamment fournissent des couleurs vertes à base d'arsénite de cuivre, elles entraînent pour les travailleurs des manipulations plus ou moins dangereuses. Ils sont, il est vrai, rarement exposés aux poussières, car la matière toxique est ordinairement traitée à l'état pâteux, mais ils ont à souffrir du contact direct. On ne saurait indiquer aucun procédé spécial, et tout se résume aux mesures générales d'hygiène dont nous avons déjà parlé.

Parmi les industries de la troisième sorte, la plus malsaine
est celle des fleurs et des feuillages artificiels. Les ouvrières
qui s'y adonnent sont non-seulement exposées à l'absorption
des poussières et au contact des pâtes vénéneuses, mais elles
sont en outre sujettes, par le fait même de leurs occupations, à de fréquentes piqûres et écorchures qui facilitent
l'innoculation du poison. Le séchage et le battage, notamment, des étoffes préparées au vert arsenical, font naître ces
divers inconvénients. On sait en effet que les toiles, une
fois imprégnées de la solution arsenicale, sont mises à sécher
sur des cadres en bois garnis de pointes aiguës, auxquels il
est très-facile, en les fixant, de se blesser les doigts. Le
battage, qui se fait à la main, entraîne, sans parler des
poussières, un contact incessant avec la matière toxique.
On améliore sensiblement ces deux opérations, d'une part,
en recouvrant l'étoffe d'une forte toile par dessus laquelle
l'ouvrière effectue son battage, et d'autre part, en espaçant les
pointes des cadres, à 6 ou 8 centimètres les unes des autres,
de façon à ce qu'avec un peu de soin la main puisse passer
entre elles sans risquer d'être égratignée. Nous ne parlons
pas de plusieurs autres détails tels que le calendrage, le dé-
coupage, le dédoublage etc., qui amènent également un contact perpétuel avec la poudre ou la pâte arsenicale. Dans ces
diverses opérations on combat plus ou moins le mal par un
ensemble de soins hygiéniques, parmi lesquels nous citerons spécialement l'usage de la poudre de talc pour se
frotter les mains et mettre ainsi obstacle à l'absorption de
l'arsenic par les pores. Les patrons, de leur côté, peuvent atténuer considérablement les dangers que courent leurs ouvrières, en n'employant jamais le vert arsenical en poudre,
mais en l'achetant tout broyé et mélangé avec de l'huile de
lin. On sait aussi qu'en incorporant le collodion avec les sels
d'arsenic, on en rend l'usage beaucoup plus inoffensif [1].

1. Nous ne nous étendrons pas davantage sur ce sujet, malgré son

SÉCRÉTAGE DES PEAUX, ARÇONNAGE.

Le sécrétage des peaux destinées à la fabrication des chapeaux de feutre n'est pas une opération très-malsaine par elle-même, malgré l'emploi du nitrate de mercure ; car, s'il se développe quelques vapeurs dans les séchoirs, il est vrai de dire que les ouvriers y pénètrent rarement. Mais le coupage et l'arçonnage des poils, qui font suite au sécrétage, donnent lieu à la production d'une poussière mercurielle éminemment insalubre. Aussi les ouvriers qui accomplissent ces dernières opérations sont-ils, comme ceux de l'étamage et de la dorure, sujets au tremblement mercuriel, indépendamment des phthisies pulmonaires que détermine l'introduction des débris organiques dans les voies respiratoires.

Les dangers inhérents au coupage et à l'arçonnage ont été considérablement atténués dans la fabrique de M. Donner, à Francfort. Le coupage des poils ne s'y effectue plus à la main, ainsi que cela se pratique encore dans un trop grand nombre de maisons ; on y a substitué une coupeuse mécanique à la vapeur. La peau, poussée par l'ouvrier, s'engage entre des cylindres qui, en même temps qu'ils la découpent en fines lanières, ont un mouvement de rotation assez rapide pour entraîner tous les poils et les poussières et les précipiter du côté opposé à l'ouvrier, dans une caisse hermétiquement close. Cette dernière particularité constitue une notable amélioration par rapport aux machines ordinaires, lesquelles sont manœuvrées à la main et laissent échapper dans la salle les matières susceptibles de voltiger.

extrême importance, parce que les moyens d'assainissement adoptés jusqu'ici n'ont pas à vrai dire le caractère de procédés techniques. Ce sont plus exactement de simples mesures de prudence, connues d'ailleurs de la généralité des fabricants. (Voir pour plus de détails les ouvrages spéciaux et entre autres le *Traité d'hygiène* de M. le Dr Vernois qui a consacré à cette question un article fort intéressant.

L'arçonnage à la corde est remplacé par deux opérations également mécaniques et à peu près exemptes d'inconvénients. Les poils passent successivement à travers huit machines cardeuses, renfermées dans une longue caisse en bois dont la face supérieure est formée par une toile métallique serrée. La plus grande partie des bourres et poussières se fixe dans le treillage, qu'on nettoie de temps en temps. Une certaine proportion de poussières se répand bien encore dans l'atelier; mais elle est infiniment moindre que par le procédé ordinaire, et, en outre, se trouve bien plus éloignée des ouvriers. L'opération suivante, ou soufflage des poils, qui a pour objet de les emmêler et de produire un commencement de feutrage, est accomplie à l'aide d'une ventilation énergique qui s'exerce dans une gaîne horizontale en bois, de 80 centimètres de large, 12 à 15 centimètres de haut et 10 à 12 mètres de long. Les poils refoulés dans ce canal y subissent le mélangeage et sortent, à l'extrémité, par une cheminée verticale qui débouche dans une caisse suivie de trois autres. La dernière est fermée par un grillage métallique serré qui retient les poils et laisse échapper l'air ainsi que la partie la plus fine de la poussière, qui ne s'est pas fixée entre les mailles de la toile. Cette poussière est, du reste, en faible proportion, par suite du nettoyage qui a précédé, et, en tous cas, elle se dégage à une grande distance de l'ouvrier qui charge la machine à l'autre extrémité.

Ces procédés perfectionnés sont en voie de se répandre dans les grandes maisons françaises. On en peut voir de bonnes applications chez divers fabricants de Paris, entre autres chez MM. Laville, Petit et Crespin, dont la chapellerie est une des plus importantes de France.

Nous signalerons un dernier détail, relevé dans la fabrique de madame veuve Vallagnose, à Marseille, et qui nous a paru intéressant : il est relatif au décatissage des peaux sécrétées et séchées. Ce travail, qui précède le coupage à la machine, se fait généralement à la main, au moyen d'une brosse tenue

par l'ouvrier. Il se produit là des poussières mercurielles en
proportion assez notable. Chez madame Vallagnosc on emploie une machine dite *brosseuse,* consistant en un cylindre
brosseur analogue à celui des nouvelles *balayeuses* qu'on
vient d'introduire à Paris. L'appareil est contenu dans une
enveloppe ; les poussières sont aspirées par un ventilateur et
envoyées dans un compartiment situé à l'arrière, d'où on les
retire de temps en temps.

PRÉPARATION DES TABACS.

La préparation des tabacs comprend diverses opérations
insalubres, dont les principales ont été assainies avec beaucoup de succès, dans ces dernières années, par les ingénieurs des manufactures de l'État. Nous décrirons les procédés adoptés, bien qu'en France cette industrie ne soit pas
dans le domaine public, parce qu'à l'étranger il en est autrement et que d'ailleurs les mêmes appareils peuvent trouver
leur application dans d'autres industries.

La torréfaction du tabac haché ou tabac à fumer est accompagnée d'un dégagement abondant de vapeurs ammoniacales et nicotineuses. Il n'y a pas longtemps, ce travail
s'accomplissait exclusivement sur des plaques de tôle chauffées ; les ouvriers à moitié nus, debout sur le bord de ces
plaques, agitaient incessamment la matière et en aspiraient
toutes les émanations. Cette méthode vicieuse est peut-être
encore en vigueur dans quelques manufactures ; mais à
Paris, Lille, Strasbourg, Marseille, Toulouse, etc., on y a
substitué les nouveaux torréfacteurs mécaniques (Pl. VI,
fig. 4) du système Rolland [1], qui suppriment tous les inconvénients observés. Nous ne pouvons décrire ici tous les
détails de cet appareil ingénieux, qui, en dehors de la ques-

---

1. M. Rolland, nous l'avons dit, est actuellement Directeur général de
l'administration des Manufactures de l'État.

tion de salubrité, avait à satisfaire à une foule de conditions techniques, telles que l'uniformité de température, le brassage sans brisures des filaments de tabacs, la continuité de la marche, etc ; nous devons nous borner à notre objet.

L'appareil de M. Rolland consiste essentiellement en un cylindre rotatif, chauffé extérieurement par le rayonnement du foyer, et en outre traversé intérieurement par un courant d'air chaud. La matière entre et sort aux extrémités, par l'intermédiaire de trémies à soupapes, qui restent fermées dans l'intervalle des passages. La circulation du tabac dans le cylindre est déterminée par la rotation même de celui-ci, grâce aux nervures hélicoïdales très-allongées dont sa surface intérieure est armée et qui forcent la matière à avancer en tournant. L'air chaud, qui parcourt vivement le cylindre dans sa longueur, s'échappe par la cheminée en emportant toutes les vapeurs et les poussières produites par la torréfaction.

Le séchage du tabac torréfié, qui engendrait des inconvénients analogues, quoique moins intenses, s'effectue maintenant dans des cylindres rotatifs, dus au même inventeur. L'air et les poussières sont aspirés par un ventilateur mécanique qui les envoie dans une cheminée en leur faisant traverser une chambre spacieuse où les poussières se déposent.

Le râpage du tabac à priser, ainsi que les opérations qui s'y rattachent, ont lieu dans des appareils parfaitement clos, qui préservent convenablement les ateliers. Quelques autres travaux de la même industrie, présentant une certaine incommodité, n'ont pas été l'objet de procédés spéciaux. De ce nombre sont : l'époulardage ou ouverture des balles et boucauts de tabacs ; la démolition des masses ou tas de première fermentation ; la vidange des cases ou tas de deuxième fermentation. La première de ces opérations détermine des poussières et les deux autres peuvent faire naître le danger d'asphyxie. On se borne à faire relayer les ouvriers très-fréquemment ; dans les cases, pas exemple, ils ne séjournent qu'environ une demi-heure de suite.

En ce qui concerne la salubrité générale des salles, de grandes améliorations, on l'a vu, ont été introduites depuis quelques années, par l'administration des tabacs ; nous ne pouvons à cet égard que renvoyer à ce qui a été dit dans le chapitre précédent sur la ventilation des ateliers.

SULFATE DE QUININE.

On connaît le mal singulier auquel sont sujets les ouvriers qui travaillent la quinine, mal dont la médication spéciale est encore à trouver [1]. L'assainissement de la fabrication est donc doublement désirable.

Dans la préparation de la quinine toutes les opérations

---

1. Il consiste en une éruption sur la peau et en des démangeaisons parfois si insupportables qu'on a vu le patient chercher à attenter à ses jours. La cause de ces phénomènes est encore controversée : quelques-uns l'attribuent à des aiguilles très-ténues qui voltigent dans l'atmosphère des fabriques de quinine, par suite du maniement et du broyage des écorces de quinquina, et qui pénètreraient dans les pores de la peau. Mais cette explication rend difficilement compte de ce qui s'observe dans les ateliers où l'on se borne à évaporer les solutions. Au surplus, la maladie se contracte dans les conditions les plus bizarres et atteint souvent des personnes même étrangères à la fabrication. « Il suffit quelquefois, nous disait M. Armet « de Lisle, le grand fabricant de Nogent-sur-Marne, de stationner dans « l'usine pour contracter la maladie ; » et, à ce propos, nous ne pouvons résister au désir de transcrire ci-après la note qu'il nous a remise et qui relate des faits curieux, que nous croyons inédits :

« De trois frères du même père et de la même mère, l'un, l'aîné, « reste dix ans sans rien avoir ; le plus jeune, depuis trois ans, n'a pas « encore été atteint ; le second attrape la maladie au bout d'un mois, « quitte la fabrique et reste un an ou quinze mois sans vivre avec ses « frères. Au bout de ce temps, donnant la main à un voiturier de l'usine « pour décharger une voiture de toiles (enveloppes des ballots de quin- « quina), il est repris de la maladie, qui le tient huit jours au lit avec les « yeux fermés.

« Une servante travaillant près de l'usine, est forcée de quitter la « maison.

« Plusieurs ouvriers prenant des vêtements ou des outils de leurs

sont dangereuses, mais plus particulièrement le broyage et
le tamisage de l'écorce de quinquina, ainsi que la purification du sulfate brut. Les poussières dans un cas et les vapeurs
dans l'autre produisent des effets analogues. La grande
usine de M. Zimmer, à Sachsenhauzen, près de Francfort,
offre, sous ces divers rapports, des perfectionnements du
plus haut intérêt. Pour le broyage, les précautions introduites
par M. Zimmer sont bien simples : les écorces sont humectées d'eau sous la meule ; les matières broyées tombent dans
une caisse où une chaîne à godets les reprend et les déverse
dans un blutoir renfermé dans une enveloppe bien close ;
enfin la poudre tamisée est précipitée dans des caves où sont
établis tous les appareils d'extraction. Les ouvriers se
trouvent ainsi à peu près soustraits au contact des substances. La purification du sulfate brut se pratique également
dans de bonnes conditions. Les cuves à évaporer, au lieu
d'être, comme chez d'autres fabricants, placées dans l'atelier
commun, où leurs vapeurs agiraient sur un grand nombre
d'ouvriers, elles sont enfermées dans un local distinct, et
fonctionnent sous une hotte pourvue d'une bonne cheminée
d'aspiration.

L'extraction, bien que moins dangereuse que les opérations précédentes, n'est cependant pas inoffensive. Sans
entrer dans le détail chimique des procédés employés par
M. Zimmer, procédés qu'il désire tenir secrets, nous pouvons dire que, contrairement à ce qui a lieu dans les autres
établissements, tous les appareils sont parfaitement clos, et
le travail marche automatiquement, sans l'intervention de
l'ouvrier. Une fois le chargement effectué, l'opération est

« camarades, sont malades, pour deux, trois et quelquefois huit jours. »
    « Un ancien ouvrier passant sur la berge, l'usine étant ouverte, est re-
« pris de la maladie pendant deux ou trois jours. »
    Les établissements où l'on prépare en grand le sulfate de quinine sont
peu nombreux. On n'en compte, croyons-nous, que quatre dans le monde,
dont trois en Europe, savoir : à Nogent-sur-Marne, à Londres et à Francfort ; et le quatrième à New-York.

abandonnée à elle-même jusqu'au moment où l'on vient
retirer le produit ; aussi l'atelier est presque toujours désert.
Quant à la salle de distillation, elle est admirablement installée. Tous les joints des appareils sont fermés avec un tel
soin qu'on ne sent aucune odeur, et pour prévenir toute
chance d'incendie, les becs de gaz qui éclairent la salle
envoient leurs flammes dans des tuyaux débouchant au dessus du toit. En somme, la fabrique de M. Zimmer paraît
être la mieux tenue de l'Europe, au point de vue de la salubrité ; les maladies y sont devenues très-rares [1].

Chez MM. Howards et fils, à Stratford, près Londres,
l'assainissement est beaucoup moins complet. Certains détails sont cependant bons à signaler.

La pulvérisation du quinquina a été l'objet de deux mesures de précaution : l'une que nous avons déjà fait connaître, consistant à injecter de la vapeur d'eau sous la
meule ; l'autre, à faire porter aux ouvriers des *respirateurs*
formés d'une couche de chanvre enfermée entre deux toiles [2].
Pour la préparation proprement dite du sulfate, aucun moyen
spécial n'est en vigueur ; on se borne à recommander les
lavages et à faire prendre des bains fréquents aux ouvriers,
particulièrement à ceux qui s'occupent de transvaser les
liqueurs, car c'est à ce moment que les vapeurs engendrent
le plus d'accidents. Enfin la concentration du sulfate, qui
est une des particularités les plus dangereuses, s'effectue dans
des vases clos, munis d'un tube de dégagement qui emporte
les émanations au dehors. D'une manière générale on veille
au régime de l'ouvrier. Dès que le moindre symptôme trahit

---

1. M. Zimmer conteste même en grande partie l'insalubrité de la fabrication de la quinine ; il en attribue surtout les effets aux vapeurs d'alcool
provenant de la distillation, mais cette opinion est loin d'être d'accord
avec celle des fabricants de Londres et de Nogent et nous sommes tenté,
pour notre part, de croire que M. Zimmer a été induit en erreur par le
succès même de ses méthodes d'assainissement.

2. Les mêmes respirateurs sont employés dans cette usine pour la fabrication du tartrate d'antimoine.

l'approche de la maladie, MM. Howards lui font interrompre
son travail et le forcent à s'absenter de l'usine, ou bien ils
l'occupent aux travaux du dehors. De tous les moyens,
celui que l'expérience a constamment révélé le plus efficace,
c'est l'éloignement immédiat des lieux soumis à l'influence
de la fabrication. Un congé de quelques jours, dès le début,
arrête souvent des phénomènes qu'aucun traitement médical
n'eût pu combattre.

M. Armet de Lisle, à Nogent, est arrivé aux mêmes conclusions, et il applique, avec plus de sollicitude encore que
MM. Howards, des précautions analogues.

PRÉPARATION DES BOYAUX, SOUFFLAGE.

Ces opérations sont incommodes et même malsaines. Pour
prévenir les plaintes du voisinage, on a soin le plus souvent
de maintenir fermées les portes et les fenêtres des ateliers,
en sorte que les ouvriers vivent dans une atmosphère des
plus nauséabondes. En outre le soufflage fatigue la poitrine
et occasionne parfois des ulcères, par suite du contact des
lèvres avec des matières impures.

Indépendamment de tout procédé spécial, les inconvénients sont beaucoup diminués par la propreté générale de
l'usine et par l'emploi d'une grande quantité d'eau. A ce point
de vue on peut citer la fabrique de cordes harmoniques de
M. Savaresse, à Grenelle (Paris), comme un modèle. Les opérations s'y exécutent dans des *grésalles* ou terrines en grès,
dont les parois lisses ne retiennent aucun débris organique.
Une machine à vapeur fournit une eau abondante qui permet de vider les terrines plusieurs fois par jour et de laver
continuellement les tables de travail. Les parquets bitumés
et en pente assurent le prompt écoulement de tous les résidus. Mais ces moyens, quelque précieux qu'ils soient, sont
loin de suffire dans les établissements où l'on prépare les
boyaux de bœuf pour la charcuterie et autres usages sem-

blables. Le nettoyage et le soufflage, notamment, nécessitent
le concours de procédés spéciaux.

Le nettoyage ou préparation de la membrane péritonéale,
dont une partie seulement a été enlevée par le dégraissage
à l'abattoir, s'exécute ordinairement à la suite d'une fermentation putride qui constitue un des détails les plus re-
poussants de cette industrie. Cette macération, dont la durée
varie de huit jours à un mois selon la saison, a pour objet
de décomposer en partie la muqueuse et de la rendre moins
adhérente, afin que les ouvriers puissent la détacher sans
risquer de nuire à la qualité des boyaux. Quelques industriels commencent à adopter le procédé Labarraque, consistant à immerger les intestins dans une solution de chlorure
de soude, ce qui dispense de toute fermentation putride. La
fabrique de MM. Monnier et Dutrypon, à Eysines (Gironde),
remarquable d'ailleurs par l'ordre et la propreté qui y
règnent, marche dans ces conditions depuis trois ans. Aujourd'hui quelques heures suffisent pour accomplir le ratis-
sage des boyaux [1].

M. Fabre, à Grenelle, (dont la boyauderie n'a pas été autorisée à cause des oppositions du voisinage) a marché pendant
quelque temps, d'une manière très-satisfaisante, sans fermentation ni emploi de chlorures alcalins. Il immergeait les
boyaux de bœuf dans des cuves d'eau tiède à la température
de 35 degrés environ. Au bout d'une heure et demie ou deux
heures, les femmes les retournaient et détachaient les mem-
branes [2]. Mais ce procédé ne saurait s'appliquer aux boyaux

1. Le conseil d'hygiène publique de la Gironde est tellement convaincu
de la supériorité de ce procédé, qu'il le rend maintenant obligatoire. Ainsi
un arrêté du 17 juin 1864, relatif à la boyauderie de madame veuve Chré-
tien, porte la clause suivante :
   « Art. 10. — Lorsque les boyaux auront été dégraissés et retournés, on
« emploiera du chlorure de soude à 12 ou 13 degrés, à dose de 1.500
« grammes dans deux ou trois seaux d'eau pour un tonneau renfermant
« les intestins grêles de 50 bœufs. »
   2 M. Fabre prétend que la fermentation putride des boyaux de bœuf

de mouton, dont le diamètre est trop petit pour qu'on puisse les retourner sans dommage.

Chez MM. Monnier et Dutripon, le soufflage a été l'objet d'un grand perfectionnement. Il se pratique maintenant, non plus à l'aide du morceau de roseau que l'ouvrier introduit dans la base de l'intestin pour y insuffler l'air avec sa bouche, mais au moyen de gros soufflets mus avec le pied à l'instar des meules de rémouleurs. Un mode semblable a été mis en usage par M. Boyer, à Saint-Étienne du Rouvray (Seine-Inférieure).

M. Brimbœuf, à Issy, se disposait, quand nous l'avons vu, à introduire plusieurs améliorations dans l'importante boyauderie qu'il possède au bord de la Seine. Le soufflage devait s'exécuter à la mécanique au moyen de chalumeaux desservis par un ventilateur, et l'atelier devait être aéré artificiellement de manière à rejeter les vapeurs au dessus du toit[1]. Ce double moyen d'assainissement est à recommander dans tous les établissements similaires.

TANNAGE DES CUIRS.

L'insalubrité de ce travail est une question encore controversée. D'après MM. Pécholier et Saint-Pierre, professeurs agrégés à la Faculté de médecine de Montpellier, l'industrie de la tannerie serait même, dans son ensemble, plutôt favorable que nuisible à la santé des ouvriers[2]. Il n'en reste

n'a d'autre but que d'économiser un peu de main-d'œuvre en rendant le grattage plus expéditif. C'est une erreur, selon lui, de croire que le boyau fermenté est plus fin : loin de là, il est quelquefois altéré et conserve presque toujours de mauvaises odeurs. Ce qu'on peut alléguer en sa faveur, c'est qu'il est moins épais, mais la différence est insignifiante et n'a d'ailleurs aucun intérêt. M. Fabre n'admet l'utilité de la fermentation que pour les boyaux de mouton.

1. M. Brimbœuf nous a informé qu'il avait effectivement réalisé ces améliorations.

2. Voir l'*Étude sur l'hygiène des ouvriers peaussiers du département de*

pas moins quelques détails fort incommodes, sinon malsains, tels que l'ébourrage, l'écharnage et une opération positivement insalubre, de l'avis de ces hygiénistes eux-mêmes, celle du broyage du tan, quand elle n'est pas effectuée avec tous les soins convenables.

L'ébourrage ou épilage qui s'exerce sur les peaux une fois chaulées met les ouvriers en contact prolongé avec la chaux ; leurs mains se gercent profondément, et il en résulte parfois de véritables ulcères que le voisinage des matières putréfiées peut rendre dangereuses. Ce travail est assaini au moyen du *tonneau purgeur*, dont l'emploi commence à se répandre dans les grandes tanneries, par exemple, chez M. Pelletreau, à Château-Renaud (Indre-et-Loire), chez M. Leroux, à Rennes, etc. Les peaux sont agitées et lavées dans cet appareil pendant une heure et demie et abandonnent toute leur chaux ainsi qu'une partie des poils.

L'écharnage se pratique le plus souvent sur des billots en bois qui retiennent des débris organiques et exhalent perpétuellement une odeur de fermentation. Une disposition simple consiste à les recouvrir de feuilles de zinc. Mais un moyen beaucoup plus radical, s'il parvenait à réussir, serait la suppression même du nettoyage des cuirs à la main. Tel est le but poursuivi par un habile tanneur de Namur, M. Piret-Pauchet, lequel faisait construire récemment une machine

---

l'Hérault, 1864. Nous en reproduisons les principales conclusions, déduites de l'observation d'un grand nombre de faits :

« Une forte constitution, une grande vigueur, un tempérament sanguin » ou bilioso-sanguin, une complexion robuste, une taille droite, des traits » mâles, un teint frais, de larges épaules, un embonpoint modéré, une » longévité remarquable, tel est le type ordinaire des ouvriers tanneurs « de notre département.

« Les relevés statistiques faits par nous à Aniane nous ont démontré » que sur 90 adultes morts du choléra, 11 seulement étaient tanneurs ; « tandis que le chiffre total des tanneurs est à celui des adultes dans le » rapport de un à quatre. Les chances de mort pendant cette épidémie ont « donc été moitié moindres que pour les autres habitants. »

destinée à accomplir cette partie si délicate du travail de l'ouvrier. C'est une indication bonne à connaître des industriels.

Quant au broyage du tan, dont l'insalubrité, disionsnous, n'est contestée par personne, l'on a vu, au chapitre des moyens généraux, comment il peut être rendu à peu près inoffensif.

COUTELLERIE, TAILLANDERIE, ETC.

Le repassage ou aiguisage des lames et des outils expose les ouvriers qui s'y adonnent à diverses sortes d'affections. Il y a lieu de distinguer, suivant que l'opération se pratique à sec ou avec le concours de l'eau.

Quand l'opération a lieu à sec, ce qui est le cas général en Angleterre, les poussières de grès et d'acier dégagées de la meule attaquent promptement les organes respiratoires ; les maladies qui en résultent alors sont très-graves et finissent toujours par être mortelles. A une certaine époque les maîtres de fabriques anglais, frappés de cette situation, voulurent faire porter à leurs hommes des masques magnétiques. Mais des difficultés s'étant élevées sur le mode de paiement, et sans doute aussi l'appareil étant peu commode, ces masques furent abandonnés [1]. Après quelques autres essais également malheureux, on en est arrivé au système très-simple qui depuis une quinzaine d'années se généralise chaque jour davantage dans le Royaume-Uni. Ce système, dont nous avons vu une excellente application dans les grands établissements de MM. Rodgers et fils, à Sheffield, consiste à engager la partie antérieure de la meule dans l'orifice d'un

1. Ces masques étaient faits en toile métallique et étaient assez semblables à ceux dont se servent les maîtres d'armes. Le fil de fer, par suite de son aimantation, arrêtait les parcelles d'acier qui se fixaient contre le masque ; mais les poussières siliceuses pouvaient passer à travers les mailles, en sorte que le mal n'était prévenu qu'en partie. En outre la toile s'encrassait et par suite empêchait la circulation de l'air : il fallait constamment la nettoyer à cause de l'abondance des dégagements.

tuyau communiquant avec un ventilateur à palettes. L'ouvrier étant placé de l'autre côté de la meule et en face de cet orifice, les poussières qu'il produit pendant le repassage s'échappent tangentiellement et se dirigent vers le tuyau qui les aspire vivement dans l'intérieur. Dans certains ateliers, au lieu de ventilateurs, on utilise pour le même objet le tirage de la grande cheminée des chaudières ; mais, selon une remarque antérieure, le premier moyen est préférable comme étant à la fois plus énergique et plus régulier.

Dans plusieurs taillanderies de la Franche-Comté, notamment chez MM. Peugeot frères, à Valentigny, près Montbéliard, on a installé des ventilateurs du genre des précédents. D'autres fabricants, tels que M. Japy, se servent de meules artificielles en émeri et gomme laque, qui donnent moins de poussière, mais offrent d'autres inconvénients, par exemple, celui d'éclater fréquemment. Dans les ateliers de la marine, à Brest, le repassage des scies se fait au moyen de petites meules artificielles mobiles que l'ouvrier promène sur chaque dent pour lui donner l'inclinaison voulue. La meule est entourée d'une enveloppe en fer-blanc, qui supporte à la partie inférieure une plaque en verre, dont la destination est à la fois d'éloigner les poussières et d'adoucir l'éclat des étincelles.

Dans la coutellerie française, aussi bien que dans la coutellerie allemande, le mode universellement adopté est le repassage à la voie humide [1]. Tantôt la meule est continuellement humectée par un filet d'eau, tantôt elle appuie par sa partie postérieure contre un tampon mouillé ou bien elle plonge dans un baquet ; dès lors les poussières sont à

---

[1]. Les ouvriers français ont une répugnance bien prononcée pour le repassage à sec, quoique le travail soit plus rapide, et qu'ils soient payés à la pièce. M. Mermillot, à Châtellerault, avait fait monter une meule anglaise avec ventilateur, mais les hommes ont refusé de s'en servir. MM. Anfrie, à l'Aigle, ont dû, pour le même motif, renoncer à une installation semblable pour l'aiguisage des aiguilles.

peu près supprimées[1]. Mais par contre l'ouvrier est exposé
aux maladies qu'engendre le contact permanent de l'eau
et aucun procédé spécial n'est en usage pour les prévenir.
Les poussières se produisent, bien qu'à de rares intervalles, quand on procède au retaillage des meules.
Cette opération qui, d'ordinaire, passe presque inaperçue,
prend une certaine importance dans les ateliers où il faut
conserver exactement aux meules un certain profil, comme
dans les manufactures d'armes ; le *riflage*, qui consiste à
rafraîchir les cannelures, se pratique alors à peu près chaque
jour et sur toutes les meules à la fois. Il se produit conséquemment pendant environ une demi-heure, une poussière
très-abondante qu'on ne peut respirer impunément. Pour y
obvier, à Châtellerault, les meules sont en partie renfermées
dans des enveloppes en bois qui communiquent avec un conduit souterrain à l'extrémité duquel agit un ventilateur
puissant. Celui-ci, mis en mouvement pendant la durée du
riflage, aspire toutes les poussières et les rejette sur la
Vienne.

Mais il existe, indépendamment du mode d'aiguisage,
une cause grave de maladie : nous voulons parler de l'habitude prise par les ouvriers, dans les principaux centres de
coutellerie, de faire le repassage en se tenant couché sur la
poitrine, de façon que le corps appuie de tout son poids sur
la meule placée au dessous. Il y a tel aiguisage de lames
pendant lequel on voit par moments le corps de l'ouvrier se
soulever en entier et porter exclusivement sur la pointe des
pieds et sur l'outil pressé contre la meule. Il paraît certain
que de cette façon le travail marche plus rapidement et que

---

1. La suppression des poussières n'est pas cependant, à ce qu'il paraît,
aussi complète qu'on le croit généralement. Il résulte d'une enquête récemment faite en Angleterre sur les manufactures de Birmingham, que
même avec l'eau les poussières peuvent, à la longue, devenir dangereuses;
aussi les commissaires recommandent-ils en ce cas, comme dans le repas
sage à sec, l'emploi de ventilateurs.

l'ouvrier gagne davantage, mais il achète durement ce surcroît de salaire par la déformation de la poitrine qui en est presque toujours la conséquence. Cette fâcheuse pratique est en vigueur chez les 16 ou 1.700 émouleurs de Thiers, à Langres, à Nogent, etc. — Les fabriques de Châtellerault ont eu le bon esprit d'y renoncer, et la maison Charrière, à Paris, revendique la louable initiative d'avoir réformé ce travail.

AIGUILLES ET ÉPINGLES.

Les manufactures d'aiguilles présentent des inconvénients analogues à ceux des ateliers de coutellerie. L'aiguisage ou empointage des aiguilles n'est en effet guère moins malsain que le repassage des outils. Quand l'ouvrier appuie sur la meule les cent aiguilles qu'il tient à la fois dans sa main, il se produit des gerbes d'étincelles et une poussière d'autant plus dangereuse qu'elle est plus fine.

Depuis sept ou huit ans, MM. Thomas et fils de Redditch, près de Birmingham, dont la manufacture modèle livre à la consommation plus de 200 millions d'aiguilles par an, ont donné l'excellent exemple d'une disposition basée sur le principe de Sheffield (Pl. XV, fig. 1 et 2). Toute la moitié antérieure de la meule est prise dans une enveloppe en fer-blanc, qui communique avec un fort ventilateur à vannes dont l'aspiration ne laisse échapper aucune poussière. Ce mode d'assainissement commence à se répandre dans les fabriques du Royaume-Uni.

Mais c'est surtout en Allemagne que l'on a introduit des perfectionnements. Dans le district d'Aix-la-Chapelle, par exemple, où la fabrication des aiguilles est très-considérable, l'aiguisage donnait lieu, il y a une vingtaine d'années, à de tels accidents que l'attention des pouvoirs publics fut appelée sur cette opération, en même temps que les patrons se voyaient menacés de manquer de bras. Aussi un règlement

de police vint-il interdire l'aiguisage à la main, sauf le cas
où les meules seraient pourvues de bons ventilateurs. Cette
mesure, sérieusement appliquée, a provoqué de nombreux
procédés d'assainissement parmi lesquels nous signalerons
les quatre suivants.

Le premier consiste à adapter un ventilateur sur la meule
ordinaire, l'aiguisage étant comme précédemment pratiqué
à la main. C'est, sous des formes diverses, le système que
nous venons de décrire en Angleterre.

Deux autres procédés, plus parfaits, conservent le ventilateur mais remplacent l'aiguisage à la main par l'aiguisage
mécanique. Les machines qui réalisent cet objet sont de deux
types différents, l'un dû à M. Schleicher, l'autre à M. Neuss.
Le principe en est d'ailleurs le même : les aiguilles sont
appliquées sur la meule, dans une position analogue à celle
que leur donne la main de l'ouvrier, et roulent dans le sens
de son épaisseur, de manière à ce qu'arrivant d'un côté elles
sortent terminées de l'autre. Dans la machine Schleicher ce
résultat est obtenu au moyen de deux meules à angle droit,
frottant l'une contre l'autre; dans la machine Neuss, au moyen
d'une seule meule sur laquelle appuie une bande de gutta-
percha. Avec les unes comme avec les autres les poussières
sont entraînées dans une enveloppe à l'aide d'une forte aspiration [1]. Un grand nombre de fabricants ont cessé d'aiguiser
eux-mêmes, et livrent à façon leurs aiguilles à M. Schleicher,
qui a monté une grande maison d'aiguisage à Schonthahl,
près Langerwehr. Les machines de M. Neuss fonctionnent
dans plusieurs fabriques, notamment dans celle de M. Printz,
à Borcette, une des plus considérables du district d'Aix-
la-Chapelle.

Le quatrième système diffère complétement des précédents,

---

1. Ces deux types, bien connus en Allemagne, sont suffisamment dési-
gnés par les noms de leurs inventeurs pour que nous n'ayons pas besoin
d'en donner ici la description détaillée. Tous les industriels qui voudraient
faire usage de ces machines sauraient où se les procurer.

en ce qu'il supprime les poussières elles-mêmes, et par suite
rend la ventilation superflue. Les meules en grès sont remplacées par de petits tambours en acier dont la surface est
rayée en limes. Les aiguilles sont introduites à la main
sous le tambour et disposées sur un plan d'acier. Le mécanisme est combiné de telle façon que les tambours cessent
de tourner aussitôt que les aiguilles sont terminées. Cette
ingénieuse machine, due à M. Joseph Graf, sous le pa-
tronage de M. Printz, offre le triple avantage de supprimer comme nous avons dit, la poussière, de prévenir
l'échauffement des aiguilles et d'annuler le déchet. Mais
elle a l'inconvénient de produire beaucoup moins dans un
temps donné; ainsi elle ne fait qu'une fois et demie le travail d'une meule à la main, tandis qu'une machine Neuss,
par exemple, fait celui de cinq meules. Il est juste d'ajouter
que la machine Graf est à son début et n'a sans doute pas
dit son dernier mot.

Nous sommes entré dans ces détails parce que la fabrique
française, moins importante, il est vrai, que celle de l'é-
tranger, est encore peu avancée sous le rapport de l'assainissement. Le principal perfectionnement jusqu'ici a consisté,
comme pour la coutellerie à sec, à remplacer les meules
en grès par des meules artificielles qui développent, on le
sait, moins de poussière, mais sont sujettes à éclater. Ce
dernier inconvénient est assez grave pour que dans diverses
maisons on ait dû se préoccuper d'y remédier. La précaution la plus usitée est celle qu'emploient MM. Aufrie
et Cⁱᵉ, à l'Aigle (Eure). Ils protègent leurs hommes au
moyen d'une plaque en fonte nommée *garantie*, placée
entre l'ouvrier et la meule, et qui en même temps a l'avantage d'intercepter une partie des poussières.

L'aiguisage des épingles présente des inconvénients de
deux natures, selon qu'il s'agit d'épingles en fer et en acier,
ou d'épingles en cuivre et en laiton. Pour les premières, les
dispositions à prendre sont les mêmes que pour les aiguilles,

et c'est encore à l'étranger qu'il faut en rechercher les meilleurs types. Ainsi chez M. Schumacker, à Aix-la-Chapelle, où l'industrie des épingles à cheveux et à châles a pris un très-grand développement, toutes les meules sont munies de ventilateurs qui agissent à l'instar des précédents. A propos de cette fabrication nous ferons une remarque qui intéresse l'hygiène par un autre côté. Les épingles à cheveux ou à châles d'espèces communes sont en général pourvues d'une tête en verre dont la confection occupe un grand nombre d'ouvrières (une soixantaine chez M. Schumacker). On les voit rangées autour des tables, dans une salle obscure, et dirigeant leurs chalumeaux à gaz pour fondre le verre et façonner les têtes. Indépendamment de la fatigue de la vue, les ouvrières sont exposées à respirer un air vicié par la multitude des becs de gaz et par les émanations de la matière en fusion. Il est donc indispensable d'entretenir dans de tels ateliers une ventilation très-active et en outre d'interrompre de temps en temps le travail par des repos au grand air.

La confection des épingles en cuivre et en laiton engendre tous les inconvénients inhérents au maniement des substances cuivreuses. Les ouvriers sont donc tenus aux soins hygiéniques usités en pareil cas. En outre l'empointage engendre, comme précédemment, des poussières insalubres. Mais la nature beaucoup plus malléable du métal a permis un mode d'assainissement radical que ne comportent pas au même degré les aiguilles ou les épingles en acier. Il consiste dans la suppression même de tout travail à la main au moyen des nouvelles machines dites américaines. Ces machines, qu'on a pu voir figurer aux dernières expositions et qui sont aujourd'hui connues, au moins de toutes les personnes engagées dans cette industrie, fonctionnent déjà dans quelques grands établissements de France et de l'étranger. Nous citerons notamment la fabrique de Liége, en Belgique, et la maison A. Romeu, à Paris, qui occupe dix

machines. Ces ingénieux appareils, dans la description
desquels il serait superflu d'entrer, accomplissent d'eux-
mêmes toutes les opérations nécessaires à la confection de
l'épingle ; ils prennent le laiton enroulé sur la bobine et le
rendent sous forme d'épingles parfaitement terminées, pourvues de leur tête et de leur pointe. La façon de la pointe ou
l'aiguisage proprement dit s'opère entre de petits tambours
à limes renfermés dans une caisse bien close, en sorte
qu'aucune poussière ne vient au dehors. L'ouvrier circule
entre les machines et peut en surveiller plusieurs à la fois.

NETTOYAGE DES CHIFFONS.

Cette opération, pratiquée en grand dans les papeteries,
donne lieu à un fort dégagement d'impuretés qui, à la
longue, agissent sur les voies respiratoires des ouvrières. On
a imaginé divers procédés pour améliorer cet état de choses.
Ainsi, la machine connue sous le nom de *loup* ou *diable*,
accolée à un blutoir mécanique, a pour objet de dégager les
impuretés dans des locaux séparés. Nous n'insisterons pas sur
ce progrès, de date déjà ancienne, et qui d'ailleurs a besoin
d'être complété par des dispositions additionnelles ; bornons-
nous aux améliorations récentes ou moins connues.

Ces améliorations sont de deux sortes : les unes ont en
vue d'isoler plus complètement les ouvriers des poussières,
les autres de prévenir la formation de celles-ci au moyen de
certains lavages. Comme exemple des premières dispositions,
on peut citer la papeterie de MM. Lacroix, à Saint-Cybard,
près Angoulême. L'appareil nettoyeur y est, comme à l'ordinaire, contenu dans une chambre bien close. Mais afin d'éviter
que l'ouvrier pénètre dans cette chambre pour en retirer les
chiffons propres, ainsi que cela se pratique dans la plupart
des fabriques, les chiffons nettoyés sont au fur et à mesure
ramenés hors de la chambre au moyen d'une toile sans fin,
qui les reçoit à la sortie du blutoir. Une semblable précau-

tion dispense, à la rigueur, d'adapter un ventilateur au blutoir, pourvu d'ailleurs que la chambre soit fermée d'une manière hermétique. Toutefois, dans l'intérêt même du travail, il est préférable d'exercer une ventilation artificielle qui contribue au nettoyage des chiffons.

Comme exemples de lavages tendant à prévenir les dégagements, on peut citer les procédés de MM. Godin, à Huy (Belgique) et de M. Paul Breton, au Pont de Claix (Isère). Chez MM. Godin, les chiffons triés sont mis à digérer dans des cuves pleines d'eau claire, où on les abandonne un jour ou deux, selon la qualité. On les passe ensuite sous une sorte de machine effilocheuse qui travaille dans un lait de chaux et dont l'action correspond à celle du loup, avec cette différence que les impuretés sont retenues dans le liquide. On termine par le lessivage à la chaux, tel qu'il se pratique dans la plupart des établissements. Chez M. Breton, on commence par laver, avant toute autre opération, les chiffons particulièrement sales et grossiers, comme ceux d'Afrique. En conséquence, on les fait bouillir avec de la chaux mélangée d'un peu de soude, la soude agissant ici comme intermédiaire pour faciliter la formation des savons calcaires et se régénérant indéfiniment ; puis on les rince dans une roue, pendant une durée de 50 à 60 minutes, et on les fait sécher ; c'est seulement après cela qu'on les envoie au triage.

Quelques autres détails insalubres se rattachent au maniement des chiffons Le démontage des tas, surtout, détermine plusieurs inconvénients : poussière, émanations malsaines, insectes, etc. En vue de les prévenir, M. Breton a soin de faire arroser les tas, au fur et à mesure de leur formation, avec une solution de chlorure de chaux à raison d'un demi-litre environ par mètre carré de surface, pour une épaisseur de 30 centimètres. Il n'en résulte aucune humidité dans la masse, et l'hygiène y gagne beaucoup. Les chiffons sont ensuite passés dans une machine à vanner munie d'un ventilateur, et de là ils vont au triage.

POTERIES (FAIENCES, PORCELAINES, GRÈS, ETC.).

L'industrie des poteries présente plusieurs opérations
insalubres, parmi lesquelles le broyage et le blutage
des matières premières, le grattage des pièces et le service
des étuves. Dans les unes, les ouvriers sont exposés à des
poussières minérales plus ou moins abondantes ; dans les
autres ils subissent les fâcheux effets d'une haute température, aggravés souvent par les émanations des pièces
en voie de chauffage.

Nous ne reviendrons pas sur ce que nous avons dit au
chapitre précédent, touchant les appareils propres à préserver les ateliers des poussières produites par le broyage et
le blutage. Il est toujours possible, on l'a vu, d'enfermer les
matières de façon à isoler à peu près complétement le dégagement insalubre. Nous ajouterons que dans certains établissements tout danger de ce genre est écarté par l'application
de la méthode par voie humide. C'est ainsi, par exemple,
qu'à la fabrique de faïence de M. Boulanger, à Choisy-le-
Roy, toutes les opérations préliminaires s'effectuent avec le
concours de l'eau. Les matières sont humectées pendant le
broyage, et le blutage est remplacé par une décantation ;
l'eau chargée des matières pulvérisées est mise à déposer
dans des bassins successifs et le classement des matières suivant le degré de ténuité se fait par l'ordre même dans lequel
elles se déposent.

Le grattage ou écurage, qui consiste à débarrasser les
pièces de la poudre siliceuse qui y adhère après la cuite,
est une opération plus meurtrière qu'on ne le suppose généralement [1]. Comme elle exige le contact immédiat de l'ouvrier, les moyens d'isolement applicables au broyage n'y sont

[1] Un manufacturier anglais a déclaré récemment avoir perdu quinze
ouvrières en seize ans, des suites de ce travail ; et quant aux maladies des
bronches, elles étaient, disait il, excessivement fréquentes dans son usine.

pas de mise et il faut recourir à d'autres dispositions.
Une des plus efficaces est celle que M. Davanport a adoptée
dans sa fabrique de Longport (Angleterre). L'établi sur lequel l'ouvrière gratte les pièces, ainsi que la devanture en
regard, sont percés d'un grand nombre de petits trous qui
débouchent dans une caisse d'aspiration située au dessous
de la table(Pl. V, fig. 3 et 4). Toutes les caisses d'une même
rangée sont desservies par un tuyau commun qui se rend à
la cheminée de l'usine. Les poussières soulevées par le grattage sont entraînées à travers les orifices et se ramassent à
la partie inférieure de la caisse, dans une cavité ménagée
à cet effet, d'où on les retire de temps en temps pour les
utiliser à des opérations ultérieures. Quelques autres fabricants anglais ont imité cette disposition. Il convient toutefois
de remarquer que ce moyen, fort bon pour préserver des
poussières, peut avoir des inconvénients d'un autre genre :
car le courant d'air ainsi précipité sur l'ouvrier et particulièrement sur les mains qui opèrent dans le voisinage des
trous de la table est de nature à refroidir les doigts au
point, pendant l'hiver, d'empêcher le travail. Des refroidis-
sements plus généraux, avec les accidents qui en sont la
suite, sont même à redouter. L'emploi d'un tel procédé doit
donc être combiné avec un moyen de chauffage, de façon que
l'air arrive sur l'ouvrier avec une température convenable.

A l'écurage on peut rattacher le polissage de la porcelaine.
En effet le dessous des pièces, c'est-à-dire la partie qui pose
sur la tablette de l'étuve, demeure plus ou moins rugueuse
après la cuite et il est nécessaire de la polir sur des meules
en grès artificiel pour que la pièce ait tout son lustre. Ce
travail dégage des poussières peu abondantes, il est vrai,
mais très-fines et qui par cela même pénètrent aisément
dans les voies respiratoires. A la manufacture impériale de
Sèvres, on en prévient la formation en entretenant la pièce
humectée : le polissage en marche moins vite, mais la santé
de l'ouvrier est préservée.

L'assainissement de l'étuvage a été l'objet, depuis quatre ou cinq ans, de soins tout particuliers de la part des fabricants anglais. Les perfectionnements ont tendu, soit à rendre la présence de l'homme inutile dans l'étuve, soit à atténuer pour lui les inconvénients de la température, à l'aide d'un système de chauffage convenablement organisé. Ces améliorations ont eu un heureux contre-coup dans les salles de travail ; car celles ci, s'étendant le plus souvent autour des étuves, souffrent nécessairement de leur voisinage, quand les parois et encore plus le foyer des étuves rayonnent fortement, ou quand on ouvre les orifices de communication entre l'étuve et la salle.

Parmi les dispositions qui, sans dispenser les ouvriers d'entrer dans l'étuve, diminuent cependant beaucoup les inconvénients, on peut citer celle que MM. Pinder, Bourne et Cie ont adoptée, depuis 1863, dans leur fabrique de Burslem (Pl. V, fig. 1 et 2). L'étuve s'élève au milieu de la salle où l'on prépare les pièces ; elle est à quatre compartiments, qui fonctionnent à tour de rôle, c'est-à-dire que deux sont en feu pendant que les deux autres reçoivent la charge. On peut ainsi attendre, pour faire pénétrer les ouvriers, que la température se soit suffisamment abaissée. Le chauffage s'opère au moyen d'un courant fourni par une chambre à air chaud située hors de l'édifice. Les tuyaux de conduite de l'air et ceux des fumées cheminent sous le plancher de la salle, les premiers enveloppant les seconds, afin d'en recevoir le plus de chaleur possible, et débouchant par quatre ouvertures sur le plancher des compartiments, tandis que les seconds vont directement à la cheminée. Un tuyau de sortie, au haut de l'étuve, communique également à la cheminée, et maintient une circulation active dans l'intérieur des compartiments. Cette disposition a non-seulement pour résultat de préserver les ouvriers, mais de rendre en outre la dessiccation des pièces plus prompte et plus uniforme. Le prix de revient d'une

semblable installation ne paraît pas d'ailleurs atteindre,
tout compris, un millier de francs.

Chez M. Maling, à Newcastle, l'ouvrier n'entre pas
dans l'étuve. Les pièces sont simplement chargées, dans
l'atelier même, sur de petits chariots en fer, qui glissent sur
des rails. Une fois le chargement effectué, on pousse les
wagons dans l'étuve et l'on ferme soigneusement les portes.
Ensuite on fait arriver les gaz de chauffage, fournis par
un foyer extérieur, lesquels circulent dans des carnaux situés sous le plancher. Quand le séchage est terminé, on ramène les chariots dans l'atelier et l'on procède à une nouvelle opération. MM. Herbert-Minton et Cie, à Stoke, ont
atteint le même but par une disposition différente et qui
peut sembler plus ingénieuse. L'étuve est constituée par un
espace annulaire compris entre deux cylindres concentriques
et chauffé par un tuyau qui le parcourt circulairement. Le
cylindre extérieur est fixe et percé d'orifices de communication avec l'atelier. Le cylindre intérieur, au contraire,
est mobile autour d'un axe vertical et il porte sur son pourtour des tablettes destinées à recevoir les pièces. La rotation
est produite au moyen d'un mécanisme qui se gouverne du
dehors. Il suffit dès lors, pour charger ou décharger, d'a-
mener successivement les tablettes en présence des orifices,
qui restent naturellement fermés pendant le chauffage. On
a d'ailleurs deux appareils qui fonctionnent à tour de rôle
pour le même atelier.

Plusieurs manufacturiers, qui ont conservé les anciennes
étuves, y ont adapté des ventilateurs. Ils ont généralement
reconnu que, par là, non-seulement ils en rendaient le séjour
moins insalubre, mais qu'en facilitant le départ de la vapeur
d'eau ils diminuaient la consommation de combustible [1].

---

1. Nous signalons ce point parce que dans toutes les industries où l'on a
un séchage à opérer, un des motifs qui empêchent de ventiler convenablement les étuves, c'est la crainte d'augmenter la dépense de charbon en
faisant échapper l'air chaud. Il y a là une mesure à garder ; pourvu que

Quelques autres détails moins importants de la fabrication ont été également améliorés dans le Royaume-Uni. Ainsi, dans beaucoup d'usines, on commence à substituer le pétrissage mécanique au battage à la main, opération dans laquelle l'ouvrier élève au dessus de sa tête la pelote d'argile pour la lancer ensuite violemment contre le sol, en vue d'en expulser l'air. Ce travail est d'autant plus pénible qu'il est ordinairement effectué par des femmes et des enfants. Enfin dans quelques fabriques on a adopté des appareils spéciaux pour supprimer le frappage au marteau, par lequel les enfants préparent la pièce d'argile et en forment un disque à l'épaisseur voulue.

BLEU D'OUTRE-MER.

Le bleu d'outre-mer artificiel se prépare en calcinant pendant cinq à six heures, à la température du rouge sombre, un mélange de diverses substances parmi lesquelles figure le soufre en poudre. La matière obtenue est broyée, blutée et lavée ensuite à grande eau pour être débarrassée des sels de soude qui la souillent.

Les inconvénients occasionnés par ces diverses opérations sont de deux sortes : 1° pendant la calcination, il se dégage par les joints des portes et de la maçonnerie des fours, des vapeurs sulfureuses (acides sulfureux et sulfhydrique) qui gènent les travailleurs et déterminent parfois des accidents graves ; 2° pendant le broyage et le blutage, des poussières fines voltigent dans les ateliers et s'introduisent dans l'économie au point que les personnes occupés à ce travail présentent fréquemment des phénomènes de coloration intense.

On remédie à la première cause d'insalubrité en construisant et entretenant les fours avec beaucoup de soin. On

---

la vitesse de circulation de l'air ne dépasse pas une certaine limite, on regagne d'un côté plus qu'on ne perd de l'autre.

doit relier les parois avec des armatures en fer de manière à prévenir les fissures ; les murs doivent être épais et tous les joints parfaitement mastiqués. Enfin, les gaz provenant de la calcination doivent être brûlés dans un foyer. On peut citer, à ces divers égards, comme un modèle, les fours de M. Leverkus, à Opladen (Prusse rhénane). Aucune odeur ne pénètre dans l'atelier et tous les gaz sont conduits dans le carnau des flammes, où ils se brûlent en grande partie, et le reste s'échappe par une haute cheminée. Le même industriel a remédié à l'inconvénient des poussières par les dispositions que nous avons déjà eu occasion de faire connaître, en pratiquant les opérations dans des appareils clos, desservis par des ventilateurs. La poussière aspirée est recueillie et forme une première qualité de finesse.

Dans le bel établissement de M. Guimet à Fleurieux-sur-Saône (Rhône), l'assainissement relatif aux poussières est encore plus satisfaisant. Le broyage a lieu sous l'eau et les sortes sont obtenues par voie de décantation, comme à la fabrique de poteries de M. Boulanger. Le même procédé par voie humide est appliqué dans quelques autres fabriques, notamment chez M. Brasseur à Gand. S'il est vrai, comme on nous l'affirme, que l'intérêt industriel n'en souffre pas, on doit pousser à la complète disparition de la voie sèche [1].

CHLORURE DE CHAUX, BLANCHIMENT AU CHLORE.

Les chambres à fabriquer le chlorure de chaux sont de deux sortes : dans les unes, l'ouvrier est obligé de pénétrer ; dans les autres, le chargement et le déchargement sont opérés du dehors, avec des instruments convenables. Le danger existe surtout dans les premières et c'est le seul cas dont nous nous occuperons.

1. Le broyage sous l'eau a permis, nous dit M. Guimet, d'obtenir une finesse de poudre beaucoup plus grande que celle à laquelle on parvient par la voie sèche.

Le but essentiel c'est que le chlore libre soit parfaitement expulsé des chambres avant que les ouvriers y soient admis. Le moyen le plus simple consiste à ouvrir largement les portes longtemps à l'avance ; mais d'abord, cet expédient n'est pas sans inconvénient pour l'atelier : en outre, il a pour résultat de retarder les opérations. Il est bien préférable d'exercer une ventilation artificielle. On obtient ordinairement celle-ci en faisant communiquer les chambres avec la cheminée par un tuyau de plomb. Il suffit alors, une heure ou deux avant l'entrée des ouvriers, d'ouvrir le tuyau en même temps que d'entr'ouvrir les portes ; l'aspiration s'établit, et le gaz est emporté à la cheminée. Ce procédé a été mis en pratique, pour la première fois, pensons-nous, par M. Gossage, en Angleterre. Il a été appliqué depuis dans un certain nombre d'établissements de France et de l'étranger, par exemple, chez M. Kestner, à Thann, chez MM. Crossfield, à Sainte Hélène, près Manchester, et à la Société des fabriques de produits chimiques de Mannheim. Toutefois ce moyen, bien que rendant de réels services et le plus souvent d'une adoption très-facile, n'est pas encore aussi généralisé qu'il devrait l'être.

A la fabrique de Salyndres (Gard), le directeur M. Usiglio [1] a imaginé une disposition fort ingénieuse. Quand on veut vider une grande chambre, on commence par la mettre en communication avec une chambre plus petite, contenant de la chaux neuve, et l'on a soin de maintenir entr'ouverts deux orifices situés à l'extrémité opposée, afin de produire un léger tirage. La petite chambre elle-même communique avec un grand tuyau en maçonnerie, dans lequel se rend le chlore qui a échappé à la condensation. Il y rencontre un courant, en sens contraire, d'hydrogène sulfuré, qu'on obtient économiquement par la réaction de l'acide chlorhydrique faible sur des marcs de soude contenus dans une

---

1. M. Usiglio est aujourd'hui directeur des établissements de Chauny.

cuve fermée. Les deux gaz en présence fournissent de l'acide chlorhydrique, qui revient se condenser à la cuve, ainsi que du soufre en poudre qu'on retire de temps en temps du tuyau.

Le blanchiment au chlore gazeux est pratiqué dans quelques papeteries sur les pâtes provenant des chiffons les plus grossiers. On se borne communément à rendre les caisses hermétiques, et à ne les ouvrir que très-tard. Chez M. Paul Breton, au pont de Claix, les caisses à blanchir sont de véritables armoires verticales, dont le battant antérieur se démonte à volonté. Tout est bien luté pendant le passage du chlore ; un jour ou deux après l'arrêt du gaz, on délute en commençant par la partie supérieure, afin que le chlore s'échappe au dessus de la tête des ouvriers. Quelques heures après, on retire les produits. Mais il en est de ce procédé comme de celui qui consiste à ouvrir les chambres à chlorure sans ventilation préalable ; il est imparfait et entraîne des pertes de temps.

La disposition adoptée par MM. Godin, dans leur grande papeterie de Huy, est bien préférable. On blanchit au chlore gazeux une assez grande quantité de chiffons très-grossiers. Le gaz arrive dans des caisses en grès, parfaitement mastiquées, et qui peuvent être mises en communication avec une cheminée centrale d'une dizaine de mètres d'élévation. On peut aussi avant l'ouverture établir une vive aspiration qui atteint parfaitement le but. Du reste, cette salle de blanchiment, bien que contenant huit caisses de très-grandes dimensions, dont cinq en activité et une en déchargement au moment de notre visite, était presque exempte d'odeur.

CONCENTRATION DE L'ACIDE SULFURIQUE.

L'évaporation de l'acide sulfurique, aux divers degrés de concentration voulus dans les arts, s'effectue de trois manières différentes : à l'air libre, dans des alambics de platine et dans des cornues en verre.

Ce dernier mode est le seul qui n'engendre pas d'incommodité sensible ; car on réussit généralement à avoir des batteries de cornues à peu près étanches, dont les vapeurs sont reçues dans un appareil condenseur qui laisse pénétrer peu de chose dans l'atelier. Mais quand l'acide doit avoir une très-grande force, il faut abandonner les vases en verre qui se briseraient et recourir aux vases de plomb et de platine. Or les alambics de platine les mieux établis livrent toujours passage à travers leurs joints à une proportion notable de vapeurs irritantes ; à plus forte raison la concentration dans des vases de plomb découverts fournit-elle des dégagements abondants. Il est donc nécessaire de recourir à des moyens spéciaux pour préserver les ouvriers.

La seule précaution usitée dans la plupart des fabriques consiste à ménager dans la toiture un orifice au dessus des vases ou de l'alambic, et quelquefois à disposer une hotte débouchant à l'air libre. Mais une telle mesure est tout à fait insuffisante, car les vapeurs acides sont très-lourdes et les courants d'air de l'atelier les rabattent dans tous les sens. Il existe deux procédés beaucoup plus efficaces.

Le premier, c'est d'envelopper entièrement l'alambic et d'établir une aspiration énergique dans le vide ainsi ménagé entre l'alambic et son enveloppe. On en voit des applications chez M. de Hemptinne, à Molenbeek-Saint-Jean, près Bruxelles, et à la fabrique de produits chimiques de Mannheim. La cornue servant à la concentration est entourée d'une maçonnerie étanche. Le dôme est pourvu d'un trou d'homme, recouvert d'une plaque en plomb très-hermétique, par lequel se fait le service de l'appareil. Un tuyau en plomb, qui traverse la maçonnerie, plonge dans l'intervalle laissé libre et entraîne à la cheminée les vapeurs dégagées par les joints de l'alambic. A Mannheim on a même le soin de faire circuler ces vapeurs à travers un condenseur, en sorte que la proportion d'acide perdue à la cheminée est tout à fait insignifiante.

La seconde disposition, empruntée au Hanôvre [1], a été reproduite dans quelques localités, entre autres à Stolberg (Prusse Rhénane). M. Henri Godin l'a installée dans la fabrique de produits chimiques qu'il dirigeait il y a quelques années dans cette ville, et se montrait fort satisfait des résultats obtenus [2]. Par cette méthode, la concentration de l'acide sulfurique s'accomplit dans un véritable four à réverbère, dont la sole est remplacée par un bassin en plomb à double paroi, enveloppé de maçonnerie (Pl. IV, fig. 5 et 6). Entre les deux parois circule un courant d'eau froide. L'acide est introduit par un petit tuyau dont le débit est réglé à volonté, et il s'écoule du côté opposé par une sorte de siphon ayant sa prise près du fond. Le liquide est ainsi maintenu dans le bassin à un niveau constant. L'acide, à mesure qu'il se concentre, se rend à la partie inférieure où il se refroidit et alimente continuellement le siphon, qui le débite à un état de limpidité remarquable. Les impuretés sont brûlées ou nagent à la surface, et les vapeurs sont emportées dans la cheminée avec les flammes du foyer. Ce système a non-seulement l'avantage de préserver complétement les ouvriers des émanations, mais en outre il les dispense de toutes manipulations. L'appareil fonctionne d'une manière continue et en quelque sorte de lui-même ; il n'appelle le concours d'aucun ouvrier pour le renouvellement de la charge ni pour la vidange. Enfin il est très-expéditif, et un seul four de ce genre suffit pour desservir une grande usine.

FERMENTATION DE LA BIÈRE ET DES VINS.

On laisse ordinairement fermenter la bière dans des locaux bas et peu aérés. L'acide carbonique qui s'engendre

1. Les premières applications de ce procédé, si nous ne nous trompons, ont été faites à Lunebourg.
2. M. Henri Godin est mort comme directeur de Chauny ; il se proposait d'y importer ce système.

forme au dessus du sol une couche plus ou moins épaisse
dans laquelle peut se trouver plongé l'ouvrier venant inspecter les bassins. On a soin, il est vrai, de ne pas fermer
tout à fait les locaux, mais cette précaution est de peu d'effet
à cause de la grande pesanteur spécifique de l'acide carbonique. D'un autre côté, il n'est point aisé d'employer la
ventilation artificielle, car si l'air du dehors arrive directement sur la bière, il trouble la réaction.

M. Struch, de Lutterbach, près de Mulhouse, qui se préoccupe beaucoup de l'hygiène de ses ouvriers, a adopté des
dispositions spéciales, tant pour la fermentation d'hiver que
pour celle d'été. La première s'accomplit dans deux grandes
salles au rez-de-chaussée, ayant chacune 24 mètres de long,
12 de large et 4 de haut. On a ménagé, pour l'entrée de l'air,
à une extrémité de la salle, deux ouvertures au niveau du
plancher, et pour la sortie, à l'autre extrémité, un tuyau en
tôle de 25 centimètres, logé dans le plafond et descendant
à un mètre du plancher. Ce tuyau communique avec un ventilateur qu'on fait agir une heure avant l'entrée de l'ouvrier.
La couche d'acide carbonique est ainsi aspirée sans que
l'air arrive cependant sur la bière ; car la surface du liquide
dans les cuves est à 2^m,25 au dessus du plancher. Un détail
bon à noter, c'est que la paroi des cuves est percée de petits
trous, immédiatement au dessus du niveau de la bière,
afin de permettre au gaz de *couler* sur le plancher et d'éviter
ainsi une accumulation dangereuse pour l'ouvrier qui vient
pencher sa tête sur le liquide.

La fermentation d'été s'opère dans des caves où, à l'aide
de vastes dépôts de glace, M. Struch maintient une température de 1 à 2 degrés. Il se disposait en outre, quand nous
l'avons vu, à prendre des mesures analogues aux précédentes
pour ventiler ses caves ; et afin que la réaction ne fût pas
troublée par l'arrivée de l'air chaud du dehors, il devait
établir sa prise d'air sur les glacières elles-mêmes. Les deux
fermentations s'accompliront ainsi dans des conditions sem-
bables et présenteront même sécurité.

Une autre installation, moins efficace au point de vue du renouvellement de l'air, mais qui donne à l'ouvrier des garanties d'un autre genre, a été adoptée dans une des principales brasseries de Louvain. Le local destiné à la fermentation des bières blanches est très-spacieux et très-élevé, ce qui est déjà une bonne condition de salubrité. De plus, entre les diverses rangées de tonneaux existent des couloirs dans lesquels s'épanche le jet et se réunit l'acide carbonique; ces couloirs ont conséquemment pour profondeur toute la hauteur des tonneaux. Au niveau de l'extrémité supérieure de ces derniers, règne une espèce de plancher destiné à l'ouvrier chargé de l'inspection des bières; sa tête se trouve ainsi au dessus de la zone dangereuse de toute la hauteur de son corps. Dans la grande brasserie centrale de Mayence les dispositions sont conçues dans le même esprit.

La fermentation des vins présente la même nature de dangers, mais il est plus facile d'y parer, parce que l'opération est moins délicate et que le renouvellement de l'air risque moins de la troubler ; les mesures précédemment indiquées suffisent donc et au delà. Nous nous arrêterons simplement à une particularité, en vue de mettre en garde contre une cause d'insalubrité à laquelle on ne songe pas assez souvent.

On pense généralement que les ouvriers qui ont à descendre dans les cuves vinaires n'y courent pas le danger d'asphyxie, lorsque ces cuves ont reçu une quantité convenable de chaux vive. Or, des faits récents démontrent que dans de telles cuves le risque d'asphyxie ne provient pas seulement de la présence de l'acide carbonique, mais qu'il peut exister, même en l'absence de ce gaz, par suite de la lente absorption de l'oxygène par les parois de la cuve, en sorte que celle-ci se trouve remplie, au bout d'un certain temps, d'une atmosphère saturée d'azote au point d'être rendue impropre à la respiration. La mesure d'assainissement consistant à répandre de la chaux vive dans la cuve est donc insuffisante, et il faut y joindre la précaution de s'assurer qu'une bougie allumée continue à y brûler [1].

1. A l'appui de ces considérations, voici un exemple emprunté à des observations de M. Camille Saint Pierre, professeur agrégé à la Faculté de médecine de Montpellier : « Le 11 septembre 1865, dit ce savant, nous « fûmes prévenus qu'on venait d'ouvrir un foudre dans lequel la bougie ne « brûlait pas. Or ce foudre contenait de la chaux vive ; nous accourûmes « pour nous assurer du fait. En présence d'un excès de chaux vive, ce « phénomène ne pouvait être attribué à l'acide carbonique.

« Avec les précautions convenables, nous avons fait déboucher au « centre du foudre une bouteille pleine d'eau. L'eau qui s'écoula fit place « au gaz, et nous soumîmes ce mélange à l'analyse.

« Le volume initial était égal à 71,5 divisions. Pour connaître la nature « des gaz différents qui pouvaient composer ce mélange, nous l'avons « traité successivement par des réactifs absorbants. Ainsi, bien que la « présence de la chaux dans le foudre nous permît de conclure à l'absence « de l'acide carbonique, nous avons cependant essayé d'absorber ce gaz. « s'il en restait des traces, par la potasse caustique. Le résultat a été ab-« solument négatif, et l'action de la potasse n'a pas fait diminuer le vo-« lume du gaz de la cloche. Au contraire, en introduisant au milieu de ce « gaz un bâton de phosphore, qui a la propriété, on le sait, d'absorber « l'oxygène ; nous avons vu le volume se réduire à 63 divisions. Il avait « donc disparu 8,5 divisions d'oxygène. Quant au résidu, nous avons pu « constater qu'il n'était pas inflammable, qu'il éteignait les bougies, et « nous lui avons reconnu tous les caractères du gaz azote. Si nous calcu-« lons en centièmes les résultats de notre analyse, nous trouvons les « nombres suivants :

Oxygène. . . . . 11,85 p. 100
Azote. . . . . 88,15 p. 100

« Il ressort de cette analyse que les atmosphères asphyxiantes peuvent « exister dans nos cuves vinaires en dehors de la production de l'acide « carbonique, et qu'un danger nouveau existe pour nos ouvriers, auxquels « il faut recommander de se faire précéder d'une bougie allumée, même « en dehors de l'époque des vendanges.

« Le gaz du foudre n° 9 devint bientôt respirable par son mélange avec « l'air, et cela avant de devenir comburant. L'expérience fut faite. Un « homme put entrer dans le foudre et y respirer assez librement tandis que « la bougie s'y éteignait encore : nouvelle preuve de la sécurité que donne « la combustion de la bougie, puisqu'elle cesse avant que le mélange soit « devenu impropre à la respiration.

« L'azote contenu dans notre foudre pouvait provenir de deux sources : « ou d'une génération intérieure d'azote, ou d'une absorption d'oxygène « dont l'effet devait être l'accumulation de l'azote de l'air.

« L'expérience et l'observation prouvent qu'il faut repousser l'hypothèse

MOULAGE DU BRONZE.

Ce travail, on ne l'ignore pas, est fort malsain pour les ouvriers qui s'y adonnent; car ils ont occasion de respirer en grande quantité la poussière fine qui se dégage pendant le saupoudrage des moules.

L'insalubrité varie beaucoup suivant la nature de la substance employée pour le saupoudrage. Jusqu'à ces derniers temps, on se servait presque exclusivement de poussier de charbon, avec lequel les inconvénients sont d'autant plus graves qu'il est rarement pur et qu'il est habituellement mêlé d'une assez forte proportion de particules siliceuses. On s'est vivement préoccupé, il y a une douzaine d'années, de combattre cette cause d'insalubrité, et les moyens qui ont été recommandés comme les plus efficaces sont : 1° de choisir du poussier de charbon de bois très-pur, c'est-à-dire à peu près exempt de silice ; 2° de renfermer ce poussier dans des tamis couverts, de telle façon qu'en secouant ceux-ci pour saupoudrer les moules, le dégagement n'ait pas lieu par le haut ; 3° préférablement à tout le reste, d'abandonner autant que possible le poussier de charbon et d'y substituer la fécule.

Les deux premiers moyens ont eu peu de conséquences pratiques : sauf une légère amélioration dans la qualité du poussier, les choses sont restées dans le même état qu'auparavant. Nulle part, notamment, on n'a adopté les tamis couverts recommandés à juste titre par M. Le Chatelier [1]. Le troisième procédé, au contraire, a pris une grande

« de la génération de l'azote et considérer les parois du foudre comme
« étant devenues capables, sous l'influence de l'humidité, d'absorber l'oxy-
« gène du gaz intérieur. L'air atmosphérique étant sans cesse aspiré par
« suite de cette absorption, l'atmosphère intérieure devenait de plus en
« plus riche en azote. »

1. M. Le Chatelier, ingénieur en chef des mines, avait été chargé par le Comité consultatif des arts et manufactures, d'étudier cette question.

importance, bien qu'une controverse animée existe encore à
son sujet. Les grandes maisons de Paris, celle de MM. Chris-
tofle, entre autres, ont définitivement renoncé au poussier
de charbon, tandis que les fondeurs en bronze de la province
l'ont conservé. Ces derniers donnent pour raison que les
inconvénients du poussier sont beaucoup moindres chez eux
qu'à Paris, parce que leurs locaux sont plus hauts de plafond et plus aérés, les ouvriers moins serrés les uns contre
les autres, le travail aux pièces fines moins continu et habituellement alterné avec celui des grosses pièces, qui n'a pas
la même insalubrité. Chez certains même on trouve une
répugnance marquée à employer la fécule, qu'ils accusent
de nuire à la beauté des produits. M. Maurel, principal fondeur de Marseille, prétend que la fécule forme autour de la
pièce une sorte de pellicule imperméable qui empêche les
bulles d'air de s'échapper, en sorte que la surface se trouve
légèrement grenue. Ce fabricant emploie tantôt le poussier
de charbon, tantôt un mélange de farine et de cendre.

A l'étranger on paraît avoir été moins frappé qu'à Paris,
des dangers inhérents au moulage ; du moins on ne s'est
arrêté à aucun remède. Dans aucun centre manufacturier de
la Grande-Bretagne, de la Belgique ni de l'Allemagne,
l'emploi de la fécule ne s'est introduit. La seule maison
anglaise où, à notre connaissance, on ait fait usage de cette
substance, est celle de M. Elkington, à Birmingham ; encore
même les ouvriers étaient-ils français. Ils ont d'ailleurs
renoncé à ce procédé, qui, disaient-ils, nuisaient à la
beauté de leurs produits.

Nous avons cru devoir reproduire ces objections parce que
dans une semblable question, où l'intérêt industriel peut se
trouver réellement en jeu, il convient que le fabricant se
prononce en pleine connaissance de cause. Mais on doit en
même temps signaler à son attention les grands avantages
que présente, au point de vue spécial de l'hygiène, l'emploi
de la fécule, afin qu'il ne se laisse point détourner d'une

mesure salutaire par des craintes exagérées et peut-être par
de simples préjugés.

SCIAGE DES BOIS.

Le sciage des bois paraît, au premier abord, une opération
assez inoffensive. Toutefois, dans les grands chantiers de
construction, où il devient l'occupation exclusive d'une certaine classe d'ouvriers, et où il se complique en outre de
quelques détails spéciaux, il présente une insalubrité réelle.
C'est ce qui arrive notamment quand le bois doit être découpé
avec précision ; car alors l'ouvrier chargé d'éclairer le trait
de scie en soufflant sur la pièce et d'enlever ainsi les poussières qui masquent la ligne à suivre par l'instrument, est
exposé à la double fatigue du soufflage et de l'aspiration des
débris ligneux. Au surplus, par cela seul que le travail du
sciage n'est pas intermittent et qu'il ne s'accomplit pas en
plein air, comme dans les chantiers de la campagne, il
expose tous ceux qui s'y adonnent à des affections plus ou
moins rapides des voies respiratoires. Il est donc opportun,
au point de vue des besoins de la grande industrie, de
signaler un type de chantier couvert tout à fait satisfaisant.

Les ateliers de la marine, à Brest, offrent certainement la
plus belle disposition qui se puisse voir pour rendre cette
industrie absolument inoffensive. Sans parler des dimensions
mêmes de la salle, laquelle participe au caractère de grandeur de tout l'édifice, et se trouve ainsi déjà en partie assainie, nous signalerons des agencements techniques qu'on ne
rencontre pas ordinairement dans les chantiers de construction. Toutes les transmissions de mouvement sont logées
dans le sous-sol, de façon que rien dans l'atelier ne gêne
la circulation des ouvriers. Les scies se meuvent verticalement, à travers des trappes ménagées dans le plancher, et les
pièces, posées sur des chariots, s'en approchent graduellement. Les poussières tombent dans le sous-sol et sont reçues

dans des wagons qui les portent immédiatement aux foyers des chaudières, où leur emploi économise annuellement 50.000 francs de combustible. Les scies circulaires qui, par leur rotation rapide, dégagent beaucoup plus de poussières, sont renfermées dans des guérites ouvertes à l'avant. On y engage les pièces de bois, lesquelles sont enveloppées à l'arrière par une boîte, pour que la sciure ne puisse s'échapper au dehors. Enfin, un chalumeau mécanique, placé auprès de chaque scie, remplace avantageusement le tuyau par lequel l'ouvrier était auparavant obligé de souffler pour nettoyer la surface de la pièce. Grâce à cette excellente installation, l'atelier du sciage est devenu l'un des plus salubres de l'arsenal, et l'on y compte aujourd'hui, nous disait le directeur, moins de malades que parmi les charpentiers ou même les simples journaliers.

DÉVIDAGE DES COCONS DE LA SOIE.

Dans les filatures de soie, les ateliers de dévidage des cocons sont sujets à de très mauvaises odeurs quand les opérations n'y sont pas conduites avec toutes les précautions convenables. Les établissements anciens laissent en général beaucoup à désirer ; les inconvénients y sont simplement combattus en ouvrant à tous les vents les salles de travail et quant au dévidage, il s'effectue sous des hangars où le renouvellement de l'air est facilité par les nombreux foyers allumés sous les *bassines*. Ce n'est que dans les établissements récents qu'on a pris des dispositions meilleures ; quelques-unes méritent d'être citées.

Chez M. Charles Buisson, à Saint-Germain-la-Tronche, près Grenoble, tous les appareils sont chauffés à la vapeur. Chaque bassine est pourvue d'un robinet à vapeur, d'un robinet d'eau froide et d'un tuyau de fuite, placés tous trois sous la main de l'ouvrière et manœuvrés par elle au gré de l'opération. Les cocons, préalablement étouffés à l'étuve dès leur

réception, sont, au fur et à mesure des besoins, cuits à l'eau
bouillante dans une bassine placée dans un petit atelier
contigu à la filature. La cuisson étant très-rapide (une
minute en moyenne) et les liquides étant sans cesse renou-
velés, il ne se produit aucune odeur. Les cocons sont
ensuite *préparés*, c'est-à-dire trempés pendant quelques minutes dans des bassines d'eau chaude, où la partie dite gommeuse se dissout, et livrés aux dévideuses, qui les placent
dans les bassines du dévidage proprement dit. C'est là que
le séjour se prolonge et que les odeurs pourraient prendre
naissance, soit par suite de la fermentation du liquide, soit à
cause de la présence des chrysalides que l'ouvrière accumule
auprès d'elle. Mais la première cause est combattue par un
fréquent renouvellement des eaux et, pour prévenir la seconde,
un godet percé à jour, placé près de la bassine et perpétuellement traversé par l'eau froide qui s'échappe de l'aiguière
où l'ouvrière rafraîchit ses doigts, reçoit provisoirement les
chrysalides épuisées, lesquelles sont emportées régulièrement hors de l'atelier quatre fois par jour.

L'usage de l'aiguière à eau froide, attenant à chaque
bassine, a un autre avantage : c'est d'atténuer sensiblement
l'éruption assez douloureuse qui se développe fréquemment
sur les doigts des ouvrières au début de leur profession, et
qui est due au contact permanent d'une liqueur chaude
chargée des principes solubles du cocon [1].

Les mêmes dispositions se rencontrent, à peu de chose
près, dans plusieurs fabriques de l'Isère et du Gard, notamment chez M. Ernest Teissier du Cros, à Vallerangue. La
belle salle de dévidage de cet établissement, contient cent
quatorze bassines perfectionnées du système Michel, de
Nîmes, et se fait remarquer à la fois par ses grandes dimensions et par son extrême propreté.

1. Voir *Recherches ou observations sur le mal des vers à soie ou mal des
bassines, qui attaque exclusivement les fileuses de cocons de vers à soie*, par
M. le Dr Potton, membre du conseil d'hygiène publique du Rhône.

Comme se rattachant au travail de la soie, on peut mentionner un nouveau mode d'élevage des vers à soie, expérimenté depuis 5 à 6 ans par M. le Dr Gintrac, directeur de l'école de médecine de Bordeaux, et qui aurait pour résultat, s'il réussit définitivement, de supprimer l'installation si repoussante des magnaneries. Quoique cette invention ait été inspirée par des considérations étrangères à la salubrité des ateliers [1], elle n'en est pas moins intéressante à mentionner ici, puisque du même coup elle atteindrait aussi ce but. Nous ne décrirons point en détail le procédé que l'auteur fera sans doute connaître lui-même dans quelque publication spéciale : bornons-nous à dire en termes généraux qu'il consiste à élever les vers à soie en plein air, en les laissant se développer sur des haies disposées *ad hoc,* où on leur distribue la nourriture de mûrier. Il suffit, paraît-il, de quelques précautions assez simples, dont la principale est de défendre les vers contre les oiseaux du ciel, au moyen de filets tendus autour d'eux. Quant aux intempéries des saisons, elles ne nuiraient pas, selon M. le Dr Gintrac, à la prospérité du ver. Les dernières récoltes obtenues par lui ont confirmé, nous assure-t-on, ses espérances.

TRAVAIL DE LA LAINE.

L'industrie de la laine comprend deux séries d'opérations distinctes : les unes, qu'on peut grouper sous le nom générique de *lavage ;* les autres, qui constituent le domaine naturel de la *filature* proprement dite. Les premières sont plutôt préjudiciables au voisinage par les eaux impures qu'elles émettent, que nuisibles à la santé des ouvriers; c'est donc aux chapitres subséquents de ce travail qu'il y aura lieu de s'en occuper. La seule particularité qui trouve ici sa place est relative au séchage des laines préparées.

1. M. Gintrac a eu en vue de prévenir la maladie des vers à soie. Ses procédés ont fait récemment l'objet de communications à l'Académie des sciences.

Le plus souvent cette dernière opération s'accomplit dans des conditions défavorables à la salubrité des salles : en effet la laine est étendue sur des séchoirs et elle exhale des émanations dans l'atmosphère où vivent les ouvriers. Une disposition bien préférable, que nous avons vu appliquée chez MM. Hauzem, Gérard et Cie, à Verviers, consiste à placer les laines sur une claire-voie formant la face supérieure d'une vaste caisse close de tous les autres côtés. Un ventilateur aspire énergiquement dans l'intérieur de la caisse, tandis qu'un courant d'air chaud est amené contre le plafond du local, qu'on a soin, d'ailleurs, de maintenir fermé. Dès lors toutes les impuretés dégagées par la laine sont entraînées au dehors, au lieu de se mêler à l'air du dedans, et les ouvriers qui la remuent ou la transportent se trouvent soustraits à toute fâcheuse influence.

La seconde série d'opérations, ou la filature, est plus préjudiciable à l'hygiène que le lavage. Au premier rang est l'échardonnage ou égrattonnage de la laine, qui a pour but de la débarrasser de tous les corps étrangers que lui a laissés le lavage, et qui développe une grande quantité de poussières. Trop souvent les machines dites *échardonneuses* qui accomplissent cette opération sont dépourvues de tout système aspiratoire, en sorte que les impuretés se dégagent dans l'atelier. On peut citer comme d'heureuses exceptions les maisons de MM. Hauzem, Gérard et Cie, à Verviers, de M. David Baccot, à Sedan, de MM. Littles, Leach, à Leeds, etc., qui emploient des échardonneuses dans l'intérieur desquelles agit un ventilateur. Un des types de machines qui nous ont paru le mieux établies, au point de vue de la salubrité, est celui de MM. Houget et Teston, constructeurs à Verviers.

Dans les fabriques de draps, les machines à trier, qui battent les laines teintes, produisent également des poussières abondantes. Ces poussières sont même parfois d'autant plus dangereuses qu'elles entraînent avec elles des

particules de matières colorantes où peuvent se trouver des
éléments toxiques. Il est donc doublement intéressant d'en
préserver les ouvriers. A cet effet, quelques fabricants,
parmi lesquels M. Flavigny, à Elbeuf, ont soin de renfermer la machine à trier dans une chambre hermétiquement close pourvue d'une cheminée d'appel avec ventilateur.

Enfin un détail qu'il est bon aussi de ne pas négliger, est
celui du tondage des draps. Ce travail présente, à un degré
moindre, les inconvénients de l'échardonnage, car le mouvement rapide du cylindre qui porte les tranchants en spi-
rale répand dans l'air le duvet enlevé à l'étoffe. Un ventilateur agissant dans la caisse y remédierait ; toutefois,
comme les inconvénients, disons-nous, sont d'ordre secondaire, les maisons qui ont voulu prendre quelques précautions, n'ont pas jugé le ventilateur indispensable : elles se
sont bornées, ce qui peut paraître en effet une atténuation
suffisante, à disposer leurs tondeuses de manière à ce qu'elles
rejettent, en travaillant, la bourre du côté opposé à l'ouvrier.

TRAVAIL DU COTON.

Le travail du coton, comparé à celui de la laine, ne comporte que la seconde série d'opérations, celles que nous avons
désignées comme constituant le domaine de la filature. Les
plus insalubres d'entre elles sont l'ouverture et le battage du
coton, nommés aussi *opérations préliminaires*, et le nettoyage des cardes.

L'ouverture et le battage sont par eux-mêmes beaucoup
plus nuisibles que l'échardonnage auquel ils correspondent ;
car les poussières qu'ils dégagent sont incomparablement
plus abondantes et plus chargées de particules minérales.
Mais fort heureusement ces deux opérations ont été assainies
d'une manière plus générale et plus complète, quoique par

des motifs, il faut l'avouer, étrangers à la question de salubrité. Ainsi les *batteurs ouvreurs*, *batteurs étaleurs* et autres machines du même genre chargées des travaux préliminaires, sont depuis longtemps munis de ventilateurs puissants qui entraînent les impuretés, parce que la bonne préparation du coton exige qu'il soit à la fois nettoyé et soumis à l'action d'un courant d'air qui le sépare, l'assouplit et en facilite le filage. Il n'y a donc pas lieu de s'arrêter sur ce sujet, d'autant mieux que dans la première partie de ce travail on a vu les règles relatives à la ventilation générale des salles et au mode d'évacuation des poussières fournies par les machines.

Le nettoyage des cardes, consistant à enlever les débris qui adhèrent aux dents, s'effectue ordinairement à la main et sur place. Il en résulte des poussières dont sont affectés les ouvriers préposés à ce travail. Depuis quelques années ce détail a été, dans plusieurs établissements, l'objet d'améliorations diverses, qui toutes tendent à remplacer la main de l'homme par des machines et à prévenir le dégagement dans les salles. Ainsi, chez MM. Dollfus, Mieg et Cie, à Dornach, près de Mulhouse, les chapeaux des cardes sont mobiles et nettoyés par une brosse qui n'est autre qu'un tambour garni de pointes fixes tournant horizontalement sous une enveloppe en tôle dans laquelle agit un ventilateur. Chez M. Schlumberger, on enlève les rouleaux et on les enferme dans une caisse ventilée où se meut la brosse en hélice enroulée sur un tambour horizontal.

La préparation de la ouate donne naissance à des inconvénients de même genre que les travaux préliminaires des filatures. Les premières opérations, effilochage et battage, dégagent des poussières d'autant plus désagréables que l'on opère fréquemment sur des cotons teints. La plupart des industriels ne cherchent pas à en garantir les ateliers. Au contraire, chez M. Wilde, au Grand Moulin, près de Nancy, chacune des trois machines effilocheuses et des

11

deux batteuses est munie d'une caisse dans laquelle agit le
tuyau d'un ventilateur commun qui lance tous les débris
dans une chambre close à l'étage, supérieur. M. Paillet, à
Tomblaine (Meurthe), a dû prendre la même mesure pour
ses douze machines.

Le tissage du coton comporte une opération incommode,
c'est celle qui consiste à encoler et à sécher les fils de la
chaîne. Dans beaucoup de manufactures, le séchage s'opère
à l'aide d'un courant d'air chaud lancé du dehors au dedans,
à travers les fils. Une température très élevée règne dans
l'atelier, et l'atmosphère y est chargée d'émanations fournies par la colle. M. Schlumberger, MM. Werhlin, Hofer et
Cᵉ, ainsi que quelques autres filateurs français ont complétement assaini cette opération en introduisant les nouvelles
machines anglaises (*sizing-machines*) qui opèrent le séchage
par l'enroulement des fils sur des tambours chauffés à la
vapeur à deux atmosphères de pression. Ces tambours ainsi
que le baquet de trempage sont abrités sous une vaste hotte
communiquant à une cheminée; aussi rien de sain et de
propre comme les nouveaux ateliers. Ces machines rencontrent pourtant des obstacles à leur propagation. On leur a
reproché de faire adhérer les fils, mais comme l'a fait remarquer M. Alcan, cet inconvénient paraît tenir à la manière
de faire la colle. En consacrant à la cuisson une heure et
demie ou deux, au lieu de trente à quarante minutes qui suffisent avec l'ancienne méthode, la colle est assez limpide pour
prévenir toute adhérence des fils. On a dit également, et
l'objection paraît plus fondée, que cette machine convient
difficilement aux fils très-fins, parce que ceux-ci ont besoin
d'offrir une certaine résistance pour transmettre le mouvement aux tambours.

TRAVAIL DU LIN ET DU CHANVRE.

Le travail de ces matières est accompagné, selon les cas, de poussières, de mauvaises odeurs et d'humidité. On cherche à se prémunir contre ces divers inconvénients par des moyens variés, sans parler, bien entendu, de la ventilation générale des ateliers.

Les opérations qui produisent le plus de poussières, à savoir le teillage, le peignage, le cardage, etc., s'effectuent ordinairement sans aucune précaution spéciale, et les ouvriers vivent dans l'atmosphère la plus chargée qui se puisse voir. Rien n'empêcherait cependant d'adopter des machines à carder pourvues de ventilateurs, comme pour le battage du coton. L'exemple de la grande filature de la Lys, à Gand, où sont réunies vingt-cinq machines ainsi disposées, montre assez que tout filateur pourrait en faire autant. Or le cardage une fois assaini, les ouvriers auraient peu à souffrir des poussières, car le teillage et le foulage se font souvent dans la campagne, par les soins des cultivateurs eux-mêmes, et en tous cas ils sont moins nuisibles, le teillage surtout, que le peignage ou le cardage. D'ailleurs le foulage pourrait aisément être assaini de la même manière que le cardage. Malheureusement la question de fabrication est beaucoup moins engagée ici que dans les opérations préliminaires du coton ; aussi ne doit-on pas espérer que les machines perfectionnées s'introduisent avec la même facilité.

Une autre branche insalubre de la même industrie consiste dans le filage *au mouillé* qui, au moins pour le lin, se pratique presque à l'exclusion de tout autre. Ce travail est accompagné, comme on sait, d'une vapeur chaude plus ou moins nauséabonde, laquelle se répand dans les ateliers et tend ainsi à les transformer en une sorte d'étuve permanente. Les ouvrières sont en outre exposées aux gouttelettes d'eau qui jaillissent continuellement des bobines et qui finissent par pénétrer tous leurs vêtements. On remédie à ce dernier inconvénient : 1° en disposant devant chaque rangée de bobines une devanture mobile en bois ou en tôle, qui s'abaisse ou se relève à volonté, de manière à intercepter la majeure partie des gouttelettes projetées pendant la marche des appareils ; 2° en faisant porter aux ouvrières un tablier imperméable (waterproof) qui leur couvre les jambes et la poitrine. Ces moyens sont fort usités en Angleterre, où la loi les a rendus obligatoires [1] ; sur le continent, au contraire, ils sont peu répandus. En France, nous en avons rencontré un très-petit nombre d'exemples, entre autres chez M. Cosserat, à Amiens, où l'on a établi des devantures préservatrices. Quant aux tabliers imperméables, ils sont le plus souvent remplacés par de simples tabliers en toile, que chaque ouvrière se procure à son gré.

L'inconvénient dû à la présence de la vapeur subsiste encore dans toute sa force dans la généralité des établissements. En Angleterre, où le législateur a montré le plus de sollicitude, on n'a pris cependant que des précautions fort insuffisantes ; car elles se réduisent à munir de couvercles les augets du banc à broches dans lesquels l'eau chaude est contenue. Or, d'une part ces couvercles ferment imparfaitement, et d'autre part rien n'empêche les exhalaisons qui s'échappent du fil lui-même dans son parcours hors des augets et notamment pendant qu'il s'enroule sur la bobine. Sur le continent cette précaution même n'est pas observée. Quant à améliorer l'atmosphère des salles par un renouvellement actif, on n'y a guère songé, car la vapeur chaude est considérée comme essentielle à la bonne conduite du filage lui-même; dès lors, la ventilation risquerait de compromet're l'intérêt industriel. Une sorte de moyen

---

1. La loi ne spécifie pas précisément ces moyens, mais elle porte que, dans les filatures où l'on travaille *au mouillé*, « les enfants et les femmes doivent être protégés contre l'eau des bobines par des *moyens suffisants* », et l'usage, dans le Royaume-Uni, a consacré ceux dont nous parlons.

terme consistant à introduire, dans de certaines conditions, de l'air chauffé, a été essayé dans le nord de la
France, et paraît avoir donné de bons résultats chez quelques
filateurs, notamment chez M. Tiers, à Orchies, et chez
madame veuve Pauris et fils, à Fives-lez-Lille. L'air est
chauffé par les flammes perdues du foyer des chaudières, au
moyen d'un système particulier de tuyaux, inventé par
M. Giraudon ; il se rend dans un conduit horizontal de
35 centimètres environ de diamètre, lequel parcourt tout
un côté long de la salle, à 75 centimètres au dessous du
plafond, et envoie une branche parallèle de l'autre côté. Des
orifices espacés d'environ 2 mètres sont ménagés sur les
conduits de la sortie de l'air chaud. Celui-ci pénètre dans la
salle à une température de 20 à 25 degrés centigrades ; il
rabat les vapeurs sur le plancher où elles forment une
couche compacte dans laquelle des cheminées d'aspiration
viennent puiser à 80 centimètres au dessus du plancher.
L'appareil fonctionne en toutes saisons, car on tient beaucoup à la constance de la température. Par ce moyen, les
bacs, cylindres et bobines se trouvent dans les conditions
voulues d'humidité, tandis que les ouvriers respirent dans
une atmosphère plus sèche et mieux renouvelée.

Un assainissement beaucoup plus radical et qui n'est
rien moins qu'un nouveau mode de filage au mouillé, est
appliqué depuis quelque temps par M. Boucher, filateur,
à Warchin, près de Tournai, lequel se loue beaucoup des
résultats obtenus, tant au point de vue de l'hygiène que de
la fabrication.

Le procédé de M. Boucher, dont l'idée première remonte
à une vingtaine d'années, a subi des transformations
nombreuses et ce n'est guère que depuis trois ou quatre
ans qu'il est arrivé à sa forme définitive, sous laquelle,
nous dit-il, « le système répond désormais victorieusement
« à toutes les objections que les autres filateurs dirigeaient
« auparavant contre lui [1]. »

1. L'idée première de M Boucher était de remplacer la détrempe du

La nouvelle méthod econsiste essentiellement à remplacer, soit la détrempe rapide à l'eau chaude usitée dans les fabriques, soit la détrempe lente à l'eau froide que M. Boucher avait d'abord essayée, par une détrempe rapide à l'eau froide sous l'influence d'une pression élevée. L'intervention de la pression fait plus que compenser, selon M. Boucher, la diminution du temps ou l'abaissement de la température, et il assure que, grâce à la pénétration forcée de l'eau, le lin et le chanvre se trouvent encore mieux préparés pour le filage que par les procédés ordinaires, tandis qu'on supprime radicalement l'eau chaude des bacs et par suite la vapeur qui rend le séjour des salles si insalubre. Il est positif que les ateliers de M. Boucher tranchent complétement sur ceux de nos

lin à l'eau chaude, qui s'accomplit en quelques instants, par une détrempe prolongée à l'eau froide, et ce en plongeant à l'avance dans les bacs les bobines de gros fil destinées à être dévidées et filées. Sa filature, composée de 6.000 broches, marchait ainsi en 1864, et ses produits, assurait-il, « ne le cédaient en rien à ceux obtenus antérieurement »

Quelques manufacturiers du département du Nord, qui avaient voulu suivre ce système, y avaient renoncé, et en 1865, M. Lepercq-Deledicque, à Mazemmes-les-Lille, dont les essais avaient été les plus complets, nous déclarait qu'il avait dû remettre son établissement sur l'ancien pied; « parce que, observait-il, le procédé Boucher se base sur une « détrempe prolongée du lin dans l'eau, détrempe qui, tout en modifiant la « substance gommo-résineuse qui fait adhérer entre elles les fibres du lin, » altère la nature du lin et lui fait subir une décoloration. Cette décolo- « ration variant suivant le séjour plus ou moins prolongé dans l'eau, et ce • séjour étant nécessairement irrégulier, puisqu'on opère à l'aide de « bobines dont la première couche est filée un jour et parfois un jour et « demi avant la dernière, il s'ensuit que l'on obtient par le procédé Bou- « cher des fils multicolores, variant du gris au roux, tout à fait impropres « à la fabrication des toiles écrues. » A cet inconvénient majeur, M. Lepercq en ajoutait quelques autres de détail : • ainsi, disait-il, les fils • s'étiraient moins bien, et il se produisait une plus grande quantité de « renflements, ce qui augmentait nécessairement le déchet; enfin, il fallait « accroître la force motrice à cause du refroidissement des ateliers et du « frottement qui en résultait dans tous les rouages. • Mais le premier motif aurait suffi, selon lui, pour empêcher les industriels d'appliquer jamais une semblable méthode. C'est à ces inconvénients que la nouvelle méthode de M. Boucher a eu pour objet de parer.

départements du nord et l'on n'a pas de peine à croire que
ses ouvrières soient peu disposées, comme il le dit, à changer d'établissement.

Quant aux appareils destinés à réaliser le système, ils
sont fort simples (Pl. V, fig. 5 et 6). Les bobines provenant du banc à broches sont chargées sur un chariot
de 1ᵐ,30 de long sur 0ᵐ,80 de large, qui reçoit environ
200 bobines enfilées les unes au dessus des autres sur des
tiges en fer. On les amène au *compresseur*, qui n'est autre
qu'un cylindre vertical en communication avec une pompe
hydraulique. Les bobines étant introduites dans le cylindre,
au moyen d'un trou d'homme à la base supérieure, on donne
une première pression à 5 atmosphères. Aussitôt que le
manomètre indique que ce chiffre est atteint, on arrête la
pompe et l'on ramène peu après la pression à zéro. On re-
commence ensuite à pomper, mais on porte cette fois la
pression à 8 atmosphères. Au bout de quelques instants on
vide à moitié le cylindre et l'on retire les bobines parfaitement détrempées et prêtes pour le filage. La totalité de
l'opération dure moins d'un quart d'heure. M. Boucher a
trouvé préférable de fractionner la compression en deux
périodes ; il a constaté qu'une pression immédiate de 8 atmosphères fait pénétrer l'eau beaucoup moins bien dans
l'intérieur des fils que si ceux-ci ont été préalablement
soumis au mouvement de va et-vient que détermine la
première pression à 5 atmosphères, suivi du retour à
zéro.

Il ne nous appartient pas de nous prononcer sur les objections que le nouveau système de M. Boucher peut soulever,
au point de vue industriel. Tout ce qu'il nous est permis de
dire, c'est que nous l'avons vu en pleine activité et que rien
assurément dans l'état de maison de l'inventeur n'éveille l'idée
d'un échec commercial de la méthode. Il nous paraît donc
qu'il y a là quelque chose qui mérite d'appeler l'attention
des fabricants, désireux tous, on n'en doit pas douter, d'ar-

river un jour, s'il se peut, à faire disparaître une des causes
qui agissent le plus défavorablement sur la santé des classes
ouvrières [1].

Nous terminerons là cette énumération, bien qu'il y ait
encore un grand nombre d'industries qui aient reçu dans ces
derniers temps des perfectionnements hygiéniques. Mais les
unes emploient des procédés qui ne s'éloignent pas sensiblement de ceux que nous avons déjà décrits, en sorte que
les décrire à leur tour serait une inutile répétition [2] ; d'autres
n'ont qu'une importance secondaire ou n'ont pas été assainies d'une manière suffisante pour être données en exemples[3] ;

1. L'éminent magistrat qui administrait, il y a quelques années, le
département du Nord, M. Vallon, et qui avait donné tant de preuves de
sa sollicitude pour l'hygiène publique, nous disait que la filature au mouillé
était « la plaie de la classe ouvrière de Lille. »

2. Il est évident, par exemple, que nous n'avons pas voulu passer en
revue toutes les opérations où l'on a installé des hottes de dégagement
semblables à celles dont on fait usage pour le fondage du plomb ou l'étamage du fer, ni toutes les opérations où l'on prévient le dégagement des
poussières au moyen de la voie humide, comme pour les poteries ou la
coutellerie, etc.. Il suffisait, pour les unes et les autres, de citer quelques
types importants.

3. Parmi les industries non encore assainies, malgré d'incontestables
améliorations, on peut citer, la fabrication du chromate de potasse,
laquelle, détermine chez les ouvriers, au bout de peu de jours, la per-
foration de la cloison nasale. A la fabrique de M. Clouet, au Havre,
l'accident est général : il paraît dû aux particules de chromate en suspension dans l'air et provenant soit du broyage des matières sèches, soit de
l'évaporation des liqueurs. De plus, la moindre écorchure aux mains
dégénère en ulcère cancéreux, qui ne tarderait pas à s'approfondir jusqu'à
l'os, si l'on ne s'empressait de traiter la plaie par le sous-acétate de
plomb.

D'un autre côté nous n'avons pas fait figurer une branche de fabrication
que son importance cependant ne semblerait pas permettre de passer
sous silence : nous voulons parler de l'industrie du *verdet* ou *vert de
gris* (acétate basique de cuivre). Mais il résulte des renseignements qui
nous ont été fournis sur les lieux, que, bien que le verdet pris à une
certaine dose, soit un poison redoutable, les manipulations auxquelles
il donne lieu, dans la pratique industrielle, sont sans danger sérieux
pour les ouvriers. L'absorption lente et quotidienne de ce corps paraît
plutôt favorable à la santé, et semble agir efficacement, chez les femmes,
pour combattre la chlorose. Le seul détail insalubre, à un degré peu

d'autres enfin intéressent plutôt la salubrité extérieure par leurs dégagements, et dès lors trouveront place dans la seconde partie de ce travail [1].

grave, d'ailleurs, est celui des poussières engendrées par le maniement des cuivres ayant déjà servi. Aucune mesure spéciale n'est adoptée à cet égard : les ouvriers se bornent à nouer quelquefois un mouchoir sur leur nez et leur bouche. En somme, cette industrie mérite à peine le nom d'insalubre. Cette manière de voir est partagée par des hygiénistes distingués de Montpellier, MM. Pécholier, Saint-Pierre, Dumas, etc.. Les deux premiers ont publié en 1864, une fort intéressante étude sur l'hygiène des ouvriers employés à la fabrication du verdet, et arrivent à cette conclusion : « Au « point de vue de l'hygiène publique, la fabrication du verdet est absolu- « ment sans inconvénients. » Il suit de là que malgré l'absence de procé- dés perfectionnés, on ne peut considérer l'industrie du verdet comme du nombre de celles qui attendent leur complément d'assainissement.

1. Telle est notamment l'industrie de la soude. Les dégagements d'acide chlorhydrique sont nuisibles aux ouvriers, mais ils le sont bien davantage pour le voisinage : c'est donc à l'occasion de la salubrité extérieure qu'il est plus naturel d'indiquer les moyens d'assainissement.

DEUXIÈME PARTIE

SALUBRITÉ EXTÉRIEURE.

———

La question de la salubrité extérieure présente deux faces distinctes : l'une est relative aux dégagements nuisibles, c'est-à-dire aux gaz et aux vapeurs susceptibles de souiller l'air et de préjudicier aux hommes ou à la végétation ; l'autre est relative aux résidus insalubres, c'est-à-dire aux rebuts liquides et solides susceptibles d'introduire dans les eaux ou dans le sol des principes soit toxiques, soit infectants, ou simplement de troubler la pureté des eaux au point de les rendre impropres aux usages domestiques. Les matières colorantes non vénéneuses sont, par exemple, dans ce dernier cas. De même nous comprenons sous la dénomination générique de dégagements nuisibles des gaz qui, comme la fumée, peuvent n'attaquer ni les plantes ni les animaux, mais qui altèrent la transparence de l'air et occasionnent diverses incommodités. Les procédés d'assainissement qui correspondent à ces deux ordres de faits sont de natures très-différentes ; c'est pourquoi nous diviserons notre exposé en deux sections, savoir :

Section I. Dégagements ;

Section II. Résidus solides et liquides.

SECTION I

DÉGAGEMENTS.

CHAPITRE PREMIER

PROCÉDÉS GÉNÉRAUX.

ISOLEMENT DES USINES ET AUTRES CONDITIONS TOPOGRA-PHIQUES.

L'isolement des usines, c'est-à-dire leur éloignement des habitations et de la voie publique ou des terrains cultivés appartenant à des tiers, est le premier moyen qui s'offre à l'esprit et celui auquel on doit s'arrêter de préférence, toutes les fois qu'on le peut, pour diminuer les inconvénients des émissions gazeuses. L'expérience a démontré que ces inconvénients s'atténuent très-rapidement à mesure qu'on s'éloigne des usines et qu'ils cessent de se faire sentir à une distance, variable selon les circonstances, mais qui n'est jamais très-grande. Les enquêtes faites dans divers pays, notamment l'enquête de 1854 en Belgique et celle de 1862 dans le Royaume Uni, n'ont pas révélé de ravages appréciables au-delà de 4 kilomètres des usines ; bien avant cette distance, ils étaient déjà fort atténués. Pratiquement, on peut considérer que dans la généralité des cas, pour les fabrications les plus nuisibles, les inconvénients sont très-réduits à partir de 1.000 mètres et cessent à 2 kilomètres. Ces chiffres doivent même être diminués pour une foule d'industries fort incommodes, mais dont les dégagements n'ont pas une grande portée. Dans les fonderies de suif, par exemple, où les chaudières dégagent directement leurs buées dans l'atmosphère, les odeurs sont parfois insupportables dans le voisinage immédiat des fabriques et sont à peu près nulles à 2 ou 300 mètres. Il résulte de ces considérations qu'aucune limite absolue ne peut être fixée, mais qu'en se plaçant à des distances plus ou moins considérables, qui en général ne dépassent pas 2.000 mètres, les fabricants sont assurés de ne pas causer de préjudice sensible au public et dès lors ils peuvent marcher librement, sans appliquer de procédés spéciaux d'assainissement.

Cette situation est recherchée par un plus grand nombre d'usines qu'on n'est peut-être tenté de le croire. Dans l'industrie des produits chimiques, notamment, où les dégagements ont le plus de portée, on compte plusieurs groupes importants dans des conditions d'isolement presque absolu : tels sont ceux de Montredon, au milieu des rochers, près de la mer, de Berre, sur le bord de l'étang du même nom (Bouches-du-Rhône), de Shields, à l'embouchure de la Twine, dans le district de Newcastle, de Flint, dans le nord du pays de Galles, de Védrin près de Namur, etc.

La plupart des fabricants cependant ne peuvent se placer dans des conditions aussi favorables. Plusieurs prennent alors une sorte de moyen terme, qui consiste, d'une part, à acquérir les terrains qui les entourent immédiatement et, d'autre part, à appliquer des procédés d'assainissement qui rendent les dommages insensibles au delà de cette bande de terrain. Cette combinaison a pour objet d'obvier à l'imperfection habituelle des procédés, lesquels laissent presque toujours subsister une certaine insalubrité dans le voisinage immédiat des fabriques. De semblables acquisitions paraissent en général plus avantageuses, au point de vue pécuniaire, que de courir le risque des dommages-intérêts que peuvent obtenir des voisins peu endurants. Nous croyons qu'un grand industriel se louera habituellement d'avoir acheté à des conditions raisonnables une bande de terrain de 4 à 500 mètres autour de son usine, ou du moins du côté le plus exposé aux gaz [1].

A défaut d'isolement on doit rechercher certaines conditions naturelles qui peuvent atténuer considérablement les dommages. Le relief du sol est en première ligne : il est évident par exemple que, toutes choses égales d'ailleurs, une usine placée sur un lieu élevé d'où elle domine tout le pays environnant, cause moins de préjudice qu'une usine située au milieu d'une plaine. Le plus simple raisonnement en rend compte. On peut admettre que le point où les émanations nuisibles lancées dans l'atmosphère rejoignent la surface du sol est à une distance proportionnelle à la hauteur du point où l'émission a eu lieu, et que, d'autre part, les gaz arrivent au sol d'autant plus affaiblis que leur parcours dans l'atmosphère a été plus considérable. Sans donc vouloir attribuer à cette loi une rigueur mathématique qu'elle ne comporte pas, on exprime assez bien le phénomène en disant que l'insalubrité des gaz, au point où ils atteignent le sol, est en raison inverse de la hauteur du point d'émission ; et, comme au dessous d'une certaine

---

1. La plupart du temps les terrains ainsi achetés sont accommodés à d'autres convenances de l'usine : ils servent au bâtiment et au jardin de la direction, à des dépôts de matières, souvent à des logements d'ouvriers. Nous connaissons, en France et en Angleterre, un grand nombre d'industriels qui ont fini par s'entourer d'un territoire à eux, de façon que les choses se passent pour ainsi dire *en famille* : les dégagements ne sont plus sentis par les étrangers.

limite, les effets deviennent insensibles, il est vraisemblable que les dommages réels diminuent plus rapidement
encore que n'augmente la hauteur du lieu où l'usine est
située. Il est donc avantageux, quand des considérations
d'un autre ordre ne s'y opposent pas, de choisir un emplacement qui domine les propriétés des tiers au lieu d'en être
dominé.

Un des éléments qu'il importe le plus de connaître, c'est
la direction des vents régnants dans la contrée. Habituellement, en effet, le problème ne se pose pas dans les termes
simples que nous indiquions tout à l'heure, et un industriel
n'a pas la faculté de s'isoler entièrement ni de dominer tous
les terrains environnants ; mais il peut réaliser seulement en
partie l'une ou l'autre de ces conditions. Il a alors tout intérêt à connaître la direction des vents, car il se placera le plus
loin possible du point vers lequel les dégagements seront
ordinairement poussés, et il craindra moins de se rapprocher
du point opposé. A plus forte raison, s'il s'établit dans le voisinage d'une proéminence de terrain, devra-t-il éviter que
les flancs du coteau soient sous le vent de son usine, car il
serait assuré alors d'y faire des dégâts considérables [1]. En
général, il préférera mettre le coteau entre le vent et lui,
pour que les fumées soient emportées vers la plaine.

Pour des motifs d'un autre genre, on ne doit pas rechercher
les situations où l'on soit trop à l'abri des vents, car on ferait
surgir alors des inconvénients sérieux pour le voisinage
immédiat et pour l'usine elle-même : l'air n'étant pas suffisamment renouvelé, les émanations s'accumuleraient autour
de l'usine et y entretiendraient une atmosphère insalubre
dont la santé des ouvriers ne tarderait pas à se ressentir. Il

---

1. C'est ce qui arrive, par exemple, à la fabrique de MM. Maze et
Chouillou à Rouen, dont les fumées dévastent les arbres d'agrément qui
couvrent le coteau voisin. Les procédés spéciaux d'assainissement n'y
sont cependant pas moins bien appliqués qu'ailleurs ; mais les circonstances
topographiques en rendent les imperfections plus sensibles.

est bien préférable que la fabrique soit exposée a tous les
vents et que la configuration du terrain en favorise l'action.
Dans un établissement industriel l'air n'est jamais trop
renouvelé. A ce point de vue encore les positions au bord de
la mer, d'un lac ou d'un bon cours d'eau ont de sérieux
avantages [1].

Un moyen fort simple pour protéger le voisinage, et qui
produit de bons effets dans une foule de cas, par exemple,
toutes les fois que le point d'émission des vapeurs n'est
pas très-élevé au dessus du sol de l'usine, consiste à
planter un rideau d'arbres, de peupliers particulièrement,
du côté où chasse le vent. Deux ou trois rangées entre-
croisées, c'est-à-dire disposées de façon que les arbres de
l'une correspondent aux vides de l'autre, constituent un
obstacle qui arrête la majeure partie des dégagements dans
leur course horizontale. Mais pour le motif que nous indiquions tout à l'heure, il convient que ces arbres soient à
une certaine distance des bâtiments ; car précisément parce
qu'ils arrêtent les gaz ils déterminent le long de la rangée
la formation d'une zone plus insalubre dans laquelle il ne
serait pas bon que les ouvriers fussent plongés. Ce moyen
n'est donc praticable qu'à la condition que l'usine possède
2 à 300 mètres de terrain de ce côté ; car on ne pourrait
songer à utiliser ainsi quelque plantation appartenant à un
tiers. On transporterait chez ce dernier la zone insalubre
et en outre, si les gaz étaient de nature à attaquer la végétation, on aurait à payer de fréquents dommages. L'usine
a donc le même intérêt à fuir les plantations appartenant
aux tiers qu'à les rechercher sur son propre terrain.

En résumé, dans le choix de l'emplacement d'une usine,
les principaux éléments dont un industriel doive s'occuper,
en vue de diminuer l'action de ses dégagements sur le

1. C'est à un emplacement de ce genre qu'on doit certainement attribuer
en grande partie le peu d'accidents que nous avons relevé dans la fabrique
d'arsenic de Swansea.

public, sont : la possibilité d'isolement, le relief du sol, la direction des vents, la nature du voisinage, et subsidiairement la convenance de créer quelques obstacles au parcours des gaz.

Mais ces ressources, quelle qu'en soit la valeur, ne trouvent pas, on le comprend, leur application dans la majorité des cas et notamment à l'occasion des établissements qui se créent dans l'intérieur des villes. La question des moyens techniques d'assainissement conserve donc toute son importance.

EMPLOI DES HAUTES CHEMINÉES.

Nous avons dit un mot de l'influence qu'exerce sur les dégagements la hauteur du point d'émission par rapport au sol et nous avons conclu que les dommages devaient diminuer pour le moins en raison inverse de ladite hauteur.

Cette considération s'applique de tous points à l'emploi des cheminées d'usine, car il est clair que l'érection de ces cheminées, dans lesquelles on fait passer les gaz qui doivent être émis dans l'atmosphère, revient à élever artificiellement le sol de l'usine par rapport aux terrains environnants. On peut donc admettre que, toutes choses égales d'ailleurs, l'insalubrité des gaz ou le dommage qu'ils sont susceptibles de produire, au point où ils atteignent le sol, est au moins en raison inverse de la hauteur des cheminées de dégagement.

On a longtemps discuté la question de savoir s'il y avait utilité ou non à ériger de hautes cheminées, et quelques personnes ont même soutenu l'opinion qu'il était préférable d'avoir des cheminées peu élevées. L'argument consistait à dire

12

que les hautes cheminées n'avaient d'autres résultats que de transporter les dommages dans une région plus étendue, que la somme totale des dégâts restait en réalité constante et qu'il y avait dès lors plus d'avantages à les concentrer sur une petite surface, où le préjudice ne pouvait jamais devenir très-grand, qu'à les éparpiller sur un grand nombre de points où il devenait très-considérable. Mais on oubliait deux circonstances qui infirment totalement cette conclusion : la première, c'est que, quand la proportion des gaz nuisibles contenus dans l'air tombe au dessous d'une certaine limite, les ravages cessent, et qu'on arrive par conséquent au même but par une diffusion suffisante que par une élimination absolue ; la seconde, c'est que pendant le parcours des gaz il ne se produit pas seulement un phénomène de *diffusion* de telle façon qu'au bout d'un parcours double, par exemple, la proportion des gaz nuisibles contenus dans un volume d'air soit diminuée de moitié, mais il se produit aussi conjointement un phénomène de *déperdition*, c'est-à-dire qu'à mesure que la colonne gazeuze chemine, des éléments se combinent avec l'eau météorique et tombent sur le sol, si bien que la colonne se purifie en avançant, absolument comme la fumée se dépouille de sa suie. Il suit de là que la diffusion *réelle*, c'est-à-dire la raréfaction des éléments nui-

---

1. Cette argumentation s'est produite notamment à l'occasion de l'enquête belge de 1855. On remarquait que le panache de fumées sortant d'une cheminée s'incline rapidement et prend la forme d'un cône très-allongé qui va rencontrer le sol ; c'est à cette surface de rencontre, disait-on, que le dommage se produit. Mais le cône, changeant de direction avec le vent promène finalement ses ravages dans un champ dont l'étendue, limitée dans tous les cas par l'amplitude des variations annuelles des vents dominants, est sensiblement proportionnelle à la hauteur de la cheminée. Or, ajoutait-on, si à 1,000 mètres de distance, par exemple, les ravages en chaque point sont très-accusés, il importerait peu qu'ils le fussent encore davantage et dès lors mieux vaudrait subir les ravages plus forts tels qu'ils se produisent, par exemple, à 500 mètres, au lieu de les avoir sur une surface double. La valeur totale du dégât dans le dernier cas serait moins élevée que dans le premier.

sibles dans un volume d'air, augmente beaucoup plus rapidement que la hauteur, et que, si surtout, au départ, la
colonne gazeuse n'est pas trop chargée d'émanations, on
peut, en bien des cas, au moyen d'une cheminée élevée,
approcher de la limite au dessous de laquelle les inconvénients cessent d'être appréciables.

Aussi la pratique universelle a fini par donner tort aux
adversaires des grandes cheminées, et la tendance bien accu-
sée de nos jours est d'accorder à ces constructions des
dimensions de plus en plus considérables. En Angleterre il
n'est plus de fabrique de quelque importance qui n'ait au
moins une cheminée principale, de 30 à 40 mètres au
dessus du sol, dans laquelle s'évacuent tous les gaz des
fours, mêlés aux fumées des foyers. Les cheminées de 60 à
80 mètres ne sont pas rares, et plusieurs dépassent 100 mètres.
La plus haute à notre connaissance, dont nous avons déjà
eu l'occasion de parler, est celle de la fabrique d'engrais de
M. Taunzen à Glasgow : du bas des fondations au sommet,
elle ne mesure pas moins de 142 mètres, soit près de
127 mètres au dessus du sol [1]. Après celle-là, on cite dans la
même ville, la cheminée de la fabrique de soude de Saint-
Rollox, appartenant à M. Tennant, laquelle dépasse 136 mètres
en tout, ou un peu plus de 121 mètres au dessus du sol [2]. Il y

1. C'est presque deux fois la hauteur de la tour Notre-Dame à Paris, et
19 mètres de moins seulement que la plus haute des pyramides d'Égypte.
cette cheminée gigantesque, dont le propriétaire raconte avec orgueil
l'histoire, a été construite pour faire taire les réclamations du quartier populeux où la fabrique d'engrais est située. Elle a 9^m,75 de diamètre intérieure à la ligne de terre, 3^m,70 à la couronne, et a coûté 200.000 francs.
Commencée en mai 1857, elle a été terminée le 6 octobre 1859. Infléchie
par l'orage le 9 septembre 1859, elle a été redressée au moyen de douze
traits de scie à la base, emportant chacun quelques millimètres de maçonnerie dans la région opposée à la compression. A la suite de chacun d'eux
la colonne rentrait lentement dans son aplomb.

2. Les dimensions de la cheminée de Saint-Rollon diffèrent assez sensiblement de celles de M. Taunzen : le diamètre intérieur à la ligne de
terre n'est que de 7^m,25 au lieu de 9^m,75.

a même des circonstances où l'on a atteint un niveau plus
élevé en profitant du relief naturel du sol qui permettait
d'asseoir une cheminée grimpante sur le flanc d'un coteau :
on cite dans le pays de Galles une usine métallurgique
dont la cheminée grimpante débouche à près de 300 mètres
au dessus du terrain de l'usine. En France, les limites sont
plus modestes : les cheminées restent ordinairement comprises entre 30 et 40 mètres. Ce n'est que dans quelques établissements de premier ordre, à Thann, à l'Oseraie, à Rouen,
qu'elles varient de 50 à 60 mètres. A Salyndres, on en voit une
de 70 mètres ; et, chez M. Malétra, à Rouen, la cheminée principale, qui est pensons-nous, la plus haute de France, atteint
74 mètres. On peut citer, comme en Angleterre, un dégagement à un niveau plus élevé par suite du relief du sol : c'est
celui de la fabrique de MM. Gayet et Gourjon, à Montredon,
près Marseille ; la cheminée traînante du four à sulfate de
soude, rampe le long des rochers et émet ses fumées, assez
loin de l'usine, à un niveau de 110 à 120 mètres. En Belgique et en Allemagne, on est dans des dimensions intermédiaires. Ainsi les cheminées de Floreffe et de Sainte-
Marie d'Oignies, près Namur, les deux plus grandes de la
Belgique, ont l'une 100 mètres et l'autre 96 mètres d'élévation au dessus du sol. En résumé, tous les pays, à divers
degrés, demandent aux hautes cheminées un moyen de
protection contre les dégagements.

Mais ce moyen, il ne faut pas se le dissimuler, ne remédie qu'imparfaitement à la situation. D'abord, il n'est pas
toujours facile d'atteindre la limite théorique au dessous de
laquelle les gaz n'ont plus d'inconvénients : car, si les
dégagements sont très-chargés, la hauteur d'émission devrait
être très considérable ; celle de chez M. Taunzen elle-même
n'est pas rigoureusement suffisante pour cet objet. Or, les
cheminées élevées sont fort coûteuses à établir et réclament
un terrain très solide. Dès qu'on dépasse 50 mètres de haut,
on peut compter sur une dépense moyenne de 1.000 francs

par mètre [1]. De plus, les circonstances topographiques font
perdre souvent une grande partie, sinon la totalité de la hauteur utile. Ainsi, dans la campagne on peut rencontrer, à
une faible distance, des côteaux qui dominent les cheminées. Dans les villes, il y a généralement certains quartiers
plus élevés que les autres, et ces quartiers plus élevés
sont presque toujours vers le centre de la ville, tandis que
les usines occupent les faubourgs, qui sont dans la partie
relativement basse. Ensuite même dans les circonstances les
plus favorables, où la ville entière serait presque de niveau,
il faudrait toujours déduire de la hauteur des cheminées,
celle des maisons et des édifices, soit pour les seules maisons, 20 à 25 mètres. La hauteur utile d'une cheminée de
40 mètres est ainsi réduite à 15 ou 20 mètres, ce qui, avec
des dégagements un peu chargés, est tout à fait insuffisant
pour protéger à quelque distance. Remarquons enfin, objection décisive, que les raisonnements sur l'efficacité des cheminées supposent implicitement que rien dans l'atmosphère
ne vient limiter brusquement le parcours des gaz et que ceux-
ci ont toute liberté pour se mélanger graduellement à l'air au
sein duquel ils cheminent : en d'autres termes le temps est
censé beau et les vents sont censés horizontaux ou faiblement
inclinés. Mais en temps de brouillard et surtout de pluie fine,
les phénomènes se passent différemment : les éléments insalubres se condensent dans l'eau ou sont entraînés mécaniquement par elle, de façon à être, dans les deux cas, rabat-
tus aux environs de l'usine; quel que soit alors le niveau du
point d'émission, les ravages se concentrent sur une ceinture de quelques centaines de mètres autour de l'usine.

1. Nous avons vu que chez M. Taunzen la dépense moyenne est de
près de 1,600 fr. par mètre (plus de 200,000 fr. pour 127 mètres de hauteur utile). — Il va de soi qu'à mesure qu'on s'élève, la dépense moyenne
augmente, parce que la construction est plus difficile en haut, et en
outre parce qu'il faut accroître les autres dimensions en proportion de
la hauteur.

Même avec le beau temps, les vents plongeants produisent des résultats analogues : le panache gazéiforme brusquement infléchi vers le sol le rencontre trop près du point de départ pour que la diffusion ait été suffisante. Nous aurions encore à ajouter que les cheminées, de leur nature, ne peuvent remédier à certains inconvénients tels que ceux qui proviennent des dégagements à l'intérieur des ateliers : il faut donc, de toute nécessité, des moyens d'assainissement d'un autre ordre.

En résumé, les hautes cheminées font quelquefois disparaître les inconvénients et toujours les atténuent. Mais cette atténuation, dans la majorité des cas et notamment avec des dégagements très-chargés, n'est pas suffisante pour les besoins de l'hygiène publique. Pour que les cheminées donnent une protection satisfaisante, il faut au préalable assainir les dégagements eux-mêmes, c'est-à-dire y raréfier les éléments insalubres de telle façon que la diffusion dans l'air s'exerçant ensuite, on puisse descendre effectivement à la limite au dessous de laquelle, avons-nous dit, les dommages deviennent à peu près insensibles.

Nous ne quitterons pas ce sujet sans faire ressortir un résultat indirect des cheminées, qui a bien aussi son importance. Nous voulons parler du mélange de gaz hétérogènes qui se produit par suite de la coutume où l'on est dans les usines, afin de ne pas multiplier ces organes dispendieux, d'utiliser la même cheminée pour des dégagements nombreux en la mettant en relation, non-seulement avec les foyers en même temps qu'avec les appareils de fabrication, mais encore avec des groupes de fours de destinations très-diverses. Ainsi, il n'est pas rare qu'une seule cheminée ou deux desservent tous les ateliers d'une grande usine. Le mélange formé dans ces conditions offre plusieurs avantages : d'abord il réalise un premier degré de diffusion, puisque les émanations insalubres se trouvent entraînées avec la grande proportion de gaz à peu près inertes provenant des grilles ; en second lieu, et c'est là le point spécial que nous voulions signaler, il se produit au sein de la masse des réactions qui habituellement neutralisent une partie des éléments délétères. Quand on réunit, par exemple, comme à Dieuze, les gaz de la décomposition du sel marin avec ceux de la transformation du sulfate de soude en carbonate, ou encore comme chez M. Kuhlmann, quand on réunit les vapeurs ammoniacales avec l'acide chlorydrique, il est clair que, dans le premier cas, une portion de l'acide libre et du carbonate de soude entraînée reforment du sel marin et que, dans le second cas, il se forme du muriate d'ammoniaque. Des phénomènes analogues de neutralisation, quoique moins simples dans leur formule, résultent du rapprochement de l'hydrogène sulfuré avec l'acide sulfureux : ce dernier agit pour dissocier les éléments du premier et diminuer ainsi une des combinaisons les plus dangereuses du soufre. A défaut d'un courant d'acide sulfureux, tel, par exemple, qu'il s'en échappe des appareils de condensation annexés aux chambres de plomb, les simples fumées des foyers où l'on brûle une houille plus ou moins pyriteuse déterminent, dans une certaine mesure, les mêmes effets. Pareillement les vapeurs nitreuses gagnent à se trouver en présence des autres dégagements : l'acide hypoazotique rencontrant des gaz tantôt comburants, tantôt combustibles, passe à un degré différent d'oxydation et devient moins malsain qu'à son état primitif. Sans entrer dans plus de détails, on conçoit ce que peut avoir d'avantageux pour la salubrité le mélange de diverses espèces de gaz. D'un autre côté, il ne faut pas perdre de vue les inconvénients qui, en certains cas, pourraient en résulter. Ainsi, si l'on introduit en proportions considérables dans une cheminée des gaz tels que l'hydrogène sulfuré ou des vapeurs d'huiles minérales, on aura à rechercher, d'après la composition générale de la colonne, si des mélanges détonnants ne sont pas à redouter. En thèse générale, le fabricant peut, par une étude attentive des gaz que son industrie lui fournit, atténuer par le rapprochement les plus insalubres d'entre eux ; ordinairement il aura plus à gagner qu'à perdre à associer, dans la même cheminée plusieurs dégagements et, par exemple, à noyer ceux de la fabrication dans ceux de la combustion.

CONDENSATION DANS L'EAU.

Un grand nombre de gaz et de vapeurs sont susceptibles d'être condensés dans l'eau, en forte proportion ; aussi beaucoup d'usines mettent-elles à profit cette propriété pour prévenir les dégagements à l'intérieur ou pour diminuer la quantité de ceux qui doivent se rendre aux cheminées. Nous nous proposons de faire connaître ici, non les dispositions pratiques adoptées (elles varient ordinairement d'une industrie à l'autre et viendront dès lors plus à propos dans la description des procédés spéciaux), mais le principe même de ces dispositions et les règles générales qui président à leur emploi.

Dans les fabriques, on fait agir l'eau sur les gaz de trois manières différentes, qui donnent naissance à autant de types d'appareils de condensation ou de *condenseurs :* 1° en faisant déboucher les gaz au sein du liquide ; 2° en mettant les gaz en contact avec des surfaces humides ; 3° en injectant l'eau, sous forme de pluie divisée, au sein de la masse gazeuse.

Le premier type s'emploie de préférence quand les gaz n'ont qu'une médiocre affinité pour l'eau, ou quand on veut obtenir des solutions très-concentrées, ou encore quand on ne veut pas donner aux appareils de condensation un grand développement. Ce qui fait, en ces divers cas, la supériorité du premier type, c'est que bien évidemment l'eau y est mieux en contact avec les gaz que de toute autre manière ; on comprend dès lors que, toutes choses égales d'ailleurs,

il agit plus énergiquement que les autres types et peut rendre
par conséquent des services dans des circonstances où ceux-ci
n'en rendraient pas. Un autre avantage du même type, c'est
qu'il se contente de volumes d'eau beaucoup moindres ; cette
propriété est, du reste, la conséquence des précédentes, car
il est clair qu'un système susceptible de fournir des solutions
plus concentrées, dépense nécessairement moins de liquide.
Hâtons-nous d'ajouter que malgré les avantages que nous
venons d'énumérer, le premier type est beaucoup moins employé que le second, et cela pour une raison capitale : c'est
qu'il a l'immense inconvénient de faire naître dans l'intérieur des appareils, des pressions d'autant plus considérables
qu'on a voulu rendre son jeu plus efficace, et ces pressions
provoquent des fuites nombreuses qui contrebalancent
promptement les bons effets de la condensation elle-même.
Il est aisé de s'en rendre compte.

En effet, par cela seul que le dégagement débouche
au sein du liquide, la pression en deçà du condenseur
doit excéder la pression au delà, de toute la quantité correspondant à l'épaisseur de la tranche liquide que traverse le
tuyau abducteur ; car il faut que les gaz venant des appareils de fabrication fassent équilibre au poids de cette tranche
pour refouler l'eau devant eux dans le tuyau et arriver au
sein du liquide. Cet équilibre est même toujours dépassé
dans la pratique, car sans parler des résistances diverses
qu'offre tout système à parcourir (frottements, étranglements
etc.), l'allure industrielle exige que les gaz soient poussés vivement dans le liquide afin de se disperser promptement et de
permettre ainsi une fabrication active. Or, soit que le condenseur débouche à l'air libre, soit qu'il communique avec
quelque conduit de dégagement, la pression sur le liquide
est sensiblement égale à la pression atmosphérique ; il s'ensuit donc que la pression à l'intérieur du générateur excède
la pression au dehors d'une quantité au moins égale à celle
du liquide traversé. Et comme l'efficacité du condenseur
est évidemment en raison de l'épaisseur du liquide traversé,

(carsi la tranche était trop mince les gaz la traverseraient presque sans s'y condenser), il est vrai de dire que l'excédant de pression est proportionnel à l'efficacité du condenseur.

C'est là un inconvénient très-grave dans la pratique industrielle. Les appareils de fabrication, fours ou autres, ainsi que les tuyaux abducteurs, ne sont point hermétiques, comme dans les laboratoires. Non-seulement ils sont susceptibles de se fissurer et offrent des joints nombreux, mais même, par la force des choses, ils offrent souvent une issue naturelle aux dégagements par les portes de déchargement ou de travail. On a bien la ressource d'en luter les joints, si la nature du travail permet de maintenir ces portes fermées, mais le lut ne peut résister à une pression un peu forte à l'intérieur. Lors donc que la pression s'élève sensiblement, les gaz tendent à se faire jour de toutes parts et l'assainissement hors de l'usine ne s'obtient qu'au détriment de la salubrité intérieure.

Le moyen habituel d'y parer consiste à développer au dessus du liquide une dépression artificielle en mettant le condenseur en communication avec un appareil aspiratoire, lequel, la plupart du temps n'est autre qu'un foyer ou une cheminée de la fabrique. On peut ainsi, par une pondération convenable, ramener la pression à l'intérieur des fours à une valeur voisine de celle de l'atmosphère. Toutefois il ne faut point s'exagérer le mérite de cet expédient : si l'on évite un écueil, on court risque de tomber dans un autre. En effet, à mesure que l'on diminue la pression sur le liquide, on augmente la vitesse avec laquelle les gaz le traversent, et il peut arriver alors que la condensation n'ait plus le temps de s'effectuer. De plus, l'aspiration du foyer ou de la cheminée subissant forcément des variations nombreuses, par suite du chargement des grilles ou par toute autre cause, on passe par des alternatives d'insuffisance ou d'excès de tirage, qui se traduisent respectivement par des fuites à l'intérieur des ateliers ou par un entraînement à la cheminée. Cette disposition, quoique bonne en elle-même, exige donc beaucoup de discernement.

Étant donné une épaisseur de liquide qu'on se propose de faire traverser aux gaz, il n'est pas indifférent de la leur faire traverser d'un seul coup ou par fractions successives ; en d'autres termes, il n'est pas indifférent d'avoir un seul vase de condensation, dans le liquide duquel le tube abducteur plonge de toute la profondeur assignée, ou d'avoir au contraire plusieurs vases communiquants, que les gaz parcourent successivement en traversant dans chacun de ces vases une couche mince, de façon que la somme des épaisseurs partielles soit précisément égale à l'épaisseur totale qu'on avait en vue. Et d'abord, quant à la pression dans le générateur, il est bien visible qu'elle est la même avec les deux systèmes. En effet, la pression dans l'avant-dernier vase excède la pression dans le dernier d'une quantité représentée par l'épaisseur du liquide traversée dans ce dernier vase ; de même, dans le vase précédent, l'excédant de pression est représentée par la somme des épaisseurs de liquide traversées dans les deux derniers, et ainsi de suite en remontant jusqu'au générateur, où la pression est évidemment, comme nous avons dit, représentée par la somme de toutes les épaisseurs partielles. Ce point établi, si on laisse de côté les considérations relatives aux dépenses d'installation, aux difficultés d'emplacement etc., on reconnaîtra qu'il y a avantage à fractionner la condensation. Effectivement, c'est surtout au point où le tube abducteur débouche dans le liquide que la condensation est la plus active : il se fait là un tourbillonnement et un brassage très-favorables, tandis qu'après que les globules de gaz ont revêtu une sorte de forme d'équilibre et ont pris leur marche ascensionnelle à travers le liquide, l'affinité de ce dernier s'exerce beaucoup moins ; en outre les globules montent avec une vitesse croissante, en sorte que la suite du parcours est moins bien utilisée. On a donc intérêt à multiplier les points de débouché et à interrompre la marche des globules pour les faire repartir de nouveau avec une faible vitesse ; en

d'autres termes, on a intérêt à imiter les établissements bien
conduits, où l'on a renoncé à faire plonger profondément les
tuyaux et où l'on préfère avoir deux ou trois condenseurs
successifs au lieu d'un seul.

Cette disposition présente un avantage d'un autre genre,
dont les conséquences industrielles sont importantes ; c'est
de faire agir l'eau dans des conditions chimiquement plus
favorables et de fournir des solutions plus concentrées. Avec
un condenseur unique, en effet, soit que l'eau s'y renouvelle
d'une manière continue, soit qu'on fasse la vidange à fond
aussitôt que la saturation est obtenue, les gaz ne rencontrent
jamais que des liqueurs plus ou moins chargées, ce qui en
rend la condensation plus difficile. Avec des condenseurs
successifs, au contraire, on peut, d'une manière soit intermittente, soit continue, faire circuler les liqueurs d'un vase
dans l'autre, depuis le dernier qui reçoit l'eau pure jusqu'au
premier qui reçoit la solution presque saturée. Les gaz rencontrent donc dans leur marche des solutions de moins en
moins chargées, et cela à mesure qu'ils devienennt plus difficilement condensables, puisque par cela seul que la condensation s'est déjà effectuée en partie, évidemment ce sont
les gaz inertes qui prédominent de plus en plus dans le
mélange. On se place donc dans les conditions les meilleures pour absorber les dernières traces d'émanations, et
en même temps on peut arriver à des concentrations plus
fortes, puisque le même liquide se charge plusieurs fois
de suite. La règle en pareil cas c'est de faire marcher
l'eau en sens inverse des gaz et de calculer, soit le débit
si l'alimentation est constante, soit l'intervalle mis entre
deux vidanges successives, si l'alimentation est intermittente, de telle façon que le dernier condenseur ne contienne
que de l'eau presque pure, tandis que le premier fournit
la solution au titre voulu. Le degré de saturation des
divers vases varie d'ailleurs nécessairement avec l'allure de
l'alimentation ; si l'eau est fournie, par exemple, trop lentement, les derniers vases tendent à se charger de plus en

plus, et si, au contraire, l'approvisionnement est trop rapide, le gaz est arrêté presque en totalité dans les premiers vases. Théoriquement et abstraction faite des difficultés d'installation, le nombre des condenseurs n'a pas de limite; l'opération est d'autant meilleure que ce nombre est plus grand, pourvu, bien entendu, qu'on ne dépasse pas l'épaisseur totale de liquide qu'on s'est assignée et qu'on n'engendre pas des résistances nuisibles.

Le second système de condensation, à savoir celui où l'on met les gaz en contact avec des surfaces humides, est, avous-nous dit, beaucoup plus répandu que le précédent. Il offre les avantages et les inconvénients opposés à ceux qu'on vient de voir : il ne fait pas naître de pression à l'intérieur des appareils, mais il nécessite un grand développement pour fournir des liqueurs chargées au même degré [1]. Ce système revêt, dans la pratique industrielle, deux formes bien distinctes, selon qu'on y fait circuler les gaz horizontalement ou verticalement. Le premier type est caractérisé par les batteries de bonbonnes et le second par les tours à cascades ; on pourrait presque les nommer type *français* et type *anglais,* parce qu'ils prédominent respectivement dans chacun de ces deux pays. Toutefois le type anglais ou les tours à cascades tend, sur le continent, à se substituer aux bonbonnes, au moins pour les dégagements les plus importants, entre autres celui de l'acide chlorhydrique

L'arrangement des bonbonnes est fort connu. Il consiste à avoir à la suite les unes des autres un grand nombre de jarres ou vases en grès d'une contenance de 2 à 300 litres. On fait circuler d'une manière continue, par voie de siphon-

---

1. On peut considérer ce système comme la limite vers laquelle tend le précédent, à mesure que par l'augmentation du nombre des vases successifs on diminue indéfiniment l'épaisseur du liquide traversé dans chacun d'eux En poussant les choses à l'extrême, on arrive à des épaisseurs nulles, c'est-à-dire à de simples surfaces de contact, en même temps qu'à un développement infini de l'appareil.

nement, un léger filet liquide, allant de la dernière bonbonne
à la première, tandis que les gaz, marchant en sens inverse,
se rendent d'une bonbonne dans l'autre au moyen d'un large
tuyau en grès, de forme arrondie, qui débouche au dessus
de la surface du liquide. Les gaz se trouvent donc en contact,
d'une part, avec cette surface et, d'autre part, avec les parois
humides de la bonbonne. Après ce que nous avons dit tout
à l'heure touchant les condenseurs successifs, nous aurons
peu de chose à ajouter ; car, sauf que les gaz ne traversent pas le liquide, la théorie est d'ailleurs exactement la
même. La solution se concentre donc graduellement depuis
la dernière bonbonne jusqu'à la première, et le courant
gazeux se dépouille de plus en plus pour ne contenir à la
fin que des matières autant que possible inertes.

L'efficacité de ce système dépend évidemment du nombre
des bonbonnes et de l'approvisionnement de l'eau. Au point
de vue de l'assainissement comme au point de vue de la
concentration des liqueurs, il n'y a jamais trop de bonbonnes, car le pire qui puisse arriver c'est que les dernières
bonbonnes ne trouvent plus rien à recueillir. Il n'est pas rare
qu'on dispose une soixantaine de bonbonnes semblables, ce
qui, indépendamment des tuyaux de condensation, représente
plus de 100 mètres carrés de surface de contact. Nous connaissons même une usine, celle de M. Kuhlmann, à Amiens,
où la batterie des fours à soude compte 250 bonbonnes, de
dimensions moindres, il est vrai, ce qui fait peut-être une
surface de 300 mètres carrés. Quant à l'alimentation d'eau,
elle n'est, non plus, jamais trop grande au point de vue de
l'assainissement, puisque la condensation se fait d'autant
mieux que les liquides sont moins chargés ou que l'eau est
plus renouvelée, mais au point de vue de la concentration des
liqueurs, elle a nécessairement une limite, qui est marquée
par le titre même des solutions qu'on veut obtenir. En sorte
que la plupart du temps, dans la pratique industrielle, les éléments fixés d'avance et qu'on ne peut faire varier à volonté,
c'est le volume de gaz à condenser dans un temps donné

et le titre de la solution à préparer. Au contraire, on est
maître de fixer comme on veut le nombre des bonbonnes,
en ne perdant pas de vue toutefois que ce nombre doit être
tel que les dernières soient autant que possible exemptes de
gaz condensable. Il importe même, si l'on veut avoir un
assainissement bien régulier, que les bonbonnes soient en excès; car la coutume prise dans la généralité des fabriques, de
faire communiquer la dernière bonbonne avec la cheminée,
a pour résultat d'occasionner toutes les variations de tirage
déjà signalées; dès lors, pour être à l'abri du manque de condensation que détermine, à certains moments, l'exagération
du tirage, il convient de placer sensiblement plus de bonbonnes qu'il n'en faudrait avec des circonstances normales.

Précisément parce que, dans ce système, la condensation
s'effectue uniquement sur des surfaces, certaines précautions
spéciales sont à observer. Les deux plus importantes consistent : 1° à faire déboucher les gaz dans chaque bonbonne,
aussi près que possible de la surface du liquide sans cependant
nuire à la circulation; 2° à préserver les vases de tout échauffement qui aurait pour conséquence d'en sécher les parois et
de les rendre moins aptes à opérer la condensation. En
ce qui concerne la première précaution, il convient que
le tuyau qui relie deux bonbonnes consécutives ne fasse
pas simplement communiquer les orifices, mais qu'il
descende, au contraire, à travers l'orifice de la seconde
bonbonne et plonge assez profondément pour que les gaz
qui en sortent rasent la surface du liquide. Il n'y a d'autre
limite à ce rapprochement, nous le répétons, que le risque
de porter obstacle à l'échappement des gaz, et de faire naître
ainsi des excédants de pression. Quant à l'échauffement des
appareils, il est dû généralement à deux causes : à la température plus ou moins élevée du courant gazeux et à l'influence
des agents extérieurs, principalement des rayons solaires.
On remédie à la première cause en faisant traverser au dégagement, avant de l'introduire dans la batterie des bonbonnes,
une cuve à eau ou sorte de *laveur* dans lequel la tempéra-

ture s'abaisse en même temps qu'une condensation partielle s'effectue. On s'efforce de rendre le refroidissement aussi actif que possible en renouvelant l'eau abondamment, soit dans l'intérieur même du laveur, si l'on se propose de rejeter les solutions faibles ainsi obtenues, soit extérieurement autour de ses parois, si l'on veut obtenir des solutions assez fortes pour être utilisées. Cette caisse à eau joue donc le rôle du premier condenseur dans le système où les gaz traversent le liquide. Il va d'ailleurs de soi que l'épaisseur traversée dans le cas actuel n'est pas considérable ; elle est de quelques centimètres seulement, toujours afin d'éviter les pressions. Pour remédier à l'action des rayons solaires, le seul moyen est d'abriter la batterie sous un hangar quelconque de façon à la maintenir toujours à l'ombre. C'est ce qu'on fait dans un certain nombre de fabriques de soude, où l'on utilise souvent dans ce but l'espace vacant au dessous des chambres de plomb à acide sulfurique ; les appareils s'y trouvent dans de bonnes conditions de fraîcheur. C'est au manque d'une semblable installation qu'on doit certainement attribuer une grande partie des vices de la condensation dans des établissements comme ceux de Dieuze et du Védrin (près Namur), où les bonbonnes fonctionnent à l'air libre. On observe, dans ces fabriques, entre la condensation d'hiver et celle d'été, des différences sensibles qui tiennent indubitablement à l'influence des rayons solaires.

Les tours à cascades ou tours anglaises consistent en tours maçonnées, le plus ordinairement quadrangulaires, remplies de coke ou de fragments de briques, sur lesquels tombe continuellement une pluie d'eau froide destinée à déterminer l'absorption du gaz. La surface humide, au contact de laquelle la condensation s'effectue, est ainsi constituée non-seulement par les parois mêmes de la tour, mais surtout par la surface des fragments qui la remplissent, sans parler de l'eau divisée qui goutte entre ces fragments. Ces tours, sur la construction desquelles nous reviendrons en traitant de l'acide chlorhydrique, ont des dimensions considérables.

Leur section varie de 2 à 4 mètres carrés et leur hauteur de 10 à 20 mètres. Nous en avons vu, en Angleterre, de 40 mètres de haut, chez M. Alhusen, à Newcastle.

Les tours constituent des condenseurs infiniment plus puissants que les bonbonnes, comme il est aisé de s'en rendre compte. D'abord les surfaces de condensation sont beaucoup mieux humectées que les parois des bonbonnes, ce qui est déjà un point capital. Mais en outre, ces surfaces sont bien plus étendues. Leur développement, en effet, pour parler seulement des fragments, est proportionnel au rapport de la hauteur de la tour au diamètre moyen des fragments et dépasse le produit qu'on obtient en multipliant la section de la tour par le triple de ce rapport [1]. Il suit de là

---

1. L'expression mathématique de la surface totale des fragments contenus dans la tour, est

$$\pi s \, \frac{h}{d} \; ;$$

en représentant par π le rapport de la circonférence au diamètre ou le nombre 3, 14159..., par s la section horizontale de la tour, par h la hauteur de cette tour et par d le diamètre des fragments de coke que nous supposerons tous, pour plus de simplicité, ramenés à la forme sphérique et au même volume.

Cette formule s'établit aisément. Soient, en effet, a et b les côtés de la tour, de telle sorte que s est égal à $a \times b$. Le nombre de fragments qu'on peut aligner le long du côté a est évidemment égal à $\dfrac{a}{d}$, et le nombre de files semblables qu'on peut appuyer sur le côté b est égal à $\dfrac{b}{d}$; le nombre des fragments contenus dans la section est donc représenté par $\dfrac{a}{d} \times \dfrac{b}{d}$ ou $\dfrac{s}{d^2}$. De même, le nombre de tranches semblables, superposées dans la tour, sera égal à $\dfrac{h}{d}$, en sorte que finalement le nombre des fragments de la tour est exprimé par $\dfrac{s}{d^2} \times \dfrac{h}{d}$. Mais d'autre part, la surface d'un fragment sphérique de diamètre d est, comme on sait, égal à πd^2 ; le développement total de la surface des fragments a donc pour expression

$$\frac{s}{d^2} \times \frac{h}{d} \times \pi d^2 \qquad \text{ou} \qquad \pi s \, \frac{h}{d}.$$

Si l'on veut avoir la surface totale du condenseur, il faut ajouter à la

qu'avec des fragments d'un diamètre moyen de 10 centimètres, la surface de condensation, dans une tour de 10 mètres
de hauteur et 1 mètre carré de section, dépasse $3\ \dfrac{10}{0,10}$ ou
300 mètres carrés. Un condenseur moyen, qui a 2 mètres
carrés de base et 15 mètres de haut, offrira à la condensation
environ 900 mètres carrés, et, en y comprenant les parois de
la tour, près de 1.000 mètres carrés, ou 10 fois environ le développement d'une batterie de bonbonnes ordinaires. Les tours de M. Alhusen, qui ont, avons-nous dit,
4 mètres carrés de section et 40 mètres de haut, présentent
chacune un développement de plus de 5.000 mètres carrés,
soit 50 fois celui d'une batterie ordinaire et 10 à 12
fois celui des plus grandes batteries connues. On voit dès lors
l'immense supériorité des tours anglaises sur les condenseurs à bonbonnes et le motif qui tend à les faire substituer de plus en plus à ces derniers.

Cette analyse du rôle que jouent dans la condensation les
fragments humectés nous donne occasion de remarquer que,
théoriquement, on augmente la puissance d'un condenseur,
aussi bien en diminuant la grosseur de ces fragments qu'en
accroissant la hauteur de la tour. Dans la pratique, il n'en
est pas tout à fait ainsi ; car les gaz ne parcourent pas également toutes les surfaces qui leur sont offertes et ils suivent
de préférence la route la plus directe à travers les vides
compris entre les fragments. Il est donc certain qu'en fait,
l'accroissement de la hauteur influe sur la condensation
plus qu'une diminution correspondante de la grosseur des
fragments. Toutefois comme cette dernière influence reste
très-sensible, il y a un avantage évident à réduire leur diamètre autant que possible. La seule limite à cette réduction
est imposée par le risque d'obstruer le passage aux gaz ;

quantité ci-dessus la superficie des quatre faces verticales, soit $2ah + 2bh$
ou le produit du périmètre de la section par la hauteur, $2\,(a+b)\,h$, quantité
beaucoup moindre que la précédente.

car personne n'ignore que plusieurs petits interstices sont
loin de donner la même issue qu'un seul interstice égal à
leur somme ; en outre, comme il se forme toujours des
débris pulvérulents, par suite de ce que les fragments s'é-
cornent les uns contre les autres, ces débris finiraient par
boucher les interstices si ceux-ci étaient individuellement trop petits. On évite donc de descendre au dessous
d'une certaine limite et d'employer des matériaux d'un
diamètre moindre, par exemple, que 7 à 8 centimètres.
Par la même occasion, nous remarquerons qu'on doit
rechercher des matériaux aussi arrondis et aussi uniformes
que possible, les inégalités de structure ou de grosseur
ayant pour résultat de réduire les vides et même de les fermer
à peu près complétement. Il est clair que des fragments
parfaitement sphériques et égaux offrent le plus de facilités
à la circulation des gaz, tandis que des morceaux cubiques,
ou un mélange de sphères très-inégales pourraient obstruer
tous les interstices.

Les tours sont exposées, comme les bonbonnes, à l'é-
chauffement dû à la température des gaz, mais elles sont
beaucoup moins exposées à l'action des rayons solaires, car
l'épaisseur de leurs faces, qui atteint quelquefois 70 centimètres, les préserve bien plus efficacement que ne peut le
faire la mince paroi des bonbonnes. Aussi n'a-t-on pas coutume d'abriter les tours sous une double enveloppe et les
laisse-t-on exposées à l'air libre. Quant à la première influence, l'on y obvie, comme précédemment, au moyen
d'une cuve à eau.

Lorsqu'on compare le mode de fonctionnement des tours
et celui des bonbonnes, on reconnaît que les premières sont
moins aptes à donner des solutions concentrées ou qu'elles
nécessitent une bien plus grande consommation d'eau. En
effet, dans les bonbonnes, cette consommation peut être réglée à volonté et réduite à celle qui est strictement nécessaire pour absorber la totalité des gaz dans une liqueur

au titre voulu, puisque rien ne force la circulation de l'eau. Mais dans les tours, où l'eau chemine verticalement et par conséquent avec une vitesse dont on n'est point le maître, il est nécessaire de la distribuer en certaine abondance si l'on veut maintenir les surfaces mouillées ; il y a donc un chiffre de consommation au dessous duquel on ne doit pas descendre, sous peine de nuire à la marche de l'appareil. Le seul moyen de concentrer les solutions ne peut être que d'accroître la hauteur des tours pour que l'eau soit plus longtemps en contact avec les gaz, ou, ce qui revient au même, de faire passer les gaz par plusieurs tours successives, ou enfin de reprendre les liqueurs pour les exposer de nouveau au courant. Nous reviendrons plus tard sur les divers expédients employés, suivant les cas ; nous nous bornons à constater ici cette infériorité relative des tours pour la saturation des liqueurs. Mais, en revanche, comme l'excès d'eau ne nuit jamais à la condensation elle-même, au contraire (en ce sens que le courant se dépouille d'autant mieux qu'il rencontre des eaux moins chargées), on en peut conclure, d'une manière générale, que, toutes choses égales d'ailleurs, les tours sont moins favorables que les bonbonnes à la préparation industrielle des solutions concentrées, mais qu'elles sont plus favorables à l'assainissement, puisqu'elles donnent des dégagements mieux dépouillés de leurs éléments nuisibles.

· Un dernier trait qui différencie les tours des bonbonnes, c'est que le tirage est beaucoup plus actif dans les premières, et cela pour deux raisons : 1° parce que, à cause de leur verticalité et de leur grande hauteur, les tours agissent, jusqu'à un certain point, à la manière des cheminées ; 2° parce la surface de condensation et le volume d'eau offerts aux gaz sur un parcours donné étant incomparablement plus considérables dans les tours que dans les bonbonnes, l'absorption est plus prompte et l'aspiration plus active. Aussi juge-t-on inutile, dans beaucoup d'usines, de mettre les tours en communication avec une cheminée ; on s'en rapporte au tirage de l'appareil lui-même pour vaincre la pression de la cuve à eau et les autres résistances, de façon à prévenir tout refoulement dans l'intérieur des générateurs.

Entre ces deux types si distincts de condenseurs à surfaces, viennent se placer une foule d'autres dispositions qui s'en écartent plus ou moins, mais qui reposent toujours sur les mêmes principes. Ainsi, les batteries de bonbonnes sont parfois remplacées par de longs carnaux ou *traînées* horizontales, qu'on maintient autant que possible dans un état d'humidité et de fraîcheur, et dont les parois servent à la condensation. Des cloisons verticales en chicanes ou percées de trous dont l'emplacement alterne d'une cloison à l'autre, afin de retarder les gaz et de les obliger à frotter davantage contre les surfaces, augmentent, en certains cas, l'efficacité de la traînée. De même, les matériaux de garnissage des tours sont quelquefois suppléés par des cloisons horizontales en chicane, sur lesquelles l'eau retombe de l'une à l'autre; ou encore, les tours elles-mêmes sont remplacées par des bonbonnes superposées et reliées entre elles comme dans les batteries horizontales.

Reste enfin le troisième mode de condensation que nous avons mentionné, à savoir par une eau très-divisée, injectée dans la masse gazeuse et en sens inverse du courant. On ne peut mieux comparer le phénomène qui se produit ici qu'à celui de la pluie au sein de l'atmosphère. Les pluies et surtout les pluies abondantes et divisées ont, comme on sait, pour résultat de purifier l'air en le débarrassant d'émanations gazeuses ou de corpuscules pulvérulents qui, bien qu'en faible proportion chimique, suffisent cependant pour en altérer sensiblement les propriétés vivifiantes. De même, l'eau divisée qu'on injecte dans un courant gazeux a pour effet d'atteindre, par voie de dissolution ou mécaniquement, les éléments insalubres que ce torrent charrie avec lui et de les précipiter vers le sol.

Ce qui caractérise essentiellement ce procédé, c'est la faible

proportion relative des émanations à absorber et la grande
consommation d'eau qu'il nécessite. Aussi son emploi dans
l'industrie ne saurait-il être général et est-il effectivement
restreint à des cas spéciaux où il faut agir sur des dégagements faiblement chargés, et dont on ne se propose pas
d'utiliser les solutions ; ce procédé est alors plus avantageux que les modes précédents qui, avec un égal développement d'appareil, se prêteraient moins bien à atteindre
des émanations ainsi raréfiées. Toute son efficacité réside
d'ailleurs, on le conçoit, dans la division et la force de l'eau
injectée ; plus celle-ci est réduite en filets minces et plus
sûrement elle atteint toutes les parties de la masse gazeuse,
plus elle est lancée avec force, mieux elle produit un effet
de tourbillonnement et de remous favorable au mélange
intime des éléments. Bref, ce mode d'absorption est pure-
ment un moyen d'assainissement, mais il n'est pas en même
temps, comme les deux autres, un procédé de fabrication.
Pour prendre un exemple, nous dirons qu'il peut convenir
pour désinfecter les gaz qui s'échappent d'une chaudière à
fondre les suifs, mais qu'il ne saurait s'employer pour recueillir l'acide chlorhydrique provenant de la décomposition
du sel marin.

En résumé, des divers systèmes qui viennent d'être passés
en revue, celui qui a le plus d'importance industrielle est incontestablement le système des condenseurs à surface, et
parmi les appareils de cette catégorie celui qui rend le plus
de services et tend de plus en plus à se généraliser dans les
fabriques, c'est la tour anglaise garnie de coke ; on en trouvera
de nombreuses applications dans les industries variées qui
font l'objet du chapitre suivant.

COMBUSTION DANS DES FOYERS.

De même qu'un grand nombre de gaz et de vapeurs sont susceptibles de se condenser dans l'eau, un grand nombre l'est aussi de se brûler dans des foyers ; en sorte que bien peu de dégagements échappent à l'un ou à l'autre de ces deux moyens d'assainissement. Mais il convient tout d'abord de signaler une différence essentielle entre leurs modes d'action, c'est que, tandis que l'eau a pour résultat d'éliminer l'élément insalubre, ou de le *supprimer* pour l'atmosphère, le feu, de son côté, se borne à le *transformer*, c'est-à-dire à remplacer l'élément nuisible par un produit qui le soit moins : par exemple, quand on brûle l'hydrogène sulfuré, on le remplace par de l'acide sulfureux, qui est notablement moins insalubre : d'où l'on voit que la combustion est par elle-même un procédé d'assainissement moins radical que la condensation, du moins en ce qui concerne la seule protection de l'atmosphère [1].

Les dégagements à soumettre à l'action du feu ne sont pas généralement combustibles en totalité ; mais ils se composent le plus souvent d'une certaine proportion de gaz combustibles, lesquels constituent précisément la cause d'insalubrité qu'on a en vue de détruire, mêlés à une quantité plus ou moins considérable de gaz inertes, où prédomine l'air atmosphérique. C'est la proportion plus ou moins grande des premiers qui détermine les diverses dispositions destinées à réaliser la combustion. Ces dispositions peuvent immédiatement se classer en deux catégories, selon que le dégagement est en état de brûler par lui-même, ou selon, au

---

1. Nous disons : *la seule protection de l'atmosphère,* car il est clair que des liqueurs obtenues par la condensation peuvent être un sujet d'embarras pour le sol ou pour les cours d'eau.

contraire, que la combustion doit y être entretenue à l'aide d'un corps étranger.

Les dégagements de la première espèce sont ceux qui causent le moins d'incommodité au public ; car le maître de fabrique ayant un intérêt direct à les utiliser comme moyen de chauffage, est naturellement sollicité à ne pas les laisser perdre dans l'atmosphère. Il les fait ordinairement arriver sous des chaudières d'évaporation ou sous d'autres appareils servant à son industrie et il les brûle au contact d'une quantité suffisante d'air atmosphérique ; ainsi qu'on le fait, par exemple, dans les usines à fer pour les gaz des hauts fourneaux. Les agencements matériels varient à l'infini, suivant les convenances de la fabrique : on peut soit brûler les gaz dans des chambres *ad hoc,* soit les brûler concurremment avec du charbon, dans un foyer ordinaire, soit encore les employer en certains cas à l'éclairage. La seule règle à suivre est d'assurer le mélange de l'air et des gaz dans des proportions convenables pour une bonne combustion.

Cette règle, si simple en théorie, ne laisse pas d'exiger quelques soins dans la pratique, par suite de l'abondance et du manque d'uniformité des dégagements auxquels on a affaire. En ce qui concerne les variations que peut présenter la composition du mélange, aux diverses phases de la fabrication, le mieux est, au point de vue de l'assainissement, de maintenir toujours l'air introduit sensiblement en excès. Il en résulte, il est vrai, une perte de calorique pour l'industriel, mais on a du moins la certitude de ne pas laisser une partie des gaz intacts, faute d'oxigène pour les détruire. Mais ce n'est point, en général, par manque d'air que pèche la combustion ; la principale difficulté vient de ce que le mélange des gaz avec l'air n'est point assez intime, en sorte qu'une portion des gaz échappe à la réaction, tout comme si l'oxygène avait manqué. C'est à y remédier que toutes les précautions doivent tendre ; la meilleure consiste à diviser extrêmement soit le courant de gaz, soit le courant d'air, soit les deux, de manière à faciliter le plus possible leur pénétration mutuelle. Il convient, en outre, pour plus de sécurité, que les deux masses gazeuses se rencontrent sous un angle assez prononcé et de préférence à angle droit ; ainsi, l'air circulant dans le sens longitudinal, comme cela a lieu dans la généralité des foyers, le dégagement devra déboucher dans le sens transversal. Le mélange intime des éléments est, par là, mieux assuré.

Les dispositions, tendant au but que nous indiquons, à savoir de diviser les courants gazeux, peuvent, on le comprend, varier de mille manières. On peut, par exemple, diviser le dégagement combustible en le faisant passer à travers plusieurs petits orifices qui déterminent autant de jets distincts ; on y parvient très-simplement en interposant devant le courant, à l'endroit où il entre dans la chambre de combustion, une plaque percée de trous. On peut aussi lui donner la forme d'une nappe très-mince ; débouchant au devant de l'admission d'air tandis que celui-ci afflue, de son côté, par une multitude de petits orifices qui livrent passage à des filets très-ténus, lesquels criblent en quelque sorte la nappe gazeuse. On peut encore diviser chacun des deux courants et obliger les deux faisceaux à s'entrecroiser dans toutes leurs parties.

Dans les appareils perfectionnés où l'on n'a pas seulement en vue un but d'assainissement, mais où l'on se propose surtout de tirer le meilleur parti commercial d'une source de chaleur, comme dans les foyers où l'on brûle les huiles de pétrole et de goudron, on a soin, non-seulement de bien assurer la pénétration mutuelle des éléments comburants et combustibles, mais on gouverne leur admission au moyen de registres, en même temps que des regards permettent à chaque instant de vérifier par l'aspect des flammes, si la combustion est complète et si aucune partie utile n'a pu y échapper. Dans d'autres cas, où l'on vise également à un bon emploi des gaz, comme dans les appareils Siemens où l'on distille la houille [1], on opère souvent le mélange des gaz et de l'air atmosphérique dans une chambre spéciale qui précède la chambre de combustion, ou bien encore on fait déboucher l'un des deux courants par une série de tubes noyés dans l'autre courant, de telle façon que les deux masses gazeuses se présentent en un seul faisceau formé de filets alternatifs de l'une et de l'autre espèce. Quelle que soit au surplus la disposition adoptée, la règle essentielle, nous le répétons, c'est de diviser le dégagement et, au point de vue de l'assainissement, de maintenir toujours un excès d'air dans la chambre de combustion.

Une précaution accessoire qu'il est bon de mentionner, c'est de donner au mélange en ignition le plus long parcours possible et au besoin d'introduire de l'air supplémentaire en un certain point de ce parcours, afin d'atteindre les dernières parties de gaz qui auraient pu échapper à la combustion. Cette précaution se concilie facilement avec les circonstances dans lesquelles on se trouve dans la plupart des fabriques. On a généralement à sa disposition une assez longue surface de chauffe, par suite du développement que reçoivent les carneaux communs à plusieurs fours. Rien donc de plus aisé que d'introduire de l'air supplémentaire, soit à l'extrémité du foyer, soit en un certain point du carneau, de manière que la combustion se continue au delà s'il est nécessaire.

Les dégagements de la seconde espèce, c'est-à-dire ceux qui ne brûlent pas suffisamment par eux-mêmes, doivent toujours être envoyés dans quelque foyer où règne déjà une combustion entretenue à l'aide de houille, coke, bois ou autre combustible. On utilise à cet effet les fourneaux des appareils à vapeurs ou ceux de la fabrication. La manière

---

1. Nous reviendrons sur ces appareils quand nous traiterons de la *fumivorité*.

dont on y fait arriver les dégagements diffère selon que l'oxygène qui figure naturellement dans le mélange se trouve en défaut ou en excès par rapport aux éléments combustibles qu'il s'agit de détruire.

Le premier cas est le plus rare, car presque toujours si les éléments combustibles prédominaient, le dégagement serait en état de brûler par lui-même avec la seule intervention de l'air, et rentrerait dès lors dans la catégorie de ceux que nous venons d'examiner. Toutefois, il est certains gaz, comme l'hydrogène sulfuré, qui, même à l'état de pureté, brûlent mal dans l'air si la température n'est pas soutenue par quelque cause étrangère. Dans ce cas, on doit faire arriver le courant dans un foyer *au dessus* de la grille. Il n'y aurait, en effet, aucun intérêt et il serait même désavantageux d'introduire le courant *au dessous*, car puisque l'élément combustible est en excès ou que l'oxygène manque, ce courant se brûlerait mal à travers le charbon de la grille et ne pourrait qu'agir défavorablement sur la marche du feu. Il est bien préférable de l'introduire dans la *zone de combustion* des gaz, c'est-à-dire dans la région où règne la plus haute température et où par une introduction directe d'air, on peut compléter la combustion de tous les éléments. L'opération, à cet endroit, se gouverne bien plus aisément qu'à tout autre, et l'on s'y retrouve dans des conditions analogues à celles du cas précédent, où l'on a à faire réagir l'un sur l'autre un mélange d'air et de gaz, avec cette seule différence que la chambre est portée à une température considérable et est parcourue par les produits du foyer. Mais toutes les précautions déjà indiquées pour assurer la pénétration mutuelle des parties, retrouvent ici leur application, et nous n'avons rien à y ajouter.

Le second cas, où l'oxygène atmosphérique prédomine de lui-même dans le courant à assainir, est de beaucoup le plus fréquent. Le traitement d'une foule de matières organiques, entre autres la fabrication des suifs, bougies, savons, gélatine, etc., donne lieu à des dégagements fort incommodes et où cependant les émanations odorantes ne sont qu'en très-faible proportion par rapport à l'air et à la vapeur d'eau. On doit alors diriger le courant *au dessous* des grilles, parce que l'oxygène en excès contribue à la combustion du charbon et que les éléments organiques de leur côté, se trouvant accompagnés de parties oxydantes, ont chance de se brûler plus ou moins dans leur parcours à travers la couche de combustible, sauf à s'achever ensuite dans la zone supérieure, comme précédemment.

Les gaz brûlés soit seuls, soit à l'aide d'un foyer, sont, à leur sortie de la chambre de combustion, dans le cas d'un dégagement plus ou moins insalubre dans lequel l'air atmosphérique et les éléments inertes prédomineraient par rapport aux éléments combustibles ; nous voulons dire par là que la combustion n'ayant pas été parfaite, il reste toujours dans le produit final une certaine proportion d'émanations incommodes. On peut donc traiter ce produit comme un courant de la troisième espèce, c'est-à-dire le faire passer de nouveau sous la grille d'un foyer, afin d'en compléter l'assainissement. C'est ce qu'on fait en effet pour plusieurs dégagements et surtout pour ceux qui sont imprégnés d'émanations organiques. Une seule combustion est bien loin de suffire ordinairement pour les débarrasser : aussi ne doit-on pas hésiter à recourir à un double et même à un triple foyer toutes les fois que les circonstances le permettent ; on en verra plusieurs exemples par la suite.

Quand les mélanges qu'on soumet à l'action du feu sont par eux-mêmes inflammables ou sujets à le devenir à certains moments de la fabrication, il en peut résulter le danger d'explosion ou d'incendie ; car la combustion qui règne à l'issue des conduits de dégagement tend à se propager dans l'intérieur de ces tuyaux et à gagner jusqu'aux appareils de fabrication eux-mêmes. C'est ce qui arrive, par exemple, quand on distille des huiles minérales. En ce cas, il est urgent de prendre certaines précautions. La disposition qui consiste à diviser le courant pour en faciliter la pénétration par l'air atmosphérique, a déjà pour résultat de diminuer beaucoup le danger de la propagation, mais elle peut n'être pas suffisante, et d'ailleurs beaucoup de fabriques ne poussent pas cette division au degré convenable. Le moyen à mettre en œuvre et dont le but essentiel est d'isoler le générateur du foyer, consiste soit à interposer sur le parcours des gaz une ou plusieurs toiles métalliques à mailles serrées, soit, quand on le peut sans inconvénients pour le tirage, à leur faire traverser une cuve à eau, qui rend alors la séparation tout à fait absolue, et ne nécessite pas les réparations qu'entraînent les toiles métalliques. L'un ou l'autre de ces systèmes réclame quelque attention de la part des personnes appelées à s'en servir : avec les toiles, il y a à se préoccuper des lacunes qu'une usure souvent rapide fait naître dans les mailles, et avec la cuve à eau, il faut veiller à ce que le niveau du liquide ne tombe jamais.

Un grand nombre de dégagements sont en même temps condensables et combustibles, soit que leurs éléments jouissent à la fois de ces deux propriétés, soit que certains d'entre eux possèdent l'une et que certains possèdent l'autre. Dans les deux cas on est conduit à soumettre les dégagements à l'action combinée de l'eau et du feu. La seule remarque à faire c'est qu'on doit toujours commencer par la condensation et terminer par la combustion : car si l'on débutait par celle-ci, on aurait ensuite affaire à des gaz plus chauds et accrus d'une forte quantité d'éléments inertes, double circonstance défavorable à la condensation. Une telle marche ne serait justifiable que si le dégagement était relativement peu considérable et si l'on devait profiter pour son absorption de quelque condenseur approprié déjà à d'autres besoins plus importants de l'usine, auquel on ne pourrait toucher pour le mettre en relation avec un foyer. Il y aurait

lieu alors de débuter par la combustion, à la condition,
bien entendu, que les gaz fournis par cette opération
n'apportassent aucun trouble dans la marche du condenseur.

CHAPITRE II

PROCÉDÉS SPÉCIAUX.

ACIDE CHLORHYDRIQUE.

Les dégagements d'acide chlorhydrique sont ceux qui, par leur importance, peuvent porter le plus grand préjudice à la salubrité. Ils jouent en effet dans l'industrie un rôle tout à fait prépondérant, puisque la décomposition du sel marin, qui leur donne naissance, sert de base à la fabrication de la soude et par suite à toute celle des produits chimiques. Or c'est par centaine de mille tonnes que se compte la quantité de sel marin décomposé annuellement dans les pays industriels de l'Europe, et le volume de gaz acide se chiffre lui-même par centaines de millions de mètres cubes [1].

L'acide chlorhydrique émis dans l'atmosphère est nuisible aux êtres animés, dont il affecte les voies respiratoires; il est nuisible surtout aux végétaux, dont il détruit les bourgeons et les feuilles, et qu'il fait même souvent périr entièrement. Les ravages sur les plantes ont atteint parfois de telles proportions,

1. Pour l'Angleterre, la France et la Belgique réunies, la quantité de sel marin doit s'éloigner peu de 500.000 tonnes, et le volume de gaz acide dépasse 150 millions de mètres cubes.

particulièrement en certains lieux où les fabriques sont agglomérées, qu'un témoin entendu dans l'enquête parlementaire anglaise de 1862 sur les *Vapeurs nuisibles* [1], a pu dire, sans être taxé d'exagération : «Les environs de Sainte-Hélène « sont une scène de désolation. On n'y peut voir, à un mille « (1.600 mètres) à la ronde, un seul arbre avec son feuil-« lage [2]. » Et ce qui se disait de Sainte-Hélène pouvait être dit aussi bien de Newton, de Swansea, de la région comprise entre Dudley et Wolverhampton, etc. Des faits analogues, quoique sur une moindre échelle, s'étaient produits en Belgique et dès 1855 une enquête avait également eu lieu en vue d'y mettre fin. En France même, où la dissémination de l'industrie et des circonstances topographiques en général assez favorables rendent les abus moins sensibles, des observations journalières attestent cependant, dans diverses localités, la puissance destructive de ce gaz. On comprend dès lors tout l'intérêt qui s'attache au problème de son absorption.

On est aujourd'hui d'accord sur les mesures propres à prévenir l'émission de l'acide chlorhydrique dans l'atmosphère. On en peut résumer les principes dans les trois points suivants :

1° Attaquer le sel marin et calciner le sulfate de soude dans des fours fermés, c'est-à-dire dans l'intérieur desquels les flammes du foyer ne pénètrent pas ;

2° Condenser le gaz au moyen de grandes surfaces humides et non en lui faisant traverser des épaisseurs de liquide ;

3° Éviter un grand tirage dans l'intérieur des appareils de condensation, afin que le gaz ne circule pas trop vite le long des surfaces destinées à le retenir.

---

1. C'est l'enquête présidée par lord Derby, laquelle a abouti à l'*Alkali act* de 1864, sous l'empire duquel les fabriques de soude du Royaume-Uni ont réalisé tant de progrès.

2. Nous avons vérifié nous-même, à l'époque, l'exactitude de ce dire. Mais depuis lors les choses, fort heureusement, ont bien changé de face dans le Lancashire.

Nous allons examiner la manière dont chacun de ces trois principes a été appliqué dans les fabriques où l'on obtient les meilleurs résultats.

Le premier point implique l'abandon de ces fours dits *mar-seillais,* dans lesquels la sole à calciner ou *calcine* et quelquefois même la cuvette de décomposition ou *bastringue* sont chauffées par le contact direct des flammes du foyer, de telle façon que l'acide se dégage mélangé à ces flammes (Pl. XII, fig. 2 et 3). On doit leur substituer et on leur substitue en effet dans presque toute l'Angleterre et sur plusieurs points du continent, les fours fermés dits *à double moufle,* où le chauffage s'opère, comme on sait, extérieurement à la charge. La consommation du combustible est, de cette manière, plus considérable, mais la condensation est beaucoup facilitée : on perd moins d'acide et l'on obtient des solutions plus concentrées ; en sorte que si l'on rapproche de ces avantages celui de diminuer les indemnités pour dégats au dehors, il est probable qu'au total l'industriel trouve son compte à employer les nouveaux fours. Au point de vue exclusif de l'assainissement, il n'y a pas à balancer, car l'expérience de ces dernières années montre qu'avec les fours ouverts on ne réalise jamais une condensation aussi parfaite. On cite, il est vrai, dans le district de Newcastle, où la calcination se fait encore assez souvent au contact des flammes, on cite, disons-nous, quelques exemples de condensation satisfaisante, moyennant l'adoption d'un condenseur distinct pour les gaz de la calcine, dans lequel on augmente le parcours et l'on donne une eau plus abondante. Mais, outre que ces faits spéciaux ne sont pas encore suffisamment établis, ils paraissent se rattacher à un concours de circonstances particulièrement favorables ; ils ne sauraient donc infirmer la conclusion qu'on doit tirer de l'ensemble des résultats observés, et desquels il ressort que dans ce même district de Newcastle, où la surface des appareils de condensation est, à quantité égale de sel, plus grande que dans le Lancashire, la proportion d'acide non

14

condensé est cependant près de dix fois aussi forte [1]. On doit
dès lors tenir pour certain que l'isolement des flammes du
foyer est la première condition de l'efficacité des condenseurs.

Quant aux types mêmes des fours à double moufle, ils varient naturellement selon les usines. En Angleterre, où l'on
a poussé le plus loin les recherches à cet égard, on cite
comme des meilleurs ceux de M. Tennant à Saint-Rollox
(Glasgow), que nous reproduisons (Pl. X, fig. 3) et ceux de
la Cⁱᵉ chimique de Blaydon, dont nous présentons la sole
à calciner, qui passe pour très-bien entendue (Pl. X, fig. 4
à 6). Dans l'un comme dans l'autre de ces fours, on voit que
les flammes enveloppent de toutes parts la calcine, sans y
pénétrer, et que l'acide est à l'abri de tout mélange. On s'est
attaché à donner une faible épaisseur aux parois afin d'obtenir, sans une trop grande dépense de combustible, la haute
température que réclame la calcination du sulfate. Des types
peu différents ont été introduits dans des établissements
français, entre autres ceux de Chauny et de Thann.

Un perfectionnement, qui a été adopté récemment dans
une usine à cuivre par la voie humide, à Oldbury près Birmingham, et qu'on doit souhaiter voir se généraliser, a pour
objet d'éviter l'échappement de gaz qui se produit dans l'intérieur des ateliers, et de là, au dehors, quand on retire des
fours le sulfate de soude pour le faire refroidir (Pl. X, fig. 7
et 8). On a ménagé sous la sole une étuve en communication avec le condenseur ; le sulfate y est précipité à
travers un orifice situé à l'intérieur du four et près de la porte
par laquelle les ouvriers introduisent leurs rateaux. On le retire, après refroidissement, par les portes pratiquées sur la
paroi antérieure de l'étuve. Outre l'avantage de la salubrité,
on trouve à ce système le mérite de protéger les fourneaux,
dont les ferrures sont rapidement rongées par les émanations acides.

---

1. 2 p. 0/0 au lieu de 0,23 p. 0/0, comme nous le verrons plus loin.

Un autre détail des fours, qu'il est bon de signaler en passant quoiqu'il intéresse plutôt l'hygiène des ouvriers, est relatif aux hottes d'aspiration établies au dessus des portes de travail. Ces hottes ont pour résultat d'envoyer aux condenseurs, au lieu de les laisser se perdre dans l'atelier, les vapeurs acides qui tendent à s'échapper des fours pendant le brassage des matières ; les fabriques, peu nombreuses encore, qui recourent à cette disposition, s'en trouvent bien ; on peut citer notamment celle de l'Oseraie, dans le Vaucluse.

Les condenseurs très-variés de forme et d'efficacité, qu'on rencontre dans l'industrie soudière, peuvent se partager en trois classes : 1° l'ancien système, composé exclusivement des batteries de bonbonnes que nous avons déjà fait connaître ; 2° le nouveau système ou système anglais, formé exclusivement de tours à cascades ; 3° une sorte de système mixte, comprenant à la fois les bonbonnes et les tours, mais celles-ci d'une dimension moindre que dans le système anglais. Nous dirons quelques mots de chacun d'eux, sans revenir toutefois sur les considérations exposées au chapitre précédent et nous bornant ici à ce qui touche plus particulièrement l'acide chlorhydrique.

Le système anglais est celui qui, dans l'ensemble, a donné les résultats les plus satisfaisants. Inauguré il y a trente ans par M. Gossage, manufacturier distingué de Widnes, il a transformé rapidement par son application soutenue, l'industrie de la soude dans le Royaume-Uni. On en jugera par ce fait que la quantité d'acide qui échappe aujourd'hui à la condensation dans la Grande-Bretagne n'est plus que le seizième de ce qu'elle était en 1863, et le cinquantième peut-être de ce qu'elle était dix ans auparavant [1].

---

1. Il y a quelques années, la quantité de gaz condensé était véritablement insignifiante Peu après la mise en vigueur de l'*Alkali act* de 1864, et alors que sous la pression de l'opinion publique, d'une part, et de l'imminence de la loi nouvelle, d'autre part, des progrès sérieux avaient déjà été réalisés, les inspecteurs constatèrent que la proportion de gaz lancé dans l'atmosphère atteignait encore en certains districts 40 p. 0/0 du

La construction des tours exige des soins particuliers, si l'on veut éviter les fuites et l'usure rapide dont on est toujours menacé avec des liquides corrosifs et doués, de plus, d'une haute température. On les bâtit ordinairement en grès tendre imprégné de goudron ; en Angleterre on choisit le grès du Yorkshire, en France et dans la Prusse rhénane le grès des Vosges. On fait bouillir les carrés, pendant un jour ou deux, dans une cuve à goudron et on les retire quand la matière bitumineuse les a pénétrés jusqu'au centre. Une fois secs, on les assemble suivant un mode qui, pour employer la juste comparaison de M. Balard, rappelle exactement l'architecture que les enfants donnent à leurs châteaux de cartes. La base de la tour est une sorte de plancher à claire-voie ou de grille en briques réfractaires sur laquelle on empile le coke en gros morceaux jusqu'aux trois quarts environ de la hauteur. Quand l'élévation de la tour dépasse une douzaine de mètres, on a coutume d'interposer une ou deux autres grilles semblables afin de rompre la charge de coke et de prévenir l'écrasement des morceaux. La partie supérieure est affectée aux réservoirs d'eau et aux mécanismes de la distribution. Comme on cherche à répartir l'eau aussi également que possible, sur toute la section de la tour, on la distribue ordinairement, dans les usines bien installées, au moyen d'un de ces appareils à bascule qui se déversent d'eux-mêmes quand ils sont remplis à un certain niveau l'eau tombe ainsi

l'acide extrait du sel marin, et était en moyenne, pour tout le royaume, de 16 p. 0/0. Au 1ᵉʳ janvier 1865, c'est-à-dire dix-huit mois plus tard, cette proportion s'abaissait à 1 1/4 p. 0/0, et enfin, au 1ᵉʳ janvier suivant, elle n'était plus que de 1 p. 0/0. Les inspecteurs pensent même qu'on descendra à 1/2 p. 0/0. On jugera des conséquences qu'un tel fait doit avoir sur la salubrité, en se rappelant que la quantité de sel marin décomposé annuellement dans le Royaume-Uni s'éloigne peu de 300.000 tonnes, en sorte que les 16 p. 0/0 d'acide non condensés en 1863 représentaient plus de 28.000 tonnes ; c'est-à-dire qu'à cette époque 17 millions de mètres cubes de gaz venaient tous les ans infecter l'atmosphère. Ce volume n'est guère aujourd'hui que de 1 million de mètres cubes et se réduira, si la prévision des inspecteurs se vérifie, à 500 mille seulement.

en masse sur un fond troué en passoire, lequel la divise en
filets minces uniformément répartis. Ce mode est bien préférable à un écoulement continu, qui, par son exiguité
même, courrait grand risque de se faire exclusivement sur
certains points au détriment des autres, à moins que le jet
ne se brise fortement sur la passoire de façon à s'éparpiller
partout, comme chez M. Hutchinson, à Widnes (Pl. XII,
fig. 1). L'eau est ordinairement élevée aux condenseurs par
une pompe à vapeur et le débit en est réglé à l'aide d'une
tringle qu'on manœuvre d'en bas, ce qui permet de faire varier très-aisément la force des liqueurs. Des échelles sont
d'ailleurs disposées contre les tours, de manière à ce qu'on
puisse au besoin les visiter et se rendre sur la plate-forme
qui les surmonte. Quant aux matériaux de garnissage, ils
ne sont pas partout les mêmes ; quelques usines font usage
de briques cassées, de pierres siliceuses ou autres objets inattaquables à l'acide chlorhydrique; un petit nombre emploient
des boules creuses en grès de 12 à 15 centimètres de diamètre extérieur, dont nous parlerons au sujet de l'absorption
des vapeurs nitreuses.

Ces appareils sont restés sensiblement les mêmes, quant
à leur principe, depuis l'origine, mais ils ont reçu dans ces
derniers temps, en Angleterre, des améliorations de détail
assez notables. La première a été d'accroître le développement des conduites qui relient les fours aux condenseurs,
en vue d'abaisser davantage la température des gaz avant leur
admission aux tourelles. Ces conduites, le plus généralement
formées de tuyaux en poterie soigneusement lutés entre eux,
et quelquefois terminées par des citernes en grès, atteignent
des longueurs de 40, 60 et même jusqu'à 200 mètres. On peut
calculer, en moyenne, leur capacité à un cinquième de celle
des condenseurs [1]. Une seconde amélioration a été de renon-

---

1. Dans cette moyenne nous ne comprenons pas les usines de l'Écosse,
où l'usage a prévalu de donner un développement énorme aux surfaces de

cer à faire cheminer l'eau, à travers les condenseurs, dans le même sens que les gaz. C'est là, en effet, une disposition vicieuse à laquelle on est entraîné par le désir de suppléer à l'insuffisance de hauteur des tours ou par la nécessité d'accroître la surface de condensation offerte aux gaz quand ils sont mélangés aux flammes. Les usines, dans ce cas, ont coutume de diviser leur tour en deux compartiments ou de juxtaposer deux ou quatre tourelles que le courant parcourt successivement, d'abord en montant et ensuite en descendant. Les gaz circulent ainsi, la moitié du temps, dans le même sens que l'eau de condensation. Les observations de ces dernières années démontrent que la condensation est très-faible pendant la descente et qu'on double presque la puissance de l'appareil en interposant entre les deux compartiments un tuyau, qui prend le gaz au haut du premier compartiment et le ramène au bas du second. A la fabrique de M. Burnett, près Newcastle, où cet arrangement a été adopté pour le condenseur des gaz de la calcination (Pl. X, fig. 9 à 11), on a abaissé de 20 p. 0/0 à 5 p. 0/0 la proportion d'acide qui échappait dans cette partie des opérations.

La hauteur et le volume des condenseurs varient beaucoup, et l'on obtient de bons effets avec des types notablement différents. Pour la hauteur, on s'accorde à reconnaître qu'on y peut suppléer en augmentant le nombre des tours ; à la condition, bien entendu, de faire toujours marcher les gaz en sens inverse de l'eau. Toutefois, on évite de descendre au dessous d'une dizaine de mètres, parce que la multiplicité des tourelles nuit au tirage. L'installation la plus remarquable, comme hardiesse, est celle de M. Alhusen ; les condenseurs y atteignent, avons-nous dit, une hauteur de 40 mètres (Pl. XI, fig. 1 à 3). Six tours indépendantes, reliées en un massif d'un effet pittoresque, s'élèvent au mi-

refroidissement, ce qui a permis de diminuer beaucoup le volume des condenseurs.

lieu de l'usine et reçoivent les gaz provenant de la décomposition journalière de 50 à 60 tonnes de sel. Chez M. Kestner, à Thann, les condenseurs n'ont que 18 mètres ; à la Société des produits chimiques de Mannheim, ils en ont 22·

La disposition de M. Alhusen est éminemment favorable pour obtenir un acide concentré. Avec des tourelles de faible hauteur, il faut remonter les solutions faibles au haut du condenseur pour les saturer ; ce maniement ne laisse pas de présenter des difficultés pratiques. On doit citer comme obviant très-bien à ces difficultés, le système de M. Clapham, adopté par M. Cail, à Walker Alkali works, près Shields (Pl. XI, fig. 4). L'acide faible se rend dans un récipient en fonte, à trois tubulures, doublé à l'intérieur d'une couche de gutta-percha ; il est renvoyé au condenseur au moyen d'air comprimé, que refoule une pompe mue par la machine à vapeur de l'établissement. En reprenant le même acide plusieurs fois, on peut aisément le porter au degré de concentration qu'on désire.

La capacité du condenseur varie, disons-nous, beaucoup ; il est assez difficile d'assigner le rapport exact qui doit exister entre cette capacité et la quantité de sel décomposée. Au point de vue de la bonne condensation, il ne paraît pas qu'on doive craindre de donner au condenseur des dimensions trop grandes, car les usines qui se sont pourvues le plus largement sous ce rapport ont aussi obtenu les meilleurs résultats ; on n'est donc arrêté dans cette voie que par la dépense. Toutefois, on peut indiquer comme suffisantes les dimensions adoptées actuellement dans le Royaume-Uni, puisque l'échappement d'acide y a été ramené à 1 p. 0/0. La moyenne des fabriques, moins le groupe de l'Écosse [1], donne les chiffres suivants :

---

1. En Écosse, où, comme nous l'avons dit, l'usage a prévalu des grandes surfaces de refroidissement, on a les chiffres suivants :

	mètres cubes.
Volume des appareils de condensation	0,50
Volume des appareils de refroidissement	0,75

Pour 100 kilogrammes de sel décomposé en vingt-quatre heures :

Volume des appareils de condensation, $0^{mc},75$ [1].

Volume des appareils de refroidissement, $0^{mc},15$.

Quand on fait usage des fours à double moufle, la surface de refroidissement peut être réduite sans inconvénient, le volume des condenseurs restant d'ailleurs le même ; c'est ce que prouve la comparaison des groupes de Manchester et de Newcastle, où l'on a les chiffres ci-après :

Pour 100 kilogrammes de sel décomposé en vingt-quatre heures :

	MANCHESTER.	NEWCASTLE.
	mètres cubes.	mètres cubes.
Volume du condenseur	0,60	0,60
Volume des appareils de refroidissement. .	0,06	0,22
Proportion d'acide non condensé (p. 100). .	0,13	2

Le résultat beaucoup plus défavorable obtenu dans le district de Newcastle, malgré une surface de refroidissement presque quadruple, tient, comme nous l'avons déjà remarqué, à ce qu'on y calcine le sulfate au contact des flammes du foyer.

La concentration des liqueurs ayant un grand intérêt puisque c'est souvent de cette concentration que dépend la possibilité de leur emploi, on cherche ordinairement à l'augmenter en recueillant dans des condenseurs distincts l'acide de la cuvette et celui de la calcine : le premier est en effet

1. La surface de condensation offerte par les matériaux de garnissage est égale, d'après ce que nous avons vu, aux procédés généraux, à la section de la tour, multipliée par le rapport de la hauteur de la tour au diamètre moyen des fragments : on peut aussi bien dire qu'elle est égale au volume de la tour divisé par le diamètre des fragments (puisque la section multipliée par la hauteur exprime la capacité). Donc la surface offerte par la capacité $0^{mc},75$ sera égale à $\frac{0,75}{0,1}$ ou $7^{mq},50$, si nous supposons que le diamètre moyen des fragments est de 10 centimètres.

beaucoup moins mélangé d'air atmosphérique et peut dès
lors fournir des solutions plus chargées. C'est même quelquefois le seul qu'on utilise et l'on se débarrasse de l'autre
comme on peut. Quand la calcine, notamment, est chauffée à l'intérieur par les flammes, il est rare que la solution
obtenue puisse acquérir un degré suffisant. En ce cas aussi
on renonce en général à l'emploi du coke dans les tours et
on préfère des matériaux de garnissage tels que les briques
cassées, qui redoutent moins le contact des flammes.

Les batteries de bonbonnes produisent des effets beaucoup
moins puissants, d'une part parce que la surface de condensation est notablement moindre, et d'autre part parce que cette
surface est bien moins rapprochée des gaz. Aussi s'efforce-
t-on d'en augmenter l'action à l'aide de dispositions additionnelles. A Floreffe, par exemple, où cependant le dégagement s'opère dans de bonnes conditions, puisque les
fours sont à double moufle, on a dû accroître la surface de
condensation en interposant entre les bonbonnes, comme
moyens de communication, de longs ajutages en terre cuite,
en forme de cols de cygne à large section, qui ont chacun
près de 3 mètres de longueur. La surface se trouve ainsi
presque doublée et portée à 700 mètres carrés environ.
Néanmoins une proportion sensible d'acide échappe à l'appareil et se rend dans la grande cheminée. M. Kuhlmann,
dont on connaît l'esprit inventif, renforce le système par des
moyens d'un autre genre. A sa fabrique d'Amiens, la batterie, qui ne compte pas moins, avons-nous dit ailleurs, de
250 bonbonnes, est suivie d'un conduit souterrain garni de
craie et d'une cuve où un agitateur brasse du lait de chaux.
A son établissement principal de Loos, il envoie le gaz sortant des bonbonnes dans un aqueduc souterrain, de 60 centimètres de large sur 1^m,20 de haut, où circule un courant
d'eau, et dans lequel se rendent également les fumées ammoniacales des fours à charbon d'os. Malgré ces expédients
qui contribuent évidemment à la condensation, M. Kuhl-

mann nous avouait lui-même la supériorité des tours anglaises, et il était en voie d'en installer dans son usine.

Le système mixte ou l'association des bonbonnes avec les tourilles est encore assez répandu sur le continent. Il emprunte évidemment au système anglais une partie de son efficacité et, à ce titre, il est mieux en état d'en soutenir la concurrence. La fabrique qui le présente dans les conditions peut-être les meilleures est celle de MM. Vander Elst, à Bruxelles, recommandable d'ailleurs dans tous ses détails, au point de vue de l'assainissement. Les fours à sulfate sont à double moufle. Les gaz des deux compartiments ne sont point recueillis séparément, mais ils sont envoyés ensemble dans les mêmes condenseurs et traversent successivement : 1° deux colonnes de 3m,50 de haut, remplies de pierres réfractaires, où l'on injecte de l'eau froide ; 2° trois rangées de douze bonbonnes chacune ; 3° quatre colonnes de 4 mètres de haut, entre lesquelles le gaz se divise en deux courants, et qui sont garnies de pierres comme les premières ; 4° une cuve souterraine remplie d'un lait de chaux que remue un agitateur mécanique et dans lequel le gaz est forcé de barbotter ; 5° enfin une cascade ou colonne de 8 à 9 mètres de haut, fonctionnant comme les précédentes et communiquant à la cheminée. Au débouché de la cascade le courant rougit à peine le papier de tournesol. On peut également citer, comme exemples du système mixte, les établissements de Chauny et de Salyndres. Dans cette dernière usine, le gaz provenant de la cuvette de décomposition traverse soixante-cinq bonbonnes et, à la suite, une colonne de huit mètres de haut, formée de tuyaux en grès goudronné de 70 centimètres de section, et garnie de coke arrosé d'eau. Quant à l'acide provenant de la calcination, il se rend directement à la cheminée.

Malgré l'importance de ces applications, on peut prévoir le jour prochain où le système mixte, comme celui des simples bonbonnes, fera place au système anglais. Les mêmes résultats, en effet, ne s'obtiennent qu'au prix de soins minutieux et d'agencements passablement compliqués. D'ailleurs, c'est toujours un désavantage dans l'industrie que d'avoir affaire à des appareils composés de parties dissemblables : l'entretien en est plus difficile et plus dispendieux ; or le système mixte prête beaucoup sous ce rapport à l'objection. Quant aux bonbonnes employées seules, on est conduit à en augmenter sans cesse le nombre et à avoir tout un matériel de rechange, car à chaque instant on a des vases ou des tubes hors d'usage. Sous le rapport donc de la simplicité et de la facilité d'entretien, il est clair qu'aucun appareil ne peut soutenir la comparaison avec les tours anglaises.

Reste à examiner le troisième point qui touche la condensation, à savoir la convenance d'un tirage modéré dans l'intérieur des appareils. Le plus sûr moyen de ne pas trop l'activer est évidemment de ne pas faire déboucher les condenseurs dans les cheminées. Ici cependant il convient de faire une distinction entre les gaz de la cuvette et ceux de la calcine, quand ces derniers sont mêlés aux flammes. Il paraît alors difficile de ne pas envoyer aux cheminées le courant venant de la calcine, car l'allure des foyers ne s'accommoderait pas d'un tirage ralenti ; mais il faut en ce cas, par l'accroissement des surfaces de refroidissement et de condensation, parer aux inconvénients qui résulteraient d'une circulation trop rapide. Quant aux gaz de la cuvette, ou même de la calcine, si les fours sont à double moufle, l'expérience montre que dans les tours anglaises surtout, l'acte même de la condensation suffit à déterminer une aspiration suffisante pour triompher de toutes les résistances intérieures ; en d'autres termes, c'est le condenseur qui fait cheminée. Avec les bonbonnes on peut, à la rigueur, se passer d'une aspiration auxiliaire pour les gaz de la cuvette, mais on est ordinairement forcé d'y recourir pour ceux de la calcine, toujours mêlés à une forte proportion d'air atmosphérique.

En résumé, le mode de dégagement du condenseur est une conséquence de l'installation générale, et l'on

se place dans les meilleures conditions quand on peut le
faire déboucher à l'air libre, tant pour la calcine que pour la
cuvette, c'est-à-dire quand on marche avec des fours à double
moufle et avec des tours anglaises de grandes dimensions.
Les usines ainsi montées en arrivent à rendre leur perte
d'acide comme nulle. Chez M. Allhusen, chez M. Crossfield,
à Sainte-Hélène, dans les établissements de Mannheim, dans
ceux de Worms et de Heilbronn, c'est à peine si le papier
de tournesol révèle des traces d'acide à l'issue des tours.

Le dégagement à l'air libre présente un autre avantage, au
point de vue de la surveillance : c'est de permettre au fabricant de se rendre compte à chaque instant des résultats de
sa condensation. Rien de plus facile en effet que de vérifier la
nature des vapeurs qui sortent des condenseurs : le simple
odorat suffit ; tandis que si elles vont à la cheminée, on n'est
plus averti de la présence de l'acide. L'aspect du panache
fournit bien quelque indication quand la perte d'acide chlorhydrique est considérable ; mais quand elle n'est que de
quelques centièmes — dose suffisante cependant pour nuire
à la végétation, — il est difficile de démêler sa présence au
milieu des vapeurs blanches des fours à soude.

Dans les fabriques où la condensation est incomplète, ainsi
que dans celles où les appareils communiquent à la cheminée, il est intéressant de pouvoir se rendre compte de la
proportion d'acide perdue. La fabrication ne donne à cet
égard que des renseignements inexacts, puisqu'aux pertes
des condenseurs s'ajoutent celles des fours ; d'ailleurs on ne
connaît les résultats qu'un certain temps après, tandis qu'on
désire souvent apprécier l'allure de la condensation au moment même. C'est ce qui arrive notamment quand les agents
de l'État ont, comme en Angleterre, la mission de s'assurer
si les prescriptions de la loi sont remplies [1]. Aussi, dans ce

---

1. La loi anglaise enjoint aux fabricants de condenser au moins 95
p 0/0 de l'acide provenant de la décomposition du sel marin.

pays, s'est-on occupé tout particulièrement d'instituer des
moyens simples et pratiques pour constater l'efficacité de la
condensation. Il n'est pas inutile de donner quelques détails
à cet égard ; d'autant que les fabricants eux-mêmes peuvent
en faire leur profit, pour la propre surveillance de leur
personnel.

Les moyens dont font usage les inspecteurs anglais consistent essentiellement dans une détermination chimique de
la quantité d'acide contenue dans les gaz qui sortent du condenseur. Toute la difficulté est d'arriver à cette détermination d'une manière expéditive et avec des appareils tout à
fait portatifs. On a essayé de plusieurs méthodes. Celle à laquelle le Dr Angus Smith, chef de l'inspection, s'est arrêté
dans ces derniers temps, et qui peut être pratiquée par un
agent même peu expérimenté, est la suivante : l'appareil d'a-
nalyse, dit aspirateur rotatif (*swivel aspirator*), tel qu'il est
actuellement construit par M. Dancer, opticien à Manchester
(Pl. XI, fig. 5), se compose de deux bocaux en verre épais,
de deux litres de capacité chacun, ajustés symétriquement
l'un au dessus de l'autre, tubulure contre tubulure, et pouvant tourner librement autour d'un tube horizontal. Ce tube
porte d'un côté un système de flacons absorbants, et, de
l'autre, il débouche dans l'atmosphère. Un jeu de tuyaux est
combiné de telle sorte que, lorsque les bocaux occupent la
position verticale, celui d'en haut communique avec l'appareil laveur, c'est à-dire avec la source de gaz, et celui d'en
bas avec le dehors. En même temps, un tuyau fait communiquer directement les deux bocaux entre eux. Tout le système se loge dans une caisse d'une capacité de 30 centimètres
de côté environ, et qui est très-facilement transportable à la
main quand on va d'une usine à l'autre. Pour se servir de
l'appareil, il suffit de remplir d'eau le bocal inférieur, de
mettre les flacons laveurs en relation avec le condenseur de
l'usine et de faire faire un demi-tour aux bocaux, de manière à ce que celui qui est plein passe en haut. L'eau

s'écoule alors dans le vase inférieur et est remplacée par les
gaz du condenseur, lesquels se sont dépouillés, en passant
dans les flacons absorbants, de l'acide chlorhydrique qu'ils
contenaient et sont à peu près réduits alors à l'air atmosphérique. Le vase d'en haut ainsi vidé, on retourne le système et on fait une nouvelle opération. On peut recommencer autant de fois que l'on veut, jusqu'à ce que la quantité
connue de la solution titrée qui absorbe l'acide dans les flacons soit complètement saturée, ce qui permet de déterminer immédiatement et sans aucun calcul la proportion
d'acide correspondant à un volume donné d'air atmosphérique, car ce volume se déduit de la capacité des bocaux gra-
dués visiblement à l'extérieur. En opérant ainsi, d'une part
à l'entrée du condenseur, et d'autre part à la sortie, on voit
dans quelles proportions l'air se débarrasse d'acide par son
passage à travers les tourelles, et par conséquent quelle est
la fraction d'acide qui échappe à la condensation. Une semblable constatation s'accomplit d'ordinaire en moins d'une
heure : il est rare qu'elle prenne plus d'une heure et demie.
Aussi les inspecteurs en font-ils quelquefois deux ou trois
dans la même journée, si les usines sont assez rapprochées.
La liqueur absorbante à laquelle le Dʳ Angus Smith a donné
la préférence après de nombreuses expériences est une solution titrée de carbonate de soude, teinte en bleu par du
tournesol. Le moment de la saturation est marqué par le
passage du bleu au rouge. Des tables dressées une fois pour
toutes font connaître la proportion d'acide qui existe dans les
gaz, d'après le volume qu'il a été nécessaire de faire passer
à travers la solution pour la faire virer au rouge [1].

1. En employant cette nature de liqueur on est conduit à compter
comme acide muriatique l'acide sulfureux et l'acide sulfurique qui peuvent
s'y trouver mêlés ; mais comme ces derniers gaz ne forment guère que
5 ou 6 pour 0/0 du total, il n'en résulte pas dans la pratique de grands
inconvénients. D'ailleurs, ils sont évalués au détriment du fabricant,
puisque l'obligation de condenser à 95 p. 0/0 s'applique exclusivement
à l'acide chlorhydrique, en sorte que si la loi est satisfaite en comptant

Le Dr Angus Smith et un de ses sous-inspecteurs ont appliqué récemment un appareil fort ingénieux de leur invention, qu'ils nomment *aspirateur automoteur*, lequel effectue non-seulement ces déterminations sans le secours d'aucun opérateur, mais même enregistre d'une manière continue l'allure de la condensation pendant tout le temps qu'on désire [1].

comme il vient d'être dit, elle l'est à plus forte raison en faisant la déduction. Ce n'est que dans les cas très-rares où il pourrait y avoir du doute qu'on est alors conduit à faire des constatations ultérieures plus précises.

1. L'aspirateur automoteur de MM. Smith et Fletcher leur a été suggéré par la nécessité de contrôler la marche d'une fabrique qui donnait lieu à de nombreuses plaintes et qui se trouvait à une trop grande distance de la résidence de M. Fletcher, inspecteur du district, pour que des visites suffisamment fréquentes fussent praticables.

Le passage du gaz à travers la liqueur absorbante est déterminé par l'aspiration d'une petite pompe ayant la forme d'un soufflet à deux tubulures, qui reçoit son mouvement d'un ventilateur de 4 à 5 centimètres de diamètre, lequel emprunte très-simplement sa force motrice au tirage de la grande cheminée de l'usine.

« Cet appareil (Planche XIII), disent les inventeurs, est facilement trans-
« portable et peut être mis en communication avec un carnau ou une
« cheminée quelconque. Il suffit de pratiquer un orifice de 5 centimètres
« de diamètre dans la maçonnerie. A travers cet orifice une quantité d'air
« suffisante est entraînée dans la cheminée pour imprimer un mouvement
« très-rapide à un petit ventilateur de 4 à 5 centimètres de diamètre. Le
« ventilateur est disposé immédiatement en avant de l'orifice, de manière
« qu'il soit frappé par l'air qui se précipite du dehors à l'intérieur.
« L'arbre sur lequel il tourne porte une vis sans fin qui agit sur des
« engrenages et transmet le mouvement par une manivelle à un petit
« soufflet-pompe en caoutchouc vulcanisé.

« Le soufflet aspire un courant continu de gaz, et le fait passer à tra-
« vers un flacon contenant une solution de soude, de nitrate de cuivre ou
« de toute autre substance pouvant absorber l'acide muriatique qui se
« trouve mêlé au gaz. Le courant continue à passer pendant une durée
« variable de 3 à 6 heures. Cette durée peut être augmentée ou diminuée
« à volonté par un arrangement facile de l'appareil. Au bout de ce temps,
« on intercepte la communication avec le premier flacon, et on l'établit
« avec le second. Le courant passe actuellement à travers la solution de
« ce deuxième flacon pendant une durée égale, après laquelle on le dirige
« dans un troisième flacon, et ainsi de suite, dans autant de flacons qu'on
« le veut ; dans l'appareil qu'on a fait construire il y a trente-six flacons
« carrés de 110 grammes, occupant un carré de 3 décimètres de côté

Après les dégagements dus à la fabrication de la soude, les autres opérations pouvant engendrer le même acide présentent bien peu d'intérêt. Il est rare qu'on soit obligé de recourir aux grands condenseurs : la plupart du temps quelques bonbonnes ou une cuve à eau suffisent. En certains cas on met à profit les circonstances de la fabrication elle-même pour assurer l'absorption. C'est ce que font, par

« et une hauteur de 11 centimètres. Si chaque flacon entre en action au
« bout de six heures, toute la batterie prendra neuf jours; après ce temps,
« l'examen des liqueurs montrera la nature des gaz qui ont traversé
« l'appareil pendant une période quelconque de six heures. L'appareil est
« muni d'un compteur à cadran comme ceux qu'on emploie pour le gaz
« de l'éclairage, lequel marque le nombre d'aspirations du soufflet et
« indique ainsi le volume du gaz qui a circulé dans les flacons.

« L'appareil peut être réglé pour la vitesse d'écoulement qu'on veut:
« celle qui correspond à 1 pied cube (27 litres) par heure est trou-
« vée convenable. Toutefois cette vitesse ne demeure pas constante
« (pendant la durée d'une opération) parce que le tirage dans la cheminée
« varie avec le nombre des fours en activité, la direction du vent, la
« hauteur de la colonne barométrique, etc. Or, comme il peut être néces-
« saire de savoir à quel moment chaque flacon était en opération, on a
« imaginé un chronomètre photographique, à la fois beaucoup plus simple
« et beaucoup plus sûr dans son action qu'une horloge ordinaire qui serait
« placée dans une semblable atmosphère. Une bande de papier photogra-
« phique renfermée dans une boîte obscure se déroule lentement d'un
« cylindre pour s'enrouler sur un autre en passant devant une petite fente
« à travers laquelle la lumière du jour est admise. Le papier marche à
« une vitesse de 13 millimètres par heure et devient noir à mesure qu'il
« passe devant la fente. Lorsqu'on retire ensuite la bande, elle présente
« une succession de longueurs noires et blanches, chacune d'environ
« 15 centimètres avec dégradation de l'ombre de l'une à l'autre. Le milieu
« de la longueur noire aura passé devant la fente à midi, le milieu de la
« longueur blanche à minuit, et les points intermédiaires à des heures
« intermédiaires aussi, de sorte que le papier peut être marqué et divisé
« en longueurs correspondant aux jours et aux heures. Une marque
« s'imprime aussi sur le papier à chaque tour de la roue qui détermine la
« mise en communication des flacons successifs ; la position de ces marques
« sur le papier, actuellement divisé en heures, indique les moments aux-
« quels les flacons correspondants ont été en activité.

« La communication successive du soufflet avec les différents flacons
« est établie et interceptée par le choc d'un levier à ressort qui frappe
« sur l'une des trente-six dents disposées en saillie à la circonférence de
« ce qu'on peut nommer un cadran à trente-six rayons. Des tubes en

exemple, MM. Roberts, Dale et Cie, à Combrook (Manchester), pour leur préparation de chlorure d'étain : les vapeurs provenant de l'attaque de l'étain spongieux par l'acide
chlorhydrique sont recueillies dans une seconde cuve, où se
trouve une autre charge d'étain. C'est ce que font également
MM. Tennant, à Manchester, pour la préparation du chlorure de cuivre. D'une manière générale, l'absorption de l'a-
cide se trouve facilitée toutes les fois que la nature des
opérations permet de joindre à l'eau une substance sur laquelle l'acide peut réagir.

ACIDE SULFUREUX.

Ce gaz est, après l'acide chlorhydrique, celui qui cause le
plus de dommages à la végétation. Les sources en sont nombreuses et importantes : sans parler des foyers à houille ou à
coke, qui en dégagent d'énormes quantités [1], mais à un état
de diffusion qui en rend les effets peu sensibles, on peut citer

« caoutchouc venant de chacun des trente-six flacons sont adaptés aux
« tubulures qui rayonnent d'une solide couronne en cuivre dont la surface
« intérieure est disposée suivant un cône dans lequel se loge exactement
« une bonde conique Dans cette bonde est ménagé un conduit unique qui,
« d'une part, est en constante relation avec le soufflet, et qui, d'autre
« part, à mesure que la bonde tourne, entre successivement en communi-
« cation avec chacune des trente-six tubulures et par suite met successive-
« ment chaque flacon en communication avec le soufflet et avec la che-
« minée.

« Il y a dans l'appareil quelques autres détails secondaires qu'il est
« inutile de décrire. Le tout est renfermé dans une boîte cubique de 1 pied
« (30 centimètres).

« Le point principal est d'avoir obtenu une aspiration constante dans sa
« marche et qui ne nécessite pas d'autre moteur que le tirage même de
« la cheminée des fours »

1. Dans les villes industrielles, ce dégagement peut devenir très-considérable : à Manchester, par exemple, on évalue à 50.000 mètres cubes par
jour, soit le 5e du volume du gaz acide chlorhydrique produit par toutes
les fabriques de soude du Royaume-Uni, la quantité d'acide sulfureux
mêlé aux fumées que lancent dans l'atmosphère les innombrables cheminées de cette industrieuse cité.

comme sources principales, la fabrication de l'acide sulfurique, le raffinage du soufre et surtout le grillage des sulfures métalliques.

Disons tout d'abord qu'il n'existe aucun moyen simple et commode, d'une efficacité reconnue, qui permette, comme pour l'acide muriatique, l'absorption générale de l'acide sulfureux. On est obligé de varier les procédés suivant les industries, sans atteindre jamais une solution absolument satisfaisante. Nous indiquerons ceux qui ont donné jusqu'ici les meilleurs résultats.

Le dégagement d'acide sulfureux à la sortie des chambres de plomb peut devenir très-considérable, lorsque la proportion d'air introduit s'éloigne de certaines limites déterminées. Il y a quelques années encore, dans la plupart des fabriques, la quantité de soufre perdu dans l'atmosphère s'élevait à 25 et même 30 p. 0/0 du soufre brûlé. Depuis lors de notables améliorations ont été réalisées, ayant toutes pour objet de régler l'admission de l'air dans les chambres. La plus importante consiste dans la suppression à peu près universelle des fours à dalles et dans leur remplacement par des fours à grilles du système anglais. Aujourd'hui la proportion de soufre perdu ne dépasse pas en moyenne 6 à 7 p. 0/0. M. de Hemptinne, à Bruxelles, a même réussi à rendre cette proportion nulle ou peu s'en faut, au moyen d'une disposition très-simple, qui nous paraît susceptible d'une certaine généralisation. Cet habile industriel a reconnu, par des expériences multipliées, que la perte d'acide sulfureux cesse quand l'oxygène de l'air est maintenu en excès dans les chambres, pourvu toutefois que cet excès ne dépasse pas 2 ou 2 et demi p. 0/0. En conséquence il introduit directement, à la sortie du four de grillage, de l'air supplémentaire dans le courant gazeux, par un tuyau implanté sur le carneau d'échappement. On veille d'ailleurs à ce que la marche du four soit aussi uniforme que possible, en masquant plus ou moins les orifices dont sont percées les portes

de chargement. M. de Hemptinne pousse même le soin
jusqu'à envelopper le four d'une couverture en tôle dont le
rapprochement ou l'éloignement permet de rendre la température à peu près constante.

Le raffinage du soufre entraîne des pertes d'acide sulfureux
provenant soit des chambres de condensation, soit des appareils de distillation. Dans la fabrique de MM. de Wyndt et Cⁱᵉ,
à Merxem, près Anvers, on a pris beaucoup de précautions
pour prévenir ces dégagements, et l'on est arrivé à perdre
moins de 1 p. 0/0 du soufre brûlé. Les chambres condensa-
trices n'offrent rien de particulier comme construction ; l'a-
mélioration, en ce qui les concerne, est due au soin extrême
avec lequel on veille à la marche des opérations, de manière
à conserver une production de vapeur de soufre à peu près
constante, et à laisser le dépôt s'effectuer complétement
avant qu'on débouche aucun orifice. Quant à l'appareil distillatoire, il est exempt de l'inconvénient de laisser brûler du
soufre au moment du chargement et du nettoyage des chaudières. Il se compose d'une cornue lenticulaire en fonte
d'une seule pièce, communiquant avec un manchon encastré
dans la maçonnerie et muni d'une valve qui sert à empêcher
l'air de pénétrer dans la chambre lorsqu'on retire les
matières terreuses de la cornue (Pl. IX, fig. 5 et 6). A la
partie supérieure du fourneau se trouve une chaudière ovale,
chauffée par la flamme perdue du foyer et communiquant
avec la cornue par un tuyau coudé qu'on ferme à volonté.
On charge le soufre dans la chaudière : aussitôt qu'il est
fondu, on le laisse écouler dans la cornue avec toutes les
matières étrangères qu'il contient et l'on charge de nouveau
la chaudière. Quand le soufre contenu dans la cornue est
complétement volatilisé, ce qui arrive au bout de quatre
heures, on ferme la valve et l'on retire les matières terreuses,
qu'on fait tomber dans un réservoir pour recommencer une
nouvelle distillation. Par ce procédé, la quantité d'air introduite est tout à fait insignifiante ; dès lors le dégagement

d'acide sulfureux est peu sensible. Plusieurs fabriques de Marseille, où, comme on sait, le raffinage se pratique en grand, font usage de cet appareil. D'autres cherchent l'assainissement dans des améliorations de détail, parmi lesquelles nous signalerons les deux suivantes : 1° on emprisonne la soupape des chambres dans un tuyau à l'extrémité duquel agit un ventilateur qui réfoule les gaz dans un appareil de condensation ; 2° on purge d'air, à l'avance, l'intérieur des chambres, en y faisant brûler du charbon.

Le grillage des sulfures métalliques a plus particulièrement attiré l'attention, à cause des ravages qu'il occasionne et qui sont tout à fait comparables à ceux de l'acide chlorhydrique. C'est à cette opération industrielle que les environs de Swansea et plusieurs localités de la Saxe doivent leur aspect désolé. On a imaginé, pour y parer, une grande variété de procédés parmi lesquels il en est quatre qui reçoivent des applications assez étendues. Aucun d'eux n'est susceptible d'un emploi général, mais par leur ensemble ils répondent à la plupart des cas usuels. Ils s'appliquent, au surplus, à diverses autres sources moins importantes d'acide sulfureux, telles que l'affinage des métaux, les préparations pharmaceutiques, etc. Les procédés dont nous parlons sont : 1° la condensation dans l'eau ; 2° l'introduction aux chambres de plomb de l'acide sulfurique ; 3° la réaction sur des oxydes métalliques ; 4° l'attaque des schistes alumineux.

Le premier moyen ne réussit bien que sur une petite échelle. Toutes les fois qu'on a voulu s'en servir en grand, on a rencontré des difficultés qui ont forcé d'y renoncer : la faible affinité de l'acide sulfureux pour l'eau ne permet pas, sans nuire au tirage des appareils, d'en obtenir la condensation, surtout quand il est mélangé avec une forte proportion de gaz inertes, comme c'est précisément le cas dans la plupart des opérations de grillage. Aussi, les fondeurs de cuivre du pays de Galles, qui avaient installé dans ce but des appareils plus ou moins coûteux, ont-ils dû les abandonner.

On cite notamment M. Henri Vivian, de Swansea, qui avait établi des cheminées traînantes de plusieurs centaines de mètres de longueur, dans lesquelles les flammes des fours rencontraient des briques incessamment mouillées ; la condensation était très-imparfaite et les solutions trop faibles pour recevoir un emploi industriel. Sur une bien moindre échelle, M. Howard, à Stratford, près Londres, qui prépare en grand le calomel pour les pharmacies, réussit assez bien à recueillir le gaz provenant de l'attaque du mercure par l'acide sulfurique concentré. La chaudière d'attaque est exactement fermée ; les vapeurs sont conduites par un tuyau dans une cuve à eau, où elles laissent la plus grande partie de l'acide sulfurique entraîné ; de là elles passent dans une sorte de drain en grès, de 20 centimètres de diamètre et 30 mètres de long, enterré à 80 centimètres sous le sol pour conserver plus de fraîcheur, et dans lequel règne une humidité constante grâce à l'eau entraînée mécaniquement du réfrigérant ou à celle qui filtre du sol à travers les interstices du drain. Le liquide se rassemble dans un petit puisard, tandis que les vapeurs qui ont échappé à la condensation vont à la grande cheminée. La solution ainsi obtenue, mélange d'acide sulfureux et d'acide sulfurique, est utilisée pour la préparation du sulfate de zinc ; à cet effet on y ajoute une certaine proportion d'acide nitrique, qui oxyde l'acide sulfureux.

Une application plus importante de la condensation, laquelle avait donné de bons résultats pendant quelques années et dont l'abandon doit être attribué, nous a-t-on dit, à des motifs étrangers à l'efficacité même du procédé, avait été faite à l'usine à zinc de la Vieille Montagne, située au faubourg de Saint-Léonard, à Liége. On avait en vue d'absorber l'acide sulfureux provenant de la combustion de la houille dans les fours de réduction de la calamine, ainsi que divers autres produits, tels que l'oxyde de zinc, le noir de fumée, etc., qui étaient emportés hors de la cheminée et qui cau-

saient un grand préjudice au voisinage [1]. Le système
auquel on s'était arrêté, consistait essentiellement à recueillir tous les gaz dans l'intérieur d'une vaste hotte en tôle
recouvrant un groupe de quatre fours, et à les expulser au
moyen d'un ventilateur mécanique dans une longue galerie
cloisonnée, où toutes les parcelles solides et l'acide sulfureux
devaient être retenus (Pl. VIII, fig. 1 à 3). Les cloisons, au
nombre de dix, étaient formées d'un grand nombre de tubes
en poterie, horizontaux ou légèrement inclinés, de 60 centimètres de longueur, et dont le diamètre, variable de 5 à 12
centimètres, allait en diminuant depuis l'entrée jusqu'à la
sortie afin que la surface de frottement allât constamment
en augmentant Au devant de chaque cloison se trouvait un
tuyau de distribution, placé sur la largeur de la galerie.
Ainsi humectées et refroidies sur tout leur parcours, soumises à des alternatives de vitesse, éprouvant en même temps
des frottements multipliés, les fumées se débarrassaient successivement des matières qui les chargeaient, en même
temps que l'acide sulfureux se dissolvait ou se transformait
en acide sulfurique. Concurremment avec l'installation du
condenseur, il fallut modifier le système des fours de réduction, qui désormais privés du tirage par la cheminée n'auraient pu conserver une bonne allure. On y suppléa très-
heureusement en instituant un courant d'air forcé, à l'aide
de ventilateurs et tuyères [2].

Le second moyen d'absorption ou l'utilisation de l'acide
sulfureux aux chambres de plomb, est celui qui a reçu les

1. Les inconvénients étaient devenus tels que le gouvernement dut
nommer, en 1859, une Commission spéciale en vue de les faire cesser.
M Chandelon, rapporteur de cette Commission, a rendu compte de ses
travaux dans une notice intéressante. C'est à lui que nous devons la description du procédé.

2. Cet appareil ne fonctionnait plus lors de notre passage à Liége.
L'acide sulfurique avait fortement avarié les matériaux et corrodé notamment la plus grande partie des tubes. La Compagnie de la Vieille Montagne s'est appuyée sur cette circonstance pour se dispenser de continuer

applications les plus nombreuses et qui paraît avoir le plus
d'avenir. Son succès dans le traitement des sulfures repose
sur l'emploi de nouveaux fours dont le principe essentiel
consiste à séparer les gaz du grillage des flammes du foyer et
à ne fournir, autant que possible, au soufre que la quantité
d'air strictement nécessaire pour les réactions aux chambres.
Le principe est, on le voit, le même que celui des fours à
double moufle de l'acide chlorhydrique ou des fours à dalle
de l'acide sulfurique. Ces nouveaux fours de grillage, à travers leur variété de formes, se ramènent à deux types principaux, qu'on peut appeler type anglais et type saxon, et
qui diffèrent surtout en ce que l'un est à courant d'air naturel et l'autre à courant d'air forcé. Nous donnons (Pl. XV,
fig. 3 et 4) un spécimen du premier type employé par
M. Peter Spence, de Manchester, pour le grillage des pyrites
cuivreuses, et avec lequel il traite 12 à 15 tonnes de minerai
par jour. Les flammes circulent dans une série de carneaux,
ménagés sous la sole et se rendent directement à la cheminée. L'air du grillage est fourni par un étroit orifice, à la
partie antérieure du four, qu'on démasque à volonté. Le
minerai est en couche très-mince sur la sole, afin que l'oxydation soit plus facile. On le fait cheminer graduellement, avec
des ringards, vers la partie antérieure, de manière à ce qu'il
rencontre un air de plus en plus oxydant, et finalement on le
retire du four en le faisant tomber par l'orifice servant à
l'introduction de l'air ; le minerai frais est chargé, au fur et
à mesure, par l'extrémité opposée. Les portes latérales par
lesquelles on manœuvre les ringards sont également très-
basses, et on les laisse ouvertes le moins possible pour ne pas
introduire un excès d'air. A Stolberg, un four à moufle d'un
système un peu différent et dû à M. Henri Godin, est

---

la condensation. Il est évident cependant qu'on pourrait, par des précautions convenables, se mettre à peu près à l'abri de ce genre de difficulté.
Le véritable obstacle, pensons-nous, réside dans l'augmentation du prix
de revient, suite des modifications apportées aux fours.

employé avec succès au traitement des blendes. Ce four est
très-vaste et mesure 26 mètres de long ; le minerai est
disposé sur la sole en trois tas distincts, situés chacun devant
une porte de chargement. L'opération est conduite de
manière à ce qu'il y ait toujours au moins un tas au repos
pendant qu'on ringarde les autres. On prévient ainsi le trop
grand excès d'air qui s'introduirait si toutes les portes étaient
simultanément ouvertes, et qui entraverait la marche des
chambres de plomb dans lesquelles les gaz sont conduits.
Par ce premier grillage, la blende abandonne environ la
moitié de son soufre, qui est convertie en acide sulfurique.
Pour expulser l'autre moitié, il est nécessaire de recourir
à une température plus élevée. A cet effet la sole est pourvue
d'orifices par lesquels le minerai est précipité dans trois fours
à réverbère situés au dessous et fortement chauffés, dont les
flammes desservent la moufle où s'effectue le grillage ; les gaz
de cette seconde opération sont perdus pour les chambres
et vont droit à la cheminée.

Le four à courant d'air forcé, ou four Gerstenhoffers, d'un
usage plus répandu que le type précédent, a pris naissance
en Saxe, où les inconvénients dus au traitement des sulfures
étaient très-sensibles. Les industriels s'y sont vus contraints
par l'autorité d'absorber leur acide. On y emploie assez fréquemment l'appareil dont nous décrivons la partie essentielle (Pl. VIII, fig. 4). C'est une sorte de chambre close,
garnie d'étagères à claire-voie en briques réfractaires ; le
minerai broyé est introduit par le haut et tombe successivement d'une étagère sur l'autre, à travers les vides. Sous
l'influence d'un courant d'air ascendant, lancé à une haute
température, le minerai se grille et descend à la partie inférieure, d'où on le retire. La totalité du soufre est expulsée
et convertie en acide sulfurique dans les chambres de
plomb. Ce four est applicable à toutes sortes de sulfures
métalliques ; aussi le retrouve-t-on dans des industries
variées. La Compagnie de la Vieille Montagne en fait usage

pour ses blendes, à Borbeck, près Mulheim, et M. Henri Vivian, à Swansea, l'a adopté dans sa fabrique de cuivre [1].

Depuis quelques années les grands affineurs de métaux de Paris, qui dégagent de l'acide sulfureux en abondance, se sont mis à appliquer la méthode d'envoi aux chambres. Un des établissements où l'on est le mieux parvenu à éviter la perte d'acide au dehors est celui de madame Vve Lyon-Alemand, construit récemment. Les chaudières dans lesquelles on fait bouillir les pièces métalliques avec l'acide

---

1. Ici se place une remarque essentielle : c'est que le problème de l'assainissement n'est qu'à moitié résolu par la possibilité de transformer l'acide sulfureux en acide sulfurique ; il faut encore que ce dernier trouve un emploi dans des conditions rémunératrices, car les nouveaux fours de grillage étant plus coûteux sous le rapport du combustible et l'annexe des chambres étant elle-même très dispendieuse, on ne peut espérer voir cette méthode se généraliser qu'autant que l'utilisation de l'acide sulfurique offrira à l'industriel une compensation. Or ce n'est pas là une mince difficulté, surtout dans les districts où la production de cet acide pourrait, par de tels procédés, devenir très-abondante, comme à Swansea : la plupart du temps en effet, le produit ne supporterait pas les frais de transport pour aller vers les fabriques de soude. Cet obstacle financier a toujours arrêté les fondeurs de cuivre de Swansea et n'a pas permis, notamment, à l'invention de M. Spence, de Manchester, de se répandre dans le pays de Galles. M. Vivian a résolu le problème, du moins en ce qui concerne ses usines, en employant l'acide sulfurique pour fabriquer du superphosphate de chaux avec des phosphates naturels. Après des tâtonnements assez nombreux, il est arrivé à une fabrication courante tout à fait commerciale, et actuellement il utilise sur ses propres terres et vend aux agriculteurs une quantité considérable d'engrais ; une faible partie seulement de l'acide sert à préparer du carbonate de soude. Ce n'est guère au surplus que depuis trois ans que ses procédés sont devenus définitivement pratiques. Il en a annoncé le succès, en 1866, à la Société d'agriculture de West-Glamorgan, et il a déclaré en même temps qu'il serait bientôt en mesure de produire assez d'engrais pour fumer environ 16.000 hectares. à la date du 10 janvier 1868, M. Vivian nous a confirmé les progrès de sa nouvelle industrie. Les autres fondeurs de cuivre n'ont pas encore suivi cet exemple. mais on doit espérer qu'en présence des résultats obtenus par M. Vivian, ils ne tarderont pas à l'imiter.

Il est probable que ce sont des procédés analogues qu'on applique présentement à New-York pour utiliser l'acide sulfurique provenant des raffineries de pétrole.

sulfurique sont recouvertes d'un couvercle en plomb. Les
vapeurs acides provenant de l'attaque, mélangées à une
certaine proportion d'air introduite par un orifice *ad hoc*,
se précipitent dans un large tuyau qui traverse une caisse à
eau, et débouchent dans une chambre de plomb où l'on
injecte de la vapeur d'eau et du gaz nitreux. Le courant se
rend dans une deuxième chambre, et de là dans une longue
galerie ou *traînée* en plomb, divisée de deux en deux mètres
par des demi-cloisons alternées, de manière à déterminer
une série de zigzags dans la masse gazeuse. Celle-ci traverse
ensuite une colonne de 3ᵐ,25 de haut, garnie de coke
constamment mouillé, et débouche enfin dans une cheminée
de 45 mètres de haut, au pied de laquelle nous avons constaté l'absence complète d'éléments acides. La capacité des
chambres et de la traînée est de 300 mètres cubes; le parcours total du gaz est d'environ 70 mètres. La quantité d'a-
cide sulfurique régénéré est considérable, et les indemnités
aux voisins ont cessé, quoique l'usine soit située au sein d'un
quartier populeux.

Le troisième mode d'absorption que nous avons mentionné, à savoir par une réaction sur des oxydes métalliques,
est pratiqué chez M. Rhodius, à Linz (Prusse rhénane), et à
Topplitz, près de Laybach. Le minerai est grillé comme précédemment dans un four à courant d'air forcé, mais les dispositions sont notablement différentes (Pl. VIII, fig. 5 et 6).
Le massif du four est divisé en neuf compartiments, par des
cloisons verticales en maçonnerie. Quatre de ces compartiments reçoivent le minerai ; les cinq autres, qui alternent
avec les précédents, sont consacrés aux foyers, dont les
flammes circulent de bas en haut par une série de carneaux
horizontaux, et chauffent le minerai par le rayonnement des
parois.

La matière sulfureuse est distribuée en faibles couches
sur des étagères entre lesquelles des tuyères insufflent l'air
sous une pression convenable. Les gaz, séparés des flammes,

se rendent dans un large carnau en maçonnerie où ils sont rencontrés par un jet de vapeur provenant des générateurs situés au dessus du massif et chauffés par les flammes perdues. Le courant débouche dans un bassin où s'accomplit la réaction qui constitue la partie originale du système. Ce bassin (Pl. VIII, fig.7), d'une superficie de 36 mètres carrés, est rempli de minerai grillé sur une épaisseur de 75 centimètres, supporté par un double fond à claire-voie ménageant un vide de 50 centimètres au dessous de la charge. C'est dans ce vide que se répand le mélange des gaz sulfureux et de la vapeur d'eau, qui, de là, s'infiltrent à travers le minerai. Au contact des oxydes métalliques, la réaction se fait : l'acide sulfureux se transforme en acide sulfurique, et l'on obtient des sulfates. Au bout de huit jours l'attaque est terminée ; on retire les matériaux et l'on met en service un autre bassin. Par ce procédé, applicable à diverses sortes de sulfures, on a pu traiter utilement par voie humide des minerais contenant 1 et demi à 2 p. 0/0 de cuivre. Les minerais riches servent ainsi à traiter les minerais pauvres. Quant à l'absorption même de l'acide sulfureux, elle est complète, et l'assainissement ne laisse rien à désirer.

Le quatrième moyen d'absorption, qui n'est pas le moins ingénieux, est exploité en grand chez M. de Laminne, à Ampsin, près Huy, et à l'usine de Flône, de la Vieille Montagne. Nous le décrivons tel qu'il se pratique chez l'inventeur lui-même. M. de Laminne y a été conduit par le désir d'utiliser d'immenses amas de *terrisses* ou anciens schistes alunifères, qui forment de véritables collines aux environs de Huy. Trois fours à réverbère, affectés au grillage de la blende, envoient leurs gaz dans une même cheminée traînante qui grimpe jusqu'au haut d'une colline de 60 mètres d'élévation (Pl. IX, fig. 1 à 4). A divers niveaux cette cheminée maîtresse donne naissance à des conduits latéraux qui vont circuler sur des plateaux horizontaux. La circulation se fait en poussant le conduit jusqu'au bout du plateau, puis le faisant revenir sur lui-même en laissant 2 mètres d'intervalle, et ainsi de suite jusqu'à ce que tout le plateau soit sillonné. Au dessus du réseau ainsi formé on accumule environ 2 mètres de schistes ; sur cette nouvelle plate-forme on établit un nouveau réseau avec sa couche de schistes, et l'on continue ainsi de manière à ce qu'on ait trois, quatre ou cinq systèmes superposés. Les conduits latéraux ont 70 centimètres sur 60 de section ; ils sont construits, soit en pierres sèches, dont les interstices livrent suffisamment passage aux gaz, soit en maçonnerie criblée d'ouvreaux. Ils communiquent les uns aux autres ou sont terminés en cul-de-sac, mais en aucun cas ils ne débouchent à l'air libre. Les fumées vont dans tous les plateaux à la fois, à l'exception, bien entendu, de ceux qui sont en exploitation. Ce vaste *condenseur* absorbe les gaz de 5.000 kilogrammes de blende en 24 heures. La totalité des schistes est transformée en sulfate d'alumine au bout de 12 à 15 mois. Pour que la réaction se fasse bien, il est nécessaire que les schistes soient un peu humides. Aussi, quand le temps n'est pas assez pluvieux, on y supplée, soit par un arrosage, soit par une injection de vapeur.

M. de Laminne, qui a étudié la question sous toutes ses faces, a appliqué son procédé de condensation non-seulement au grillage de la blende, mais aussi au grillage des pyrites de fer, des schistes alumineux et même à la combustion de la houille des fours à réduire le zinc. Seulement, dans ce dernier cas, pour qu'il y ait un tirage suffisant, il faut que la cheminée maîtresse conserve un débouché à l'air libre, en sorte que l'assainissement n'est qu'imparfaitement réalisé ; tandis qu'avec les sulfures métalliques, la cheminée n'a pas besoin de débouché extérieur : la condensation de l'acide sulfureux suffit pour entretenir le tirage des fours.

En résumé, ce procédé est en lui-même très-général ; mais l'emploi en est limité dans la pratique par la difficulté

d'avoir sous la main une quantité suffisante de matériaux
d'absorption.

VAPEURS NITREUSES.

On désigne sous le nom de vapeurs nitreuses un mélange
d'acides nitreux et hyponitrique et de divers oxydes d'azote qui
se dégagent dans diverses opérations. Ce mélange est souvent
accompagné d'autres gaz, selon la nature des réactions, et
particulièrement d'acide sulfureux. L'absorption des vapeurs
nitreuses porte en même temps sur ces autres gaz nuisibles, mais comme les premières jouent un rôle prépondérant, c'est surtout à leur intention que les moyens d'assainissement sont combinés. Ces dégagements sont loin d'ailleurs
de produire sur la végétation des ravages aussi grands que les
deux acides dont nous venons de nous occuper ; en revanche
ils exercent dans leur voisinage immédiat une action très-
nuisible sur la santé publique : respirés à dose un peu forte
ils peuvent même donner la mort. Il importe donc, dans
les lieux habités, d'absorber ces gaz avec beaucoup de
soin.

Les opérations industrielles donnant lieu à des dégagements nitreux sont fort nombreuses et peuvent être divisées
en deux groupes : d'une part, celles qui ont pour objet la
fabrication de l'acide sulfurique ; d'autre part, celles qui ont
en vue des produits variés, tels que nitrobenzine, persulfate
de fer, arséniate de soude, acides nitrique, arsénique, oxalique, picrique, etc. Chacun de ces deux groupes a ses procédés d'assainissement propres.

La fabrication de l'acide sulfurique aux chambres de
plomb est celle dont les dégagements ont le plus d'importance. Le moyen d'absorption par excellence, qu'aucun autre
n'a encore remplacé, est la colonne dite de *Gay-Lussac*, du
nom de l'illustre chimiste qui en a doté l'industrie. C'est
une tour cylindrique ou quadrangulaire, de 5 à 10 mètres de

haut, garnie de coke comme les condenseurs à acide chlorhydrique, mais dans laquelle on fait couler, au lieu d'eau, de l'acide sulfurique concentré. Cet acide s'empare à la fois des vapeurs nitreuses et de l'acide sulfureux, et le liquide recueilli à la base du condenseur est restitué aux chambres avec avantage. Un grand nombre de fabriques, des mieux tenues, de France et de l'étranger, font usage de ce procédé. Le principe de l'appareil n'a pas changé depuis l'origine ; mais quelques industriels y ont apporté des améliorations de détails qui ne manquent pas d'importance. Parmi les établissements qui en ont le plus perfectionné l'emploi, celui de M. de Hemptinne, à Bruxelles, mérite une mention particulière à cause de la manière extrêmement ingénieuse dont l'acide concentré est fourni au condenseur. On sait qu'un des obstacles qui arrêtent les fabricants est le maniement d'un liquide aussi corrosif. Pratiquement, l'élévation de l'acide au niveau supérieur de la colonne et la bonne répartition à opérer sur la surface des matériaux qui la garnissent, ne sont pas exemptes de difficultés et même de dangers qui dégoûtent de l'emploi du procédé. M. de Hemptinne, qui soigne sa fabrication en véritable artiste, a résolu la question de la manière suivante.

Le système élévatoire (Pl. VII, fig. 1 et 2) se compose d'une trompe à vapeur et de deux bonbonnes en grès, dont l'une est située un peu au dessus du niveau supérieur de la colonne, c'est-à-dire à 8 mètres de hauteur, et l'autre se trouve à mi-distance. La trompe fait un vide de 40 millimètres de mercure, lequel est plus que suffisant pour faire monter l'acide dans la première bonbonne. L'aspiration est ensuite produite dans la seconde bonbonne, et le liquide monte d'un vase dans l'autre. Là un robinet le déverse dans un conduit en plomb de 20 mètres de long, parcouru dans le même sens par les vapeurs des chambres, qui s'y condensent en partie. Vapeurs et liquide se rendent à la colonne, qu'ils traversent ensemble et où l'absorption se complète. Pour répartir l'acide aussi uniformément que possible sur la surface des matériaux, on le distribue au moyen d'un tourniquet hydraulique en verre à trois branches, percées chacune de quatre trous, lequel pivote sur un mortier d'agate. La tige verticale est maintenue dans une semelle en plomb, qui l'emprisonne sans frottement. Le tout est recouvert d'une cloche en verre bien hermétique. Cet appareil, qu'on serait tenté de prendre pour un joujou, tant il est soigné, fonctionne avec une régularité parfaite, sans entraîner jamais de réparation. Pour empêcher que le tourniquet ne débite trop d'acide, on ne le laisse pas couler continuellement, mais le mouvement en a été réglé et rendu intermittent au moyen d'une bascule Perrault.

Le garnissage de la cascade a été aussi l'objet d'une innovation. Au lieu d'employer le coke, qui se brise et se tasse plus ou moins à la longue, ou les fragments de briques, qui n'offrent pas une assez grande surface de contact, M. de Hemptinne se sert de boules creuses en grès, de 15 centimètres de diamètre, percées de cinq trous à la partie supérieure. Par cette disposition, les boules se remplissent à moitié d'acide, et présentent une grande surface de condensation, tant à l'intérieur qu'à l'extérieur. Elles reposent sur un grillage établi à une certaine distance du fond. Un appareil ainsi monté travaille en quelque sorte indéfiniment sans qu'on soit obligé d'y retoucher. M. de Hemptinne trouve un grand avantage à éviter le remaniement périodique de vieux matériaux imprégnés d'acide sulfurique : « c'est toujours, nous disait-il, une cause d'accidents pour les ouvriers. » L'emploi de ces boules paraît d'ailleurs donner des résultats aussi satisfaisants que celui du coke ; du moins, chez M. de Hemptinne, l'absorption est aussi parfaite qu'elle pourrait l'être avec les meilleurs condenseurs à coke. Cette innovation a été reproduite dans quelques usines, entre autres dans celle de Saint-Marc, près Namur.

D'autres modifications ont porté sur la forme de l'appa-

reil. Ainsi, chez M. Kuhlmann, à Loos, la colonne est remplacée par une série de douze bonbonnes, suivie de deux
tourelles de 5 à 6 mètres de haut, garnies de boules en grès
creuses sur lesquelles on verse continuellement un filet
d'eau. Les bonbonnes sont parcourues par de l'acide sulfurique concentré quand l'eau ne suffit pas pour déterminer
une condensation convenable. Dans la succursale que ce
même industriel possède à Amiens, les tourelles sont supprimées et le condenseur est formé par soixante bonbonnes,
dont les dernières, qui contenaient autrefois du carbonate
de baryte, sont maintenant garnies d'acide sulfurique [1]. A
Salyndres, un détail bon à noter consiste à interposer entre
les trois chambres que parcourent successivement les gaz,
des colonnes pleines de coke sec, afin d'obtenir un mélange
plus complet et de diminuer d'autant la proportion des
vapeurs qui passent ensuite au condenseur.

Quelque efficace que soit le procédé Gay-Lussac, on ne
saurait nier qu'il présente une difficulté réelle : c'est de
nécessiter l'emploi de l'acide sulfurique concentré. Or beaucoup de fabriques, pour des raisons commerciales, ne
livrent pas d'acide concentré à la vente, et dès lors trouvent
onéreux d'organiser cette préparation en vue du seul service de la colonne. On a donc fréquemment cherché à se
passer d'acide sulfurique. Le moyen qui paraît avoir le
mieux réussi, tout en restant au dessous du procédé primitif, consiste à injecter de la vapeur d'eau, au lieu d'acide,
dans le condenseur. La présence de cette vapeur, ainsi
mêlée au dégagement, favorise la réaction mutuelle des
gaz nitreux et sulfureux, en même temps que les produits
se dissolvent dans l'eau condensée entre les morceaux de
coke. On réalise par là une partie des effets de la méthode

---

1. Quand nous avons vu cet établissement, le chimiste qui le dirigeait se
proposait de laisser vides vingt de ces bonbonnes, d'en garnir vingt
autres d'acide sulfurique et vingt d'acide nitrique. Il pensait que l'intervention de ce dernier acide favoriserait l'absorption de l'acide sulfureux.

Gay-Lussac et on diminue sensiblement la perte à l'extérieur. Tel est le système en usage à la Cie Jarrow, à
Shields, chez M. Vickers, à Manchester, et dans plusieurs
fabriques des environs de Marseille, entre autres chez
M. Daniel à Mazargues et chez MM. Gayet et Gourjon à
Montredon. A Rouen, MM. Maze et Chouillou ont encore
simplifié le procédé, en n'employant que du coke sec : il
est vrai que l'épaisseur en est considérable, une dizaine
de mètres environ, et qu'on fait déboucher la colonne à
l'air libre pour surveiller l'absorption avec plus de soin.
Enfin, à la fabrique de l'Oseraie, on n'a pas même de
colonne de coke, et l'on se contente de faire parcourir
aux vapeurs un conduit souterrain de 100 mètres , où
elles se condensent fort imparfaitement, hâtons-nous de
le dire, avant de gagner la cheminée. Somme toute, la
colonne Gay-Lussac, dans ses dispositions primitives, est
encore le meilleur appareil d'absorption connu dans l'industrie.

Un mode de fabrication de l'acide sulfurique, qui aurait
réalisé un assainissement radical, car il rendait tout condenseur spécial inutile, a été essayé sur une grande échelle
à la fabrique de Montmorency, près Lyon, laquelle a dû,
pour des raisons commerciales, discontinuer ses opérations.
Les gaz sulfureux et nitreux, mélangés dans les proportions
ordinaires, au lieu d'être envoyés aux chambres de plomb,
étaient dirigées dans 50 bonbonnes, disposées en 10 files
verticales formées chacune de 5 bonbonnes superposées, que
ces gaz parcouraient successivement. Les bonbonnes avaient
120 litres de capacité et étaient remplies de coke. Les
deux premiers rangs recevaient une pluie d'eau froide ;
les suivants une pluie d'acide sulfurique faible, recueilli
dans les premiers, et les derniers une pluie d'acide
sulfurique de plus en plus concentré. L'appareil entier
fonctionnait ainsi à la manière d'une vaste colonne
Gay-Lussac, et réalisait, dès lors, tous les effets habi-

16

tuels d'absorption de cette dernière ; aussi, les vapeurs pouvaient-elles s'échapper sans inconvénient, à l'air libre, à l'issue de la dernière bonbonne.

Les procédés d'assainissement usités dans les opérations du deuxième groupe varient presque, on peut le dire, comme ces opérations elles-mêmes. Ils consistent, tantôt à condenser les vapeurs dans l'eau soit pure soit alcaline, tantôt à les envoyer dans des foyers incandescents ou à les soumettre à des réactions diverses, tantôt enfin à en prévenir la formation par de nouvelles méthodes de fabrication. Décrire en détail ces divers procédés serait trop long et offrirait d'ailleurs peu d'intérêt, car leur réussite est surtout une question de soin dans l'installation des appareils et dans la conduite des opérations. Nous nous bornerons à indiquer succinctement quelques applications principales.

Un excellent emploi de l'eau se remarque à la fabrique de persulfate de fer de M. Gros, à Lyon. Les cuves, très-bien installées, dans lesquelles se fait la réaction du sulfate de fer et de l'acide nitrique, sont hermétiquement fermées par un couvercle en grès, luté avec grand soin. Un orifice livre passage aux vapeurs qui sont conduites à travers une série de 50 bonbonnes, débouchant à la cheminée. Ces bonbonnes sont pourvues d'eau et fonctionnent à la manière des batteries de l'acide chlorhydrique. La condensation paraît complète et l'on ne sent aucune odeur, ni dans les ateliers, ni au dehors[1]. A Dieppedale-lez-Rouen, M. Duclos a organisé,

---

1. C'est, si nous ne nous trompons, dans le même établissement que des essais ont eu lieu récemment en vue de constater la valeur d'un nouveau procédé. Ce procédé consiste à faire rencontrer les vapeurs nitreuses dans une tourille en grès avec un courant de chlore et de la vapeur d'eau. La vapeur d'eau se décompose et il se forme de l'acide chlorhydrique et de l'acide azotique ; la liqueur recueillie est utilisée comme eau régale. Toute la difficulté est de maintenir industriellement, dans les proportions voulues, les gaz en présence, de façon à éviter les réactions tumultueuses ou incomplètes. M. le docteur Glénard, président du conseil d'hygiène du Rhône, qui a suivi très-attentivement

dans sa fabrique de nitro-benzine, une bonne condensation
par les alcalis. Les gaz, après avoir traversé des touries
remplies d'acide sulfurique, sont définitivement absorbés
dans un conduit souterrain, contenant de la chaux sodée.
De même, chez M. Vedlès, à Asnières, on s'est occupé d'a-
méliorer l'absorption en faisant passer les vapeurs sur une
solution de soude, et de là, dans un conduit garni de coke
et parcouru en sens inverse, soit par un filet de liqueur
alcaline, soit par un jet de vapeur d'eau.

Plusieurs fabricants condensent une partie du dégagement
dans une ou deux touries pourvues d'eau et abandonnent le
reste à un foyer incandescent. Une pratique bien préférable,
et qui rentre dans l'idée générale de tirer parti de ce
qui est nuisible, est suivie par M. Tennant, dans sa
succursale de Manchester, pour la préparation du nitrate
de cuivre. Les vapeurs rutilantes engendrées par l'attaque
de l'acide azotique sur le métal sont reçues dans une
cuve à eau et vont ensuite aux chambres de plomb de
l'acide sulfurique où elles coopèrent aux réactions connues.
De cette manière aucune partie du dégagement n'est perdue
et la consommation du nitrate de soude aux chambres est
diminuée.

Parmi les industries où l'on a réussi à prévenir la production des vapeurs nitreuses, il convient de citer en première ligne la nouvelle méthode de fabrication de l'acide
oxalique, inventée par M. Dale, et appliquée en grand
depuis quelques années dans l'usine de MM. Roberts, Dale
et Cⁱᵉ, à Warrington. Le procédé ordinaire consiste, comme
on sait, à traiter les mélasses par l'acide azotique, ce qui
détermine des gaz nitreux très-abondants. Par le procédé
nouveau, on prépare, au moyen de la sciure de bois et des
alcalis caustiques, un mélange d'oxalate de soude et d'oxa-

l'application de ce procédé, nous exprimait l'espoir que les dernières
difficultés pourraient être résolues.

late de potasse qu'on transforme ensuite en oxalate de chaux,
et d'où l'on retire l'acide oxalique par la réaction de l'acide
sulfurique [1]. On voit que, dans cette méthode, aucun dégagement nitreux n'est à redouter [2].

HYDROGÈNE SULFURÉ.

L'hydrogène sulfuré est peu préjudiciable à la végétation,
mais il est dangereux à respirer et il cause des dégâts dans
les maisons d'habitation où il noircit l'argenterie, les

---

1. Cette nouvelle fabrication étant encore peu connue, nous croyons
devoir donner quelques détails. Voici comment on opère à Warrington :
On commence par délayer de la sciure de bois blanc (peuplier, bouleau,
etc.), dans une liqueur formée de 2 équivalents de soude caustique et
de 1 équivalent de potasse également caustique. Cette bouillie se prépare
dans des bassins en tôle, à fond plat, chauffés en dessous à un feu modéré.
Au bout d'un certain temps la pâte obtenue est étendue sur d'autres
bassins en tôle où on la grille avec beaucoup de précaution, en ayant soin
d'empêcher qu'aucune partie ne soit brûlée. Des ouvriers nus jusqu'à la
ceinture, debout sur le bord des bassins, remuent la matière avec des
ringards, pendant toute la durée de l'attaque et du grillage. C'est un
travail très-pénible, à cause de la haute température et des vapeurs
(eau, hydrogènes carbonés, huiles empireumatiques, etc.), auxquelles ils
sont exposés ; toutefois il ne présente rien de dangereux. Le produit
grillé est traité par un lait de chaux, qui libère les alcalis et fait passer
les oxalates à l'état d'oxalate de chaux. On décompose ensuite par l'acide
sulfurique et l'on obtient l'acide oxalique en dissolution, mélangé avec du
sulfate de chaux. Pour opérer la séparation, on filtre à travers des toiles
très-fines. On a éprouvé longtemps de grandes difficultés dans cette partie
de la fabrication, parce que le résidu boueux obstrue les pores du filtre et
oppose une grande résistance au passage de l'acide oxalique. On a fini
par en triompher en faisant le vide, avec des pompes à vapeur, au dessous
des filtres. Quant aux alcalis employés pour l'attaque de la sciure, on les
récupère en grande partie dans les résidus.

2. Dans le même ordre d'idées, c'est-à-dire comme tendant à la suppression de dégagements nitreux, on a cité à Paris une usine où la fabrication
du chromate de plomb avait reçu l'amélioration suivante : au lieu d'obtenir
ce produit par la réaction d'un nitrate sur du fer chromé, on commençait
par préparer du chromate de chaux au moyen d'un mélange de chaux et
de minerai de chrome, et l'on mettait ensuite le chromate en présence d'un
sel de plomb. On évitait ainsi tout dégagement nitreux. Mais nous n'insistons pas sur ce procédé, que nous n'avons pu voir nous-même en activité.

ornements métalliques et les peintures, notamment celles au
blanc de plomb.

Ce gaz se produit en grande abondance dans le
traitement des eaux du gaz de l'éclairage par les acides
et dans diverses opérations chimiques, qui seront
mentionnées plus loin. Les procédés d'assainissement
sont nombreux, mais aucun n'est entièrement satisfaisant.
On peut les distinguer en deux classes : 1° ceux qui ont
pour objet de détruire le dégagement ; 2° ceux qui tendent
à en empêcher la formation par des changements convenables apportés dans les méthodes de fabrication.

Les procédés de la première classe se résument soit à
brûler l'hydrogène sulfuré dans des foyers ou à l'air libre,
soit à le faire réagir sur l'acide sulfureux, soit à combiner
d'une façon quelconque ces deux modes. La combustion est une opération fort difficile à bien mener quand
on a affaire à de grandes quantités de gaz : une portion
notable échappe toujours, parce que le mélange avec l'oxygène atmosphérique est imparfait et qu'en outre il est
impossible de maintenir les gaz en présence dans les proportions voulues. On a une idée de la difficulté d'après ce qui
s'est passé récemment à l'usine de Dieuze. Pour obtenir plus
d'uniformité dans le dégagement et par suite dans le mélange
à brûler, on recueillait l'hydrogène sulfuré dans un gazomètre, d'où on le faisait arriver ensuite, par un système de
petits tubes, en présence d'une quantité d'air bien réglée.
Néanmoins la combustion était incomplète et l'on a dû y renoncer. Un écueil se présentait d'ailleurs, qu'on retrouve
dans la plupart des opérations de ce genre : c'est que les
appareils destinés à recueillir et à conserver le gaz ne sont
jamais parfaitement hermétiques ; il y a constamment des
fuites, et avec un produit aussi insalubre que l'hydrogène sulfuré, ces fuites peuvent offrir des inconvénients sérieux [1]. Il

---

1. M. Buquet, directeur des salines de Dieuze, auquel nous avions

faut prévoir aussi le cas où de pareils gazomètres subiraient
quelque accident et où l'on se trouverait subitement en
présence d'un volume considérable de gaz jouissant do la
double propriété d'être inflammable et délétère. On doit donc
repousser, comme dangereuse, du moins sur une grande
échelle, toute méthode qui aboutit à emmagasiner l'hydrogène sulfuré ; mieux vaut encore le brûler au fur et à mesure, malgré les variations de débit inséparables d'un
dégagement industriel.

Une précaution indispensable à prendre dans toute combus-
bustion de l'hydrogène sulfuré, c'est d'interposer entre la
source et le foyer un ou plusieurs flacons laveurs, de manière
à intercepter la communication et par suite la propagation
du feu. Le gaz arrive en effet à l'extrémité des conduites, mélangé à une certaine proportion d'air, et constitue dès lors
un mélange plus ou moins explosible : il faut donc se prémunir contre les accidents qui pourraient se produire dans
l'intérieur des appareils de fabrication. Quant à la combustion elle-même, on doit, pour l'opérer dans les meilleures
conditions, graduer autant que possible la quantité d'air,
introduite et tâcher que le mélange soit bien intime. Dans
ce but, il est préférable que le gaz arrive par un grand
nombre de petits orifices et ait un certain espace à parcourir
dans la chambre de combustion avant d'aboutir à la cheminée. Ces soins ont moins d'importance quand on brûle l'hydrogène sulfuré sur des charbons incandescents, parce que
la haute température des gaz qu'il rencontre favorise la

exprimé des doutes sur la réussite industrielle de ses procédés de combustion, nous écrivait récemment : « La génération de l'hydrogène sul-
« furé était l'écueil de notre première idée. Dans ces conditions, impos-
« sible d'opérer à l'air libre ; le recueillir est chose difficile, onéreuse,
« et quelque autoclaves que soient les appareils, ils ne le sont jamais
« assez ; leur installation est dispendieuse, leur entretien important, en un
« mot ce n'est pas là de l'industrie. Nous avons bien senti notre point
« faible et vulnérable : nous avons donc cherché à éviter la production de
« l'hydrogène sulfuré. »

réaction, en même temps que le tourbillonnement naturel
du foyer facilite le mélange. La disposition consiste alors
simplement à avoir une grille à coke surmontée d'une voûte
un peu plus spacieuse que dans les fourneaux ordinaires et
à faire déboucher l'hydrogène sulfuré au dessus du charbon
et près de la porte du foyer. L'oxygène est fourni à la fois
par la grille et par de petits trous ménagés dans cette porte.
On arrive ainsi assez bien, grâce à la haute température du
coke, à brûler le gaz, mais on a l'inconvénient industriel de
perdre le soufre qui passe presque en totalité à l'état d'acide
sulfureux, à cause de l'impossibilité pratique de graduer
l'air fourni à la grille, ou qui même, quand il ne s'oxyde pas,
se volatilise et s'échappe par la cheminée. Au contraire,
quand on opère dans des chambres *ad hoc* et sans le secours
de foyer, on précipite à l'état natif une portion notable du
soufre, ce qui constitue un bénéfice pour l'usine, mais la
destruction du dégagement est, avons-nous dit, moins as-
surée.

En résumé, au point de vue exclusif de l'assainissement,
le meilleur mode de combustion est celui qui s'exerce
à l'aide de coke incandescent, en prenant d'ailleurs les précautions indiquées pour éviter la propagation du feu. Tel est
le système fréquemment employé en Angleterre, où un grand
nombre d'industriels préparent les sels ammoniacaux en
traitant les eaux du gaz de l'éclairage par l'acide sulfurique ;
l'hydrogène sulfuré qui en provient, quand il n'est pas
lâché directement à la cheminée, est ordinairement brûlé
sous les chaudières d'évaporation. On en voit des
exemples chez M. Crow à Stratford, chez M. Percival-
Smith à Bow (Londres) etc. Un moyen semblable est
pratiqué avec succès au laboratoire de Royal College
of Chemistry [1]. Dans quelques usines, on a cherché à

---

1. On s'étonnera peut-être de voir citer un laboratoire parmi les établissements industriels. Mais le nombre d'élèves du Royal College of

faire mieux et l'on utilise la combustion du gaz pour préparer l'acide sulfurique aux chambres de plomb. Cette méthode a été appliquée par M. Peter Spence, à Manchester, et elle l'est encore par M. Croll à Poplar (Londres). Toutefois elle n'est pas exempte de difficultés, car en voulant rendre complète la combustion de l'hydrogène sulfuré, on s'expose à introduire dans les chambres de l'air en excès ; aussi M. Spence y a-t-il renoncé.

La réaction sur l'acide sulfureux est une opération plus délicate encore que la combustion, et qui demande à être conduite avec un soin extrême pour réaliser d'une manière pratique les phénomènes connus du laboratoire. Elle n'a été jusqu'ici essayée en grand, à notre connaissance, que dans deux établissements, chez M. Bell à Washington et aux salines de Dieuze. Nous indiquons ci-après le procédé de M. Bell, quoique aujourd'hui il soit abandonné, parce qu'il a servi de base à toutes les recherches qui ont été faites depuis dans cette voie.

A Washington, la source d'hydrogène sulfuré est considérable : elle résulte de la décomposition de la galène par l'acide chlorhydrique, dans la préparation de l'oxychlorure de plomb, et l'on n'évalue pas à moins de 1000 mètres cubes de gaz par 24 heures, correspondant à 1000 kilog. de soufre pur,

---

Chemistry est tel et le dégagement d'hydrogène sulfuré aux heures de manipulations est quelquefois si grand, que les habitants d'Oxford street se plaignirent vivement à l'origine et menacèrent le docteur Hoffmann de faire fermer son laboratoire. C'est alors qu'il prit le parti de recueillir tous les dégagements dans un seul tuyau, qui, ouvert par une extrémité et communiquant au dehors de la salle, débouche par l'autre dans le cendrier, hermétiquement clos, du foyer qui chauffe le bain de sable. Grâce à la faible importance relative des dégagements (car après tout un laboratoire n'égale pas une fabrique) et grâce aussi on doit le penser, à une habileté d'exécution qu'on ne rencontrerait pas au même degré dans les établissements industriels, M. Hoffmann avait rendu la combustion si parfaite que peu de temps après l'installation il put, en présence de nombreux voisins, diriger dans son tuyau un dégagement abondant, sans qu'un drapeau en papier de plomb suspendu au faîte de la cheminée en fût le moins du monde noirci.

la quantité émise par les chaudières d'attaque. La méthode
imaginée par M. Bell consistait à mettre l'hydrogène sulfuré en présence de l'acide sulfureux dans une cuve remplie
d'eau, où un courant d'air venu de la machine soufflante
d'un haut fourneau entretenait un barbotement perpétuel,
favorable à la réaction des deux gaz. L'acide sulfureux emprunté aux chambres de plomb n'était admis dans la cuve
qu'après avoir traversé des flacons laveurs ; c'était afin de
prévenir les explosions qu'auraient pu déterminer les parcelles de soufre en ignition, entraînées fréquemment dans
les chambres. Dans la cuve il se déposait du soufre pur et
divers composés oxygénés parmi lesquels prédominait l'acide
pentathionique. Ces composés finissaient par donner de
l'acide sulfurique, dont la trop grande dilution interdisait
l'emploi. C'est même là un des motifs qui ont fait renoncer
depuis peu à cette méthode ; car, tout compte fait, on retirait
de la cuve moins de soufre utilisable qu'on n'en empruntait
aux chambres. En outre la marche était irrégulière et nui-
sait au dégagement des cuves à chlorure. Pour ces diverses
raisons, on a abandonné le procédé et l'on se contente aujourd'hui de lâcher l'hydrogène sulfuré à la cheminée, d'où
il infecte le château de M. Bell lui-même, situé à 2 kilomètres, et y détériore journellement les dorures et l'argenterie. Toutefois, dans l'opinion de M. Brivet, le chimiste
qui dirigeait alors la fabrication, le procédé ne devait pas
être condamné définitivement : il lui paraissait susceptible,
au contraire, de donner de bons résultats dans une usine où
l'application en aurait été prévue au moment même de l'installation au lieu d'être agencée après coup ; dans ce cas on
se serait procuré l'acide sulfureux, non aux chambres de
plomb, où il a une valeur considérable, mais en brûlant
dans un four spécial des pyrites de qualité très-inférieure [1].

1. On en a jugé ainsi en Allemagne, car divers industriels se sont
occupés, dans ces dernières années, de reprendre la méthode de M. Bell.
De ce nombre est M. Georges Zimmer, à Mannheim, qui a fait de la

A Dieuze où, avons-nous dit, on a dû renoncer à la combustion à l'air libre, on a cherché la solution du problème dans une transformation totale des opérations qui engendraient les dégagements. Ces opérations ont en vue l'extraction du soufre contenu dans les résidus de la fabrication de la soude, et à ce titre, elles intéressent la préservation du sol et des eaux plus encore que celle de l'atmosphère; aussi la description en sera-t-elle renvoyée à la section suivante. Nous nous bornons à mentionner ici que les nouvelles opérations ont pour résultat de prévenir presque entièrement la formation du dégagement ou de retenir le soufre dans les liqueurs ; en sorte que l'exploitation industrielle de ce corps ne porte plus sur le gaz lui-même mais bien sur ces liqueurs, d'où on le retire par voie de précipitation. Malgré cette innovation, il se produit toujours une certaine quantité de gaz, parce qu'il est impossible, dans la pratique en grand, de maintenir exactement les proportions de liquides réagissants qu'indique la théorie du laboratoire ; il y a donc encore un dégagement à détruire. On en vient à bout à Dieuze, en combinant de la manière suivante la méthode de M. Bell avec la combustion.

Les liquides destinés à précipiter le soufre par leur réaction mutuelle, et qui donnent naissance en même temps aux dégagements accidentels, au lieu d'être amenés directement dans le bassin de précipitation, sont conduits dans un cylindre en plomb de 1 mètre de haut et de 0ᵐ,80 de

question une étude approfondie et se proposait, il n'y a pas longtemps, de détruire par un semblable procédé le dégagement considérable qui provient de sa fabrication de chlorure de barium et qui était jusque-là envoyé dans la cheminée à l'aide d'un ventilateur mécanique. M. Zimmer était d'autant plus intéressé à la solution, qu'il allait se trouver en présence d'une nouvelle et plus importante source de gaz sulfhydrique, en fabriquant, comme il en avait le projet, le carbonate de soude par la réaction du carbonate de magnésie sur le sulfure de sodium. Toutefois, jusqu'à ce jour, il faut bien en convenir, il n'y a eu en Allemagne aucun essai heureux d'utilisation de l'hydrogène sulfuré.

diamètre (Pl. XIV, fig. 1 et 2), exactement recouvert par un cône en tôle plombée. Deux tubes plongeurs versent les liquides à la partie inférieure du cylindre, tandis que deux ouvertures, placées à la partie supérieure, en permettent la sortie. Le sommet du cône se termine par un tuyau de dégagement qui écoule la totalité des gaz dans un appareil de combustion. Ce dernier se compose essentiellement d'un petit foyer où brûle un combustible à flamme, sous lequel arrivent, d'une part, l'air atmosphérique par un tuyau vertical, et, d'autre part, les gaz à brûler par un tuyau horizontal. Ce foyer est surmonté d'un cône semblable au précédent, qui empêche toute émission au dehors. Il se produit de l'acide sulfureux, mélangé d'une certaine proportion d'hydrogène sulfuré qui échappe à la combustion. Le courant est dirigé dans un appareil de condensation, où l'on a repris, avec plus de succès, la méthode de M. Bell. La réaction des deux gaz se produit dans trois caisses consécutives, en tôle, pourvues de cloisons disposées en chicane, de manière à obliger les gaz à raser la surface du liquide. Les dernières traces de gaz non décomposé s'en vont à une cheminée d'appel. Il ne règne pas la moindre odeur autour des appareils, et l'assainissement peut être considéré comme très-satisfaisant. Ce qui, à notre avis, fait ici le succès de la même méthode qui a échoué à Washington, c'est, d'une part et avant tout, la faible quantité de gaz sur laquelle on opère, et d'autre part, que le mélange des acides sulfureux et sulfhydrique, par cela seul qu'il est dû à la combustion de l'acide sulfhydrique lui-même, est beaucoup plus intime que chez M. Bell, puisque chez ce dernier l'acide sulfureux mis en présence de l'hydrogène sulfuré était simplement emprunté aux chambres de plomb.

Un tel procédé, bien que suggéré pour une opération déterminée, convient évidemment à toute espèce de source d'hydrogène sulfuré, mais il ne faudrait pas se hâter d'y voir une solution générale du problème : car malgré les conditions favorables dans lesquelles on opère à Dieuze, on éprouve encore des difficultés qui montrent combien il serait peu sûr de compter sur un tel moyen pour détruire de grandes quantités de gaz. Non-seulement en effet l'hydrogène sulfuré n'est pas décomposé en totalité et une certaine partie s'échappe par la cheminée, mais en outre il se produit de temps en temps de petites explosions qui n'ont, ici, à la vérité, aucune espèce de danger, mais qui en offriraient incontestablement si le dégagement devenait plus abondant [1].

Ce sont précisément ces sortes de difficultés qui ont engagé un certain nombre d'industriels à chercher la solution dans d'autres voies et qui donnent un intérêt particulier aux méthodes dont le but est de prévenir la formation du dégagement. Nous venons d'en voir un exemple à Dieuze même, puisque le gaz qu'on y brûle n'est rien à côté de celui qu'on évite, et ce résultat est d'autant plus important que le traitement des résidus de la soude est sans doute destiné à se généraliser et que dès lors on aurait affaire à une des plus abondantes sources d'hydrogène sulfuré qu'on puisse rencontrer. Une autre source, également très-abondante, et pour laquelle on a réussi à appliquer une méthode préventive, est l'exploitation des eaux du gaz de l'éclairage pour la préparation des sels ammoniacaux. Au lieu de traiter directement ces eaux par les acides, comme on le pratique encore en Angleterre, on emploie sur le conti-

---

1. Nous n'avons pas eu occasion d'observer de ces explosions, mais M. Rosensthiel, auquel on doit un mémoire très-étudié sur la fabrique de Dieuze, rend compte en ces termes d'une détonation dont il a été témoin pendant un de ses longs séjours à l'usine : « Au moment, dit-il, où l'on « allume les gaz du foyer, il peut parfois se produire une détonation ; il « s'en est produit une devant moi, et je puis assurer qu'elles ne sont nul-« lement dangereuses : tout le phénomène s'est borné à une augmentation « passagère de la pression dans l'appareil, qui a eu pour effet de projeter « avec force le liquide par les ajutages d'écoulement. Quelquefois, quand « les détonations sont très-fortes, la pression se transmet jusque dans les « caisses de condensation et en soulève les couvercles. »

nent et surtout en France, les nouveaux procédés dus à
M. Mallot. Les eaux du gaz sont renfermées dans des chaudières, avec une certaine quantité de chaux, et soumises à
une évaporation prolongée. L'hydrogène sulfuré se fixe sur
la chaux, à l'état de sulfure de calcium, et reste conséquemment dans la liqueur, tandis que l'ammoniaque, isolée de
ses combinaisons, se dégage par un tuyau communiquant à
un appareil de refroidissement. On obtient ainsi une
solution ammoniacale qu'on traite par un acide, selon
le sel qu'on veut préparer. Théoriquement on évite tout à
fait par ce procédé le dégagement sulfureux ; cependant, dans
la pratique industrielle, il s'en produit toujours un peu au
moment de la saturation par les acides, parce qu'une légère
quantité de sulfhydrate a été entraînée avec l'ammoniaque
pendant l'évaporation. Dans la plupart des établissements on
ne se préoccupe pas de ce dégagement, qui n'a pas d'inconvénients sérieux ; toutefois il est mieux de recouvrir les
cuves à saturer d'une hotte communiquant au cendrier du
fourneau, afin de brûler ces traces de gaz, qui, si elles n'incommodent pas le voisinage, peuvent du moins gêner les
ouvriers.

M. Peter Spence, à Manchester, qui fabrique annuellement
5.000 tonnes d'alun par le traitement direct des eaux du gaz
au moyen de l'acide sulfurique et qui a dû renoncer, avons-
nous vu, à utiliser l'hydrogène sulfuré aux chambres de
plomb, a trouvé une méthode préventive d'un caractère particulier, mais que nous citons néanmoins comme exemple de
ce qui peut être fait en certains cas pour éviter le dégagement.
M. Spence emploie un acide sulfurique très-impur, provenant de pyrites cuivreuses extrêmement arsénicales. Après
s'être préoccupé à une certaine époque de le purifier, c'est-
à-dire de le débarrasser de la forte dose d'arsenic qu'il contient, il a pensé que si, au contraire, la proportion d'arsenic
était assez grande, on pourrait précipiter par son secours
tout le soufre de l'hydrogène sulfuré. Les expériences ayant

réussi, M. Spence s'est attaché à avoir désormais un acide suffisamment impur, et c'est d'après ce système, substitué à celui de la combustion dans les fours à pyrites, que son établissement fonctionne aujourd'hui. Il convient d'ajouter que la précipitation n'est pas parfaite, et qu'une partie de l'hydrogène sulfuré s'échappe des cuves. Les vapeurs sont d'ailleurs dirigées dans une cheminée centrale de 60 mètres de haut.

Un autre exemple de méthode préventive est fourni par l'usine de Stolberg, dans la préparation du chlorure de barium. Au lieu d'obtenir ce dernier produit en passant par le sulfure de barium, qu'il s'agirait ensuite de décomposer, on attaque directement ensemble en les chargeant au four à reverbère, le sulfate de baryte, le calcaire, le chlorure de calcium et le charbon. Il se forme du chlorure de barium, par une réaction analogue à celle qu'on met en usage pour transformer le sulfate de soude en soude brute. Le gâteau ainsi obtenu est lessivé à la manière ordinaire et séparé des résidus boueux, qui constituent une sorte de *marc de baryte* dans lequel le soufre est contenu en totalité[1].

Il serait superflu de multiplier ces citations, car on comprend sans peine que les méthodes préventives, par cela seul qu'elles sont liées aux procédés de fabrication, varient comme ces fabrications elles-mêmes : chaque industrie appelle donc sa méthode propre. Il importe seulement de montrer dans quelle voie on doit chercher la véritable solution du problème, puisque toutes les tentatives faites sur les dégagements eux mêmes n'ont abouti jusqu'ici qu'à des résultats insuffisants.

---

1. Plus tard sans doute on songera à utiliser ces *marcs de baryte* et à en extraire le soufre par des procédés analogues à ceux qu'on applique aux marcs de soude. On se trouvera en présence des mêmes dégagements et on devra prendre les mêmes précautions pour les éviter.

ACIDE ARSÉNIEUX.

Cet acide se dégage, associé à diverses substances, dans le grillage d'un grand nombre de minerais et spécialement dans le grillage des pyrites cuivreuses au moyen desquelles on prépare ce produit dans l'industrie. Il se dégage aussi, quoique sur une moindre échelle, dans plusieurs opérations chimiques, entre autres dans la fabrication de l'arséniate de soude.

L'acide arsénieux n'exerce pas son influence à une grande distance des usines, parce qu'il se solidifie promptement et se dépose aussitôt que le courant qui l'entraîne perd de sa puissance. Cette circonstance est même le point de départ de tous les moyens employés en vue d'absorber les dégagements arsenicaux. Le principe uniforme consiste en effet à donner aux conduits un développement assez grand pour que l'acide arsénieux ait le temps de se condenser avant d'atteindre la cheminée, et quant à la diminution de la force d'entraînement, nécessaire pour favoriser la précipitation, elle est la consé-quence naturelle du changement brusque de direction qu'é-prouvent les gaz en passant de la conduite horizontale ou inclinée dans la cheminée verticale. On a déjà vu à propos de la salubrité intérieure, une disposition de ce genre prise dans une des fabriques d'arsenic les plus importantes d'Angleterre ; il est inutile d'y revenir. Remarquons seule-ment, d'une manière générale, que tous les procédés adoptés dans les usines à cuivre pour absorber ou utiliser les déga-gements sulfureux ont par là même pour résultat d'arrêter les dégagements arsenicaux, puisque l'acide arsénieux se condense bien avant l'acide sulfureux. Le procédé saxon, notamment, déjà décrit, fait passer la totalité de l'arsenic dans l'acide sulfurique préparé aux chambres de plomb. Ce dernier acide est ainsi rendu plus ou moins impur, mais ce n'est pas un inconvénient pour plusieurs sortes de fa-

brications. Sans parler même du cas particulier à M. Spence
(traitement des eaux du gaz de l'éclairage), il est clair, par
exemple, que la préparation d'engrais artificiels inaugurée
par M. Vivian, à Swansea, n'a nullement à souffrir de la
présence de l'acide arsénieux dans les liqueurs : la faible
proportion d'arsenite ou d'arséniate de chaux qui reste mêlée
à l'engrais n'a pas d'effet appréciable sur la végétation. On
peut donc dire que c'est dans l'assainissement des dégagements sulfureux que se trouve, de fait, la solution la plus
efficace en ce qui concerne les dégagements arsenicaux provenant du grillage des minerais.

Le même mode de condensation convient également aux diverses opérations chimiques qui mettent en liberté l'arsenic.
On retrouve ce mode employé dans plusieurs fabriques, où
l'on a soin de faire parcourir aux gaz un carnau de quelques
mètres de longueur avant de les lâcher à la cheminée ; de
temps en temps ou pour mieux dire, toutes les semaines,
quand on arrête le feu, on retire à la base de la cheminée,
par un orifice ménagé *ad hoc*, une certaine quantité d'arsenic
en poudre mêlé aux débris de la combustion. En certains
cas, une solution plus radicale a été obtenue par la transformation même du mode de fabrication ; c'est ainsi que
M. Higgin, à Manchester, a assaini la production de l'arséniate de soude. Par la méthode ordinaire, on fait fondre ensemble, comme on sait, l'acide arsénieux avec du nitrate de
soude et de la soude caustique, ce qui entraîne des dégagements arsénicaux abondants ; mais M. Higgin, à Manchester, fait dissoudre d'abord l'acide arsénieux dans
la soude caustique, et ensuite ajoute du nitrate de soude
au mélange, qu'on calcine au four à réverbère : les gaz qui
se rendent à la cheminée contiennent alors de l'ammoniaque
et des vapeurs nitreuses, mais ils sont exempts d'arsenic.

GAZ DE L'ÉCLAIRAGE.

Les procédés d'épuration du gaz de l'éclairage sont bien connus et nous n'avons pas le projet de les décrire. Nous voulons seulement indiquer quelques particularités moins répandues et qui sont relatives, les unes à l'épuration proprement dite, les autres au nettoyage des appareils. On sait en effet qu'au moment de l'ouverture des caisses et des cylindres il se produit de très-mauvaises odeurs, qu'augmente encore la manipulation des matières qu'il faut enlever pour les changer.

Les appareils d'épuration sont à peu près les mêmes partout : ils ne diffèrent que par la nature des substances destinées à arrêter les éléments impurs contenus dans le gaz. La pratique à peu près universelle a fini par consacrer l'usage du coke arrosé d'eau pour absorber l'ammoniaque, et de la chaux et de l'oxyde de fer pour fixer l'hydrogène sulfuré. Toutefois on a essayé depuis quelques années, en Angleterre surtout, divers réactifs nouveaux qui paraissent propres à rendre des services. L'un de ceux qui a donné les meilleurs résultats est une solution de litharge dans la soude caustique ; on en imbibe de la sciure de bois, avec laquelle on enlève les dernières traces d'hydrogène sulfuré. Cette poudre, après avoir servi, reprend en quelques heures, par l'exposition à l'air, sa couleur et ses propriétés primitives, et peut ainsi fournir une campagne de huit à dix mois. A Littleborough, petite ville près de Manchester, où cette substance est employée par M. Newall, d'après les indications du docteur Angus Smith, le gaz traverse, indépendamment des réfrigérants et du condensateur : 1° un mélange de sulfate de fer et de carbonate de soude ; 2° de la chaux ; 3° neuf couches successives, de 4 centimètres chacune, de sciure de bois préparée comme il vient d'être dit. L'épuration nous a paru complète, quoique la dernière caisse eût déjà livré passage, depuis la révivifi-

17

cation précédente, à près de 20.000 mètres cubes de gaz par mètre carré.

On peut atténuer les inconvénients dus à l'ouverture des caisses par quelques précautions que le bon sens indique : il va de soi, par exemple, qu'on doit apporter le plus de célérité possible à cette opération, qu'on doit éviter de laisser séjourner la chaux sulfurée à proximité des habitations et qu'on doit étendre l'oxyde de fer à révivifier dans des locaux convenablement abrités pour que les émanations ne risquent pas d'être rabattues par les vents contre les maisons voisines. Mais c'est l'enlèvement de la chaux qui est surtout incommode : elle est ordinairement mise en tas dans les cours à la sortie des appareils et reprise ensuite pour être chargée dans des tombereaux ; ces manipulations ainsi que le transport lui-même donnent lieu à beaucoup d'odeurs. On peut recommander à cet égard la pratique suivie par l'usine à gaz de la ville d'Ypres (Belgique). La chaux impure est immédiatement mélangée avec les cendres des foyers, qui absorbent les odeurs, et le compost ainsi obtenu est entreposé dans une sorte de couloir clos de toutes parts et ventilé de bas en haut. On le vend aux agriculteurs comme engrais, et il est rare que le débit s'en fasse attendre.

Mais ces palliatifs, qui ne s'adressent d'ailleurs qu'à une partie des inconvénients, sont laissés bien loin en arrière par le procédé mis en usage dans l'usine à gaz de la Cité de Londres. Cet établissement dont la production journalière dépasse pendant l'hiver 100.000 mètres cubes de gaz, a dû user de beaucoup de précautions pour se faire tolérer à Blackfriars Bridge, un des quartiers les plus populeux de la Cité. Par des considérations étrangères à l'assainissement, on a été conduit à faire circuler le gaz dans les appareils à l'aide d'une pompe aspirante et foulante, mue à la vapeur, c'est-à-dire que la pompe puise le gaz dans les cornues et le refoule dans le gazomètre à travers les appareils d'épuration, qui consistent : 1° en cinq grands cylindres garnis de coke

arrosé d'eau ; 2° en cinq larges caisses remplies de chaux et
d'oxyde de fer. La faculté d'avoir ainsi sous la main la vapeur et des pompes a suggéré à M. Man, l'habile directeur
de l'usine, l'idée d'employer ces agents à la désinfection.
Pour les cylindres, le moyen est bien simple : il consiste à injecter, par un petit orifice ménagé à la partie supérieure, un jet de vapeur empruntée à la chaudière. L'air
extérieur afflue sous cette impulsion et parcourt le cylindre
de haut en bas pour ressortir par un tuyau qui le lance dans
une caisse d'oxyde de fer, d'où il se dégage dans l'atmosphère, au-dessus du niveau des toitures environnantes. Sous
la double influence de l'air et de la vapeur, le coke est
échauffé et débarrassé de l'ammoniaque, de l'acide sulfhydrique et des autres impuretés qui le souillaient.

L'assainissement des caisses, qui est particulièrement
ingénieux, a lieu avec le secours des pompes. Quand
arrive le moment de vider les caisses, on intercepte la communication avec les cornues et on l'établit avec une petite
caisse spéciale garnie d'oxyde frais. On fait ensuite manœuvrer les pompes à l'inverse de la marche ordinaire[1], c'est-à-
dire qu'on puise du gaz pur aux gazomètres et qu'on le refoule à travers les épurateurs dans la caisse spéciale; celle-ci
est d'ailleurs en relation avec les gazomètres, en sorte que le
gaz pur pris à la cloche y retourne également pur, après
avoir parcouru le cercle entier des appareils. Cette circulation du gaz a pour résultat d'enlever toutes les émanations
qui peuvent se trouver engagées au sein de l'oxyde épuisé
ou dans les vides des caisses et des tuyaux, et de les transporter sur l'oxyde frais de la caisse supplémentaire. Au bout
d'une heure et demie à deux heures de ce nettoyage, on
éprouve le gaz à sa sortie des épurateurs et l'on constate
qu'il est aussi pur que dans le gazomètre lui-même. On peut

---

1. L'emploi des pompes prévient toute élévation de pression dans les
cornues et permet d'employer, sans crainte des fuites, des cornues en grès
de très-bas prix dont les joints sont simplement lutés à l'argile.

dès lors ouvrir les caisses sans inconvénient, car toute odeur a disparu [1].

GAZ DES FOURS A CIMENT, A CHAUX, A BRIQUES, ETC.

La calcination des matières employées à la confection de ces produits communiquent aux fumées des odeurs plus ou moins désagréables qui nécessitent des moyens d'assainissement, variables suivant les cas [2].

1. On sait en effet que l'odeur ne vient pas du sulfure formé dans la couche d'oxyde, par suite de la réaction de l'hydrogène sulfuré sur cet oxyde, mais bien d'une certaine quantité de gaz odorants (hydrogène sulfuré, ammoniaque, etc.) qui restent emprisonnés mécaniquement entre les débris d'oxyde et saturent l'atmosphère intérieure des appareils. On conçoit qu'une heure ou deux de circulation d'un gaz pur suffisent à balayer tous ces éléments étrangers, en sorte que quand on ouvre ensuite les caisses il ne s'en échappe plus que du gaz identique à celui des cloches, c'est-à-dire exempt — comparativement — d'odeurs désagréables.

2. L'incommodité des fumées des fours n'est contestée par personne ; mais il est un point sur lequel l'opinion n'est pas d'accord : c'est relativement à l'influence que ces fumées peuvent exercer sur les plantes. Il n'y a pas longtemps encore que le Comité consultatif des arts et manufactures proposa à l'auteur de ce livre, chargé d'une mission en France et à l'étranger, la question suivante : « Les gaz de pareils fours sont-ils nuisibles à la végétation ? » Voici en substance ce que l'auteur crut devoir répondre :

Les gaz des fours peuvent agir sur les plantes de deux manières : 1° par la haute température à laquelle ils sont portés ; 2° par les éléments nuisibles qu'ils contiennent. En tant que gaz chauds, il ne paraît pas qu'ils aient jamais produit des effets bien sérieux. « L'expérience prouve « tous les jours que les fours à chaux établis à de faibles distances ne « nuisent en rien aux arbres », dit le conseil central d'hygiène du Nord. Nos propres observations en divers lieux confirment cette assertion : nous avons vu souvent une végétation luxuriante autour des fours à chaux ou des fours à briques ; nulle part nous n'avons reconnu qu'elle ait été compromise par leur voisinage. En Angleterre, où le climat doit rendre ce genre d'inconvénients plus sensible, on peut citer cependant nombre de points où les fours n'ont exercé aucune action appréciable. Ainsi à Knottingley, où les fours abondent, dressés pour la plupart dans les excavations d'où la pierre a été extraite, et débouchant au niveau même des terrains cultivés, on voit des haies et des prairies, verdissant à quelques mètres de distance, sans paraître nullement souffrir de ce voisinage. A Ambergate, entre Sheffield et Derby, un massif de 20 fours à chaux, de

C'est surtout dans la fabrication des ciments et de certaines chaux hydrauliques que les inconvénients se font sentir. Entre Londres et Rochester, par exemple, où l'on prépare avec de la chaux et du limon de la Tamise le produit si connu sous le nom de *ciment de Portland*, les odeurs sont très-désagréables et provoquent des plaintes fréquentes. Les gaz nuisibles consistent en hydrogènes carbonés, en hydrogène

très-grandes dimensions, appartenant à la Compagnie Butler, est entouré de verdure à 20 mètres de distance. On n'aperçoit aucune trace de mauvaise influence, quoique les odeurs soient sensibles à près de 2 kilomètres. A Brightside, près Sheffield, les nombreux fours à briques qui couvrent le sol sont au milieu des terres cultivées, et une belle végétation touche le pied de certains d'entre eux. Là où des ravages ont été observés, on les doit, non à la température des fumées, mais à la présence d'éléments étrangers mêlés avec elles. Ainsi sur ce premier chef, les gaz des fours paraissent devoir être innocentés.

Il est cependant des cas particuliers où par suite du concours de certaines circonstances la végétation pourrait subir quelques atteintes. « Le maximum de dommage aurait lieu, nous disait M Chevreul, si les « gaz chauds des fours venaient à frapper la face *inférieure* des feuilles ; « ils agiraient alors non pour brûler mais pour *dessécher* ces feuilles. » Mais pour que cette éventualité se réalise, il ne suffit pas que les fours soient rapprochés des plantes : il faut aussi que leurs fumées se dégagent à un niveau moins élevé. Pratiquement donc, on peut négliger cette cause de dommage.

Reste la question des éléments plus ou moins nuisibles qui peuvent se trouver engagés dans les fumées. On doit d'abord mettre de côté quelques cas exceptionnels où des ravages ont été produits par suite de circonstances tout à fait indépendantes des nécessités habituelles de la fabrication. C'est ainsi, comme nous le citons au corps du texte, qu'aux environs d'Anvers, les fours à briques accumulés en nombre immense, sur une étroite surface de terrain, ont porté atteinte aux végétaux à cause de la proportion inusitée d'acide sulfureux que dégageaient les pyrites contenues dans l'argile ; mais ici l'industrie perd en quelque sorte ses caractères propres et l'on se trouve dans le cas d'un dégagement sulfureux quelconque, comme en entraîne le grillage des pyrites de fer ou de cuivre. Pour s'en tenir aux faits ordinaires, ceux où l'on a affaire à des gaz qu'on peut appeler normaux, il paraît résulter d'observations nombreuses, dont quelques-unes faites avec beaucoup de soin, que l'action de ces gaz est à peu près insensible sur la plupart des végétaux, mais qu'elle est au contraire fort appréciable sur les vignes, et quelquefois jusqu'à 6 ou 800 mètres de distance, non à la vérité pour nuire extérieurement à leur pousse, mais pour communiquer aux raisins et au vin un goût désagréable. C'est là une opinion gé-

sulfuré et en une forte proportion d'oxyde de carbone. Diverses expériences tendant à détruire ces gaz n'ont pas eu de suite. Un seul procédé d'assainissement fonctionne aujourd'hui en grand, chez M. Campbell à Wouldham Valley : c'est celui du Dᴿ Medlock (Pl. XV, fig. 6 et 7). La combustion des gaz y est utilisée pour certains détails de la fabrication,

nérale en Bourgogne; aussi les fours y sont-ils en chômage pendant la florai-son et pendant les deux ou trois mois qui suivent. Plusieurs départements, le Rhône, la Loire-Inférieure, Vaucluse, etc., se sont rangés à cette manière de voir, en l'appuyant de preuves qui lui donnent de la consistance Il n'y a pas longtemps que le tribunal de Lyon opinant dans le même sens, condamnait, après enquête, un chaufournier de Viriou-le-Grand à des in-demnités envers quarante propriétaires de vignobles. Voici comment avait conclu le rapporteur de l'enquête: « Il est demeuré bien évident, dit-il, que « les caractères communs à ces vins, caractères dus naturellement au ter-« roir, à la grêle et, d'autre part, aux engrais, qui sont les mêmes pour tous, « à la saison enfin, ne pouvaient être confondus avec les caractères que pré-« sentent en outre, et en propre, dans le même pays, les vins dont les rai-« sins ont subi l'influence des fours.

« En effet, ces vins, altérés par le goût dit de four à chaux, ont tous « un arrière goût de fumée ou de suie plus ou moins prononcé, et d'au-« tant plus sensible que les ceps qui les ont produits sont plus rapprochés « des fours. Cette influence fâcheuse, enfin, plus évidente dans les vins « purs que dans les vins mélangés, est encore manifeste sur les vins des « vignes situées surtout dans la direction habituelle des vents, à 6 ou « 800 mètres des fours.

« Or c'est à cette fumée de houille qu'il faut rapporter l'origine du « mauvais goût constaté dans les vins : en effet, lorsque j'ai soumis ces « vins à la distillation dans une cornue de verre, j'ai obtenu une eau-de-vie « très-chargée du mauvais goût de fumée ; cette eau-de-vie recohobée « m'a donné à la condensation un liquide à la fois plus alcoolique et plus « odorant, alors que les vinasses et deuxièmes résidus de distillation étaient « à peu près inodores. Le dernier liquide alcoolique, abandonné à l'évapo-« ration spontanée à 20°, m'a laissé un résidu aqueux, débarrassé de sa « senteur spiritueuse, et dans lequel se trouvait condensée une matière « pour ainsi dire impondérable, se colorant à l'air et ayant l'odeur de « fumée.

« Il ne reste pas moins établi que les vins, objet de notre examen, d'après « ce qui vient d'être dit de leurs propriétés organoleptiques et de celles de « leur eau-de-vie par nous retirée, ont subi de la part des fumées de fours « à chaux une influence fâcheuse. » Ces conclusions furent adoptées par le conseil d'hygiène du Rhône et sanctionnées, avons nous dit, par le juge-ment du tribunal.

et paraît avoir déterminé une économie sensible de
charbon. Les fours sont recouverts d'un chapeau à double
paroi, semblable à ceux qui recueillent les gaz des hauts
fourneaux. Les fumées s'engagent dans un tuyau horizontal
qui les dirige sur un feu de coke où l'on introduit un sup-
plément d'air. La combustion s'opère et les flammes s'é-
coulent dans un conduit de 30 à 40 mètres de long, qui chauffe
le plancher de dessication des matières premières, préalablement broyées et mélangées dans l'eau ; de là les gaz s'é-
chappent par une grande cheminée. Afin de rendre l'assainissement plus complet, M. Medlock a conseillé l'emploi d'une
petite chambre de 1 mètre cube de capacité, pleine de coke
mouillé, dans laquelle les gaz se dépouilleraient, avant leur
sortie définitive, d'une portion de leur acide sulfureux. Il a
conseillé également d'activer le dégagement des fours à calciner au moyen d'un ventilateur à palettes.

En France, où cette fabrication a pris depuis quelques années
du développement, on a également lieu de souffrir des odeurs,
surtout quand les matières premières sont d'une nature limo-
neuse, comme certaines argiles fétides qu'on trouve aux environs de Guétary (Basses-Pyrénées). Le premier moyen
d'assainissement consisterait donc, si on le pouvait, à employer de préférence des matières moins impures, telles, par
exemple, que les marnes du terrain crétacé, dont se servent
plusieurs industriels. Mais, même avec ces dernières, on
n'échappe pas entièrement aux inconvénients, en sorte
qu'à défaut de procédés spéciaux, comme ceux que nous
venons de décrire, on doit du moins éviter de se tenir
trop près des habitations et s'efforcer de dégager les fumées à une assez grande hauteur au dessus du sol. A ce
point de vue, les installations sur le bord de la mer sont, en
général, dans de bonnes conditions, car d'une part le lieu est
relativement isolé et d'autre part les falaises permettent de dominer le terrain environnant. A ce propos il n'est pas inutile
de signaler une incommodité particulière que peuvent faire

naître les fabriques du littoral lorsqu'elles font usage
d'eau de mer pour leurs opérations. On l'a observée à
la grande usine de MM. Demarle et Cⁱᵉ, à Boulogne, et
l'on est resté quelque temps sans en découvrir la cause. Cette
usine, où l'on n'employait cependant que des marnes du
terrain crétacé, inondait la vallée de la Liane et une portion
de Boulogne d'un brouillard blanchâtre très-tenace, d'une
saveur acide et piquante. Analyse faite, on trouva que ce
brouillard était en partie formé de sel marin volatilisé et
maintenu dans l'air à l'état globulaire, auquel se joignaient
des poussières diverses et un peu d'acide chlorhydrique
libre. Ces éléments provenaient de l'eau de mer, dont on se
servait pour délayer la pâte et éteindre le coke. Aussi, depuis
six ans, qu'on a prescrit l'emploi de l'eau douce, cette incommodité a disparu.

Indépendamment de toute considération particulière, on
doit rechercher les fours qui réalisent un bon tirage et permettent d'effectuer la combustion à une température suffisamment élevée ; car l'expérience démontre que dans ces
conditions les odeurs sont notablement diminuées. Les nouveaux fours de MM. Demarle peuvent, à cet égard, être
recommandés. L'usine en possède huit qui fonctionnent
dans le voisinage de la ville sans provoquer de plaintes, et
qui offrent une solution satisfaisante dans tous les cas où les
matières premières ne sont pas trop impures. Chaque four
(Pl. XVII, fig. 3) est composé de deux parties : la moitié inférieure, de forme cylindro-conique et haute de 7ᵐ,50, reçoit
les fragments de pâte séchée et le coke; la partie supérieure
ou dôme de 5 mètres de haut, complète le réverbère et forme
au dessus des matériaux une chambre de combustion qui
assure une élévation convenable de température. Le dôme est
surmonté d'une cheminée de 2ᵐ,50 de haut. Grâce à ces
dispositions, les fumées sortent claires et peu odorantes, et
sauf par les temps bas et humides, on ne s'en aperçoit guère
à quelque distance.

Les fours à chaux et à plâtre présentent des inconvénients
analogues, mais moindres : en général il suffit d'activer la
combustion et d'exhausser le dégagement pour les faire
disparaître. Or divers types de fours permettent de réaliser
cet objet. Une des formes qui paraissent donner les
meilleurs résultats et qui a beaucoup d'analogie avec le
four à ciment de MM. Demarle, est due à M. Bidreman,
à Lyon. Le conseil d'hygiène du Rhône le juge avec
une grande faveur : « Grâce, dit-il, à un progrès qui s'est
« accompli dans l'art du chaufournier, les fours à chaux
« pourront n'être plus soumis à des règles rigoureuses (le
« chômage). Un système nouveau, en les rendant fumivores,
« les innocente désormais. » Beaucoup d'industriels de la
ville et des environs font usage de ces appareils. Nous avons
vu ceux que l'inventeur avait fait construire à Vaise, qui
appartiennent aujourd'hui à M. Vurpas ; ils donnent très-
peu de fumée et d'odeur ; en un mot, ils sont à peu près
exempts d'inconvénients pour le voisinage, et quoique au
sein d'un quartier populeux, ils ne soulèvent aucune réclamation. L'inventeur est parti de ce principe que la fumée
des fours à chaux, abstraction faite de la nature du combustible, dépend surtout de la conduite du feu. Quand le
tirage manque dans la première période de la cuisson et que
l'échauffement est inégal dans la masse, deux circonstances
habituelles avec les fours ordinaires, il se produit nécessairement de la fumée. En conséquence, M. Bidreman s'est
attaché à donner à ses appareils une forme plus rationnelle,
imitée de celle des hauts fourneaux. C'est un ovoïde allongé,
d'une capacité de 18 mètres cubes, ayant 2m,50 de diamètre
à la partie la plus large et 1m,25 au gueulard. La paroi intérieure est formée de briques ordinaires et est revêtue à l'extérieur d'une chemise en maçonnerie, ce qui porte l'é-
paisseur totale à 1 mètre au minimum. Le gueulard est
exactement fermé par un couvercle en fonte. Les gaz se
rassemblent dans un carnau annulaire percé d'ouvreaux, qui

règne au dessous du couvercle dans la maçonnerie, et de là sont portés dans une cheminée qui débouche à 12 mètres plus haut, soit à une élévation totale de 27 mètres au dessus du sol. L'ouverture latérale, destinée à l'extraction de la chaux cuite, est également fermée par un volet en fer. La cuisson est continue : la charge s'effectue deux ou trois fois en vingt-quatre heures, et se compose d'un mélange mouillé de pierres calcaires et de combustible menu. M. Vurpas emploie de la houille moyennement fumeuse : la fumée n'est apparente qu'au moment du chargement, et pendant quelques minutes à peine. Cet industriel nous a assuré que ces fours lui donnaient, en outre, une grande économie de charbon, soit près de 40 p. 0/0.

La cuisson des briques est encore plus inoffensive que celle de la chaux et du plâtre. Nous connaissons cependant une circonstance où cette industrie a causé de grands dégâts : aux environs d'Anvers, entre Boom, Niel, Hémixem où les fours à briques sont concentrés en nombre immense, le territoire a été dévasté sur plusieurs kilomètres. Une commission, composée de trois membres du Conseil supérieur d'hygiène publique, constata que les plaintes de la population étaient très-fondées. « En effet, dit le rapport, il « s'échappe presque continuellement des fours en travail une « fumée brûlante, épaisse et suffocante qui, jetée dans l'air « à quelques mètres seulement du sol, rend les maisons « littéralement inhabitables et détruit la végétation. » Cette fumée, qui comprend tous les principes qui se dégagent ordinairement de ce genre de fours, est plus particulièrement chargée ici d'acide sulfureux par suite de la grande quantité de pyrites contenues dans la terre employée [1]. Aussi le pays est-il couvert d'un brouillard bleuâtre qui rappelle par son odeur celui qui environne les fabriques de cuivre. La mesure à

---

1. Ces pyrites sont si abondantes qu'on donne une prime aux ouvriers qui en débarrassent l'argile.

laquelle on s'est arrêté ne tend à rien moins qu'à transformer cette industrie en faisant disparaître les petits producteurs pour conserver seulement les grands exploitants. En effet, les fours sont désormais assujettis à émettre leurs fumées à 30 ou 40 mètres au-dessus du sol, ce qui entraîne un remaniement complet dans le système du four lui-même. La fabrique de M. Plottier, à Hémixem, offre un bon type des nouvelles dispositions. Les fours, au nombre de cinq, ont chacun la forme d'une arche de pont fermée sur ses deux faces d'avant et d'arrière par deux murs en maçonnerie ; le vide ainsi enveloppé est occupé par le chargement de briques. La hauteur du four est d'environ 8 mètres. Immédiatement au dessous de la voûte, du côté opposé à la porte d'entrée, un orifice livre passage aux fumées qui descendent par un carnau jusqu'à la rencontre du canal souterrain qui débouche à une cheminée d'une trentaine de mètres. La marche des fours est très-régulière, et M. Plottier trouve que, tout compte fait, l'installation de la cheminée constitue un avantage pécuniaire dès qu'on a quatre ou cinq feux en activité. On voit qu'encore ici la solution a consisté à améliorer les conditions de la combustion et du dégagement. De tels agencements sont évidemment utiles partout, mais ils sont moins indispensables dans les circonstances ordinaires, c'est-à-dire avec des argiles faiblement pyriteuses. On peut se borner le plus souvent à surmonter l'ancien four d'une cheminée de dégagement de 2 à 3 mètres de haut.

FUMÉES PLOMBEUSES.

Nous entendons par cette dénomination les fumées qui sortent des appareils dans lesquels on fond du plomb ou des composés plombifères, et qui entraînent toujours avec elles une certaine proportion de ce corps dangereux. Le plomb n'est ordinairement pas le seul élément nuisible de ces dégagements : il s'y trouve, la plupart du temps, divers gaz plus ou moins

insalubres, et entre autres l'acide sulfureux dans les usines
où l'on traite la galène. Mais c'est spécialement le plomb que
nous avons en vue ici, ayant déjà indiqué ce qui concerne
ces divers gaz.

Les émanations plombeuses n'exercent pas leur influence
au loin, car les composés dans lesquels le plomb se trouve
engagé se déposent assez promptement ; mais dans le voisinage immédiat des usines, les inconvénients peuvent être
très-grands, à cause des propriétés toxiques que ces dépôts
communiquent aux corps qui les reçoivent. L'intérêt des industriels est d'accord avec celui de l'hygiène pour retenir la
plus forte partie possible de ces émanations, car le plomb a
beaucoup de valeur et la quantité entraînée représente pour
eux une perte pécuniaire considérable. Aussi dans la plupart des grandes fabriques trouve-t-on des agencements
destinés à dépouiller les fumées de leur plomb par
une condensation graduelle sur le parcours, ainsi qu'on
le pratique pour l'acide arsénieux. Un des établissements où les meilleures précautions ont été prises
— quoique cet établissement soit loin d'être un des plus
considérables — est celui de MM OEschger, Mesdach et Cⁱᵉ,
à Biache Saint-Vaast. Les ateliers sont parcourus souterrainement par une galerie de 1ᵐ,20 de large sur 1ᵐ,75 de haut,
qui reçoit, chemin faisant, les flammes de tous les foyers, et
aboutit à une cheminée de 2 mètres de diamètre à la base et
52 mètres de haut (Pl. VI, fig. 1). Avant son déboucher, la galerie se renfle en une chambre de condensation, longue de 14 mètres, large de 8 et haute de 2, divisée
en quatre compartiments par des cloisons qui forcent les
fumées à circuler alternativement de bas en haut et de haut
en bas. Le développement total de cet ouvrage souterrain est
de près de 250 mètres. Il condense les vapeurs plombeuses
avec une grande puissance, au point qu'à l'époque où l'on
traitait annuellement 5.000 tonnes de minerai du Chili, contenant environ moitié de plomb, on retirait de l'appareil 60

tonnes de crasses, renfermant 15 tonnes de métal, soit près des deux tiers de 1 p. 100 du plomb total passé aux fourneaux. C'était un sérieux bénéfice pour l'usine : aussi se proposait-on de doubler le développement des conduites, ce qui aurait sans doute permis de retirer encore 6 ou 7 tonnes de métal. Mais les nouveaux traités de commerce, en restreignant les opérations de l'usine, ont fait renoncer à ce projet.

M. Lepan, à Lille, qui ne traite pas les minerais, mais qui fabrique sur une grande échelle les tuyaux de plomb, a reconnu également l'opportunité d'adapter aux chaudières de fusion un appareil condensateur. A cet effet, il a ménagé près du massif des chaudières à vapeur, et en communication avec le cendrier, une chambre souterraine de 4 mètres de long, 3 mètres de large et 1m,50 de haut, dans laquelle aboutissent tous les tuyaux d'échappement des hottes qui recouvrent les chaudières. Cette disposition, quoique fort simplifiée, paraît suffire aux nécessités moindres de cette exploitation.

HUILES MINÉRALES.

La fabrication des huiles minérales a pris une grande extension. On les obtient avec l'huile de pétrole, le bog-head d'Écosse, le goudron de houille. La distillation de ces matières donne des produits volatils d'une odeur fort incommode. Mais ici encore l'intérêt du fabricant est d'accord avec ceux de l'hygiène pour faire rechercher une bonne condensation. Aussi la proportion des vapeurs perdues est-elle en général peu considérable. Toutefois, quelque soin qu'on y apporte, certains gaz, tels que l'hydrogène sulfuré, mêlés aux essences proprement dites, échappent à la condensation.

Dans les usines bien tenues, non-seulement on ne laisse pas ces gaz se répandre dans les ateliers, mais on cherche à les réduire le plus possible avant de les lâcher au dehors. Les

moyens employés consistent dans une condensation supplémentaire et dans la combustion. Chez MM. Washer et Cⁱᵉ, à
Hémixem, où l'on a donné beaucoup d'attention au sujet, les
vapeurs les plus combustibles sont recueillies dans un
gazomètre, pour être utilisées à l'éclairage de l'établissement, et le reste du dégagement est dirigé à travers une
série de trois ou quatre caisses à eau et ensuite brûlé dans
les foyers de distillation. Les gaz, au sortir de la dernière
caisse, ne renferment qu'une très-faible proportion de
vapeurs combustibles, de façon que toute chance d'accident
est écartée. Une disposition analogue, mais moins soignée,
fonctionne dans l'usine de MM. Knab et Cⁱᵉ, à la Mar-
quette (Haute-Garonne). Dans la majorité des établissements, on néglige la combustion ; on se borne aux caisses
à eau et l'on évacue ensuite la petite quantité de gaz
restants de manière à ce que les ouvriers soient complétement préservés de leur contact. A cet effet le récipient
où tombent les liquides est hermétiquement clos et
est pourvu au couvercle d'un tube de dégagement qui
s'élève au dessus de la toiture. D'autres fois c'est le tuyau
abducteur des liquides qui porte le tube de dégagement,
tandis que lui même plonge au fond du récipient de
manière à ce que son extrémité soit toujours recouverte par
le liquide. La très-légère pression qui s'établit alors dans
l'intérieur du tuyau suffit à déterminer l'échappement des
gaz par le tube vertical. La première disposition ou la fermeture du vase est évidemment préférable pour peu que les liquides émettent des vapeurs inflammables. Mais, au fond,
rien ne vaut les soins apportés à la fabrication elle-même :
avec de bons appareils distillatoires et des serpentins bien
alimentés d'eau froide, les uns et les autres étant en rapport
avec le travail qu'on leur demande, on en arrive à rendre la
proportion de gaz tout à fait insignifiante. Nous avons vu à
l'île des Dogues (Poplar), près Londres, une fabrique d'huile
de paraphine, appartenant à M. Price, et où, grâce aux indi-

cations du docteur Keath, la condensation est si bien organisée que le tube de dégagement peut souvent être fermé sans qu'on s'en aperçoive dans l'atelier.

Il se produit aussi des odeurs désagréables, au moment du déchargement des alambics et de l'extinction des résidus. Pour éviter d'ouvrir les appareils, MM. Évrard et Paix, à Courchelettes (Pas-de-Calais), extraient le brai avec une pompe qu'on introduit dans un orifice ménagé à cet effet et fermant à vis. A Dieppe, MM. Robert, Galland et Cⁱᵉ ont fait usage, pour la distillation du bog-head, de cornues verticales se déchargeant, par la partie inférieure, dans une sorte de souterrain, d'où les vapeurs sont appelées dans une cheminée spéciale.

Un danger plus grand que celui des mauvaises odeurs, est le danger d'incendie. Nous indiquerons succinctement les dispositions prises dans quelques établissements. A Courchelettes, par exemple, un premier soin consiste à enterrer les barriques de pétrole, dès leur arrivée. Le magasin est ainsi remplacé par une aire de terre meuble, au sein de laquelle les fûts sont déposés et soustraits au contact de l'air. On les reprend un à un, au fur et à mesure des besoins. Les alambics distillatoires, dans la même fabrique, sont parfaitement agencés. Enfermés jusqu'à mi-hauteur dans un massif en maçonnerie, ils s'étendent sur tout un côté long d'une chambre spéciale, isolée à la fois des appareils de condensation et des foyers. Ceux-ci ouvrent dans une galerie voûtée qui règne en contre-bas des alambics, parallèlement au massif ; c'est exclusivement par là que se fait le service des grilles et que l'air est fourni à la combustion. Si un alambic venait à crever, les huiles se répandraient dans la galerie ; aussi les mesures sont-elles prises pour que les deux extrémités de la galerie puissent être fermées instantanément en cas de sinistre : tout afflux d'air manquant ainsi au foyer, l'incendie s'éteindrait bientôt de lui-même. Comme complément de cette disposition on a installé un tube de vapeur au moyen duquel on pourrait créer promptement une atmosphère artificielle dans l'ensemble du local clos de toutes parts. Il va de soi que l'éclairage, dans les divers ateliers, a lieu à travers des châssis vitrés. Des précautions recommandables, quoique moins complètes, ont été prises par M. Daniel dans sa fabrique de Mazargues. Le chauffage et l'éclairage y sont dans de bonnes conditions d'isolement ; les lampes, séparées par une glace épaisse, sont logées dans l'épaisseur du mur et envoient leur fumée au-dessus du toit, par un petit conduit ménagé dans la maçonnerie ; enfin, entre la grille et le fond des alambics s'étend une sorte de table horizontable, de manière à préserver ceux-ci du rayonnement direct du combustible.

Une amélioration d'un autre genre et plus radicale a été réalisée dans le département du Nord par M. G. Dehaynin. Les goudrons sont distillés dans ses usines, non plus à feu nu, mais à la vapeur, employée extérieurement comme chauffage et intérieurement en barbottage. Cette vapeur, même à haute pression, serait insuffisante, si elle agissait seule, pour opérer la distillation des produits ; mais une pompe pneumatique maintient dans tout l'appareil un vide assez parfait pour faciliter notablement cette distillation. Les produits inégalement volatils sont d'ailleurs condensés dans des vases spéciaux, comme par le procédé ordinaire. Toute chance d'incendie est ainsi écartée dans la partie la plus dangereuse des opérations.

Le danger d'incendie ne menace pas seulement les fabriques d'huiles minérales : mais il s'étend à tous les locaux où ces matières sont simplement entreposées et maniées. Des accidents récents, dont quelques-uns d'une terrible gravité [1], donnent un intérêt particulier aux moyens de nature à les

---

1. Entre autres celui de Bordeaux, en 1867, qui a coûté la vie à plus de cinquante personnes, celui de New-York, même année, qui a consumé plusieurs centaines de mille barils d'huile et mis le feu à une multitude de navires, un autre accident à Bordeaux, en 1869, qui a entraîné l'incendie du port ; etc.

prévenir. Une des causes qui contribuent le plus à les faire
naître, c'est le transvasement à l'air libre des huiles inflammables. Le système de M. Chiandi, qui a été mis en avant
dans ces derniers temps, paraît de nature à rendre de grands
services pour l'emmagasinage et le transvasement, pratiqués
soit sur une petite, soit sur une grande échelle. Il consiste
essentiellement à renfermer les huiles dans l'intérieur d'une
cloche en tôle, logée elle-même dans une enceinte en maçonnerie imperméable à l'eau, et dont la profondeur dépasse un
peu la hauteur de la cloche. Celle-ci est entièrement semblable à une cloche de gazomètre, sauf qu'elle est fixe. On
y introduit ou on en retire l'huile par le simple jeu des différences de pression exercée sur l'huile et sur l'eau. L'appareil
peut également servir en petit. Voici, entre autres, deux
expériences faites sur les grands réservoirs de MM. Bizard et
Labarre, à Marseille, qui peuvent contenir chacun 9.000
hectolitres d'huile.

Dans la rigole où le pétrole sortant des fûts est reçu pour
pénétrer dans le réservoir au moyen d'un tube, on a versé
300 litres de pétrole, et on l'a enflammé, le réservoir ayant
été rempli au préalable. Les flammes, couvrant plusieurs
mètres carrés de terrain, s'élevaient à une très-grande hauteur ; l'enduit en ciment du mur latéral éclatait, et rien ne se
passait dans l'appareil. On a fait plus, et, tandis que cet
ardent foyer était en pleine ignition, on a ouvert le tube servant à l'introduction de l'huile dans le réservoir : le pétrole
enflammé y pénétrait, mais à 20 centimètres de l'entrée la
flamme s'éteignait faute d'air.

La préparation des mastics se rattache naturellement à cette
industrie. Les vapeurs dégagées pendant la cuisson rappellent
celles du pétrole. Jusqu'ici, le seul procédé employé consiste à les lancer dans le foyer. Chez M. Knab et Cie, à Ivry,
les chaudières sont surmontées d'une calotte mobile, débor-
dant de 30 centimètres environ le rebord des chaudières.
Sauf pendant la période du chargement et celle du brassage,

18

qui durent moyennement un quart d'heure chacune, la calotte est abaissée sur la chaudière et emprisonne en même temps un orifice ménagé dans le massif, par lequel les vapeurs vont sous la grille. Mais comme on n'a interposé ni caisse à eau ni toiles métalliques, il arrive de temps en temps des explosions.

VERNIS, ÉMAIL, ENCRE D'IMPRIMERIE, ETC.

La préparation de ces produits développe des odeurs âcres et pénétrantes ; il est utile d'en préserver les ouvriers et le voisinage.

Le moyen élémentaire, usité dans un grand nombre d'établissements, est de faire passer les vapeurs à travers un foyer. Les détails d'exécution varient d'ailleurs au gré des industriels. Ainsi, à la fabrique de vernis de MM. Schneizer, Spong et Cie, à Londres, on a adopté une disposition efficace, mais un peu compliquée, que nous ne relatons que parce qu'elle peut s'harmoniser quelquefois avec la forme du local. L'atelier est circulaire et est surmontée d'une toiture en entonnoir. Il est divisé en deux compar_timents inégaux par une cloison commençant à 1^m,40 au dessus du sol. Dans l'un, sont toutes les cuves à fondre; dans l'autre, se tiennent les ouvriers protégés par la cloison comme par une hotte de cheminée. Les vapeurs s'élèvent dans l'espace qui leur est réservé et rencontrent au sommet du toit un foyer qui les brûle. Nous préférons de beaucoup l'installation de M. Courtois, dans sa belle usine de cuirs vernis de Pantin. On s'y est préoccupé à la fois des odeurs et du danger d'incendie, et l'atelier de cuisson du vernis est disposé à ce double point de vue. Les foyers ouvrent dans une pièce entièrement séparée des chaudières de fusion ; on évite ainsi ces chances nombreuses d'accident qui résultent du service de la grille et du maniement des matières combustibles dans un même local. Quant aux chaudières de fusion, entretenues en parfait état de propreté, elles sont surmontées de chapeaux en tôle, qui envoient les vapeurs à la base de la cheminée des générateurs, haute de 33 mètres. Le tirage est si énergique, que l'air extérieur afflue dans l'ouverture ménagée sur le devant de la hotte pour les besoins du travail. On remarquera toutefois que la combustion des vapeurs est moins complète que si elles passaient dans un foyer. Dans l'espèce, il n'en résulte pas d'inconvénient parce que le volume des gaz inertes auxquels ces vapeurs se trouvent mêlées est très considérable et qu'en outre le point d'émission est à un niveau élevé. Mais si au lieu de la puissante cheminée des générateurs, on ne disposait, par exemple, que de la cheminée des foyers de cuisson eux mêmes, il faudrait envoyer les vapeurs sous la grille.

Une classe plus intéressante de procédés d'assainissement repose sur un mode d'utilisation des vapeurs ou sur des réactions chimiques qui tendent à en prévenir la formation. Un exemple des premiers est fourni par MM. Wilkinson, Heywood et Cie, à Londres, qui appliquent un procédé patenté par eux (Pl. XVI, fig. 1 et 2). Chaque cuve est sumontée d'un couvercle concave dont le centre est percé d'un orifice de 10 centimètres, par lequel l'ouvrier agite le mélange. Les vapeurs se rassemblent dans le haut, entre le bord de la cuve et celui du couvercle, d'où elles s'écoulent dans un conduit général qui communique à l'appareil de condensation placé en plein air. Cet appareil, assez semblable à un jeu d'orgues, se compose de dix-huit tuyaux verticaux communicants, de 3 mètres de haut, 12 à 14 centimètres de large, disposés sur deux rangées parallèles. Le dernier est en relation avec un ventilateur à palettes qui produit une aspiration énergique dans tout le système et fait affluer les vapeurs des cuves, mélangées à l'air atmosphérique qui pénètre par l'orifice des couvercles. Pendant le parcours les vapeurs s'oxydent rapidement et se rassemblent au bas des tuyaux en un liquide noirâtre, de composition mal définie, qui devient l'objet de

manipulations ultérieures dont ces industriels gardent le
secret. A Wolverhampton, MM. Mander emploient les
mêmes procédés, avec quelques modifications dans l'appareil condenseur, qui n'en altèrent pas le principe.

Une méthode de fabrication, destinée à prévenir les dégagements, est appliquée à Nantes, par MM. Desguiraud et Cⁱᵉ.
Ce procédé, tenu secret par les inventeurs, fait disparaître,
paraît-il, tous les inconvénients de la fabrication du vernis
par le mode ordinaire. Il consiste à dissoudre le copal à
froid, ce qui évite à la fois la carbonisation et le dégagement
des vapeurs, et à opérer le mélange des substances à une
température qui ne dépasse pas 30 degrés. Ce perfectionnement a paru assez radical, pour que le conseil d'hygiène de
Nantes ait écarté en sa faveur les nombreux motifs d'opposition qui avaient été présentés contre l'installation de cette
fabrique au milieu de la ville.

Les fabricants d'encre d'imprimerie, faisant le plus souvent
leur vernis eux-mêmes, ont été conduits à des dispositions
analogues, quoique en général moins soignées, parce que la
fusion du vernis n'est qu'un détail de leur fabrication. Ils se
bornent ordinairement à couvrir chaque chaudière d'une
petite hotte qui envoie les vapeurs dans le foyer ; mais quand
on laisse tomber le feu, l'aspiration est insuffisante pour préserver les ouvriers.

Les chambres à faire déposer le noir de fumée qui entre
dans la composition de l'encre, sont pourvues d'ouvertures
par lesquelles s'échappent des vapeurs très-désagréables,
mêlées à de la suie. Plusieurs fabriques d'encre d'Islington
(Londres) ont été forcées de surmonter ces ouvertures de
cheminées dans lesquelles on interpose une toile métallique
serrée pour arrêter les particules charbonneuses. Quand on
calcine le noir pour détruire les derniers restes de matière
huileuse, la vapeur est encore pire et irrite fortement les
yeux. Les mêmes précautions ne suffisent plus ; on fait alors
passer à travers un feu, avant de les envoyer dans l'atmos-

phère, tous les gaz qui sortent des chambres à déposer.

L'industrie des toiles goudronnées se rattache par ses inconvénients aux précédentes, car les étuves de séchage dégagent des odeurs analogues à celles du vernis. L'un des établissements où l'on s'est le plus préoccupé de les combattre est celui de MM. Yvos Laurent, à Garges (Seine-et-Oise). Trois salles pareilles, de 10 mètres de long sur 8 mètres de large, sont chauffées au moyen d'un calorifère souterrain. Le système de chauffage est double ; il comprend: 1° des carnaux dans lesquels circulent les flammes ; 2° des tuyaux qui émettent dans les salles de l'air chauffé. L'expulsion hors des salles de l'air et des buées qu'il entraîne avec lui en passant sur les toiles, a lieu par un orifice ménagé au milieu du plafond et communiquant par une trappe mobile avec un tuyau qui débouche sous le cendrier du calorifère.

DISTILLATION DES BOIS.

Cette opération, effectuée généralement en vue d'obtenir l'acide pyroligneux, donne lieu à des produits gazeux assez complexes, les uns délétères, les autres simplement à odeurs désagréables. Les moyens employés pour en préserver le voisinage consistent à la fois dans la condensation et la combustion.

La fabrique de M. Boyer, à Grenelle (ancienne maison Boutin et Cie), est une de celles où les précautions sont les plus complètes. L'appareil distillatoire est formé de cinq à six chambres en tôle de $1^m,50$ de long sur $0^m,60$ de large et autant de haut, destinées à recevoir le bois. Les vapeurs sortent par une ouverture supérieure et se rendent dans un très-long tuyau en cuivre, appendu le long des murs de l'atelier, dans lequel se fait la condensation. A l'extrémité de ce tuyau, les gaz non condensés, oxyde de carbone, hydrogène carboné, etc., sont ramenés dans le foyer, où leur emploi économise une grande quantité de combustible. Chez M. Camus, à Ivry, le bois

est enfourné dans de grands cylindres mobiles d'une contenance de 10 à 11 stères, qu'on manœuvre à la grue et qu'on
loge verticalement dans de grands fours. Au-dessus de ces appareils règne une grande hotte conique surmontée d'une cheminée pour dégager les fumées et les vapeurs qui s'échappent
des cylindres, surtout au moment de l'entrée et de la sortie.
Les gaz provenant de la distillation sont d'ailleurs condensés
et brûlés comme chez M. Boyer. Chez M. Hardel, à Dieppedale-lez-Rouen, la perte de ce gaz est réduite au minimum. Le
réfrigérant est pourvu d'une abondante circulation d'eau, et
le tuyau d'échappement débouche dans un cendrier, qu'on
entr'ouvre juste ce qu'il faut pour fournir le complément
d'air nécessaire à la combustion ; aussi ne sent-on aucune
fuite de gaz dans l'atelier.

A cette opération se rattache la torréfaction de l'acétate
brut, laquelle a, comme on sait, pour objet de dépouiller ce
sel des matières goudronneuses dont on n'a pas réussi à pri-
ver complétement l'acide pyroligneux par des distillations
multipliées. Le meilleur moyen d'assainissement consiste à
enlever préalablement, par la voix humide, la plus forte
portion possible de goudron. Ce résultat est d'ailleurs tout
en faveur du fabricant ; car, ainsi que le fait remarquer jus-
tement M. Bouchardat, il facilite l'opération délicate de la
fusion de l'acétate. M. Boyer a soin de purifier ses sels par
des lavages et un égouttage forcés, dans un appareil centri-
fuge semblable à celui qui est en usage dans les sucreries
et les raffineries de sucre.

GÉLATINE, COLLE FORTE, GRAISSE, SUIFS, ETC.

Dans la préparation de ces matières et de plusieurs autres
du même genre, il se développe pendant la période d'ébullition des odeurs nauséabondes. Ces odeurs ne sont point inhérentes à la nature de l'industrie, mais elles sont dues à
l'une des causes suivantes : 1º à ce que les matières ne sont

pas employées à un suffisant état de fraîcheur, 2° à ce que les appareils sont mal entretenus et retiennent souvent des débris en décomposition, 3° à ce que les locaux bas et mal aérés favorisent la fermentation de la viande, 4° enfin à ce que la cuisson s'effectue dans de mauvaises conditions, de telle sorte que des portions de matières se trouvent plus ou moins carbonisées. Quand toutes ces causes sont évitées, les dégagements n'ont plus guère que l'odeur *sui generis* des préparations culinaires et sont dès lors fort tolérables. Leur émission au dessus du toit de la fabrique peut en général avoir lieu sans provoquer de plaintes.

Le moyen le plus naturel et sans doute aussi le plus profitable pour l'industriel, d'assainir les opérations, consiste donc à les pratiquer avec des soins convenables. L'exemple de diverses fabriques montre bien ce qu'on peut obtenir ainsi, et sans qu'il soit nécessaire de recourir à des dispositions plus ou moins compliquées. Tel est le cas de la fabrique de gélatine et de colle forte de M. Coignet, à Saint-Denis, où la préparation de ces produits excite aussi peu que possible la répugnance ; les appareils y sont presque dissimulés aux regards, et aucune odeur ne trahit la présence des matières animales. L'ébullition s'effectue dans des chaudières autoclaves, chauffées à la vapeur, à près de deux atmosphères. L'opération finie, on ouvre un tube de sortie, dans lequel la pression intérieure refoule la gélatine liquide et la renvoie à des bâches situées quelques mètres plus haut. Des tuyaux de distribution la reprennent dans ces bâches et la conduisent aux appareils de concentration, où elle est transformée en colle forte. Ces appareils, dont il a été déjà question dans la première partie de ce travail, consistent en caisses rectangulaires découvertes, parcourues horizontalement par un réseau de tubes à vapeur appliqués sur le fond, et surmontées de hottes en bois. Celles-ci parfaitement ajustées, descendent très-bas sur les appareils, qu'elles recouvrent exactement, et débouchent au-dessus du toit à une quinzaine de

mètres d'élévation. Tout cela est propre, soigné, bien entre-
tenu, et ne rappelle pour ainsi dire en aucune façon l'industrie qui y est exercée.

Le même mode de cuisson, dans des chaudières autoclaves
à la vapeur, commence à se généraliser pour l'extraction des
graisses et des suifs. A l'abattoir municipal d'Aubervilliers, les chevaux dépecés sont chargés dans des cylindres
à double fond, dans lesquels on fait arriver de la vapeur à
trois atmosphères et au delà ; chaque cylindre contient sept,
huit, et même dix chevaux. On chauffe pendant cinq ou six
heures ; les liquides se rassemblent entre les deux fonds et
sont recueillis par un robinet placé à la partie inférieure. Les
odeurs ne se dégagent qu'accidentellement par les soupapes,
pendant la cuite et au moment du déchargement ; mais le
désagrément est beaucoup moindre que dans les appareils
chauffés à feu nu. Il y a toutefois à remarquer que si le dégagement accidentel par les soupapes est peu considérable
dans des établissements aussi bien conduits que celui d'Aubervilliers, on ne saurait en dire autant de la plupart des
usines privées ; les couvercles ne tardent pas à se déformer
sous les chocs violents qu'ils reçoivent dans des manœuvres
répétées, et avec l'échappement continu de vapeur qui en
résulte à travers leurs joints, les chaudières finissent par
fonctionner réellement à simple pression.

Quand les opérations n'ont pas lieu en vases clos et que
pour une cause ou pour une autre les dégagements sont de
nature à incommoder, il faut recourir à des dispositions spéciales pour les entraîner et les détruire. Dans la fabrique
de gélatine de M. Vickers, à Manchester, où les chaudières
ne sont pas autoclaves, mais simplement fermées par un couvercle, les vapeurs s'engagent, par une ouverture latérale,
(Pl. XV, fig. 8 et 9) dans un conduit commun où circulent
les flammes des foyers. L'aspiration est assez énergique pour
entraîner, non-seulement toutes les vapeurs, mais encore
une certaine quantité d'air dont l'accès est ménagé à l'ori-

gine de chaque tuyau de dégagement. La combustion s'opère dans l'intérieur du conduit, et les gaz arrivent à la cheminée presque désinfectés. Nous disons *presque*, parce que la combustion est moins complète que si les vapeurs traversaient un foyer de coke. Cette dernière disposition a été adoptée à l'usine de Morecambe, près Lancaster, où la gélatine commune est préparée avec des os de qualité inférieure, venant d'Australie, et des débris de poissons. Les odeurs étaient primitivement intolérables et provoquaient beaucoup de plaintes. Chaque chaudière a maintenant deux ouvertures, l'une communiquant avec le dehors, par laquelle entre l'air, et l'autre débouchant dans le cendrier, où l'on fait varier à volonté le tirage. Des dispositions analogues sont appliquées dans plusieurs établissements d'Islington (Londres). Chez M. John Atcheler, par exemple, où l'on abat les vieux chevaux pour en faire bouillir la viande et extraire la graisse, chacune des six chaudières brûle ses vapeurs sous son propre foyer. Dans l'importante fabrique de savons de MM. Convan et fils, à Barnes, les chaudières à préparer la graisse sont alignées, au nombre d'une vingtaine, le long du mur de l'atelier ; elles communiquent toutes avec un tube horizontal qui conduit les vapeurs sous un foyer spécial.

Dans les fonderies de suif où l'on opère à haute pression, on adapte à la chaudière autoclave un condenseur spécial dans lequel les vapeurs odorantes viennent se réunir, au lieu de rester engagées dans le suif qu'elles déprécieraient. Un des appareils les plus usités est celui de M. Fouché (Pl. VI, fig. 3), qui consiste essentiellement en deux vases communiquants de grandeur très-inégale. Le plus grand compartiment, ou chaudière proprement dite, a moyennement $1^m,60$ de diamètre sur $1^m,10$ de haut ; tandis que le plus petit ou condenseur a $0^m,25$ de diamètre sur $0^m,50$ de haut. Ce dernier est aux deux tiers plein d'eau, qu'on renouvelle de temps en temps, à mesure que les vapeurs émanant de la chaudière et venant en partie s'y absorber, la chargent d'éléments plus ou moins fétides. On reproche toutefois à cet appareil de ne pas favoriser assez la condensation, et de faire dissoudre une partie des mauvaises odeurs par le suif lui-même. Aussi M. Moquet, qui dirige l'importante fonderie de madame Vᵛᵉ Touchais fils et Cⁱᵉ, à Nantes, a-t-il apporté des modifications importantes, dont il se montre également satisfait au point de vue de l'hygiène et au point de vue de la qualité des produits (Pl. VI, fig. 2). Le principe est resté le même, en ce sens que l'autoclave communique toujours avec un condenseur; mais celui-ci est formé par un grand tonneau, d'une capacité décuple, rempli d'eau, au fond duquel plonge le tube de dégagement. Le couvercle ou chapeau en entonnoir, exactement vissé, est pourvu à son centre d'un petit tuyau débouchant à la cheminée des foyers. Les vapeurs, qui échappent à la condensation traversant le liquide dans le tonneau, se rassemblent sous le couvercle et y rencontrent, avant de s'engager dans le tuyau de sortie, une pomme d'arrosoir dont la pluie fine les rabat dans le tonneau. Par ces diverses précautions, toute odeur est supprimée.

Certains établissements de premier ordre préfèrent se passer de condenseur et opérer à la pression ordinaire, afin d'obtenir des suifs encore plus exempts d'eau et de vapeurs odorantes. En ce cas, pour dépouiller le dégagement des émanations qu'il charrie, il est nécessaire, si l'on a recours à une pluie d'eau froide, de donner à ce moyen encore plus de force que chez madame Touchais. Une des installations les plus efficaces que nous ayons vue est celle de la fabrique de bougies de M. Price à Battersea (Londres). Dans cette fabrique, la plus vaste du Royaume Uni, où l'on prépare sur une immense échelle non-seulement les bougies stéariques et minérales, mais encore toutes sortes d'huiles et d'essences, on a dû prendre de grandes précautions à cause des réclamations du voisinage. La fonte des suifs bruts s'opère dans de grandes cuves surmontées de couvercles plats en plomb, rivés aux pa-

rois et parfaitement hermétiques (Pl. XV, fig. 10). Au milieu
du couvercle, un orifice quadrangulaire, de 80 centimètres
de côté, pourvu d'une fermeture à eau, permet le service de
la cuve. Sur le couvercle est implantée la plus courte branche
d'un tube en U renversé, de 15 centimètres de diamètre,
dont l'autre branche d'environ 4m,50 de longueur descend
sous le sol de l'atelier et débouche dans une conduite. Au
bas du tube un petit tuyau en communication avec une
pompe foulante lance violemment de bas en haut une pluie
d'eau froide à travers une pomme d'arrosoir. Les vapeurs de
la cuve, au contact de cette eau très-divisée, se condensent instantanément, et le liquide qui retombe, chargé de tous les
miasmes, va se perdre à la Tamise. Il ne règne aucune
odeur dans l'atelier ni au dehors; et cependant ces vapeurs
sont de leur nature tellement pénétrantes qu'à la moindre
fuite des appareils, il faut apporter des baquets de chlorure
de chaux pour rendre le séjour de l'atelier supportable. Le
seul point défectueux dans cette usine est le chargement des
cuves ; aucune disposition n'est prise pour prévenir les dégagements. Il est vrai que c'est une opération de courte durée,
qu'on a soin d'ailleurs d'effectuer pendant la nuit.

Il est des cas où la nature du travail ne permet pas que les
vases soient découverts. Ainsi à la fabrique de graisses industrielles de M. Évrard, à Douai, la cuve dans laquelle
s'effectue la combinaison des matières, et d'où se dégagent
des vapeurs très-odorantes au moment de la saponification,
ne pourrait être maintenue close, car il faut que l'on puisse
à certains moments brasser le mélange. Elle est donc surmontée d'un couvercle demi-cylindrique en fonte, mobile
autour de charnières, et qu'on ouvre plus ou moins selon les
besoins. Ce couvercle est percé d'un orifice par lequel les
vapeurs sont entraînées sous le foyer des générateurs. A
l'extrémité du tuyau, un jet de vapeur agit à la manière de
l'*échappement* dans les locomotives, pour activer l'aspiration.
Pendant la plus grande partie de la cuite, le couvercle reste

fermé ; au moment du brassage il. est légèrement soulevé, mais une toile se rabat sur la fente, de manière pourtant à laisser le ringard de l'ouvrier passer et circuler librement.

Un détail de fabrication qui se rattache à l'extraction des graisses, et qui, dans les fonderies de suif, est souvent une cause grave d'insalubrité, c'est la séparation du suif contenu dans les eaux de cuisson des viandes. On sait que ces eaux, exprimées à l'aide de la presse hydraulique, sont abandonnées dans des tonneaux ou dans des cuves pour que le suif puisse se séparer par le repos. Il est rare qu'il ne se produise pas alors des émanations désagréables, dangereuses même, car elles résultent ordinairement de la putréfaction des matières organiques. On a proposé récemment de prévenir cette putréfaction en enduisant les parois des cuves avec du goudron, du coaltar saponiné, ou d'autres substances contenant également de l'acide phénique. M. le Dʳ Lemaire, qui a été en France un des promoteurs les plus actifs de ce corps remarquable, a déterminé d'heureuses améliorations à l'établissement de MM. Barrault, Couvreur et Fazillau, à la Courneuve. Au moyen d'une faible couche de coaltar, ces industriels ont désinfecté presque entièrement leurs eaux de pression provenant de toute espèce de détritus de la boucherie de Paris. Leurs réservoirs souterrains, contenant 100 mètres cubes, n'ont dès lors présenté qu'une odeur à peu près insensible. M. Lemaire assure que les résultats seraient plus complets encore si au lieu d'agir sur les eaux de cuisson, on plongeait pendant une heure les matières crues dans de l'eau phéniquée ou dans de l'eau de goudron. Les liquides provenant de débris ainsi désinfectés seraient, dit-il, inodores [1].

Il y a lieu de remarquer que les odeurs ne s'engendrent pas seulement pendant les opérations, mais aussi pendant le

1. *De l'Acide phénique*, par M. le Dʳ Lemaire, 2ᵉ édition, 1866. Cet ouvrage contient de très-intéressantes indications sur les services que peut rendre l'acide phénique en matière d'assainissement.

séjour des matières premières dans les ateliers. On s'est
préoccupé en Angleterre d'y remédier, et à cette fin on a
proposé de conserver les matières dans des locaux fermés,
qu'un tuyau ferait communiquer avec un foyer ou avec la
grande cheminée, de manière à entraîner toutes les émanations ainsi que l'air aspiré du dehors à travers les fentes
des portes. Mais ce moyen n'est pas d'une réalisation très-
pratique, parce que les portes des locaux sont continuellement
ouvertes, soit pour transporter les matières soit pour donner
du jour pendant le triage. On évite plus sûrement les odeurs
en trempant préalablement les peaux et les os dans une solution légèrement phéniquée. Tel est le procédé employé
par le Dr Grace Calvert, de Manchester, qui depuis quelques
années livre à l'industrie anglaise des dépouilles d'animaux
expédiées de l'Amérique du Sud et de l'Australie ; avant de
les embarquer, on les immerge dans une eau contenant 2 à
3 millièmes d'acide phénique. Nous avons vu chez M. Vickers, de ces dépouilles qui n'avaient pas d'odeur appréciable,
bien qu'elles fussent entreposées depuis plusieurs mois dans
ses magasins. Si donc comme on l'assure et comme cela
paraît vraisemblable, il n'en résulte aucun inconvénient
pour la qualité des produits et si d'ailleurs les frais de la
préparation sont minimes, les fabricants auraient intérêt
à adopter cette pratique pour conserver leurs approvisionnements. Non-seulement ils éviteraient ainsi d'incommoder
leurs ouvriers et leurs voisins, mais ils auraient moins de déchet sur leurs matières.

En résumé, les conditions qui assurent la désinfection de
ces diverses industries sont, indépendamment des soins divers
que nous avons indiqués : 1° l'emploi de matières non fer-
mentées ; 2° la substitution de la vapeur au feu nu ; 3° le
chauffage en vase clos ; 4° la mise en communication des
chaudières avec un bon condenseur ou un foyer, ou mieux
encore avec l'un et l'autre successivement : car la simple combustion n'est pas toujours suffisante pour détruire les

vapeurs très-âcres du suif, particulièrement quand elles sont produites par le chauffage à feu nu. Témoin l'usine de M. Arlot et Cⁱᵉ, à la Villette, où quinze chaudières enfermées dans une galerie en maçonnerie envoyaient toutes leurs vapeurs à travers un feu de coke, d'où elles se rendaient dans une cheminée de 33 mètres ; or de l'aveu de ces industriels eux-mêmes, la destruction des odeurs n'était pas complète, et l'on a dû dans ces derniers temps recourir au chauffage à la vapeur.

BOUGIES STÉARIQUES.

Cette industrie, comme la précédente, comme en général toutes celles où l'on traite les matières animales, peut être considérablement assainie par des soins et de la propreté. C'est toujours, on ne saurait trop le répéter, en opérant sur des matières fraîches, en ayant des appareils bien nettoyés, en aérant les locaux, en prévenant, en un mot, toutes les causes de fermentation putride, qu'on arrive à diminuer beaucoup les inconvénients. Les fabrique de MM. Leroy et Durand, à Gentilly, de M. Foulquier, à Villodève (Hérault), de M. Price, à Londres, de M. de Roubaix Jenar, à Bruxelles, etc., en offrent des preuves frappantes. Mais il reste, malgré tout, certaines causes d'insalubrité qu'on ne peut faire disparaître entièrement sans l'emploi de procédés spéciaux ; telles sont celles qui se rattachent à la saponification et à la distillation.

Dans bon nombre d'usines, la saponification, soit à la chaux, soit aux acides, s'effectue encore dans des cuves découvertes. Il en résulte des odeurs désagréables, accompagnées, par la seconde méthode, d'un fort dégagement d'acide sulfureux. On parvient à réduire sensiblement les émanations par une graduation exacte des proportions de matières employées et certaines précautions prises pour les mélanger. M. de Milly, à Paris, à qui l'industrie des bougies doit tant de progrès, met ses soins à ce que le suif et l'acide sulfurique se trouvent dans les proportions exactement voulues pour la réation, et à ce que l'acide soit en même temps à l'état de concentration convenable. A cet effet, les suifs fondus sont entreposés dans des bâches à l'étage supérieur, et de là on les fait couler dans des tuyaux, conjointement avec la quantité calculée d'acide sulfurique. On évite ainsi la destruction de matière organique et le dégagement sulfureux qu'entraînerait, par exemple, l'émission directe de l'acide sulfurique au sein du suif fondu, contenu dans les cuves. De son côté, M. de Roubaix Jenar, dont le bel établissement de Cureghem attire les visiteurs, a considérablement diminué le dégagement sulfureux par une réduction progressive de la quantité d'acide sulfurique. Il prétend même qu'à la dose de 3 p. 0/0, à laquelle il est descendu, la formation de l'acide sulfureux est à peu près évitée. Il a poursuivi des expériences qui ne tendraient à rien moins qu'à supprimer entièrement l'acide sulfurique, en effectuant la saponification par l'eau, sous une pression de douze atmosphères. Ce procédé, qui assainirait radicalement l'opération, paraît rencontrer un obstacle dans la confection d'appareils suffisamment résistants.

Mais l'habileté la plus consommée n'évite pas absolument les mauvaises odeurs, ou du moins, ce ne serait qu'au prix d'une rectitude d'opérations et de soins soutenus de la part des ouvriers, lesquels sont à peu près impossibles à obtenir dans une grande usine ; aussi paraît-il plus prudent d'adopter quelque agencement auxiliaire pour assurer la destruction des dégagements. Tel est le parti auquel s'est arrêté M. Guéritault, à la Piaudière, près Nantes. Il applique la même méthode que M. de Milly, mais il a la précaution de faire arriver le mélange réagissant dans des cylindres parfaitement clos, munis d'un tuyau qui envoie les gaz dans la cheminée principale, haute de 35 mètres, où ils deviennent inoffensifs. Ce mode d'expulsion serait insuffisant dans des conditions ordinaires, où les dégagements se produiraient avec abondance. Il faudrait alors les faire passer à travers une grille ou de préférence les condenser au moyen d'une pluie d'eau froide. C'est dans ce but que MM. Price ont disposé leurs cuves à saponifier exactement comme celles de la fonte des suifs, déjà décrites à l'article précédent.

Pour la saponification à la chaux, les précautions à prendre sont les mêmes, à cela près qu'on a affaire à des dégagements moins incommodes. Chez M. de Milly, cette opération a été radicalement assainie par une nouvelle méthode dont l'industrie lui est redevable. Les suifs sont chargés avec le lait de chaux dans des autoclaves, où l'on fait arriver de la vapeur à huit ou neuf atmosphères. Cette haute température permet de réduire beaucoup la proportion de chaux employée, et dispense en outre d'effectuer le brassage du mélange. Aucune odeur ne peut évidemment s'échapper au dehors pendant que la saponification s'accomplit. Une fois la réaction terminée, et à la faveur de la pression qui règne dans l'autoclave, on écoule successivement par deux robinets de vidange la glycérine et les savons calcaires. Bien que les cuves où l'on envoie ces matières soient découvertes, il ne se produit à ce moment, non plus que pendant la décomposition des savons qui y fait suite, aucune odeur désagréable, pourvu que la saponification ait été bien exécutée.

La distillation, dans les fabriques bien dirigées, ne donne lieu qu'à une très-faible proportion d'acide gras non condensé, attendu qu'il est de l'intérêt du fabricant de rendre la condensation aussi parfaite que possible. Elle ne doit non plus donner lieu, si la saponification a été bien réussie, qu'à une quantité insensible d'acroléine [1]. Ces vapeurs sont, les dernières surtout, de nature très-incommode. M. Guéritault a adopté une disposition analogue à celle que nous avons

---

1. M. de Roubaix se fait même fort de l'éviter entièrement par une surveillance attentive des alambics. Il punit les ouvriers lorsque ce produit se développe en notable proportion.

décrite pour les huiles minérales. Le tuyau qui amène les
liquides condensés se bifurque à son extrémité : la branche
inférieure plonge dans un bac, et est ainsi privée de communication avec le dehors ; la branche supérieure se relève,
traverse une caisse à eau, où elle abandonne, par une condensation nouvelle, la majeure partie des vapeurs qu'elle
amenait, et de là se rend à la cheminée où se perdent les derniers restes de gaz. Nous ferons à ce propos la même remarque que pour la saponification, c'est que si le dégagement est quelque peu considérable, l'émission à la cheminée
ne suffit pas. Il est bien préférable d'imiter la disposition
adoptée par M.de Roubaix, frère du précédent, à Borgerhout,
près Anvers : les gaz sont envoyés, non dans la cheminée,
mais à la rencontre même des flammes, à leur sortie du
foyer, sur un point par conséquent où la température est
assez élevée pour que la combustion puisse s'effectuer.

Bien des causes secondaires,dans les fabriques de bougies,
tendent à entretenir les mauvaises odeurs. Ainsi les matières
grasses qui tombent journellement sur le sol des ateliers finissent par l'imprégner entièrement et par s'y pourrir. On peut
recommander les précautions en usage chez quelques industriels, entre autres chez M. de Roubaix Jenar. Tous les planchers de l'usine sont saupoudrés de sciure de bois qu'on renouvelle fréquemment. La matière encrassée est soumise à
la presse pour l'extraction de la graisse, et les tourteaux,
contenant encore environ 3 p. 0/0 de principes gras, sont
traités au sulfure de carbone dans un établissement voisin.
Chez le même industriel, les goudrons provenant de la distillation étaient d'abord brûlés sous les foyers, ce qui donnait
lieu à une fumée fétide et épaisse ; on s'en sert maintenant
pour fabriquer le gaz d'éclairage de l'usine.

Un autre détail qu'il est bon de signaler est relatif à
l'installation des presses à acide stéarique. Le plus souvent
les huiles exprimées éclaboussent le sol et lui communiquent
à la longue cette odeur particulière qu'on sent au voisinage

19

des fabriques de bougies. Chez M. de Roubaix le bâtiment
des presses est entouré de larges rigoles métalliques dans
lesquelles les liquides se rassemblent pour gagner par un
caniveau souterrain l'atelier aux huiles.

SAVONS.

Nous avons peu de choses à dire sur cette industrie. Les
odeurs qui se développent dans les diverses phases de la saponification et pendant la cuite sont faiblement incommodes
pour le voisinage; les inconvénients sont même à peu près nuls
dans les établissements bien dirigés. La seule particularité
à citer dans cet ordre d'idées concerne un mode de saponification en vase clos, inauguré récemment par MM. Guinon,
Marnas et Bonnet à Lyon, et actuellement pratiqué par ces
industriels sur une assez grande échelle. Il nous est d'ailleurs
interdit de donner des détails sur cette opération, tenue secrète par les inventeurs. Nous nous bornons à signaler
qu'elle tendrait à l'assainissement complet de l'industrie,
puisqu'elle prévient tout dégagement à l'extérieur, et qu'à ce
titre seul elle mériterait de fixer l'attention.

Les fabriques de savons développent parfois une infection
particulière, tout à fait indépendante de la saponification et
de la cuite proprement dites. Les nombreuses savonneries
de Marseille, notamment, sont dans ce cas : elles incommodent les quartiers environnants par des odeurs qui ont
leur origine dans certaines coutumes traditionnelles suivies
par l'industrie marseillaise ; nous voulons parler de l'emploi
des soudes brutes ou des soudes non débarrassées de leurs
marcs par lixiviation. Chaque savonnier tient à avoir la soude
sortant du four et à faire lui-même le départ des matières
étrangères. Il résulte de cette tradition, que nous n'avons
pas à apprécier au point de vue de la fabrication, que les
savonneries offrent en petit les inconvénients des fabriques
de soude. Les marcs entreposés dans chaque maison, bien

qu'il soit prescrit de les enlever quotidiennement, développent les odeurs sulfureuses caractéristiques de ces résidus, et produisent dans les rues une véritable infection [1]. Tant que cette pratique persistera on ne peut conseiller que des palliatifs : l'un d'eux consisterait, par exemple, à conserver les marcs dans des locaux fermés en communication avec le cendrier des foyers; mais il se produirait toujours des odeurs au moment de l'enlèvement par les charrettes, odeurs qu'il paraît difficile de prévenir par le mélange avec des matières inertes, à cause des frais importants qui en résulteraient.

CHARBON D'OS, RÉVIVIFICATION DU NOIR ANIMAL.

On fabrique ordinairement le charbon d'os dans des marmites ou pots en fer qu'on empile les uns au dessus des autres dans de grands fours, et qu'on en retire quand l'opération est terminée. Les gaz provenant de la calcination des os se mélangent aux flammes du foyer, en économisant ainsi du combustible, et se rendent avec les fumées dans la même cheminée. Ce procédé est très-incommode pour le voisinage, parce que la destruction des émanations est toujours incomplète ; aussi les industriels ont-ils dû recourir fréquemment à d'autres dispositions pour se faire tolérer dans les villes ou même à proximité des faubourgs.

Un premier perfectionnement consiste à avoir un feu supplémentaire sur lequel on fait passer les fumées des fours pour achever de les brûler. Mais même dans ces conditions, et à moins de modifications considérables dans le type des fours eux-mêmes, les gaz envoyés à la cheminée conservent de très-fortes odeurs ; ils participent en effet aux propriétés qu'offrent toutes les matières huileuses d'origine organique, lesquelles, comme on sait, sont toujours fort difficiles à

---

1. Par exemple, dans la rue Sainte, où presque chaque maison recèle au rez-de-chaussée ou dans le sous-sol une fabrique de savon.

bien brûler. On ne peut espérer d'obtenir de bons effets de
la combustion qu'autant que les gaz ont été au préalable
débarrassés des huiles ou essences qui les imprégnent. Tel
est l'esprit de la méthode que nous allons faire connaître et
dont nous citerons trois bonnes applications faites, avec
quelques variantes, respectivement en France, en Angleterre
et en Prusse.

A la fabrique des Trois Piliers, près de Rheims, appartenant à MM. A. Baudesson et P. Houseau, les os sont
chargés dans des cornues fermées, analogues à celles du gaz
de l'éclairage et distribuées entre trois fours, à raison de 5
par four. Chaque cornue peut débiter 100 kilog. de noir en
24 heures. Les gaz se réunissent dans un même tuyau et
traversent successivement 3 chaudières pleines d'eau dans
lesquelles se condensent l'ammoniaque et divers produits
empyreumatiques. L'excédant est dirigé sous les grilles des
fours. Les eaux de condensation sont utilisées pour la fabrication du chlorhydrate d'ammoniaque. On sent très-peu
d'odeurs sous le vent de la cheminée et l'assainissement peut
être considéré comme fort satisfaisant.

Chez M. Parker, à Bow (Londres), dont la fabrique fournit
du charbon à un grand nombre de raffineries de la métropole
et néanmoins passe pour une de celles qui incommodent
le moins le voisinage, on emploie les mêmes appareils de
calcination et de condensation ; seulement les gaz, à leur
sortie des chaudières, au lieu d'être envoyés sous les grilles,
sont distribués dans l'usine où ils servent pour l'éclairage.
Les becs sont perpétuellement allumés et l'excédant est brûlé
sur le mur extérieur du bâtiment ; on ne sent aucune odeur
dans les ateliers. Le seul point défectueux est la vidange des
condenseurs, mais on y remédierait en abritant le robinet et
les cuves de décharge sous une hotte en communication avec
la cheminée.

L'emploi aux becs d'éclairage nous semble préférable à la
combustion dans des foyers, en ce sens qu'il offre plus de ga-

ranties et permet bien plus facilement au patron de se rendre
compte de la marche de ses appareils. Pour peu, en effet,
que la calcination soit poussée trop vivement ou que l'eau de
condensation ne soit pas suffisamment renouvelée, les becs
d'éclairage donnent immédiatement de l'odeur et éveillent
ainsi l'attention, tandis que si les produits vont à la grande
cheminée, le fabricant est averti trop tard, par les plaintes du
voisinage.

Enfin, chez MM. Albertz et Cⁱᵉ, à Biebrich, près Mayences
les dispositions nous paraissent meilleures encore. Les condenseurs sont constitués, comme dans les usines à gaz, par
des colonnes garnies de coke mouillé. A leur sortie, le,
vapeurs subissent un dernier lavage dans une caisse en grès
et se rendent au voisinage du foyer en traversant une boîte à
eau. Là un robinet permet de les diriger à volonté sur les
grilles ou dans un gazomètre pour l'éclairage de l'usine.
Tous les gaz sont si bien purifiés et utilisés qu'on ne sent pas
la moindre odeur, ni au dedans de la fabrique ni au dehors.

Un détail de fabrication qui est une source de désagré-
ments pour les ouvriers et pour les voisins, c'est le défournement des marmites. Cet inconvénient disparaît avec les
nouveaux fours du système Brison, qui commencent à se
propager en France et même à l'étranger. On en peut voir
de bonnes applications chez M. Polton, à Paris, chez
M. Dupleix, à Bordeaux, chez M. Pilon fils, à Nantes, ainsi
qu'à Bruxelles. L'appareil Brison (Pl. XVII, fig. 1 et 2) est
composé d'une série de cornues ovales, en terre réfractaire,
d'une capacité moyenne de 2 hectolitres environ, à demeure
dans un four, et juxtaposées verticalement de manière à
conserver entre elles un espace libre qui permet aux flammes
de les entourer. La partie centrale des cornues est seule
engagée dans l'intérieur du four, de sorte que les extrémités
restent facilement accessibles. On charge par le haut, et l'on
referme aussitôt. Lorsque la matière a subi l'action de la
chaleur, on décharge par le bas et instantanément, en

faisant jouer une soupape au moyen d'un levier extérieur. Le
noir est reçu dans un étouffoir exposé au dessous et en dehors
du massif du fourneau. Dès que la cornue est vidée, la soupape se referme spontanément, à l'aide d'un contre-poids. Il
n'y a donc, dans cette opération, ni odeur répandue, ni perte
de temps. Les industriels qui emploient cet appareil disent
qu'il offre encore un autre avantage, c'est de procurer une
grande économie de combustible. M. Polton a disposé dans
un même four 12 cornues en 2 rangées parallèles, à droite et
à gauche de la grille; la chambre à brûler les gaz de la calcination, faisant suite à la grille, s'étend entre les deux rangées.
Les gaz s'échappent des cornues, à travers les interstices de la
plaque de fond, et pénètrent dans la chambre, au moyen d'orifices ménagés dans le couloir où aboutissent les pieds des cornues. Ils rencontrent ainsi directement les flammes du foyer, et
se brûlent mieux que dans les fours à marmites. M. Polton
assure que l'économie de combustible est de plus de moitié.

Ce système peut encore se prêter au mode de condensation
adopté par MM. Baudesson et Houseau. En effet au lieu de
laisser les gaz arriver directement au contact des flammes,
rien n'est plus facile que de les amener à un réfrigérant,
en les recueillant, soit dans le couloir, soit dans chaque
cornue.

La révivification du noir donne naissance à des inconvénients analogues, quoique moindres. Ces inconvénients dé-
pendent beaucoup de la manière dont le lavage est effectué.
Souvent, en effet, on opère trop vite, parce que les raffineurs,
n'aimant pas à avoir une grande quantité de noir en roule-
ment, sont toujours pressés de reprendre celui qui vient de
servir. On le lave alors quelquefois en 10 minutes, comme
chez M. Lebaudy, à la Villette, chez M. Say, à la gare d'Ivry,
etc., au moyen d'une vis d'Archimède faiblement inclinée,
dans laquelle le noir remonte, tandis que l'eau descend[1], et

_____

1. En Angleterre on met généralement plus de soins à cette opération

ensuite on le passe au four à révivifier. Mais au point
de vue de l'assainissement, il est bien préférable de
faire un lavage plus complet. Ainsi, chez M. Sommier,
à la Villette, le noir est mis d'abord à fermenter dans des
cuves où il reste 2 ou 3 jours ; une partie de la matière
organique se détruit, et, en outre, les fragments sont rendus
bien plus pénétrables à l'action de l'eau. Pour accroître ce
dernier effet, et briser davantage la croûte terreuse ou calcaire qui recouvre les grains de noir, on fait arriver dans les
cuves un jet de vapeur à 2 atmosphères emprunté au générateur. On procède enfin au lavage proprement dit, après
quoi, le noir est envoyé aux fours. Une fermentation même
de 2 à 3 jours est loin de suffire pour détruire la matière organique : aussi, chez quelques industriels, « où l'on respecte,
« comme nous disait M. David, à Bordeaux, les vieilles
« traditions, » on ne craint pas de porter la durée à 16
jours ; le noir, sortant de là, est à peu près dépouillé de
résidus organiques, et la calcination donne peu ou pas d'o-
deurs. Mais l'inconvénient d'immobiliser un capital de
quelque importance tend à restreindre de plus en plus ce
mode d'opérer.

Il n'est pas mauvais, quand on peut le faire économiquement, de passer le noir aux acides pour dissoudre les matières terreuses qui le souillent. C'est de cette manière qu'o-
père M. Kuhlmann, à Loos, lequel révivifie à façon le noir
épuisé pour un grand nombre de raffineurs de Lille. Il met
à profit sa situation de fabricant de produits chimiques pour
laver les grains dans des liqueurs d'acide chlorhydrique
faible dont il aurait difficilement l'emploi. Préalablement à
ce lavage, il les soumet à une sorte de décortication sous des
meules pour désagréger l'enduit terreux. Il est vraisemblable
qu'après cette préparation le noir dégage peu d'odeurs aux
fours à revivifier.

Quelques-uns même y attachent une importance décisive ; M. Binyon, de
Manchester, nous disait : « Quand mes fours donnent de l'odeur, c'est
l'ouvrier laveur que je punis. »

Les appareils servant à la fabrication du charbon d'os sont plus ou moins appropriés à la révivification : ainsi on se sert des marmites, des fours Brison, etc. Un appareil qui se rapproche assez de ce dernier et qui donne de bons résultats au point de vue des odeurs, est employé dans des maisons de premier ordre, entre autres chez M. Say à Paris, M. Rostand à Marseille, etc. Les cornues verticales et rectangulaires, de 0ᵐ,35 sur 0ᵐ,07 de section, sont disposées en rangées parallèles entre lesquelles circulent les flammes d'un feu de houille. Chaque cornue est divisée, dans le sens de la hauteur, en trois compartiments. Les flammes ne chauffent que le compartiment supérieur ; les deux autres sont hors de la maçonnerie. Les gaz de la calcination s'échappent à travers les interstices de la cornue et se brûlent dans le carnau. A mesure que le noir est cuit, on le fait tomber successivement dans le deuxième et dans le troisième compartiment, où il se refroidit par degrés. Quoique dans cette raffinerie, le lavage soit très-sommaire, on ne sent pas beaucoup d'odeur sur le plancher de dessiccation.

En Angleterre on a également plusieurs variétés de fours : nous mentionnerons deux types dont on se loue. Le premier, un peu compliqué, consiste en deux cylindres horizontaux superposés, chauffés dans un même foyer, et dans chacun desquels tourne une vis sans fin. Le charbon à révivifier, introduit par un bout dans le cylindre supérieur, est refoulé par la vis vers l'autre bout, d'où il tombe dans le cylindre inférieur pour y subir un mouvement inverse qui le ramène au dehors et le précipite dans des étouffoirs. Chaque cylindre est en outre pourvu d'un tuyau par lequel les gaz de la calcination sont conduits au milieu des flammes. Inutile d'ajouter que la rotation de la vis est calculée de manière à ce que la carbonisation soit complète. M. Torr, à Londres, qui a patenté cet appareil et l'emploie dans sa raffinerie, paraît très-satisfait des résultats. Le second type, plus simple, est usité notamment chez M. Martineau et chez

MM. Gadsden, à Whitechapel (Londres). Dans un massif d'environ 5 mètres de haut, sont ménagées, à intervalles égaux, des rainures verticales de 6 à 7 centimètres de large, perpendiculaires au front du massif et le découpant dans sa profondeur. La partie supérieure des rainures, évasée, débouche sur le plancher où le noir subit une première dessiccation. La partie inférieure, continuée en tôle au dessous du massif, se bifurque en deux rainures de 3 centimètres qui débouchent dans des récepteurs. Entre deux rainures consécutives est un foyer dont les flammes parcourent plusieurs carnaux horizontaux superposés qui les dirigent alternativement d'avant en arrière, et *vice versâ*. Le noir se calcine graduellement dans sa descente. Les gaz qui se forment se frayent un passage dans les carnaux à travers les joints des briques et se brûlent au contact des flammes. Sur le plancher, où l'on pourrait craindre que des vapeurs ne s'échappent, on ne sent aucune odeur. Comme on le voit, le principe est toujours le même : il s'agit simplement de brûler les gaz dans le fourneau ; et en effet, ce moyen qui est insuffisant pour la fabrication du noir animal, peut suffire pour sa révivification, laquelle donne lieu à des émanations beaucoup moins intenses et moins difficiles à réduire.

Les procédés de désinfection applicables à la fabrication du charbon d'os conviennent également à la plupart des industries dans lesquelles on calcine des matières animales. Ainsi, à la tannerie de M. Herrenschmidt, près Strasbourg, qui offre un heureux exemple d'utilisation des résidus, on emploie les rognures de peau, les raclures, etc., pour fabriquer du gaz de l'éclairage. Les gaz de la calcination sont si bien désinfectés, dans des épurateurs à la chaux et au coke, qu'on peut impunément s'en servir dans la maison particulière de M. Herrenschmidt. Il est clair que ces gaz pourraient aussi bien être brûlés dans un foyer, et qu'ils n'enverraient pas à la cheminée d'odeurs nuisibles.

Ces moyens n'ont cependant pas suffi pour la calcination

des eaux de suint. Chez MM. Maumené et Rogelet, à Elbeuf, où ces eaux sont traitées sur une grande échelle, on épure les gaz avec de la chaux et de l'acide sulfurique, avant de les brûler sous les cornues; mais ils retiennent encore des produits dont ces réactifs sont impuissants à les débarrasser. Il est juste d'ajouter que les odeurs provenant du suint sont peut-être les plus tenaces de toutes celles auxquelles donne lieu le traitement des matières animales. On ne doit donc pas redouter le même échec dans l'application de ces procédés d'épuration aux autres industries.

ENGRAIS ARTIFICIELS.

L'industrie des engrais intéresse l'assainissement à un double titre. D'abord elle offre aux autres industries un débouché pour une foule de résidus qui, sans cela, deviendraient autant d'éléments d'infection et qui, grâce à elle, peuvent au contraire, être traités avantageusement; cette industrie constitue donc un moyen d'assainissement d'une application assez générale. Mais c'est sous un autre rapport que nous la considérons ici : nous l'envisageons au point de vue des odeurs auxquelles elle-même peut donner lieu par son propre fonctionnement.

On doit distinguer deux catégories d'engrais artificiels : la première est celle des hyperphosphates de chaux, qu'on pourrait aussi bien appeler engrais *anglais*, à cause du pays où cette fabrication a pris naissance et où elle est encore le plus en honneur ; la seconde, beaucoup plus répandue sur le continent et particulièrement en France, comprend cette variété infinie de préparations qui, sous des noms divers, cherchent à utiliser les résidus des villes et les déchets de l'industrie [1].

1. La remarque de M. Balard à l'exposition de Londres de 1862 est toujours juste, au moins dans l'ensemble : « En France, dit ce savant, « nous employons les matières premières sans les modifier, en les asso-

Les hyperphosphates ou superphosphates de chaux s'obtiennent uniformément en traitant par l'acide sulfurique un mélange d'os et de phosphates naturels ou *nodules* qu'on trouve maintenant en grande abondance dans plusieurs pays; quelquefois, mais rarement, les os sont remplacés par un mélange de débris animaux. Les produits gazeux de l'opé-ration consistent en vapeurs organiques et en divers acides minéraux, tels que carbonique, sulfureux, nitreux et, en certains cas, chlorhydrique et fluorhydrique [1]. La combustion serait nécessairement insuffisante pour détruire ces divers produits; la méthode généralement suivie consiste à condenser d'abord et à brûler ensuite. Cette double opération, quand elle est bien menée, ne peut guère laisser échapper dans la cheminée que l'acide carbonique et une faible proportion d'acide sulfureux, c'est-à-dire les deux gaz de beaucoup les moins malfaisants dans ces conditions.

Les dispositions matérielles sont très-variées. Les mieux entendues, à notre connaissance, sont celles de la célèbre fabrique de M. Lawes, à Deptford. Ce grand industriel, qui a tant contribué au progrès de l'agriculture anglaise, a tenu à honneur d'avoir un établissement qui ne pût donner lieu à aucune plainte. Tous les gaz sont entraînés, par un appel énergique, du cylindre mélangeur dans une conduite en plomb où l'on injecte de la vapeur d'eau. Une portion notable d'entre eux, et en particulier les acides nitreux, chlorhy-

« ciant d'une manière variée. Noirs de raffinerie, déchets d'abattoirs, rési-
« dus de poissons, nodules de phosphates naturels pulvérisés, phosphate
« de chaux précipité, matières fécales désinfectées, déjections liquides et
« caux d'égouts, garanties de l'altération et évaporées par des moyens
« économiques; tels étaient les produits exposés par notre pays. On y
« tend à fournir au sol les matériaux nécessaires, mais en laissant aux
« circonstances naturelles les moyens de les rendre utilisables. »

1. Les acides nitreux, chlorhydrique et fluorhydrique, proviennent, le premier de l'acide sulfurique impur, qui tient en dissolution d'assez fortes proportions d'acide azotique, et les deux autres des chlorures et fluorures associés fréquemment aux phosphates naturels.

drique et fluorhydrique, sont condensés et s'écoulent dans un bras de la Tamise qui passe au pied de l'usine. Les gaz non dissous débouchent sous la grille d'un foyer, où le coke incandescent achève l'œuvre de la vapeur d'eau. Grâce à ces moyens, les 50.000 tonnes d'engrais que M. Lawes livre annuellement au commerce se préparent au sein d'un quartier populeux sans soulever de réclamations.Chez MM. Odams et Cⁱᵉ à Plaistow, la conduite en plomb est remplacée par une colonne de coke arrosé d'eau. Les vapeurs sont rassemblées au moyen d'une cage ou hotte qui entoure les cylindres mélangeurs. Mais le tirage et la condensation laissent à désirer, et des vapeurs rutilantes s'échappent dans les ateliers et au dehors. Chez MM. Griffin et Morris, à Wolverhampton, le condenseur se compose d'une citerne ou flacon laveur et d'un large conduit en briques de 10 à 12 mètres de long, divisé par une série de cloisons percées de manière à rompre le plus possible le courant de gaz. On recueille le liquide riche en acide sulfurique et sulfureux, et on l'utilise pour de nouvelles opérations. Il est regrettable qu'au sortir du condenseur les gaz soient envoyés directement à la cheminée, car les émanations organiques, qui cèdent assez bien à l'action d'une pluie très-divisée, sont mal absorbées par le passage à travers des cloisons.

En Belgique et surtout en Allemagne, où la fabrication anglaise commence à prendre une grande extension, les dispositions laissent en général beaucoup à désirer pour la destruction des dégagements ; mais on peut citer une pratique qui s'est introduite récemment dans plusieurs fabriques, et qui a pour résultat de diminuer les dégagements sulfureux dus à l'attaque des os. Elle consiste à soumettre préalablement ceux-ci à l'action de la vapeur, pendant deux ou trois heures, à une pression de 4 ou 5 atmosphères. Ils deviennent ainsi excessivement friables, sont attaqués très-facilement à froid par l'acide sulfurique, et ne réagissent point sur lui pour le décomposer et former de l'acide sulfureux. Cette pratique est en usage à Stolberg et à Mannheim.

La seconde catégorie d'engrais donne lieu à deux classes d'opérations bien distinctes : les unes s'effectuent dans des appareils spéciaux, les autres à découvert, sur le sol, d'une manière plus ou moins analogue à la préparation des fumiers de ferme.

Dans les appareils spéciaux, on ne traite guère que le sang des abattoirs et divers résidus organiques, tels que crins, poils, plumes, bourres, vieux cuirs, etc., lesquels, dans leur état naturel, seraient difficilement assimilables aux plantes. Le plus grand progrès réalisé dans ces derniers temps a consisté à opérer en vases clos, sous des pressions élevées, qui déterminent, sans le concours d'agents chimiques, la désagrégation des matières ; c'est, on le voit, le même principe que celui qui facilite l'attaque des os dans la méthode allemande. La fabrique de M. Rohard, à Aubervilliers, qui livre un millier de tonnes d'engrais par an, est très-intéressante sous ce rapport. Les os, les cuirs, et autres déchets, sont mis dans des autoclaves fonctionnant à une pression de 9 ou 10 atmosphères. A cette température, et sous l'influence de l'humidité, les substances sont réduites en pâte au bout de quatre ou cinq heures de cuisson. On les retire ensuite et on les place dans de grands tas de fermentation, sur lesquels nous reviendrons tout à l'heure. Le mode même d'attaque prévient les odeurs, qui forcément se trouvent concentrées dans les récipients.

Les opérations à découvert, qui jouent encore le principal rôle, ont toutes pour objet d'associer les matières, de façon à constituer de véritables composts, et d'abandonner ensuite les masses à elles-mêmes, jusqu'à ce que la fermentation spontanée ait converti chaque tas en un tout bien homogène pouvant être débité sans répandre d'odeurs insalubres. L'abattoir municipal d'Aubervilliers offre un bon exemple de cette industrie. On y forme des tas de 3 mètres à 3ᵐ,50 de haut, cubant de 2 à 300 mètres cubes, dans lesquels on

fait entrer les intestins des chevaux maigres équarris dans
l'établissement, ainsi qu'une partie des bouillons gras provenant de la cuisson aux autoclaves. Les tas sont composés
de couches horizontales alternatives, savoir : d'une part, les
intestins associés avec divers résidus organiques, notamment
de la tontisse de laine ; d'autre part, des matières absorbantes, plus ou moins fertilisantes, telles que phosphates
minéraux, tourbes, terreau, tan épuisé, charbon d'os, sciure
de bois ayant servi aux filtrations grasses, etc. Le tout est
recouvert d'une chemise de tourbe de 30 à 40 centimètres
d'épaisseur. Pendant et après la confection du tas, on a soin
d'arroser les couches et le revêtement avec du chlorure acide
de manganèse provenant de la fabrication du chlore. Cette
précaution combinée avec la présence des matières absorbantes, prévient le dégagement des odeurs cadavéreuses. Du
reste, on ne manque pas, dès qu'une fissure se produit dans
le tas, de la boucher exactement et d'arroser de chlorure. On
calcule que la consommation de ce réactif, lequel est un embarras pour les fabriques qui le produisent, est d'environ 12
litres pour les intestins d'un cheval. Le tas, livré à lui-même,
entre promptement en fermentation. Au bout de huit à dix
mois, un an au plus, on le démolit pour le remanier et le
bien mélanger, en ayant toujours soin d'arroser de chlorure,
si besoin est. On le laisse encore en repos deux ou trois ans,
et on le débite ensuite sous le nom de *compost*. Il est alors
tout à fait inodore ou du moins il n'a qu'une légère odeur de
guano.

Chez M. Rohart, on forme également, nous l'avons dit, de
grands tas dans lesquels on fait entrer, au lieu d'intestins,
les matières animales réduites par la pression aux autoclaves.
La liqueur acide désinfectante est suppléée par des fragments
de vitriol mêlés aux substances absorbantes.

La manière de composer les tas varie naturellement beaucoup, selon les usages des localités. Le point essentiel,
pour la salubrité, c'est d'associer la matière putrescible

avec une proportion convenable de matière poreuse, et de combattre soigneusement les dégagements à mesure qu'ils se déclarent, au moyen d'un agent chimique convenablement approprié. Il est des cas où la présence d'un élément bien choisi suffit pour assainir entièrement la fabrication, dans des conditions tout à fait économiques. Ainsi, chez M. Béglin, à la Minière (Seine-et-Oise), où l'on traite journellement 7 mètres cubes de sang des abattoirs de Paris, on emploie pour attaquer ces liquides le mélange d'acide sulfurique et de matières goudronneuses qui constitue le résidu de l'épuration des huiles de schistes. Le magma boueux ainsi obtenu est étendu sur des aires planes où il se dessèche pour y être ensuite pulvérisé et mêlé avec des phosphates minéraux. La présence du goudron prévient la formation des odeurs infectes qui se produisaient à l'époque où l'on employait, pour l'attaque du sang, l'acide sulfurique ordinaire au lieu du mélange bien plus économique fourni par les fabriques d'huiles minérales. Aussi l'usine, qui avait été menacée d'interdiction, a-t-elle pu, grâce à cette innovation, continuer heureusement ses travaux.

Les mêmes précautions sont usitées à l'étranger et ont également donné de bons résultats. Pour en citer un exemple, à Neder Overheembeck, dans le Brabant, MM. Tétard-Féry et Cⁱᵉ opèrent sur du sang, du poisson, des os, etc., réunis à des substances minérales, telles que sulfate de fer, sel marin, etc.. Ils combattent les émanations par les moyens suivants : 1° les matières organiques ne séjournent dans l'usine qu'après avoir été mélangées avec des substances, comme le coaltar, qui en préviennent ou en arrêtent la fermentation ; 2° les matières sont acidulées avant d'être soumises aux opérations ultérieures ; 3° la dessiccation s'effectue en vases clos, et les produits gazeux sont dirigés dans un foyer incandescent.

Nous citons ces divers faits parce que le mode de fabrication des engrais variant à l'infini, il est impossible d'indiquer aucune règle générale; c'est à chaque industriel à voir dans ses propres opérations ce qui appelle l'emploi de tel ou tel moyen d'assainissement.

Il resterait à décrire une autre branche très-importante — au moins sur le continent — de la fabrication des engrais, laquelle est en même temps une source d'odeurs infectes : nous voulons parler de celle qui s'exerce sur les matières fécales. Au point de vue de la corruption de l'atmosphère, cette industrie devrait trouver place ici; mais comme elle se rattache à la question générale des *vidanges*, qui est du domaine municipal, nous la traiterons dans un autre ouvrage [1].

A propos des engrais artificiels, le comité consultatif des Arts et Manufactures avait posé à l'auteur de ce livre, lors d'un de ses voyages en Angleterre, la question suivante, laquelle touche à la plupart des industries qui s'exercent sur des matières animales :

« La préparation des engrais artificiels a-t-elle des effets « nuisibles à la salubrité ? Étant distingué, bien entendu, « ajoutait le comité, le désagrément de l'odeur, d'une action « délétère. »

Après s'être renseigné auprès des hommes les plus compétents de l'Angleterre, où la question avait été tout particulièrement étudiée, et avoir visité un grand nombre de manufactures de ce pays, l'auteur crut devoir faire la réponse suivante, qu'on sera peut-être bien aise de retrouver ici, vu l'importance du sujet :

« Les avis, dit-il, sont partagés dans le Royaume-Uni, « et cela tient en grande partie à ce qu'on ne précise pas « toujours si la fabrication est supposée *bien* ou *mal* conduite. « Dans les usines mal installées, ce ne doit pas être impu- « nément que les vapeurs fétides et des gaz tels que les

---

1. *Principes de l'assainissement des villes*, chez le même éditeur.

« acides nitreux et fluorhydrique sont libérés au dehors ou
« se répandent dans les ateliers. Plusieurs faits, relevés pen-
« dant les épidémies cholériques de 1849 et 1854[1], établissent

1 Les extraits qui suivent sont empruntés à divers rapports officiels du
Général Board of Health. Les fabriques d'engrais artificiels n'y sont point
distinguées, quant à leur influence délétère, de celles de gélatine, de
graisse, etc., dont les émanations sont de même famille. Il est d'ailleurs
facile de voir, par les termes mêmes du récit, qu'il s'agit de fabriques
très-mal dirigées.

« Tout en face de l'asile de Christchurch, à Spitalfields (Londres), et
« séparé seulement par une petite rue de quelques pieds de large, il y
« avait en 1848 une fabrique d'engrais artificiels, dans laquelle du sang
« de bœuf et des matières fécales étaient desséchées dans un four ou
« quelquefois exposées simplement à l'action du soleil et de l'air, et
« dégageaient les odeurs les plus nauséabondes. L'asile contenait en tout
« 400 enfants et quelques adultes. Chaque fois que la fabrique était en
« pleine activité et particulièrement quand le vent soufflait vers l'asile, il
« se produisait de nombreux cas de fièvre, d'une nature maligne et ty-
« phoïde. De ce chef seulement il y eut 12 morts dans un trimestre. Dans
« le mois de décembre 1848, après l'apparition du choléra dans le district,
« 60 enfants furent soudainement saisis d'une forte diarrhée. Le proprié-
« taire ayant été obligé de fermer son établissement, les enfants revinrent
« à leur santé ordinaire. Cinq mois après, la fabrique reprit : pendant un
« jour ou deux, le vent souffla vers l'asile, apportant les plus mauvaises
« odeurs. Dans la nuit suivante, 45 enfants, dont les dortoirs étaient en
« face, furent pris d'une forte diarrhée, tandis que ceux dont les dortoirs
« étaient plus loin et du côté opposé furent préservés. La fabrication
« ayant cessé de nouveau, la diarrhée n'a plus reparu. » (Report on the
epidemic cholera of 1848 and 1849.)

Le même document cite encore le cas de Southwark, paroisse de Saint-
Georges, comme ayant beaucoup souffert du voisinage d'une manufacture
de ce genre, et le cas du pénitencier Millbanck, dont le médecin, le
Dr Baly, n'hésitait pas à attribuer la dyssenterie aux émanations organiques
provenant des fabriques à bouillir les os du district de Lambeth.

On lit dans un rapport de 1854 :

« Dans vingt maisons de Suffolk street (Borough), il y eut des morts
« du choléra. Jusqu'au 23 septembre 1854, il y eut dans ces maisons
« 29 cas de choléra, au moins autant de forte diarrhée, et 24 morts. Non
« loin de là se trouvent des établissements à bouillir les os, des fabriques
« de cordes à boyaux, des écorcheries, dont les odeurs donnaient lieu à
« beaucoup de plaintes. A l'exception de ces odeurs, on ne pouvait, pour
« trois d'entre ces vingt maisons, apercevoir aucune autre cause d'insalu-
« brité. » (Epidemic cholera in Metropolis, 1854.)

Relativement aux paroisses de St-George-in-the East, de Lambeth et de
Wandsworth, où les mortalités cholériques avaient été respectivement

20

« que la mortalité a été considérable dans le voisinage de
« diverses fabriques, et l'on en a tiré la conclusion que ce
« genre d'émanations exerçait une très-fâcheuse influence
« sur la santé publique. On oppose à ces faits que dans des
« établissements même défectueux, les ouvriers paraissent
« bien portants[1], et que, sauf les cas exceptionnels où ils
« seraient exposés à l'action directe des acides minéraux, ils
« peuvent sans inconvénient respirer les vapeurs dues aux
« matières organiques. En admettant l'exactitude de ces der-
« nières observations, difficiles à bien établir par suite de la
« partialité des patrons, il n'en resterait pas moins ce fait que
« si, à l'état normal, les vapeurs d'origine organique n'exercent
« pas d'effet appréciable sur la santé publique, elles consti-
« tuent du moins un milieu très-propre au développement
« des germes épidémiques. Quant aux fabriques bien tenues,
« comme celle de M. Lawes, par exemple, on n'y rencontre
« que cette faible odeur, inséparable du maniement des ma-
« tières animales, même traitées avec le plus de soin, et l'on
« peut admettre qu'elles sont tout à fait exemptes d'insalu-
« brité. Réduite à ces termes, la même conclusion s'applique
« à une foule d'autres industries, telles que la fabrication
« de la gélatine, du suif, du charbon d'os, etc.

égales à 3 fois, 7 fois et 8 fois la mortalité moyenne de la métropole, le
même rapport fait les remarques suivantes :
« Dans la paroisse de Sᵗ-George-in-the East, il y a 2 établissements à
« bouillir les os, 2 à bouillir l'huile, 3 de savon, 4 ou 5 raffineries de sucre
« où l'on revivifie le noir animal, 1 distillerie de naphte, 1 fabrique de
« chandelle, 1 local à faire bouillir le poisson pourri....
« Le Dʳ Hassall établit que les principales industries insalubres à
« Lambeth sont 5 fabriques pour bouillir et broyer les os, 1 manufacture
« de glue.
• Il y a d'autres industries insalubres en activité à Wandsworth, et le
« Dʳ Hassall exprime sa conviction sur l'absolue nécessité de faire dis-
« paraître celles qui causent le plus de mal... »
1. M. Taunzen, à Glasgow, qui prend peu de précautions contre les
odeurs, a la prétention que son industrie soit non-seulement inoffensive,
mais même favorable à la santé de ses ouvriers.

« En résumé, on peut dire que ces industries sont sans
« inconvénient sur la santé publique quand elles satisfont
« à la double condition : 1° que les gaz et vapeurs soient
« absorbés ou brûlés convenablement ; 2° que les matières
« premières séjournant dans l'usine ne fournissent pas d'é-
« manations putrides. Or cette double condition peut tou-
« jours être remplie. »

Il convient d'ajouter que de ces deux conditions la seconde,
à laquelle on accorde souvent moins d'attention, est
certainement la plus importante ; car l'expérience prouve
que les émanations provenant de la fermentation putride
sont beaucoup plus malsaines que celles qui résultent de la
fabrication proprement dite, même quand aucun moyen n'a
été pris pour assainir cette dernière. L'essentiel dans ces industries est donc d'employer les matières dans un suffisant
état de fraîcheur ou préservées artificiellement de la corruption ; moyennant cette précaution fondamentale, la fabrication peut bien encore rester incommode, mais il ne
paraît pas qu'elle puisse devenir dangereuse pour la santé
publique.

FUMIVORITÉ OU DESTRUCTION DE LA FUMÉE.

L'ordre de faits que nous abordons ici touche de très-près
les populations urbaines. En effet, la multiplicité des foyers
industriels et l'usage de plus en plus répandu des combustibles minéraux, notamment de la houille, ont pour résultat
de souiller l'air des villes d'une quantité de fumée qui
devient pour les habitants une source sérieuse d'incommodités. Aucune ville, pour ainsi dire, n'y échappe ; les simples
ateliers mécaniques, les chemins de fer, la navigation à

vapeur, au besoin même les simples foyers domestiques, suffisent pour faire naître cette nature d'inconvénients. On comprend dès lors l'intérêt qui s'est attaché aux recherches ayant
en vue de les faire disparaître et ainsi l'on s'explique la multitude d'inventions qui ont pris naissance dans cette voie
depuis une vingtaine d'années[1].

Avant d'en résumer les résultats principaux, nous voulons
marquer le trait essentiel du problème qui se pose ici aux inventeurs : il ne s'agit pas pour eux, comme dans les industries que nous venons d'examiner, de diminuer par voie d'absorption ou autrement, la proportion de gaz plus ou moins
délétères, mais simplement de ramener à l'état de gaz transparents certains éléments tenus en suspension dans le courant
et qui lui communiquent son opacité et sa couleur. C'est
moins un acte d'assainissement dans la véritable acception du
mot, qu'un acte de *décoloration*. Les quantités d'acide sulfureux, d'acide carbonique et autres gaz nuisibles qui se trouvent
dans la fumée ne sont pas changées, mais le courant perd son
aspect fuligineux et la propriété qu'il avait de salir les objets
par des dépôts de suie[2]. Or — et c'est ici le point à noter

1. Lors d'une enquête faite, il y a quelques années, par le Parlement
anglais, on comptait, dans le Royaume-Uni seulement, plusieurs centaines
de procédés patentés, dont 150 au moins avaient été l'objet d'essais en
grand, c'est-à-dire avaient été appliqués, pendant une période suivie, dans
quelque fabrique importante.

2. Bien que l'acte de la fumivorité soit sans influence sur la quantité
effective d'acide sulfureux et autres gaz nuisibles émis dans l'atmosphère,
il convient cependant de remarquer que la portion de ces gaz qui arrive au
contact des plantes et des animaux, se trouve généralement diminuée ; ce
qui tient à ce que les brouillards fuligineux et la suie, qui s'abattent sur
le sol, sont un des grands véhicules de l'acide sulfureux et l'empêchent de
se disséminer dans l'atmosphère. C'est même de cette manière indirecte, à
savoir en affaiblissant l'action de l'acide sulfureux, qu'on admet en Angleterre que la fumivorité puisse intéresser l'agriculture. Car on ne pense
pas que le noir de fumée soit *par lui-même* nuisible aux plantes, mais
l'on attribue ses effets aux acides qui l'accompagnent ordinairement. Telle
est l'opinion qui s'est produite, sans conteste, dans le comité d'enquête de
1862, et qui est partagée par les chimistes que nous avons eu occasion
de consulter. Il est certain, en effet, que dans un pays où les pluies et

pour les inventeurs — l'excès de matière charbonneuse qui souille le courant et dont on se propose de le dépouiller tient invariablement à une combustion incomplète ; c'est donc à compléter cette combustion et à nul autre résultat que doivent tendre les appareils fumivores. Tel est le point de vue fondamental auquel on s'est placé en Angleterre et auquel on commence à se ranger sur le continent ; il a mis fin à une foule d'inventions irrationnelles qui n'étaient propres qu'à retarder le progrès qu'on ambitionnait ; la plupart des procédés mis en avant ont été dès lors abandonnés ou ne tarderont pas à l'être, et ceux-là seulement pourront échapper à l'oubli qui, avec des dispositions simples, réalisent la condition expresse dont nous parlions tout à l'heure, de rendre la combustion plus complète, c'est-à-dire de mettre les gaz combustibles en présence d'une quantité suffisante d'oxygène à une température convenable [1]. C'est de ces derniers exclusivement qu'il convient de s'occuper.

Les fourneaux doivent être distingués en 2 catégories :

1° Ceux dans lesquels on effectue certaines élaborations déterminées, comme les fours à puddler, à verres, à poteries, etc., et dont les dispositions sont par conséquent plus

les brouillards sont si fréquents et nettoient continuellement les plantes, l'obstruction des sporules causées par des particules de suie aurait, abstraction faite de l'action des acides, des effets peu sensibles ; mais comme, en fait, les acides et particulièrement l'acide sulfureux s'y trouvent toujours mêlés, il s'ensuit que la suie devient l'*occasion* de dommages réels ; et ce que nous disons ici des plantes s'applique évidemment à la respiration des êtres animés. D'où l'on voit que la fumivorité, bien qu'étrangère par son principe à l'assainissement, s'y trouve cependant liée par ses conséquences.

1. Sous l'influence des saines idées, on a réalisé, en Angleterre surtout, une amélioration d'ensemble vraiment remarquable. « Ceux qui voient « aujourd'hui l'atmosphère de Londres, Manchester, Glasgow et autres « grandes cités, nous disaient les hommes les plus compétents, les « Dr Letheby, Hofmann, A. Smith, Roscoe, n'ont aucune idée de ce qu'é- « tait cette atmosphère il y a huit ou dix ans. Et non-seulement l'air a « gagné en transparence, mais même la quantité d'acide sulfureux respiré « a diminué, quoique la quantité dégagée ait considérablement augmenté».

ou moins commandées par la nature même des opérations ;

2° Ceux qui servent simplement au chauffage des appareils à vapeur, et dont on est beaucoup plus maître de faire varier à volonté les dispositions.

FUMÉE DES FOURS A PUDDLER, A VERRES, A POTERIES, A COKE, ETC.

Le progrès le plus marquant selon nous, parce qu'il est le plus général, consiste dans l'introduction du système *Siemens*, ainsi désigné du nom de l'habile ingénieur qui l'a inventé.

Le principe fondamental de ce système est d'employer le combustible à l'état gazeux, au moyen d'une distillation préalable de la houille, ou, pour parler plus exactement, en convertissant celle-ci en oxyde de carbone et en hydrogène carboné. Les gaz sont ensuite amenés dans le four de fabrication et brûlés à l'aide d'une introduction d'air convenablement calculée. La combustion est par là beaucoup plus complète que par les procédés ordinaires, et le but de la fumivorité se trouve atteint en même temps qu'on réalise une économie sensible de combustible. L'application du système comporte donc deux appareils distincts : celui où s'effectue la distillation de la houille et qui est indépendant de la nature de l'industrie à laquelle les gaz doivent servir, et celui où s'accomplit l'élaboration industrielle elle-même, lequel varie nécessairement avec la nature de cette élaboration.

L'appareil distillatoire, tel que nous l'avons vu fonctionner à la grande verrerie de M. Chance, à Spon Lane, près Birmingham, consiste essentiellement en une grille fortement inclinée à barreaux très-rapprochés, de manière à restreindre l'introduction de l'air (Pl. XVI, fig. 3 à 5). Les deux premiers tiers de la grille sont formés de barreaux placés dans le sens ordinaire et le dernier tiers de barreaux horizontaux ou de gradins perpendiculaires à la direction des précédents. Sur

la première partie de la grille, le combustible, chargé par
un orifice supérieur ménagé *ad hoc,* ne fait guère que s'é-
chauffer en glissant; il s'accumule sur le fond où il prend
une grande épaisseur et c'est là que la distillation s'opère. La
température est assez élevée au contact immédiat des barreaux pour qu'on ait cru devoir, pour les ménager, entretenir
sous le barreau inférieur un léger filet d'eau contenu dans un
auget en fer. Cette température diminue graduellement à mesure qu'on s'enfonce dans l'épaisseur du charbon amoncelé et
les gaz provenant d'une première combustion complète s'y
réduisent graduellement pour passer à l'état d'oxyde de carbone et d'hydrogène carboné, état sous lequel ils s'échappent
à une température relativement basse. Nous n'insistons pas
sur les indications de détail, que l'inventeur fournit au reste
lui-même en autorisant l'application de son appareil. Nous
ajouterons seulement que le point important étant d'avoir un
afflux d'air modéré et uniforme à la grille, il est d'usage d'enfermer le foyer dans le sous-sol, afin de le soustraire à toutes
les variations des agents atmosphériques.

Tel est en son principe l'appareil destiné à fournir les gaz
de chauffage. Quant au mode même de ce chauffage, il varie,
avons-nous dit, suivant le genre d'industrie. Chez M. Chance,
l'air supplémentaire est réuni aux gaz à la sortie de l'appareil
distillatoire : à cet effet, un orifice est ménagé au cerveau de
la voûte du foyer, en avant de l'autel (Pl. XVI, fig. 3 à 5); les
deux courants se rencontrent et se pénètrent au dessus de
l'autel en passant à travers une série de trous percés dans une
cloison en briques et en outre ils s'échauffent notablement,
à cause de la haute température où ces briques se trouvent
portées par suite de leur liaison avec la maçonnerie du foyer.
De là, le mélange circule à travers un long tuyau où il devient
de plus en plus intime, et finalement il débouche tout enflammé dans les fours à fondre le verre, où la combustion
s'achève en développant une si haute température, qu'à la
première fusion, MM. Chance, qui avaient forcé le feu par

excès de précaution, perdirent toute leur fournée ; « à leur
« grand contentement, nous disaient-ils, car cela levait pour
« eux la dernière objection qu'ils avaient aperçue au sys-
« tème. » L'économie de charbon a été moindre d'ailleurs
qu'ils ne s'y attendaient, mais la destruction de la fumée est
complète.

Des dispositions analogues ont été adoptées dans plusieurs
verreries ou cristalleries de premier ordre, entre autres à
Stᵉ-Hélène, à Clichy, Baccarat et Saint-Louis, à Namur, Biebrich, Mannheim, etc.,ainsi que dans les fabriques de glaces
de Montluçon et de Saint-Gobain. Le même système, avec
des modifications appropriées,fonctionne également dans diverses industries, aux fours à zinc de Viviers et de Tours, à
l'usine à gaz de Vaugirard, dans la fabrique de poteries de
M. Humphrey, près Southampton, à la fonderie d'acier de
Brades, près Birmingham, etc. Mais l'application la plus
intéressante de toutes, à notre avis, est celle qui a été faite
aux fours à puddler et à réchauffer, parce qu'ici, il ne s'agit
pas seulement d'obtenir une température convenable, mais
il faut encore, surtout pour les premiers, que le courant gazeux contienne de l'oxygène libre dans une certaine proportion. Trois ou quatre établissements métallurgiques, entre
autres celui de M. de Vendel à Hayange (Moselle), ont établi des fours d'après ce système. Pour le puddlage, la disposition est la suivante (Pl. XVII, fig. 7 à 9) : La sole du
four conserve sa forme et ses dimensions ordinaires ; les
deux courants, de gaz combustibles et d'air atmosphérique,
après avoir traversé séparément des chambres chauffées par
les flammes perdues, se rencontrent dans un espace rectangulaire ménagé à l'entrée du four : ils se mélangent intime-
ment, et la combustion s'engage avec une grande vivacité.
Les flammes parcourent la sole dans le sens de la longueur,
et sortent à l'autre extrémité par deux carneaux symétriques,
à gauche et à droite de l'axe de la sole, pour, de là, circuler
dans les appareils de chauffage et se rendre à la cheminée.

Des valves modératrices permettent de régler à volonté le débit des gaz, et de faire varier, selon les besoins, la proportion d'oxygène.

Toutefois les applications du système Siemens ne sont encore ni assez nombreuses, ni même pour certaines branches de fabrication, assez décisives pour qu'on doive être indifférent aux autres tentatives ayant en vue de remédier à la fumée. Dans l'industrie du puddlage, dont nous venons de nous occuper, nous citerons les fours de MM. Johnson frères, à Bradfort, près Manchester, auxquels leurs propriétés fumivores ont acquis une certaine célébrité dans le Lancashire. La simplicité de leurs dispositions semble indiquer que le procédé est susceptible de généralisation. Cinq couples de four chauffent autant de chaudières à vapeur verticales. Les fours accouplés sont d'ailleurs parfaitement indépendants l'un de l'autre, afin de ne pas gêner les opérations : leurs gaz ne se réunissent que sous la chaudière, d'où un tuyau commun les amène dans une cheminée centrale desservant l'atelier. Ils n'offrent rien de particulier dans leurs dimensions générales, si ce n'est d'être moins allongés qu'à l'ordinaire, circonstance qui paraît sans influence sur la fumivorité. Le seul trait caractérisque est une ouverture de la dimension d'une brique, pratiquée sur le tuyau de sortie, à un demi-mètre de l'extrémité du four. L'ouvrier découvrant à volonté cet orifice au moyen d'une brique mobile fait varier l'introduction de l'air supplémentaire de façon à entretenir dans le tuyau une combustion intense qui s'achève dans la chambre ménagée sous la chaudière. A l'entrée de cette chambre un registre permet au puddleur de régler le tirage. Nous avons constaté que même pendant le chargement des foyers, la cheminée centrale n'émettait pas de fumée appréciable. Le charbon employé est d'ailleurs le même que dans les autres usines.

Aux Forges et Chantiers de la Méditerranée, on s'est borné à associer simplement les fours à puddler, deux à deux, et

à donner un assez grand développement au conduit dans
lequel les flammes de deux fours se réunissent pour être
utilisées au chauffage d'une chaudière à vapeur. En ayant
soin d'alterner le chargement des foyers, on peut maintenir la température et la composition du mélange dans
des conditions telles que la combustion se complète à peu
près sous la chaudière.

Une autre disposition fort intéressante, dont le principe
s'éloigne peu du système Siemens, tel que nous venons de
le décrire à la verrerie de M. Chance, a été patentée par
M. Henry Doulton et fonctionne avec le plus grand succès
dans la plupart des fabriques de poteries de Lambeth
(Londres) et notamment dans celle de l'inventeur. C'est à
cette innovation que le district de Lambeth doit d'être débarrassé des épaisses fumées qui souillaient encore, il y a
quelques années, cette partie de la métropole.

La fabrique de MM. Doulton et Watz, qui livre au commerce 15.000 tonnes environ de poteries par an, compte
quinze grands fours munis chacun de dix foyers, dans lesquels on brûle une houille de Newcastle très-bitumineuse.
Comme dans le four distillatoire Siemens, on charge par le
haut et on empile le combustible sur une grande épaisseur,
de manière à restreindre l'afflux de l'air à travers la grille
(Pl. XVI, fig. 6). Le tas de houille se dispose naturellement
suivant une surface dont l'inclinaison rappelle celle de la
grille Siemens ; le charbon s'échauffe à mesure qu'il descend vers le bas, où il subit sa distillation préliminaire, et l'air
supplémentaire est fourni de même à la sortie. A cet effet,
sur la voûte de chaque foyer et un peu au-delà de l'orifice de
chargement, est une cloison verticale en briques percées de
trous de 7 à 8 millimètres de diamètre qu'on démasque plus
ou moins, selon les besoins. L'air du dehors afflue à travers
les trous, s'échauffe au passage, et derrière la cloison rencontre les gaz de la houille avec lesquels il se mélange. La
combustion s'engage et les flammes se précipitent dans l'in-

térieur du four où elles ne tardent pas à se brûler complétement. Les gaz à la sortie de la cheminée sont absolument incolores; mais pour peu qu'on masque les trous de
la cloison d'un seul foyer, ils deviennent aussitôt fuligineux.

Dans l'industrie de la porcelaine, qu'on rapproche volontiers de la précédente, on ne rencontre cependant pas de
procédé efficace, bien que pour certaines villes la question
présente de l'intérêt [1]. L'application des systèmes Siemens,
Doulton, ou tout autre analogue, paraît y rencontrer des
difficultés particulières tenant à la nature des opérations.
Selon M. Marquet, l'un des industriels les plus compétents de
Limoges, le problème ne peut pas être résolu dans ce centre
manufacturier en conservant les fours actuels. Ceux-ci ont
jusqu'à cinq mètres et demi de diamètre intérieur et 10
mètres de haut : ils sont desservis par huit ou dix alandiers
ou foyers à la circonférence et quelquefois par un alandièr
supplémentaire au centre. La fumée se produit surtout pendant les premières vingt-quatres heures, alors qu'on a soin
de ne pas allumer les gaz, afin que l'élévation de la température soit bien graduée et se répartisse uniformément sur
tous les points. « Quel que soit le mode adopté pour brûler
« les gaz dès le début, on est sûr, nous disait M. Marquet,
« que la température s'élèvera trop aux points de combustion
« et qu'une partie de la cuite sera manquée [2]. La première
« condition serait donc de construire des fours d'un diamètre
« beaucoup moindre, et sans doute aussi il faudrait en varier
« les dispositions. On pourrait, par exemple, avoir plusieurs
« petits fours conjugués, que les gaz parcourraient succes-
« sivement, de telle sorte qu'à la sortie du four où le chauf-

1. Notamment à Limoges, où, depuis la substitution de la houille, tout
un côté de la ville est envahi par les fumées des fours.

2. Cet inconvénient n'existe pas pour les fours à poteries, auxquels le
système Doulton réussit à merveille, parce que les pièces peuvent supporter un excédant de température.

« fage commence, on allumerait les gaz pour le four suivant,
« où le chauffage est plus avancé. » Nous exposons ces idées,
non à titre de solution, mais pour montrer comment la question est envisagée sur les lieux-mêmes.

Ces divers procédés ont un trait commun, qui montre dans
quelle voie la solution doit être cherchée pour les autres
industries : ce trait, c'est l'introduction d'une certaine quantité d'air supplémentaire, en vue de réduire les gaz incom-
plètement brûlés sur la grille. Tel nous paraît être en effet,
nous l'avons dit, le fondement de toute disposition fumivore ;
ce principe doit se retrouver le même partout, les détails
seuls d'exécution varient.

Toutes les industries cependant ne se prêtent pas également bien à l'application d'un tel principe. Les fours à coke,
par exemple, présentent une difficulté spéciale, tenant à ce
qu'on ne peut introduire dans le four lui-même l'air nécessaire
pour compléter la combustion des gaz, car on risquerait ainsi
de brûler une partie du coke, qui est précisément le produit
qu'on veut conserver. D'un autre côté, à une certaine distance du four, les gaz n'ont pas, surtout au début de la distillation, une température suffisante pour qu'on puisse les
enflammer aisément. L'obstacle est levé dans les usines où
l'on a l'emploi de ces gaz pour chauffer des appareils à vapeurs ; car alors on peut les faire concourir avec les flammes
d'un foyer ordinaire, dont la haute température détermine
une conflagration générale. Mais dans la plupart des circonstances on n'a pas une semblable ressource à sa disposition et
il serait trop onéreux d'entretenir un feu exprès pour la combustion des fumées. En pareil cas la disposition la plus économique nous paraît être celle qu'on a adopté dans divers
centres houilliers et particulièrement dans le comté de Durham, où les gaz des fours à coke avaient produit des ravages
comparables à ceux des usines à cuivre [1]. Au lieu de laisser

1. Nous retrouvons ici l'observation déjà faite au sujet de l'influence

chaque four dégager isolément ses fumées presque au ras du sol, on réunit celles d'un certain nombre de fours dans un carnau commun qui débouche à une cheminée centrale de 20 à 25 mètres d'élévation. Dans le comté de Durham, on voit jusqu'à 40 fours desservis à la fois par une seule cheminée, et le dégagement est presque incolore ; en tous cas il est assez dépouillé pour que les dommages ne soient plus sensibles. Cette diposition généralisée dans la contrée que nous citons, en a complétement changé l'aspect. Les bons effets ainsi obtenus ne doivent pas être attribués uniquement à l'excès de tirage produit par la .cheminée ; mais ils sont dus bien plutôt à ce que tous les fours n'étant pas chargés en même temps, les gaz inégalement échauffés se rencontrent dans le carnau qui aboutit à la cheminée, et les plus chauds servent à brûler les plus froids [1].

Nous signalerons accessoirement quelques tentatives faites à diverses époques pour condenser certains éléments ammoniacaux et empyreumatiques contenus dans les fumées des fours à coke. Il s'était fondé, il y a peu d'années, à Alais,

---

indirecte que peut exercer la fumée proprement dite sur l'action de l'acide sulfureux qui s'y trouve mêlé. Dans le comté de Durham, en effet, ce n'était pas de la couleur et de l'opacité des dégagements qu'on se plaignait : car on est en pleine campagne, et le désagrément, si grand dans les villes, y était fort atténué ; mais on y souffrait des ravages de l'acide sulfureux sur la végétation, ravages qui ont cessé quand les dégagements ont été rendus plus transparents, et, on doit ajouter aussi, portés à un niveau plus élevé au dessus du sol.

1. La nouvelle disposition paraît être plus avantageuse qu'onéreuse aux exploitants. Voici en effet ce qui a été déclaré dans l'enquête parlementaire de 1862 sur les *Vapeurs nuisibles* : « Je puis établir, dit M. John « Farington, que le coût originaire des fours à coke, sous l'ancien sys- « tème, était de 32 livres (800 francs) par four ; sous le nouveau système, « comprenant la cheminée, les carnaux et tout ce qui s'y rattache, le coût « est seulement de 42 livres (1050 francs). Tout le coke est fabriqué par « des entrepreneurs ; ou parmi ces entrepreneurs, il n'y en a aucun qui dira « avoir moins de rendement, tandis qu'un certain nombre déclare en avoir « plus avec le nouveau système qu'avec l'ancien ; en outre de ce résultat, « les entrepreneurs gagnent presque la moitié du temps dans la fabrica- « tion ; par conséquent il y a tout avantage à avoir des cheminées. »

une industrie de ce genre. Il en résultait indirectement un progrès sanitaire puisque les fumées étaient en partie purifiées par ces opérations ; mais il ne paraît pas que cette industrie ait jamais été bien prospère. Nous doutons, quant à nous, que ce soit de ce côté qu'on doive attendre le progrès. de l'assainissement.

FUMÉE DES APPAREILS A VAPEUR.

C'est surtout dans les fourneaux desservant les appareils à vapeur, où l'on dispose à peu près comme on veut de l'arrangement intérieur, que l'esprit d'invention a pu aisément se donner carrière. Mais on revient de l'engouement qu'inspiraient à une certaine époque les appareils soi-disant fumivores, et, après bien des essais, on a fini par reconnaître qu'aucun type de foyer ne mérite exclusivement cette qualification, mais que tous peuvent le devenir moyennant l'observation des principes suivants :

1° Avoir une épaisseur modérée de charbon sur la grille, 10 à 12 centimètres, par exemple, 15 au plus ;

2° Éviter la brusque formation d'une trop grande quantité de gaz froids ;

3° Introduire de l'air supplémentaire dans la zone de combustion.

Sans parler, bien entendu, d'une foule d'autres conditions inhérentes à l'installation d'un bon appareil à vapeur et dont la nécessité avait été depuis longtemps reconnue [1].

Le premier principe a pour objet de faciliter l'accès de l'air par les barreaux et de modérer la quantité de gaz à brûler dans un espace donné. Il implique que les foyers ne soient point disproportionnés avec le travail qu'on exige de la chaudière, ou que la grille ait une superficie suffisante [2].

1. Comme d'avoir un cendrier et une chambre de combustion suffisamment hauts, d'éviter les foyers longs et étroits, d'avoir une bonne cheminée, etc.
2. C'est là un trait qui distingue, par exemple, les appareils de Londres

Le second principe peut être satisfait de bien des manières, et en première ligne, par les soins qu'apporte le chauffeur [1]. Si le feu est chargé irrégulièrement, si on le laisse tomber pour le renouveler *à fond*, avec les meilleures dispositions on produira beaucoup de fumée. Bon nombre d'inventions, de celles du moins qui méritent de fixer l'attention, ont eu précisément pour objet de suppléer à ces qualités du chauffeur, ou de rendre la bonne marche du feu indépendante de la négligence de l'homme. Les appareils qui y tendent peuvent être divisés en deux catégories : 1° ceux où l'on cherche à rendre le chargement uniforme, comme les grilles mobiles du système Taillefer ; 2° ceux où l'on oblige les gaz fuligineux qui succèdent au chargement, à passer sur des charbons incandescents où ils se brûlent, comme les grilles inclinées, à gradins ou à étages, les foyers à chambre de distillation, ou de combustion, etc. A cette seconde catégorie, se rattachent les foyers accouplés et chargés alternativement, en vue de faire brûler la fumée de l'un par les flammes de l'autre [2].

Le troisième principe ou l'introduction de l'air dans la zone de combustion a donné lieu à trois systèmes: l'un consistant à admettre l'air par la porte de chargement, l'autre par des

de ceux de Manchester. La moins bonne fumivorité remarquée dans cette dernière ville, comparée à la première, tient beaucoup à ce que, pour satisfaire à des industries qui réclament de grandes forces motrices, on demande souvent aux foyers plus qu'ils ne devraient produire.

1. C'est une vérité dont est si bien convaincu M. Macintosh, l'inventeur des vêtements de ce nom, à Manchester, qu'il nous disait : « Après avoir « essayé de bien des systèmes, j'ai fini par adopter un moyen qui me réussit « parfaitement : chaque fois que je suis condamné à l'amende, j'en fais « payer une partie à mon chauffeur. » Il est juste d'ajouter que les appareils de M. Macintosh sont parfaitement installés.

2. Nous ne comprenons pas, parmi les moyens d'éviter la fumée, le choix de houilles non fumeuses, comme, par exemple, l'emploi des semi-anthracites du pays de Galles, qui s'est beaucoup généralisé à Londres depuis quelques années, ou des houilles maigres de Charleroi, qui s'est répandu à Paris. Il est clair que ce n'est point là un procédé technique, dans l'acception du mot, ni applicable en tous lieux.

ouvertures situées près de l'autel, et le troisième par les barreaux eux-mêmes au fond de la grille. Ce dernier mode, réalisé tantôt en chargeant très-faiblement le combustible dans
cette région, tantôt au moyen de grilles inclinées ou même
en agitant mécaniquement les barreaux pour les découvrir,
commence à être abandonné, au moins dans les appareils
fixes. Les deux autres modes, surtout le premier, sont devenus d'un usage presque universel.

Nous n'entreprendrons pas la description des appareils
multiples qui, en vue de ce principe, comme du précédent, ont été imaginés dans les divers pays. Les plus
notables d'entre eux ont été consignés dans un rapport
célèbre qui a déterminé en France l'adoption des nouveaux
règlements de fumivorité [1]. Nous nous bornerons à indiquer quelques dispositions qui n'ont pu trouver place dans
ce document, soit parce qu'elles ont vu le jour postérieu-
rement à sa rédaction, soit parce qu'elles ont eu leurs applications seulement à l'étranger.

En fait de grilles mobiles, correspondant à nos grilles
Taillefer, on peut citer en Angleterre celles de M. Hazel-
dine, dont font usage plusieurs industriels, entre autres,
M. Price, à Battersea. Chez ce dernier, les grilles se meuvent avec une vitesse de 2 mètres à l'heure, en emportant,
sur une épaisseur constante de 12 centimètres, la houille
très-menue amoncelée contre la plaque d'entrée. M. Price, qui
a essayé d'un grand nombre d'appareils, nous déclarait ce
dernier « irréprochable à tous les points de vue. » Dans la
catégorie des grilles à gradins on remarque celle de M. Lan-

---

1. Nous voulons parler du rapport de M. Combes, en date du 5 juillet
1859, revu par l'auteur en 1863 : il est l'expression de l'état des choses
à cette dernière date. Bien que restreinte au seul département de la Seine,
cette description a, en réalité, une grande généralité; car il y a peu d'appareils, dignes d'attention, qui n'aient pas quelque représentant à Paris. C'est à
la suite de ce rapport qu'a été promulgué le décret impérial du 25 janvier
1865, sur les appareils à vapeurs, aux termes duquel ces appareils doivent
désormais brûler leur fumée.

gen, constructeur à Cologne, dont l'usage s'est répandu dans la Prusse Rhénane et commence à s'introduire dans l'est de la France. Elle se compose de trois séries de barreaux horizontaux superposés, en retraite les uns sur les autres (Pl. XVIII); l'extrémité des barreaux est recourbée de façon à ce que l'ensemble des coudes de ces trois rangées forme une sorte de plan incliné, depuis la porte de chargement jusqu'à une quatrième série, disposée comme une grille ordinaire et constituant le fond du foyer. Les coudes d'une série ne rejoignent pas les barreaux de dessous, mais ils laissent un vide qui permet de faire glisser le combustible entre deux étages. On amène la houille fraîche sur les trois séries de barreaux, jusqu'à la naissance des coudes, pour qu'elle y subisse une première distillation pendant que le charbon placé sur le plan incliné et sur la grille du fond achève de se brûler ; on pousse ensuite la houille sur le plan et l'on recharge du charbon frais à la place.

On peut rattacher au système des grilles à gradins deux dispositions dues, l'une à M. Chodzko, l'autre à M. Kindt, inspecteur des industries en Belgique. La première est appliquée avec succès dans quelques établissements de Bruxelles, entre autres, à la papeterie de M. Asselbergh. Elle se résume à avoir deux foyers successifs, le plus éloigné de la porte étant plus bas que l'autre d'environ 30 centimètres. Le charbon frais est chargé sur la grille la plus haute, où il subit une première distillation ; on le fait tomber ensuite sur la seconde grille, où règne la température la plus élevée. La disposition de M. Kindt a fonctionné pendant quelque temps à l'un des fourneaux de l'autel des monnaies. En avant de la porte ordinaire du foyer est ménagée une petite chambre rectangulaire dont la partie antérieure est fermée par une porte. Au fond de cette chambre, c'est-à-dire contre les barreaux de la grille, se trouve un registre glissant dans une coulisse, qu'on peut lever ou baisser à volonté. On place le charbon cru dans la capacité comprise entre la porte et le registre ; puis, la porte étant bien fermée, on ouvre le registre et le charbon s'éboule sur le bord de la grille où il subit une sorte de distillation. Quelque temps après on introduit un ringard par un petit trou carré pratiqué dans la partie extérieure et l'on étale le charbon éboulé sur la grille, de façon qu'il reçoive le plus complétement possible la chaleur rayonnante du foyer. Le charbon cru commence alors à se décomposer ; les fumées, mêlées à l'air qui s'introduit par le petit orifice de la porte, se brûlent sur le charbon incandescent. Indépendamment de cette disposition, M. Kindt ménage une ouverture en avant de l'autel, pour fournir au besoin de l'air supplémentaire dans la zone de combustion.

Parmi les systèmes consistant à associer des foyers destinés à n'être pas chargés simultanément et dont les flammes se rejoignent, afin que les gaz froids et noirs de l'un puissent rencontrer les gaz incandescents de l'autre, nous avons remarqué les chaudières de M. Wymer, ingénieur de la Compagnie Continentale de la navigation sur la Tyne, à Newcastle. Ce constructeur, qui a beaucoup étudié la question, fait déboucher dans une même chambre de combustion les gaz de deux, trois et même quatre foyers conjugués. Il établit ainsi une sorte de moyenne constante dans la qualité des gaz. Nous avons vu plusieurs relevés de bord de ses bateaux, où l'état de la colonne de dégagement était noté de 5 en 5 minutes, et ces relevées indiquaient à peine quelques traces de fumée sur le parcours de Newcastle à Shields. Les bateaux de la Clyde à Glasgow, ceux de la Mersey à Liverpool, ceux de la Tamise, emploient des dispositions analogues avec un égal succès. Dans la fabrique de canons Withworth, à Manchester, les foyers sont intérieurs, au nombre de deux dans chaque chaudière et opposés (Pl. XVI, fig. 7) ; ils occupent ensemble toute la longueur de la chaudière, qui a 5 mètres sur 1ᵐ,20 de diamètre. Ils sont séparés l'un de l'autre par un petit autel, de chaque côté duquel une ouverture latérale

conduit les deux courants gazeux dans une même chambre
de 40 centimètres de long, qui interrompt une batterie de
tubes de vaporisation. C'est dans cette chambre et avant de
s'engager dans les deux moitiés de la batterie que les gaz
achèvent de se brûler. Or il est de notoriété que M. Withworth ne fait jamais de fumée.

L'introduction de l'air par la porte de chargement des foyers
a lieu le plus ordinairement par une série de trous, de 7 à 8
millimètres de diamètre, percés à 2 ou 3 centimètres les uns
des autres dans la porte de chargement. Cette disposition est
fort simple et nous paraît encore la meilleure de toutes.
Quelquefois on remplace les trous par un simple entre-
bâillement de la porte, ou par 2 ou 4 orifices de grandes
dimensions, pratiqués sur cette porte; mais l'effet produit
n'est plus le même : l'air n'est pas alors assez divisé, ne se
mélange pas assez avec les gaz du foyer, et s'échappe en
grande partie sans avoir contribué à la combustion. Ces derniers inconvénients disparaissent dans le système Palazot,
qui commence à se répandre (Pl. XVII, fig. 6): l'air y est introduit en nappe mince, sur toute la longueur du foyer, au
moyen de rainures pratiquées entre la porte et la grille, rainures que le chauffeur démasque à volonté; la disposition est
complétée par une voûte en terre réfractaire placée au dessus
de l'autel, laquelle, par sa haute température, favorise la
combustion du mélange.

Dans certains appareils, on admet l'air directement au
voisinage de l'autel [1], ce qui est moins avantageux que
de l'introduire près de la porte, parce qu'il n'a plus assez
de temps pour se mélanger aux gaz du foyer et dès lors
ne produit qu'une partie de son effet. Une disposition
assez originale qui, au fond, n'a d'autre but que de réaliser
ce mode d'introduction, est le feu *retourné* de M. Bell à

1. A l'origine, le système Palazot admettait l'air à l'autel, mais d'après
la nouvelle brochure rédigée par les propriétaires du brevet, l'introduction
est placée près de la porte, ce qui est beaucoup plus rationnel.

Washington. Le carnau de sortie des gaz est au dessus de la
porte de chargement ; le cendrier est vaste, et les barreaux
du fond, placés transversalement, beaucoup plus espacés que
ceux de l'avant. En conséquence, l'air afflue principalement
par l'arrière et tout le courant revient vers la porte pour
entrer dans la cheminée. Les trous d'admission dont cette
porte est percée sont donc réellement situés vers le *fond* du
foyer.

On a cherché aussi à faire arriver l'air par une foule de
moyens indirects qui reviennent tous à activer artificiellement le tirage au moment où les gaz à brûler sont plus
abondants. Une injection de vapeur d'eau dans le foyer est au
premier rang de ces moyens, et l'appareil Thierry (Pl. XVII,
fig. 4) est celui où l'on paraît en avoir tiré le meilleur parti ;
au surplus, les résultats obtenus par MM. Thierry ont paru
assez concluants pour que leur système ait été adopté depuis
quelques années dans de grands établissements, entre autres
au chemin de fer de Lyon. « Il est certain, dit M. Combes,
« que par suite de la décomposition de la vapeur au contact
« de la houille embrasée, de l'appel d'air déterminé par les
« jets de vapeur, du brassage de l'air et des gaz combustibles
« déterminé par la projection de la vapeur, et probablement
« par l'action de ces trois causes agissant ensemble, la
« flamme, si elle était fumeuse, s'éclaircit en se raccourcis-
« sant et que la fumée disparaît sous l'influence des jets de
« vapeur. » A la suite de l'appareil Thierry, on peut citer
une disposition connue sous le nom d'*hydrofère des foyers*
(Pl. XVII, fig. 5), laquelle est assez usitée dans l'est de la
France et notamment dans le département de la Moselle.

Pour terminer ce sujet, il convient de m entionner une tentative toute récente, faite en vue, non de brûler la fumée, mais
de la *laver*, pour la débarrasser des particules de suie qu'elle
entraîne avec elle. L'appareil, dû à M. Moussard, a été appliqué pour la première fois, en 1864, à une fabrique de
placage de la rue de Charenton (ancienne maison Garant),

où nous l'avons vu fonctionner. Il se compose de deux colonnes en tôle de 3ᵐ,50 de haut, et 0ᵐ,50 de diamètre, communiquant par le haut, et interposées entre la sortie du
fourneau et la cheminée. La deuxième colonne, celle dans
laquelle la fumée suit une marche descendante, reçoit à sa
partie supérieure une petite pluie d'eau, au moyen d'un tube
central desservi par la pompe de la machine, et elle se termine
inférieurement par un ajutage qui se déverse dans un
baquet. La communication à la cheminée a lieu par un conduit latéral, immédiatement au dessous de l'ajutage. Nous
avons reconnu qu'au moment où l'on fait tomber l'eau, la
fumée n'est pas, à proprement parler, décolorée, mais qu'elle
est dépouillée en grande partie de ses particules de suie ; du
reste, l'eau qui coule dans le baquet est fort chargée, et l'on
recueille une quantité notable de noir de fumée. Quant au
tirage il ne paraissait pas modifié, et le chauffeur déclarait
que son feu n'en souffrait nullement. La fabrique de *charbon de Paris,* du boulevard de l'Hôpital, dont l'épaisse fumée soulève depuis longtemps des réclamations qui ont
trouvé de l'écho au sein même du Sénat, après avoir essayé
vainement de plusieurs systèmes fumivores, a cherché à
utiliser l'appareil fumilave de M. Moussard. On a installé
une double colonne quadrangulaire en maçonnerie de
4ᵐ,50 de haut. Nous avons vu le système fonctionner à
deux reprises, mais les résultats n'étaient pas très-satisfai-
sants ; bien que la quantité de noir recueillie fût considérable, la fumée exceptionnellement opaque des étuves ne
semblait guère améliorée. Il est vrai que l'application du
système, quoique dirigée par l'inventeur, était encore fort
imparfaite : la pluie n'était ni assez divisée ni assez bien
répartie ; peut-être aussi aurait-il mieux valu la lancer en
sens inverse du courant de gaz.

En résumé, si l'efficacité de certains dispositifs fumivores
est aujourd'hui hors de doute, leur concours ne paraît cependant pas indispensable ; mais la bonne construction des

fourneaux, l'admission de l'air en quantité convenable, les
soins intelligents du chauffeur, et, quand on le peut, le choix
du combustible, sont des conditions encore plus générales
et plus sûres d'une bonne fumivorité [1].

1. Telles sont aussi les conclusions de M. Combes, comme on en peut
juger par les dernières pages de son rapport de 1859-1863 que nous reproduisons ci-après :

« En résumé, dit-il, si la fumée émise par les fourneaux de chaudières
« à vapeur et autres fourneaux appliqués à des fabrications diverses, à la
« cuisson des aliments en grand, et même aux usages domestiques,
« existants dans la ville de Paris et les environs, a diminué notablement
« depuis l'ordonnance de police du 11 novembre 1854, cela est dû surtout
« à l'usage de plus en plus répandu des houilles maigres ou demi-grasses,
« provenant, pour la plus grande partie, de quelques mines de houille des
« environs de Charleroi et du centre de la Belgique.

« Un grand nombre de fourneaux ou d'appareils fumivores ont été
« proposés ; fort peu d'applications en ont été faites, et la plupart ont
« été presque aussitôt abandonnées, comme étant inefficaces, occasionnant
« une augmentation plutôt qu'une économie de combustible, exigeant trop
« de soins du chauffeur dans la conduite du feu.

« Cependant les essais suivis avec beaucoup de soin par des ingénieurs
« du corps impérial des mines, et par des ingénieurs libres, ont démontré
« que plusieurs de ces appareils adaptés à des fourneaux bien construits
« et pourvus de cheminées suffisamment larges et hautes pour donner
« un bon tirage, font complétement disparaître la fumée, sans que leur
« emploi entraîne une augmentation de dépense de combustible. Des
« appareils fumivores continuent à être employés, à la satisfaction des
« directeurs ou exploitants, dans plusieurs établissements publics ou pri-
« vés, où quelques-uns sont placés depuis plus d'une année (les grilles
« Taillefer, à la manufacture impériale des tabacs ; la grille Knowelden,
« à la pompe à feu du quai d'Austerlitz ; la grille Raimondière, à l'impri-
« merie impériale ; des fourneaux Dumery, dans les ateliers de la Com-
« pagnie des chemins de fer de l'Est, au Muséum du Jardin des Plantes,
« dans quelques établissements de restaurateurs et maisons particulières ;
« un appareil Vuitton, à la boulangerie centrale, place Scipion ; la porte
« Grado, sur quelques bateaux à vapeur de la Compagnie Piau ; des
« appareils de M. Foucou, chez M. Dugdale, à Courcelles, au fourneau
« du journal La Patrie, dans la savonnerie de M. Arlot, à la Villette).

« Nonobstant l'emploi plus fréquent des houilles maigres ou demi-
« grasses, il existe encore, dans la ville de Paris et dans les environs, un
« grand nombre de fabriques produisant une fumée abondante, opaque,

1. « Aujourd'hui, on pourrait citer un grand nombre d'exemples de
» l'application de divers appareils fumivores ; voyez les notes précédentes
« relatives aux appareils Thierry fils, à la grille inclinée de M. Tembrinke, aux
« fours Siemens. » (Note de M. Combes, du 10 décembre 1863.)

La complète solution du problème de la fumivorité exigerait qu'on brûlât aussi la fumée des foyers domestiques ; mais
on en est encore bien loin. Il y a eu cependant quelques tentatives, particulièrement en Angleterre. Ainsi, à Londres, dans
les casernes et les hôpitaux, on se sert d'appareils où l'air

« accompagnée, dans quelques cas, de vapeurs acides ou infectes ; cet état
« de choses est une cause grave d'incommodité et d'insalubrité pour les
« propriétaires et les habitants du voisinage. Les observations qui vous
« ont été adressées à ce sujet par M. le préfet de la Seine et les récla
« mations formées par divers particuliers sont bien fondées.

« Avec des houilles maigres ou demi-grasses brûlées dans des fourneaux,
« dont les grilles, les carnaux et la section intérieure de la cheminée en
« briques dépasse en hauteur le faîte des maisons voisines, les soins d'un
« chauffeur intelligent suffisent en général pour prévenir une émission de
« fumée nuisible ou incommode, tandis qu'avec les mêmes houilles et, à
« plus forte raison, avec des houilles grasses et fumeuses, un fourneau
« mal construit, surtout si le feu est mal dirigé, produit une fumée opaque,
« extrêmement nuisible et incommode. Les fourneaux munis de cheminées
« en tôle sont, pour la plupart, dans ce cas ; presque toutes ces chemi
« nées ont une hauteur et un diamètre insuffisants. La conductibilité du
« métal contribue probablement aussi à augmenter la fumée, parce que
« le refroidissement diminue le tirage, hâte l'extinction de la flamme et
« ne peut que favoriser la séparation du carbone sous forme de suie ou
« de noir de fumée. Une bonne construction des fourneaux, des dimen
« sions suffisantes des grilles, des carnaux et de la section intérieure des
« cheminées, l'élévation des cheminées, qui peuvent être rétrécies avec
« avantage à leur orifice supérieur, sont les conditions indispensables
« auxquelles il doit être satisfait dans tous les cas pour toute espèce de
« fourneaux, qu'ils soient appliqués au chauffage des chaudières à vapeur
« ou à tout autre usage. Ces conditions suffiront, en effet, souvent avec les
« soins d'un bon chauffeur, et moyennant l'emploi exclusif des houilles
« maigres ou demi grasses, dont le marché de Paris est abondamment
« approvisionné, pour prévenir l'émission d'une fumée incommode. Leur
« absence rend, au contraire, la combustion de la fumée impossible ou très
« difficile, même avec le secours des meilleurs appareils fumivores connus.

« Peut-être est-il impossible d'obtenir une combustion complète de la
« fumée produite par des houilles grasses et menues, même dans les
« fourneaux bien conduits, munis de bons appareils et placés sous la
« direction d'un chauffeur soigneux ; mais il est incontestablement pos
« sible et même aisé d'en diminuer considérablement l'intensité. L'admi
« nistration ne saurait donc tolérer plus longtemps l'émission des torrents
« de fumée noire que vomissent dans l'atmosphère les cheminées de beau
« coup d'usines et de quelques bateaux à vapeur naviguant sur la Seine.
« dans l'intérieur de Paris.

arrive, par derrière ou par côté, au dessous de la couche de charbon. A Manchester, on trouve dans quelques habitations privées des cheminées disposées suivant le même principe (Pl. XVI, fig. 8 à 10), et de l'efficacité desquelles on se loue généralement.

« Un des grands obstacles à l'adoption par les manufacturiers d'appareils « fumivores, sera vraisemblablement, après la construction défectueuse « de beaucoup de fourneaux qui seront à modifier et le défaut d'emplace- « ment convenable, l'exagération des prospectus distribués par les inven- « teurs réels ou prétendus tels des appareils de ce genre, qui, sans « exception aucune, annoncent une économie plus ou moins considérable « de combustible comme devant résulter, en même temps que l'absence « de fumée, de l'application des appareils qu'ils offrent au public. Ces « promesses n'ont été réalisées presque dans aucun cas. Nous tenons « même pour certain, d'après les faits observés, que si la fumivorité peut « être obtenue sans augmentation de dépense, et même généralement avec « une petite économie de combustible, celle-ci sera peut-être compensée « par l'accroissement des frais d'entretien du fourneau et de l'appareil « fumivore [1]. Mais alors même qu'il devrait en résulter pour les manufac- « turiers une légère augmentation de dépense, et quelque gène, nous ne « saurions voir là un motif de laisser subsister plus longtemps un état de « choses compromettant pour la salubrité publique, et qui cause à des « tiers désintéressés des dommages et une incommodité considérables, « hors de toute comparaison avec les soins et le petit excès de dépense « qu'auront à faire les exploitants d'usines, pour supprimer les inconvé- « nients dont la population tout entière a à souffrir.

« Nous estimons, en conséquence, qu'il y a lieu de remettre en « vigueur l'ordonnance du 11 novembre 1854, en l'étendant, ainsi que le « demande M. le préfet de la Seine, à toutes les manufactures, fabriques « et ateliers quelconques où la houille est consommée en grand, ou plutôt « de rendre une nouvelle ordonnance qui viserait celle de 1854 et dont « l'article 1ᵉʳ serait ainsi conçu :

« Art. 1ᵉʳ. Dans le délai de trois mois, à dater de la publication de la « présente ordonnance, tout propriétaire ou exploitant d'usine, renfer- « mant des fourneaux servant au chauffage de chaudières à vapeur ou à tout « autre usage, tout propriétaire ou exploitant de bateaux à vapeur station- « nant ou naviguant sur la Seine, sera tenu de construire ou de modifier « ses fourneaux, de manière à faire cesser toutes émissions de fumée ou « de cendres nuisibles aux propriétés, ou incommodes pour les habitants « du voisinage. »

Ces conclusions ont été adoptées par l'autorité souveraine, en ce qui concerne les foyers des appareils à vapeur fixes. Pour les autres sortes de fourneaux, la question est réservée.

1. « Il faut excepter les fours Siemens. » (Note du 10 décembre 1863.)

SECTION II

RÉSIDUS SOLIDES ET LIQUIDES.

CHAPITRE PREMIER

PROCÉDÉS GÉNÉRAUX.

DÉBOUCHÉS NATURELS ET AUTRES CONDITIONS TOPOGRA-PHIQUES.

De même que l'éloignement des habitations et des terrains cultivés prévient les fâcheux effets des dégagements nuisibles et constitue dès lors, à leur égard, comme un premier moyen d'assainissement, de même la situation topographique d'une usine peut lui fournir le moyen de se débarrasser de ses résidus dans des conditions où ils ne risquent point de préjudicier au voisinage. C'est ce que nous nommons les débouchés naturels.

Au premier rang de ces débouchés se placent les cours d'eau puissants, susceptibles de délayer les résidus dans une masse telle que les qualités primitives de l'eau ne soient pas sensiblement altérées. Il est clair en effet que l'*insalubrité* d'une substance est éminemment *relative* et que tout dépend de l'étendue du milieu qui la reçoit. Disons plus : quand la masse d'eau est suffisante, non-seulement l'élément insalubre devient, par l'effet de la dilution, à peu près inoffensif, mais même l'insalubrité peut être rendue rigoureusement nulle, autrement dit elle peut être chimiquement détruite par l'action spéciale du milieu. Quand, par exemple, des eaux acides rencontrent des eaux plus ou moins calcaires, la dilution détermine une neutralisation rigoureuse par suite de la décomposition du calcaire par les acides [1]. Autre cas plus fréquent encore : quand des matières organiques sont reçues dans une vaste nappe d'eau, ces matières sont oxydées ou brûlées par l'oxygène de l'air en dissolution dans l'eau et les propriétés infectantes se trouvent absolument détruites. Dans bien d'autres circonstances que nous nous abstenons d'indiquer, on comprend que les éléments divers contenus dans l'eau naturelle puissent réagir sur les matières étrangères pour en neutraliser les principes pernicieux.

Le premier soin d'une usine doit donc être de rechercher un cours d'eau abondant. Nous ne parlons pas ici des besoins de la fabrication, qui se trouve toujours très-bien d'une semblable condition, nous nous occupons seulement de l'expulsion des rebuts. Cette situation topographique assure, disonsnous, de grands avantages aux établissements qui en jouissent. Il suffit de parcourir les fabriques placées sur le bord d'un grand fleuve comme la Seine, le Rhône, le Rhin, la Tamise, pour se rendre compte immédiatement des immenses facilités qui résultent pour elles de ce voisinage ; au contraire, les fabriques placées dans l'intérieur des terres ou sur

1. C'est ainsi qu'à Heilbronn, les liqueurs acides de la fabrique de produits chimiques de la Société de Mannheim, peuvent être écoulées au sein du Necker, sans que les poissons aient aucunement à en souffrir ; tant les eaux fortement calcaires de cette rivière saturent promptement l'acide libre qu'elles rencontrent. Aussi la même Société a-t-elle songé, dans ces derniers temps, à prendre des dispositions analogues pour son établissement de Mannheim.

des cours d'eau insuffisants, se voient souvent entravées et parfois même arrêtées absolument dans leurs opérations par cette unique circonstance [1]. Le bord de la mer ou des étangs, quand on trouve d'ailleurs dans la localité l'eau nécessaire à la fabrication, est également à rechercher [2]. Quant aux lacs et autres nappes d'eau douce, ils n'offrent les mêmes ressources que s'ils ont une grande étendue ou si leur eau est sans cesse renouvelée par la traversée de quelque rivière. Ces nappes sont en effet utilisées d'ordinaire pour les usages domestiques ou agricoles, et l'apport des fabriques ne tarderait pas à les corrompre dans un certain rayon si des circonstances naturelles ne déterminaient pas une diffusion continuelle. C'est pour avoir perdu de vue cette condition fondamentale du renouvellement de l'eau, que des établissements industriels ont causé les plus grands malheurs ; non-seulement ils ont graduellement empoisonné la nappe stagnante dans laquelle se déversaient leurs résidus, mais les infiltrations de cette nappe elle-même dans le terrain environnant ont à leur tour altéré les puits et ont ainsi occasionné des accidents mortels [3]. Il est donc prudent,

1. Sans prendre des cas aussi extrêmes, que l'on compare, par exemple, deux fabriques de soude également bien administrées, mais dont l'une, celle de MM. Maze et Chouillou, est située sur le bord de la Seine, à Rouen, tandis que l'autre, celle de M. Malétra, à quelques kilomètres de distance, est dans l'impossibilité de profiter de ce voisinage. Alors que la première envoie librement et sans préoccupation dans le fleuve ses résidus acides de chlorure de manganèse, la seconde cherche à s'en débarrasser dans les terres et se voit sans cesse menacée de procès par ses voisins dont elle corrompt les puits. M. Pouyer-Quertier, dont la filature est à 7 ou 800 mètres de la fabrique de M. Malétra, se plaignait à nous de ce que l'eau du puits qui alimente ses appareils à vapeur était devenue assez acide pour attaquer la tôle des chaudières.

2. C'est ainsi que les fabriques situées sur le bord de l'étang de Berre peuvent y écouler sans inconvénient toutes leurs liqueurs acides.

3. Tout le monde a entendu parler des terribles accidents survenus près de Lyon par suite de l'évacuation dans un bras perdu du Rhône ou *petit Rhône*, dans lequel l'eau est stagnante, des liqueurs arsénicales provenant de la fabrique d'aniline de Pierre-Bénite. Voici dans quelles conditions ces accidents se produisirent : Aux mois d'août et de septembre 1862, une

au moins dans les contrées habitées, de ne recourir aux nappes limitées que si l'eau est renouvelée par suite de la relation avec quelque rivière, ou si l'étendue de la nappe est assez vaste et en même temps si les agents atmosphériques y ont assez de prise pour que les liquides soient fréquemment mélangés et qu'aucune partie directement atteinte par les rebuts ne reste isolée de l'ensemble.

La possibilité d'écouler sans inconvénient les résidus d'une fabrique à un cours d'eau dépend donc essentiellement du rapport qui existe entre la masse de ces résidus et le débit du cours d'eau. C'est la détermination de ce rapport qui peut seule fixer l'industriel sur les services qu'il doit attendre d'un pareil débouché. Il est tout à fait impossible d'établir à cet égard aucune limite *a priori*, car cette limite varie nécessairement avec la nature des substances et par suite avec le genre d'industrie. Elle varie en outre avec une foule de circonstances que le fabricant peut seul apprécier dans chaque cas particulier ; elle varie, par exemple, selon que les matières devront être rejetées par l'usine d'une matière continue ou intermittente, c'est-à-dire par petites fractions ou par grandes masses, selon que les usagers du cours d'eau sont plus ou

---

quinzaine de personnes appartenant à l'usine, ou vivant dans son voisinage, tombèrent gravement malades, et trois moururent. Une enquête fut faite par le conseil d'hygiène de Lyon, mais elle n'aboutit pas. On attribua les effets à une épidémie. Deux ans plus tard, en mai 1864, la famille d'un garde-barrière du chemin de fer de Lyon à Saint-Étienne présenta les mêmes symptômes de maladie. La femme et les enfants succombèrent, le garde-barrière lui-même vit à un état presque désespéré. Sur la plainte de la Compagnie, la justice et l'autorité préfectorale s'émurent. On procéda à l'exhumation et à une série d'analyses chimiques. Il fut reconnu alors que ces divers accidents étaient dus à la présence de l'arsenic, en quantité notable, dans l'eau des puits, et que cet arsenic provenait des résidus de la fabrication de la fuchsine, préparée à Pierre-Bénite dans de grandes proportions. Cette révélation fut d'autant plus effrayante que ce n'était pas même les résidus qu'on jetait dans le bras perdu du fleuve, mais seulement les eaux jugées inoffensives jusque-là, qui découlaient de ces résidus alors qu'on les avait déjà traités par la chaux pour fixer l'arsenic dans le dépôt solide.

moins voisins de l'usine, selon que l'eau sert à la boisson, à des industries, ou simplement à des arrosages. Enfin il y a des substances qui, sans altérer précisément les qualités chimiques de l'eau, peuvent lui communiquer une apparence qui la rende impropre à certains usages, et cela avec une proportion même très-faible de ces substances. Telles sont les lessives alcalines qui déterminent sur les cours d'eau la formation d'une couche mousseuse, dont l'aspect rebute les bestiaux qui viennent s'y abreuver. Cette mousse surnage et persiste très-longtemps malgré l'abondance du cours d'eau ; il n'y a pour ainsi dire, dans ce cas, aucun rapport à assigner entre la quantité d'alcali et le débit de la rivière.

Toutes choses égales d'ailleurs, il est un certain nombre de circonstances qui accroissent l'efficacité des cours d'eau ; elles se résument dans cette condition fondamentale : opérer le déversement des matières, de manière à ce que le mélange ait lieu le plus promptement possible, dans la plus grande masse d'eau possible. Ainsi, il est préférable, tout d'abord, de déverser les résidus déjà noyés en partie dans un fort volume de liquide plutôt que de les écouler à un grand état de concentration ; car plus les propriétés malfaisantes des résidus sont préalablement affaiblis et moins on a à redouter les fâcheux effets des portions qui pourraient échapper à une dilution ultérieure dans le cours d'eau. Au lieu donc d'envoyer séparément au cours d'eau les substances insalubres, on doit, dans une usine, les réunir à tous les autres liquides de la fabrication et écouler le tout ensemble, de façon à faire occuper aux résidus qu'on redoute le plus grand volume possible. Ce mélange des divers liquides a même souvent un autre avantage : c'est de mettre en présence des éléments différents, qui se neutralisent les uns par les autres [1]. Il va

1. A la fabrique de Dieuze, par exemple, où l'on évacue, d'une part, des solutions de chlorure de calcium provenant du traitement des marcs de soude, et, d'autre part, des solutions de sulfate de soude provenant de l'évaporation du sel marin, on aurait intérêt à réunir préalablement ces

de soi, au contraire, que le mélange devrait être évité, si les
éléments étaient de nature à provoquer par leur réaction des
odeurs désagréables [1]. Dans ce cas mieux vaudrait les amener isolément au sein de la rivière où les effets seraient
nécessairement fort atténués. Mais en général on a tout
intérêt à opérer le mélange des résidus de diverses prove-
nances, qui sont destinés à aller au cours d'eau.

Un second point très-important est de pratiquer l'écoulement, non sur le bord même de la rivière, mais à une certaine distance, au sein de la masse en mouvement. A moins
de circonstances particulières, résultant de la configuration
du terrain et de la direction des courants, on doit craindre, si
la rencontre se fait sur les bords, que les résidus ne glissent
en quelque sorte le long de la rive et n'y forment une nappe
impure, à l'abri des influences bienfaisantes de l'eau qui se
renouvelle autour d'elle [2]. Une autre précaution également
bonne à prendre, quand rien d'ailleurs ne s'y oppose, c'est
de déverser les résidus, non à la surface de l'eau, comme on
le fait ordinairement, mais à une certaine profondeur et,
autant que possible, dans la région où l'écoulement est le
plus rapide ; car le mélange est ainsi facilité ou pour mieux
dire aucune partie des résidus ne peut remonter à la surface
que déjà étendue d'une certaine quantité d'eau. Cette pré-

deux sortes de liqueurs qui réagiraient pour donner du sulfate de chaux et
du chlorure de sodium.

1. Ainsi, il y aurait inconvénient à réunir, dans une fabrique de soude,
les eaux sulfureuses qui découlent des marcs avec les liqueurs acides de
la préparation du chlore : car on déterminerait de forts dégagements
d'hydrogène sulfuré ; tandis qu'au sein d'une grande masse d'eau les effets
sont peu sensibles.

2. C'est de cette manière que s'expliquent les odeurs infectes qui se
produisent aux bouches de décharge des égouts de la plupart de nos villes.
Souvent le cours d'eau qui reçoit les impuretés est suffisant, sinon pour
en prévenir les fâcheux effets, du moins pour les atténuer notablement, et
cependant aux points mêmes de décharge il règne des odeurs plus fortes
encore que dans l'intérieur des égouts. Cela tient à ce que la décharge se
fait sur le bord et que là les liquides se trouvent privés du faible mouvement qu'ils possédaient dans l'intérieur des galeries.

caution est surtout avantageuse quand les résidus contiennent des matières légères, susceptibles de flotter, ou quand ils exhalent des odeurs désagréables. Dans le premier cas, les objets qui surnagent pourraient être transportés à de grandes distances sans avoir subi en quelque sorte le contact de l'eau, tandis que déchargés à une certaine profondeur, ils ne gagnent la surface qu'après s'être imbibés et souvent désagrégés ; dans le second cas, les odeurs se dégageraient abondamment au point de décharge et persisteraient même sur une certaine étendue en aval, tandis que si le mélange se fait sous l'eau, les odeurs sont immédiatement absorbées sans pouvoir s'échapper au dehors. On sait en effet que bon nombre d'exhalaisons, notamment celles qu'engendrent les matières organiques en décomposition, jouissent de la propriété de se dissoudre dans l'eau quand celle-ci est fournie en assez grande abondance [1].

Un industriel qui a le choix de l'emplacement de son usine doit éviter de s'établir à une faible distance en amont d'un barrage ; car la présence des barrages a toujours pour résultat d'accroître les inconvénients dus à la décharge des résidus, particulièremnt quand ceux-ci sont d'origine organique. Ainsi que nous l'avons fait observer en commençant, l'air contenu dans l'eau agit sur les matières

---

1. C'est grâce à la double précaution de décharger les matières à une certaine distance du bord et au dessous du niveau de la marée basse que la ville de Londres peut actuellement écouler à la Tamise en un point unique et sans produire d'odeurs appréciables, les 300.000 mètres cubes d'eau d'égout fournis quotidiennement par la rive nord, lesquels, répartis autrefois sur divers points du fleuve, dans l'intérieur de la ville, y déterminaient une infection abominable. Cet heureux résultat n'est pas dû uniquement à ce que, en vertu des nouvelles dispositions, les débris ne sont plus ramenés par la marée, mais il est dû aussi en partie à ce que la décharge n'est plus latérale ni superficielle. Si l'on avait conservé l'ancien mode d'affluence, il se produirait encore, quel que fût d'ailleurs le point choisi pour l'embouchure, des inconvénients redoutables tenant à ce qu'une portion des matières se pourrirait contre la rive au lieu d'être entraînée immédiatement par le flot.

organiques pour les brûler et par suite pour empêcher la
fermentation putride ; à cette action s'ajoute naturellement,
dans une certaine mesure, celle de l'air atmosphérique à
mesure que les matières viennent à la surface. Cette double
influence est simultanément affaiblie, on pourrait dire suspendue, par la présence d'un barrage, surtout d'un barrage
qui ne permet pas l'écoulement superficiel ; car alors les
matières se ramassent derrière et n'y trouvent plus la quantité d'air qu'exige leur combustion et que le cours d'eau
aurait pu fournir si elles eussent continué à y cheminer ;
par suite elles ne tardent pas à entrer en fermentation et à
exhaler toutes les émanations qu'on connaît. Le phénomène
tend d'ailleurs à s'aggraver à mesure qu'il se poursuit, puisque l'accumulation des matières étrangères et la couche
qu'elles forment sur le cours d'eau, a pour résultat d'obstruer
de plus en plus l'accès à l'air extérieur.

On sait — et ce sont là des faits qui ont été péremptoirement établis par M. Chevreul [1] — que l'infection produite
par la décomposition des substances organiques privées d'air,
est d'autant plus grande que les eaux contiennent une plus
forte proportion de sulfate de chaux, parce que ces substances
s'oxydent aux dépens du sulfate de chaux en mettant en
liberté de l'hydrogène sulfuré. Lors donc que les eaux où
s'écoulent les résidus sont d'une nature séléniteuse, il est
plus essentiel encore que le renouvellement de l'air y soit
actif ; par conséquent on doit non-seulement éviter les barrages et tous les autres obstacles naturels ou artificiels qui
pourraient affaiblir ce renouvellement, mais on doit encore
chercher à l'accroître par tous les moyens. A ce point de vue
on peut se trouver bien d'agiter l'eau de façon à y faire
pénétrer l'air : aussi les industriels déchargent parfois
leurs résidus au dessus de leur roue hydraulique, — quand

---

1. Voir notamment : *Mémoire sur plusieurs réactions chimiques qui
intéressent l'hygiène des cités populeuses.* (Extrait des Mémoires de la
Société impériale et centrale d'agriculture, 1853).

il n'en résulte pas d'ailleurs d'inconvénient pour la conservation de cette roue — afin de déterminer un brassage favorable à la fois au mélange et à l'oxydation des matières.

Ainsi, en résumé, étendre le plus possible les résidus nuisibles avant de les amener au cours d'eau, opérer le déversement loin du bord et à une certaine profondeur, éviter les
barrages et en général tout ce qui peut mettre obstacle au
renouvellement de l'air, mais favoriser au contraire par tous
les moyens ce renouvellement, par exemple, en utilisant le
jeu d'une roue hydraulique pour mélanger et brasser les
liqueurs, enfin, par dessus tout, proportionner la quantité de
matières nuisibles au débit du cours d'eau qui les reçoit,
telles sont les principales conditions propres à prévenir les
inconvénients inhérents à ce mode d'expulsion des résidus
industriels.

Au sein des villes et dans leur voisinage il est rare que
les établissements industriels aient un cours d'eau suffisant
à leur disposition, ou si ce cours d'eau existe, on a, en
général, trop d'intérêt à sa conservation pour permettre que
les résidus y soient déversés. Mais alors les fabricants ont
ordinairement la ressource des égouts publics, ressource qui
s'adapte d'ailleurs très-bien à leurs opérations ; aussi dans la
plupart des villes les municipalités ne s'opposent-elles plus
aujourd'hui à une semblable pratique. Les résidus industriels se mélangent ainsi avec les liquides de tous genres
fournis par les maisons et les rues, et, dans la majorité des
cas, il n'en résulte aucun inconvénient sérieux. Toutefois
une précaution doit être observée quand les fabriques communiquent avec des galeries dans lesquelles les ouvriers
pénètrent et quand les eaux industrielles rencontrant les
matières d'égout sont de nature à engendrer des réactions
vives ; en ce cas on doit éviter de décharger les résidus par
grandes quantités, et il faut au contraire viser à un écoulement continu et modéré, sous peine de déterminer dans
les galeries des dégagements subits qui pourraient mettre

22

la vie des ouvriers en péril [1]. Il y a également des réserves à faire touchant certaines espèces de résidus : de ce
nombre sont les eaux acides et les eaux ammoniacales.
Les premières ne doivent pas être émises dans les galeries, même quand elles ne risquent pas d'y développer,
par leur réaction, des gaz malfaisants, ni même quand ces
galeries ne sont pas fréquentées par les ouvriers ; car elles
ont toujours l'inconvénient de corroder la maçonnerie,
sauf les cas très-particuliers où celle-ci ne renferme que des
matériaux absolument inattaquables aux acides. Or les
dommages causés aux égouts peuvent avoir des conséquences graves, par les infiltrations infectantes qui se produisent alors dans le sol environnant [2]. Quant aux eaux
ammoniacales, elles n'offrent pas le même danger, mais elles
exhalent des odeurs insupportables, surtout à la rencontre
du moindre liquide acidulé ; aussi en interdit-on fréquemment le déversement aux égouts publics.

Les considérations précédentes ne concernent que les ré-

1. C'est ainsi que le 4 février 1862, quatre ouvriers furent trouvés morts
dans l'égout de Fleet-Lane, à la cité de Londres, où ils avaient travaillé.
« Les circonstances relatives à cette calamité, dit M. Haywood, ingénieur
« de la Cité, dans son rapport au lord-maire, sont remarquables par
« l'absence apparente de toutes les conditions qui entourent ordinairement
« de tels accidents. L'égout est neuf, avec une pente rapide, pourvu d'un
« flot abondant,.. ; très bien ventilé, et, sans aucun doute, un de ceux qui
« auraient été considérés par tous les hommes compétents comme
« entièrement exempts de danger.... L'opinion du Dʳ Letheby a été que
« ces morts doivent être attribuées à l'action de l'hydrogène sulfuré, et
« il suppose qu'il a été soudainement engendré dans l'égout par des acides
« qui y ont été déchargés et qui ont réagi sur les dépôts... »
2. Il y a quelques années, à Louvain, les maisons longeant le côté du
canal qui donne sur le rempart furent privées d'eaux potables, parce
qu'un des industriels, qui habitait le quartier depuis longtemps, avait
laissé, à son insu, pénétrer dans l'égout l'eau *acide* provenant de l'épuration de l'huile d'éclairage. La maçonnerie, déjà peu étanche, avait
promptement livré passage à ces liquides, qui de là s'étaient infiltrés dans
les puits. Peu de temps après, dans le même pays, une Commission
d'ingénieurs constatait, dans un rapport du 30 mars 1865, que plusieurs
étudiants étaient morts à Liége; dans une période assez courte, empoisonnés
par l'eau d'un puits qui recevait les infiltrations d'un égout du voisinage.

sidus liquides ou susceptibles d'être entraînés par les eaux et ne s'appliquent évidemment pas aux résidus solides. Ces derniers se divisent en 2 catégories : ceux qui sont à peu près insolubles sous l'action des agents atmosphériques, et ceux au contraire qui abandonnent aux eaux pluviales des proportions notables d'éléments nuisibles. Les premiers, tels que scories, mâchefer, poussier de charbon, déchets des fours à chaux, à briques, etc., ne créent aucun danger et ils peuvent être déposés à l'air libre sur un sol quelconque, autour de l'usine. Le plus souvent même on en tire parti pour empierrer les cours, les chaussées, parfois pour constituer un sous-sol meuble, en vue de l'assèchement; avec les mâchefers, par exemple, on forme d'excellentes couches filtrantes pour toutes les matières grossières qui se contentent d'une filtration sommaire. Quant aux résidus, beaucoup plus nombreux, qui se dissolvent assez promptement dans l'eau ou qui se décomposent à l'air en fournissant des produits insalubres, ils ne peuvent être ainsi abandonnés sur le sol ; il convient, au contraire, si l'on veut prévenir les inconvénients, de les déposer sur des surfaces imperméables et de recueillir les eaux d'égouttage, auxquelles il s'agit ensuite de trouver un débouché. Ce moyen ne suffit pas quand la décomposition des matières engendre, outre des liquides nuisibles, des émanations incommodes ; il faut alors recourir à d'autres procédés, dont il sera question plus loin.

Il est rare que les cours d'eau offrent un débouché convenable aux résidus solides, de l'une ou de l'autre catégorie ; car ceux de la première, étant à peu près insensibles à l'action des eaux, ne tarderaient pas, par leur accumulation, à créer un obstacle au régime de la rivière, et ceux de la seconde, par leur lente dissolution, entretiendraient un foyer d'insalubrité au point où on les aurait précipités [1]. Il n'y

1. C'est ainsi que la fabrique d'aniline de Rochecardon, à Lyon, n'est pas autorisée à jeter ses boues arsénicales dans le Rhône : elle est obligée de les embarriller pour les expédier par bateaux à Marseille, où on les

a guère que la mer qui en pareil cas puisse servir de débouché ; les usines placées dans son voisinage en profitent fréquemment. Sans parler des fonderies métallurgiques qui finissent souvent, à force d'entasser les blocs de scories, par construire de véritables jetées [1], résistant à l'action des vagues, plusieurs autres sortes d'établissements envoient en mer, au moyen de bateaux, les boues et autres rebuts provenant de la fabrication [2].

jette à la mer à une certaine distance du port. Les fabriques d'aniline qui, en Suisse et en Allemagne, ont déversé leurs matières dans le Rhin, ont occasionné des accidents graves, parce que l'arséniate de chaux, qui en était l'élément dangereux, se dissolvait lentement dans le fleuve et envoyait le poison sur les rives voisines.

1. Sur presque toute la côte anglaise, notamment dans le Yorkshire et dans le pays de Galles, les usines à fer ont pris l'habitude de couler leurs scories dans des chariots en fer, d'un calibre uniforme : on roule ces chariots sur la falaise et on précipite les blocs rouges encore dans la mer. A Middlesboro-on-Tees, par exemple, où sont concentrées de puissantes forges, nous avons vu former ainsi des jetées de 12 à 15 mètres de haut, dont l'une s'avançait déjà dans la mer de plus de 200 mètres ; les rails posés dessus s'allongent avec elle.

2. Tel est le moyen en usage à la fabrique de produits chimiques de le Cⁱᵉ Jarrow, à Shields, près de l'embouchure de la Tyne. Tous les jours on charge dans un grand bateau à double fond tous les résidus de la fabrication de la soude mêlés avec les cendres, les escarbilles et autres débris. Le bateau s'avance à 2 kilomètres environ en mer, de façon à ce qu'il y ait une profondeur d'eau d'au moins 30 mètres, et là, en ouvrant son fond, il se débarrasse instantanément de sa charge. La Cⁱᵉ a deux bateaux pareils pour ce service : l'un est en chargement, pendant que l'autre est en marche. Le point d'embarquement est à 3 ou 400 mètres de la fabrique ; les matières sont apportées au bateau par des chariots qui roulent sur un chemin de fer et qu'on fait basculer au dessus du bateau. Dans les industries qui, comme celle de la soude, donne lieu à de grands rebuts, un tel procédé n'est évidemment praticable qu'autant que la fabrique est à peu de distance de la mer et surtout très voisine du point d'embarquement.

PUITS ABSORBANTS ET ENFOUISSEMENT DANS LE SOL.

Les puits absorbants ou puits perdus, connus aussi sous les noms de *puisards* et de *boit-tout*, sont encore employés sur bien des points pour évacuer les liquides des fabriques. Ils offrent l'avantage d'empêcher les odeurs de parvenir au dehors, mais ils peuvent avoir et ont en effet fréquemment des inconvénients graves, dus à leur communication ignorée avec des nappes souterraines qui fournissent l'eau potable à des contrées plus ou moins éloignées. Il est bien difficile, dans la majorité des cas, de déterminer sûrement d'avance le cours que suivront souterrainement les liquides et d'arriver à la certitude qu'ils ne pourront nuire à personne : on en est réduit, à cet égard, à des conjectures plus ou moins hasardées.

Les conditions auxquelles un puisard devrait satisfaire pour être sans danger et pour remplir sa destination, ont été définies dans les termes suivants par l'illustre M. Chevreul :

« Les boit-tout, dit-il, sorte de puits creusés dans le sol « avec l'intention d'y faire écouler les eaux qui sont à sa « surface, n'ont d'efficacité qu'à trois conditions :

« La première est que le liquide qu'on fera écouler dans « les boit-tout ne corrompe pas la nappe d'eau potable qui « alimente les puits et les souces d'eau servant aux usages « économiques du pays où les boit-tout seront creusés.

« La seconde est que les boit-tout aient leur fond dans une « couche parfaitement perméable ; autrement le terrain, bien- « tôt saturé, ne permettra plus au boit-tout d'absorber l'eau.

« La troisième est que la couche perméable où se rendra « l'eau qu'on veut évacuer de la superficie du sol, étant « située au-dessous de la nappe d'eau qui alimente les puits « du pays, cette couche perméable ne conduira pas les eaux

« dans une nappe d'eau servant à l'économie domestique
« d'un pays autre que celui où le boit-tout est creusé. »

Ces conditions, on le comprend, se trouvent si rarement réunies dans un même lieu, et d'ailleurs leur détermination exigerait une telle sagacité de la part des intéressés, qu'on doit
s'attendre *a priori* à ce que tout puisard, dans la pratique,
manque à quelqu'une de ces conditions, et dès lors devienne,
tôt ou tard, une cause permanente d'infection. C'est ce qu'on
a vu, par exemple, dans le département du Nord, où, à une
certaine époque, ce mode d'écoulement s'était tout à fait
généralisé dans les établissements industriels, notamment
dans les distilleries. Les nappes d'eau souterraines furent
corrompues, le sol s'imprégna de résidus fermentescibles, et
souvent même ces cavités naturelles, s'obstruant graduellement, le terrain finit par rejeter les liquides qu'on avait voulu
lui faire absorber. On cite à cet égard des faits curieux, qui
montrent jusqu'où peuvent aller les inconvénients de cette
pratique [1]. Fort heureusement elle tend à se restreindre, et

---

1. Voici, entre plusieurs, un fait récent, caractéristique, dont nous
empruntons le récit aux comptes-rendus du Conseil d'hygiène du Nord.
Il se rapporte aux évacuations de la distillerie de jus de betteraves de
Cantimpré. « Dix petits puits ayant chacun 0ᵐ,10 de diamètre, avaient été
« disséminés dans une pièce de terre attenant à l'usine, pour recevoir, à
« leur sortie des bassins d'épuration, les résidus de la fabrication. Ces
« puits, descendus dans la craie et la pierre calcaire à une profondeur
« uniforme de 22 mètres, atteignaient une nappe d'eau souterraine qui
« paraissait suffisante pour enlever, dans son cours, toutes les vinasses
« sortant de l'établissement. Mais le faible orifice des trous absorbants
« avait fait craindre leur prompt engorgement, et pour éviter la stagnation
« des vinasses à la surface du sol, MM. Dehollain et Cⁱᵉ, avaient consenti,
« d'après les avis du Conseil d'hygiène, à percer un puits nouveau de
« grande ouverture, afin de parer aux dangers de l'obstruction. Ce
« puits, ayant un mètre de diamètre, a été creusé jusqu'à 20 mètres de
« profondeur ; il a été en outre prolongé par un nouveau forage sur 0ᵐ,35
« de diamètre, jusqu'à une nappe d'eau placée à près de 30 mètres en
« contrebas du sol.

« Ces moyens d'évacuation ont parfaitement réussi, pour la campagne
« de 1857. Ils avaient convenablement fonctionné dès le commencement
« de l'année 1858 ; mais depuis quelque temps, des odeurs infectes se sont

beaucoup de centres industriels l'ont entièrement abandonnée.

Dans les contrées où ce système est encore en honneur, on doit du moins tâcher, par certaines précautions, d'atténuer les risques qui y sont inhérents. La première précaution est d'intercepter toute communication des résidus avec les terrains qui surmontent la couche absorbante. La seconde, prise à un autre point de vue, est de se garantir contre les exhalaisons fétides du puits. Sur quelques points de l'Allemagne, où les puits absorbants sont assez répandus,

« manifestées, des exhalaisons pestilentielles se sont répandues dans la
« ville et les environs de la fabrique, et ont soulevé un grand nombre de
« récriminations et de plaintes devant lesquelles le Conseil ne pouvait
« rester indifférent.

« Bien que tous les puits soient encore en activité, ils paraissent actuel-
« lement se saturer très promptement, et ils rejettent avec une violence
« extrême et en très-peu de temps, les liquides qu'ils ont été contraints
« d'absorber.

« Ainsi, après avoir reçu pendant un ou deux jours, d'une manière lente
« et régulière, une certaine quantité de vinasses, un petit puits se met
« tout à coup en mouvement, l'eau bouillonne à la surface de l'orifice, et
« bientôt on entend dans le sol des bruits sourds qui annoncent une
« éruption de liquide. Aussitôt, en effet, on voit s'élever une gerbe de
« vinasses qui monte jusqu'à dix ou douze mètres de hauteur, et qui dure
« environ une demi-heure. Les liquides ainsi projetés retombent en
« mousse très-épaisse sur le terrain, et le gaz sulfhydrique qui se dégage
« en très-grande abondance du puits, est emporté par le vent et vient se
« répandre dans la ville.

« Des odeurs fétides atteignent les quartiers les plus reculés, pénètrent
« dans les appartements dont elles rendent le séjour insupportable, vicient
« l'air, et soulèvent des plaintes dont la pétition ci-jointe et la lettre de
« M. le Principal du collège ne sont que l'expression affaiblie.

« Le Conseil d'hygiène a cru devoir se transporter sur les lieux pour
« tâcher de trouver un remède à de si graves inconvénients. Il lui a paru
« évident que le terrain dans lequel se perdent les vinasses se trouve
« complètement saturé ; que les liquides ainsi envoyés dans le sous-sol,
« renfermant beaucoup de matières fermentescibles, donnent naissance à
« une grande quantité de gaz, parmi lesquels domine l'acide sulfhydrique,
« et qu'à un certain moment, la pression de ces gaz devient tellement
« considérable, qu'elle projette le liquide superposé, et engendre le phé-
« nomène dont nous avons donné plus haut la description.

« Le Conseil a constaté cependant que MM. Dehollain et Cie s'étaient
« rigoureusement soumis à toutes les prescriptions qui leur ont été
« imposées. »

et notamment à Dusseldorf, où l'emploi en a été généralisé, les dispositions adoptées nous paraissent donner au système toute la valeur dont il est susceptible. A Dusseldorf, comme du reste sur presque tout le littoral du Rhin, la couche absorbante est formée par un lit puissant de gravier, en relation avec le fleuve, et s'étendant sous 3 mètres de sable et 3 mètres de terre végétale ; cette couche est en même temps le réservoir des eaux potables qui alimentent les puits des maisons. Les puits alimentaires d'une part et les puits absorbants d'autre part, également maçonnés sur toute leur hauteur, pénètrent dans ce banc de gravier ; mais les puits absorbants sont poussés généralement à 3 ou 4 mètres plus bas que les puits alimentaires, afin de préserver autant que possible les eaux domestiques. On comprend toutefois que cette protection doit être imparfaite, et que le mélange entre les deux espèces d'eau est inévitable. Voici d'ailleurs comment le système évacuateur est ordinairement organisé : Les liquides résiduaires, conduits par une rigole couverte, tombent dans un puits étanche de 1 mètre à 1ᵐ,20 de profondeur, recouvert d'une plaque en fonte. Une partie des solides s'y dépose et on les enlève de temps en temps. Les eaux vont ensuite, par un canal souterrain en briques, dans un puisard de 10 à 12 mètres de profondeur, aussi éloigné que possible de tout puits alimentaire et recouvert d'une voûte en maçonnerie sur laquelle on rejette 3 ou 4 mètres de terre, jusqu'au niveau du sol. L'absorption des liquides est indéfinie ; quant aux résidus solides, ils s'accumulent lentement sur une épaisseur de 5 ou 6 mètres. Un pareil ouvrage remplit sa destination pendant plusieurs années, quelquefois pendant un quart de siècle, sans qu'il soit nécessaire de procéder au curage. Cette disposition est fort en vogue et on la recommande aux teinturiers qui infectent actuellement la Dussel [1].

1. La ville de Dusseldorf n'est pas près de renoncer à ce système. Elle

On peut rattacher au système des puits absorbants la pratique qui consiste à évacuer les liquides dans des bassins perméables ou dans des excavations soit naturelles soit artificielles du sol. Les inconvénients sont analogues et même plus grands, parce que ces excavations, n'ayant pas en général été ouvertes avec autant de méthode que les puits, et leur creusement étant souvent étranger à la pensée de leur faire jouer plus tard le rôle d'évacuateur, il est encore plus difficile qu'avec les boit-tout de se rendre compte à l'avance des suites que pourra avoir une telle opération. Aussi, à moins de circonstances très-favorables, doit-on se méfier beaucoup de cet expédient. L'entreprise est surtout accompagnée de risques quand les liqueurs à écouler sont acides : pour un cas où les choses se passent bien, il y en a dix où l'on est surpris par des conséquences infiniment plus onéreuses à réparer que ne l'eût été, dès le début, l'application de tout autre mode, en apparence moins simple, de se débarrasser des résidus [1]. Ainsi, quand on a sous la main des terrains calcaires, on est tenté d'en profiter pour neutraliser les acides qu'on envoie perdre aisément dans une ancienne carrière ; mais le procédé qui réussit pendant les premières années, ne

reconnaît bien les inconvénients que son application, de plus en plus généralisée, entraîne nécessairement pour les eaux potables ; mais plutôt que d'y couper court, ce qui ferait naître des difficultés d'un autre genre, elle préfère organiser une distribution d'eau publique.

1. Nous avons déjà eu occasion de signaler les phénomènes d'infection produits par les liqueurs acides de M. Malétra sur des puits situés à 7 ou 800 mètres. Cependant ces liqueurs sont reçues sur une vaste couche de galets qu'elles ont eu à traverser avant de parvenir au banc calcaire ; mais avec le temps, les obstacles ont été franchis. A Thann, où pendant longtemps on a laissé perdre les liquides dans le sol, les puits ont été infectés à une grande distance, et M. Kestner s'est vu obligé de fournir l'eau à la ville, en dérivant, à ses frais, une source située à 7 kilomètres. Quoique depuis 12 ans cette fâcheuse pratique ait été abandonnée, le sol est demeuré assez imprégné pour que bon nombre de puits se trouvent encore impropres à la boisson. Il est même arrivé, par suite du mouvement des eaux souterraines, que des puits qui avaient été d'abord préservés se sont infectés dans ces derniers temps.

tarde pas à faire défaut : peu à peu les parois rongées par
l'acide se recouvrent de dépôts terreux, provenant soit de la
pierre déjà dissoute soit des liqueurs elle-mêmes, et deviennent dès lors de moins en moins attaquables ; les nouveaux liquides qui arrivent se frayent un passage à travers
les fissures qu'ils élargissent d'abord mais qu'ils allongent
ensuite de plus en plus, et au bout d'un certain temps ils
parviennent à des distances qui dépassent toutes les prévi-
sions. Il faut, nous le répétons, des circonstances très-favorables pour qu'on puisse s'engager dans cette voie : au
premier rang est l'isolement des tiers, puis vient le niveau
topographique ; car il est clair que, toutes choses égales
d'ailleurs, on a moins de chance d'infecter les sources voisines quand on est en contre-bas des terrains environnants
que lorsqu'on les domine.[1]

L'enfouissement des résidus solides ou boueux dans le sol
est une pratique du même genre, mais qui naturellement
offre moins de danger, puisque ces résidus, par suite de
leur état physique, ont moins de propension que les liquides à s'infiltrer dans le sol. Cependant, même quand ces
résidus sont à peu près secs, il se produit toujours des infiltrations plus ou moins abondantes, par suite de ce que les
eaux extérieures pénètrent les résidus et que ceux-ci leur
abandonnent des éléments solubles. L'intensité du mal, en
pareil cas, pour des terrains également perméables, dépend
évidemment : 1° du degré de solubilité des matières ; 2° de
la facilité d'accès que les eaux ont auprès d'elles. Le premier
point n'est pas à la volonté de l'industriel[2], puisque la

---

1. C'est grâce surtout à cette circonstance que la fabrique de Védrin,
près de Namur, d'ailleurs très-isolée, a pu impunément, depuis plusieurs
années, perdre ses résidus acides dans les bancs calcaires qui l'environnent.
Mais nous ne voudrions pas assurer que des inconvénients ne surgiront pas
plus tard ; et déjà même, si nous ne nous trompons, on commence à s'en
préoccuper dans l'usine.

2. En laissant, bien entendu, de côté le traitement chimiques des résidus,
opération dont nous ne nous occupons pas dans le présent paragraphe.

nature des résidus est une conséquence forcée de la fabrication ; mais il lui est loisible d'influer sur le second par un mode intelligent d'enfouissement. Entrons dans quelques détails.

Des eaux qui tendent à dissoudre les résidus provenant à la fois de la pluie et des sources souterraines, il faut autant que possible se mettre à l'abri des unes et des autres. En ce qui concerne les eaux de pluie, la première idée qui se présente est d'abriter le lieu de dépôt sous une toiture. Mais ce procédé, si simple en apparence, deviendrait trop onéreux quand les résidus sont en grande abondance, ce qui est le cas le plus fréquent. Le mieux alors est de les recouvrir d'une couche de terre argileuse fortement battue, en donnant une certaine inclinaison à la surface, de façon à ce que les eaux du ciel glissent dessus sans y pénétrer. Telle est la disposition employée par un grand nombre d'établissements industriels, et notamment par la plupart des fabriques de soude pour leurs *marcs*. Elle a même cet avantage de prévenir le dégagement des miasmes, car la couverture argileuse, quand elle a été faite avec soin, devient presque aussi imperméable aux gaz qu'à l'eau. On rend le moyen encore plus efficace en recouvrant la couche soit de gazon, soit de quelque autre végétation : la présence des plantes est un obstacle de plus à la pénétration. Parfois, au lieu de gazon, on met des arbustes : ils arrêtent moins, il est vrai, les eaux superficielles, mais en revanche ils peuvent, par leurs racines, aspirer en partie les eaux souterraines, et par conséquent diminuer les infiltrations aux environs. De plus, si les essences sont convenablement choisies et appropriées à la nature du sous-sol, lequel est ici formé par les résidus, le travail de la végétation entraîne une dénaturation lente de ces derniers et une fixation de leurs principes pernicieux. Un des lieux où nous avons vu pratiquer ce système avec le plus de méthode est la fabrique de produits chimiques de Mannheim, que nous avons déjà

citée. Le directeur, M. Gundelach, a renoncé à mettre
les marcs de soude en tas, ainsi que font beaucoup de
ses confrères, « parce que, dit-il, dans les conditions ré-
« putées les meilleurs, il se produit toujours, sous l'action de
« la pluie, des liquides d'égouttage qui infectent les alen-
« tours. » En conséquence, il fait défoncer le sol à 3 mètres
de profondeur : dans la cavité ainsi formée, on dépose
2 mètres de marcs, et par dessus on étend 1 mètre de terre
végétale ; on plante ensuite des arbres à croissance rapide.
M. Gundelach estime que c'est la seule manière vraiment
efficace de prévenir les inconvénients. Effectivement aucun
puits ni cours d'eau n'est infecté dans le voisinage.

Voilà pour les eaux superficielles ; quant aux eaux souterraines, il est beaucoup plus difficile de s'en garantir. Ce n'est
guère que par le choix du terrain qu'on peut prévenir cette
seconde cause d'infiltration. Malheureusement on rencontre
fort peu de sols qui satisfassent aux conditions requises, car
en général, ceux qui fournissent le moins d'eau sont précisément ceux qui se laissent le plus facilement pénétrer, de
sorte qu'on perd d'un côté ce qu'on gagne de l'autre. Ainsi
on est disposé à rechercher pour l'enfouissement, les bancs
de gravier ou de sable, qui se présentent fréquemment dans
des conditions de siccité convenables ; mais, par contre, ces
bancs sont très-perméables et propagent dès lors les infiltrations provenant des liquides superficiels. La même observation s'applique à nombre d'excavations ouvertes dans le roc,
telles qu'anciennes carrières, dont on profite volontiers parce
qu'on évite ainsi les frais de déblaiement et que les eaux souterraines y sont rares [1] ; mais on s'expose à des inconvénients

----

1. Telle est la pratique suivie par M. Kuhlmann dans sa fabrique d'A-
miens, pour les liqueurs acides provenant de la préparation du chlore ; mais
il commence par les neutraliser et les ramener à l'état solide en les faisant
couler sur la sole d'un four à réverbère garnie d'un lit de calcaire où le
mélange se calcine à siccité : le résidu, formé de chlorures secs, est alors
enseveli dans la carrière d'où l'usine tire sa pierre à chaux. Chez M. Kestner, à Thann, les mêmes liquides sont reçus dans un grand réservoir

toutes les fois que les eaux pluviales ont un accès auprès des matières, car les bancs de pierre offrent presque toujours des fissures qui livrent passage aux liquides. A moins donc de circonstances particulières, on doit se défier des facilités présentées par les terrains secs et légers ou par les excavations dans le rocher [1]. Il est ordinairement plus prudent de choisir des sols en apparence moins favorables, tels que les terrains forts et compactes; car si ceux-ci sont plus imprégnés d'eau, en revanche ils mettent obstacle à la circulation des liquides, et par suite localisent les infiltrations.

En résumé, le moyen des puits absorbants ou de l'enfouissement dans le sol ne doit être employé qu'avec beaucoup de circonspection, et, sauf le cas d'un grand éloignement des tiers, on n'est jamais bien assuré d'éviter des inconvénients graves. Aussi pensons-nous qu'un industriel a tout intérêt à rechercher les autres combinaisons praticables avant de se résoudre à celle-là.

cimenté à double paroi, afin de prévenir toute chance d'infiltration; on les reprend à la pompe et l'on en remplit des tonneaux, qu'on va vider ensuite dans une gravière abandonnée, en aval du vieux Thann et très-loin de toute habitation.

[1]. Voici, entre autres, un fait qui montre à quel point il faut se méfier des excavations :

Le *Western Morning News* de fin janvier 1868 rapporte que huit ou neuf hommes de la marine royale, qui étaient stationnés dans des baraques à Stonehouse, sont morts d'une manière presque foudroyante pour avoir bu d'une eau qui passait pour excellente, mais dans laquelle on a trouvé des traces de matières organiques, provenant de ce que cette eau communiquait, à l'insu de tout le monde, avec d'anciennes excavations qui avaient servi à une époque comme réceptacles d'ordures.

CLARIFICATION PAR VOIE DE DÉPOT OU DE FILTRAGE.

Les divers moyens que nous venons d'indiquer ne sont
pas toujours à la disposition des usines. Il arrive bien souvent, au contraire, qu'elles sont obligées de retenir par
devers elles leurs résidus, à moins de leur faire subir des
transformations qui les rendent inoffensifs pour le voisinage.
De là une série de procédés, les uns généraux, les autres spéciaux, ayant tous pour but commun de changer le caractère
des rebuts de la fabrication.

A la tête des procédés généraux, les seuls dont nous nous
occupons en ce moment, mérite de figurer, par la multiplicité et l'importance de ses applications, celui qui consiste à clarifier les liquides par voie de dépôt ou de filtrage,
autrement dit l'épuration *mécanique*. Il est en effet un grand
nombre de liquides industriels dont les propriétés malfaisantes peuvent être considérablement atténuées, sinon
détruites, par la simple séparation des matières solides qu'ils
tiennent en supension, soit que ces matières proviennent
directement de la fabrication, soit qu'elles aient été introduites par quelque procédé chimique épuratoire. La clarification a ce résultat doublement favorable : 1º de diminuer
la proportion de substances infectantes contenues dans les
eaux, puisqu'elle n'y laisse plus subsister que les éléments en
dissolution ; 2º de rétablir la transparence que les matières en
suspension faisaient disparaître. Or, ce dernier effet est souvent capital, bien qu'il n'exclue nullement l'insalubrité ; car
l'aspect et par suite la limpidité des eaux sont, comme on sait,
les premières conditions exigées pour leur emploi. Aussi la
clarification des liquides est-elle un des objets dont la réalisation s'impose le plus aux usines.

Les bassins de dépôt sont destinés à mettre à profit la

circonstance que la plupart des matières solides qui souillent les liquides ont une densité différente de celle de ces liquides, et le fonctionnement desdits bassins repose sur le principe que les corps en suspension dans un courant tendent à se séparer à mesure que la vitesse du courant se ralentit. Les appareils de filtration, au contraire, reposent sur cet autre principe, que les liquides purs, c'est-à-dire exempts de matières en suspension, peuvent passer à travers des obstacles qui arrêtent cependant les particules solides les plus ténues.

Les fabricants emploient deux systèmes de bassins de dépôt : ceux où l'écoulement est continu ou bassins ouverts, et ceux où l'écoulement est intermittent ou bassins fermés. Ces derniers se remplissent et se vident tour à tour avec des intervalles de repos pour permettre aux particules de se séparer, tandis que dans les premiers le liquide s'échappe d'un côté à mesure qu'il entre de l'autre, en sorte que sa vitesse n'est jamais nulle ; toutefois les dimensions du bassin ouvert doivent être calculées de façon à ce que la vitesse y soit convenablement affaiblie [1], sous peine de voir une partie des effets disparaître et les matières entraînées au dehors avec le courant, Chaque système a ses avantages et ses inconvénients, et l'emploi en est commandé par les circonstances où l'on se trouve. Mais les considérations qui doivent présider à ce choix ainsi qu'aux détails de la construction, n'étant pas toujours judicieusement appréciées dans les usines, nous entrerons dans quelques explications à cet égard.

Les bassins intermittents sont indiqués notamment dans les circonstances suivantes :

1. La vitesse du liquide dans le bassin est évidemment en raison inverse du rapport qui existe entre la capacité du bassin et le débit. Si, par exemple, le bassin est susceptible de se remplir en deux jours, le liquide qui y arrive met deux jours à gagner l'orifice de sortie, en supposant, bien entendu, que la *totalité* du liquide participe au mouvement de progression ou qu'il n'y ait pas de portions non renouvelées pendant que d'autres circulent plus rapidement autour d'elles. Nous verrons plus tard comment on peut associer la totalité du liquide à la progression.

1° Quand l'affluence du liquide ou la vidange des appareils de fabrication est elle-même intermittente, car dans un bassin ouvert l'écoulement se ferait brusquement aux moments d'affluence et le dépôt ne s'effectuerait pas ;

2° Quand le bassin doit être le lieu d'un traitement qui nécessite un brassage ou autre opération de nature à agiter le liquide, car alors ce liquide passerait trouble pendant et après le traitement ;

3° Quand l'exiguité de l'emplacement disponible oblige à avoir un bassin très-petit, car alors la vitesse dans un bassin continu serait trop grande pour permettre la précipitation des matières, et en ce cas un plein repos, si court qu'il soit, est toujours préférable [1].

Quand les circonstances sont inverses de celles-là, le bassin à écoulement continu peut être adopté, et dès lors il doit l'être, car il a plusieurs sortes d'avantages. Le premier c'est de dispenser de toute manœuvre pour amener la sortie des liquides, lesquels s'échappent tout naturellement par une issue toujours ouverte, tandis que les bassins fermés doivent être manœuvrés chaque fois pour faire la vidange après la précipitation. En outre il faut, chaque fois aussi, curer les bassins fermés ; sans cela, la nouvelle eau qui arrive plus ou moins vivement sur le dépôt, le remet en suspension, tandis que dans les bassins ouverts, l'affluence se faisant très-doucement et à la surface du liquide, le dépôt n'en est pas atteint et on peut le laisser s'amasser sur une forte épaisseur. De plus, dans les bassins fermés, il y a toujours un temps perdu pour la précipitation, c'est le temps pendant lequel le bassin s'emplit, se vide ou se nettoie, tandis que dans les autres bassins, le travail

---

1. La vitesse dans un bassin continu augmentant à mesure que la capacité de celui ci diminue, il est clair que le rôle du bassin deviendrait illusoire si ses dimensions étaient assez faibles pour que la vitesse qui en résulte fût précisément égale à celle qui suffit à maintenir les matières en suspension. En ce cas, bien évidemment, un repos, même très-court, vaut encore mieux que toute circulation continue.

ne souffre pas d'arrêt. Enfin le jeu d'un bassin fermé exige qu'on dispose d'une différence de niveau beaucoup plus grande, puisque la vidange se fait par la partie inférieure ; au contraire avec les bassins ouverts, l'écoulement a lieu au point qu'on veut et même, si on le préfère, seulement à la surface, en sorte que la différence de niveau peut être presque nulle, le bassin étant creusé en contre-bas dans le sol. A ces considérations on en pourrait ajouter plusieurs autres de détail, dont nous ne signalerons qu'une seule. Quand on fait la vidange d'un bassin, il est impossible de décanter le liquide clair jusqu'à la surface même du dépôt, sous peine de mettre celui-ci en mouvement dans la dernière période de l'écoulement; le dépôt qu'on retire ensuite est donc accompagné toujours d'un excédant d'eau, qui constitue un embarras. Il y a par conséquent intérêt à prévenir cet excès d'eau, c'est-à-dire à former le dépôt sur la plus grande épaisseur possible, ce qui est le propre des bassins continus. Toutes sortes de motifs, on le voit, militent en faveur

1. A toutes les considérations en faveur des bassins continus, on ne peut en opposer qu'une seule, de sens contraire : c'est que précisément dans ces bassins, le repos n'étant pas absolu, la précipitation des matières, dans un temps donné, est moindre que dans les bassins fermés, ce qui représente un temps perdu. Mais il n'y a aucune proportion à établir entre cette perte de temps et celle qui, dans les bassins fermés, résulte des diverses circonstances que nous avons énumérées : car cette dernière perte de temps est toujours une fraction déterminée de la durée totale de l'opération, tandis que la première peut être rendue aussi petite qu'on le veut, avec des dimensions convenables des bassins. Il serait facile de prouver par le calcul qu'au delà d'une certaine limite tout accroissement dans les dimensions n'apporte qu'une amélioration insignifiante, ce qui revient à dire qu'avec cette limite les résultats obtenus diffèrent très-peu de ceux que donnerait le plein repos. Il n'est donc pas nécessaire de recourir à des dimensions démesurées pour rendre la perte de temps négligeable La limite en question varie évidemment avec la nature des résidus et elle est d'autant plus reculée que les matières ont moins de propension à se séparer; mais l'expérience prouve que dans la pratique habituelle de l'industrie il n'est jamais nécessaire d'aller très-loin et que des bassins ouverts contenant, par exemple, les liquides d'une ou deux journées suffisent dans la généralité des cas, parce que la vitesse qui en résulte est alors assez faible pour ne point gêner la précipitation.

23

de ce système qui doit être adopté chaque fois que les circonstances laissent la liberté du choix.

Les bassins à écoulement continu doivent pour produire tous leurs bons effets, être établis sous certaines conditions qu'on néglige trop souvent dans les fabriques. La première, c'est de rendre l'écoulement aussi général que possible, dans toute la masse du liquide, au lieu de se contenter d'un écoulement exclusivement superficiel. En général on se borne à faire passer les liquides par dessus un déversoir, auquel on donne d'ailleurs une assez grande longueur pour que l'épaisseur de la lame soit très-mince et par suite pour que la vitesse du liquide dans le bassin soit très-faible ; mais cette précaution est loin de suffire, car elle ne généralise pas le mouvement dans la profondeur, et la progression le long du bassin ne s'effectue que dans une couche très-limitée ; il en résulte qu'au point de vue du ralentissement de la vitesse on est dans le même cas que si, au lieu d'avoir un bassin profond, on en avait un réduit au volume même de cette couche. Le moyen de remédier à cet inconvénient c'est de pratiquer l'écoulement par un très-grand nombre d'orifices très-petits, dispersés sur la surface du barrage dont la tête sert ordinairement de déversoir. De la sorte la section d'écoulement a toute l'étendue de ce barrage lui-même au lieu d'être simplement égale à celle de la tranche qui passait par dessus le déversoir. La vitesse en chaque point de la masse du liquide est diminuée en conséquence et la précipitation s'effectue dans des conditions infiniment meilleures. Tel est le principe des *digues filtrantes*, ou pour parler plus exactement, des digues *perméables* [1], auxquelles M. l'ingénieur des mines

1. On sait en effet que ces digues ne produisent pas une *filtration* dans le vrai sens du mot, mais font simplement passer le liquide à travers une multitude d'orifices très-petits. M. Perrot a eu soin de faire ressortir cette distinction et il en citait pour preuve que les boues ne s'accumulent pas en plus grande quantité dans le voisinage des digues que partout ailleurs et que les interstices d'écoulement ne s'obstruent guère qu'avec le

Parrot a attaché son nom, et qui sont demeurées sensiblement telles qu'il les avait indiquées.

L'écoulement en profondeur peut être déterminé de bien des
manières. Le premier procédé que M. Parrot ait fait connaître,
l'ayant vu appliqué par quelques industriels des Ardennes,
consiste à composer la digue ou barrage de lits horizontaux
de gazons d'herbe fauchée, « placés, comme il le dit lui-
« même, alternativement en position naturelle et renversée,
« de telle manière que les brins d'un lit se croisent avec
« ceux de l'un des lits adjacents. L'écoulement devant être
« réduit aux interstices des brins d'herbe, les gazons d'un
« même lit doivent être serrés les uns contre les autres et ne
« laisser aucun vide entre eux. Chaque lit doit être légè-
« rement damé. » Ces digues doivent avoir 1 mètre à 1^m,50 d'é-
paisseur au sommet de la région filtrante et leurs parements
doivent descendre suivant un talus de 45°. Au lieu de lits de
gazon, M. Parrot fait remarquer qu'on pourrait employer
d'autres matériaux, par exemple, de la paille ou des fascines.
On peut aussi, en se basant sur les mêmes principes, remplacer la digue par un barrage en planche, dans l'épaisseur
duquel on pratique une multitude de petits trous fermés par
des chevilles. En manœuvrant convenablement ces chevilles,
c'est-à-dire en enlevant en plus ou moins grand nombre
celles d'un côté ou de l'autre, on peut graduer et diriger à
son gré l'écoulement. Tel est le procédé ingénieux qu'avait
employé M. Le Chatelier pour les bassins d'épuration servant
aux essais des eaux d'égout à Clichy. Mais, la meilleure disposition nous paraît être celle qu'a conseillée M. Parrot lui-
même.

---

temps, ce qui ne manquerait pas d'arriver très-promptement si le liquide
charriait avec lui des matières qu'il abandonnerait au passage. La clarification du liquide tient donc à ce que le grand ralentissement de vitesse
produit par l'accroissement de la section d'écoulement permet une séparation plus complète. (Voir deux Mémoires de M. Parrot dans les *Annales
des mines*, 2° série, tomes IV et VIII.)

Cet ingénieur, après bien des recherches, a exposé tout un
système d'épuration qui encore aujourd'hui peut être proposé
comme exemple. Ce système, tel qu'il est décrit par l'auteur,
comporte : 1° un premier bassin de dépôt; 2° le bassin
d'épuration proprement dit, avec son flotteur et sa digue
filtrante; 3° un bassin d'écoulement ou régulateur. Nous
allons faire connaître avec quelques détails la destination et
le mode d'établissement de ces divers appareils (Pl. XX,
fig. 1 à 8).

Le premier bassin de dépôt, qui n'est autre qu'un chenal
d'amenée long et étroit, reçoit les liquides à leur sortie de
l'usine. Il a pour objet de retenir la grande masse des souillures, qui a toujours une tendance à se déposer promptement,
et de diminuer ainsi les frais et les interruptions de travail
nécessités par le bassin d'épuration. Il ne présente d'ailleurs
rien de particulier et ne diffère en rien de tous les canaux où
l'on cherche à provoquer une clarification sommaire sur le
parcours. Sa forme superficielle importe peu, pourvu qu'elle
donne aux liquides un cours assez large, soit 1 à 2 mètres,
selon le volume de l'affluence. Son fond doit être de niveau
ou à contre-pente, en vue de prévenir l'accumulation des
dépôts au déversoir de sortie, lequel s'élève de 30 à 40 centimètres au dessus du fond. Ce bassin doit être curé fréquemment et même tous les jours, si le dépôt est abondant,
afin de favoriser le dépouillement des eaux qui le parcourent. Avec un pareil soin le bassin d'épuration et sa digue
peuvent servir fort longtemps, pendant plusieurs années,
sans être nettoyés, tandis qu'autrement il faudrait consacrer
fréquemment du temps et de l'argent à cette opération.

Le bassin d'épuration qui, avec sa digue, constitue la
partie essentielle du système, est destiné, avons-nous dit,
à imprimer à toutes les parties du liquide un cours uniforme
et assez lent pour qu'elles soient entièrement clarifiées par le
dépôt avant d'arriver à la digue qui leur livre passage à travers ses matériaux. La capacité du bassin est nécessairement

proportionnée à l'affluence du liquide et varie en outre avec
la nature et l'abondance des résidus auxquels on a affaire. Il
est impossible par conséquent d'assigner un chiffre *a priori,*
mais on peut, dans chaque cas, le conclure par analogie
de celui qu'a établi M. Parrot pour les eaux bourbeuses
provenant du lavage des minerais : or cet ingénieur a reconnu par des observations multipliées qu'en donnant au
cours de l'eau dans le bassin une profondeur de 50 centimètres, une largeur d'au moins 50 centimètres *par litre
d'affluence en une seconde,* et une capacité de 50 mètres
également par litre d'affluence, ces eaux bourbeuses étaient
entièrement clarifiées avant leur arrivée à la digue. Le fond
du bassin, comme celui du précédent, doit être de niveau
avec le pied de la digue ou mieux, avoir une autre contre-
pente.

La digue filtrante, dont la composition et la structure ont
particulièrement occupé M. Parrot, termine le bassin à
l'aval. Elle est située de telle façon qu'aucune portion de l'eau
ne puisse l'atteindre sans avoir parcouru toute la longueur
du bassin. Elle se compose d'une couche verticale de sable fin
bien lavé, interposée entre deux couches de gravier, retenues verticalement par des grillages, le tout appuyé
solidement et imperméablement sur le fond et sur les bords
du bassin.

La hauteur de la région filtrante doit être de 50 centimètres à 1 mètre, suivant la chute dont on dispose ; sa longueur doit être au moins égale à la largeur du cours de l'eau
dans le bassin (laquelle est réglée, comme on vient de voir
pour les eaux de lavage des minerais, à 50 centimètres
au moins par litre d'eau en une seconde) ; l'épaisseur de la
couche de sable doit être combinée avec la nature de celui-
ci, de manière à ce que l'affluence et la filtration se com-
pensent mutuellement. Ici encore il est impossible d'assigner
un chiffre, puisque la capacité filtrante des sables varie selon
les lieux. Toutefois on peut prendre comme une moyenne

s'écartant peu des cas ordinaires, le chiffre qu'a déterminé
M. Parrot pour le sable de la Meuse : il a trouvé que ce sable
étant passé à travers une grille ou un tamis à intervalles de
3 millimètres de largeur, une couche de 35 centimètres d'é-
paisseur donne écoulement à 2 litres par seconde, devant
une hauteur d'eau de 1 mètre.

Les couches de gravier n'ont d'autre objet que de contenir
le sable, tout en donnant passage à l'eau, et de remplacer,
avec moins de difficultés, les tamis fins et tous autres objets
analogues. On obtient le gravier en faisant passer le résidu
du tamisage précédent à travers une claie à intervalles de
1 centimètre de largeur. L'épaisseur des couches, dans des
limites assez resserrées, bien entendu, reste sans influence
sur la filtration : elle doit être de 15 centimètres au moins.

Le grillage intérieur se compose simplement de barreaux
en fer, d'un centimètre carré de section au plus, ajustés
verticalement dans un cadre en bois et espacés uniformément de 5 à 6 millimètres. Lorsqu'ils ont la longueur de
1 mètre, il est bon de les soutenir en leur milieu par une
traverse horizontale ; mais on doit diminuer autant que possible la surface qu'elle oppose à l'affluence. Quant au grillage
extérieur, il s'établit avec des barres en bois de 6 centimètres
de largeur et de 4 centimètres d'épaisseur ajustées à 5 millimètres l'une de l'autre. Le cadre qui les supporte fait partie
de la charpente générale de la digue : cette charpente n'offre
rien de particulier et est tout à fait celle d'un empalement
ou d'un batardeau en planches. On obtient une garantie
contre le dérangement du sable en établissant, d'un grillage
à l'autre, une fermeture au sommet de la digue. Dans tous
les cas, cette digue, lorsqu'elle est définitivement construite,
doit être couronnée par un massif imperméable élevé au
niveau des autres bords du bassin [1].

1. Pour édifier les couches de sable et de gravier, M. Parrot indique
de se servir de formes (Pl. XX fig.), consistant en deux planches d'une longueur égale et d'une largeur de 30 centimètres environ, tenues de champ

Le flotteur est un madrier ou une suite de madriers en bois léger, d'une largeur de 30 centimètres environ. Il est destiné à rompre et à étendre en tous sens le cours de l'eau affluente. A cet effet, on l'établit de champ, à l'amont, à une distance de la tête du bassin d'épuration mesurée par la moitié environ de sa longueur. Il règne sur toute la largeur du bassin et est maintenu par ses deux extrémités au moyen d'entailles pratiquées et cloisonnées dans les bords, lesquelles lui permettent de suivre l'impulsion verticale de l'eau et d'avoir sa tranche supérieure constamment en saillie sur la surface. On doit le dégager soigneusement de tous les encombrements qui pourraient mettre obstacle à sa marche. Or les dépôts s'accumulant de préférence vers le point d'affluence, il convient de faire varier ce point ou, mieux encore, de répartir également l'affluence sur plusieurs points, au moyen d'une cloison interrompue à intervalles réguliers, placés à la tête du bassin.

Le bassin régulateur doit être de forme triangulaire. Il est déterminé, d'un côté, par la digue filtrante dont il reçoit les eaux, et des deux autres côtés, par des bords d'une longueur au moins égale à celle de la digue. Son fond et ses bords figurent le prolongement du bassin d'épuration. Il a pour destination, son nom l'indique assez, de régler l'écoulement

parallèlement l'une à l'autre par de petites traverses ajustées d'équerre et de distance en distance sur les bords supérieurs. Ces traverses règlent ainsi, par l'écartement qu'elles maintiennent entre les planches, l'épaisseur de la couche de sable, et par leur prolongement de part et d'autre, l'épaisseur des couches de gravier.

Le sable et le gravier étant préparés, on place les formes bout à bout, les traverses en haut, sur toute la longueur du sol compris entre les grillages ; on remplit de sable l'espace déterminé par les planches, et de gravier les espaces latéraux ; on retire les formes pour les placer sur cette première assise ; on élève ensuite une seconde assise de la même manière, en remplissant de nouveau, et ainsi de suite jusqu'à la sommité des cadres.

On pourrait édifier les couches avec une seule forme moins longue que l'étendue à remplir ; mais alors il faudrait diviser cet espace en longueurs égales à celles de la forme par des cloisons transversales prolongées sur toute la hauteur, et on ne les retirerait qu'à la fin de l'opération.

des eaux à travers la digue, de manière à maintenir un niveau sensiblement constant dans le bassin d'épuration. Dans ce but, il est muni d'un petit empalement de fond établi dans l'angle opposé à la digue, au moyen duquel on fait varier à volonté le niveau de l'eau dans le bassin régulateur et, comme conséquence, la hauteur de chute et la puissance de filtration de la digue. On peut ainsi proportionner à tout instant l'écoulement à l'affluence et conserver le niveau du bassin d'épuration.

L'installation que nous venons de décrire est faite en vue d'une clarification à peu près parfaite des liquides. Dans ces conditions la digue peut servir très-longtemps sans qu'on soit obligé d'en changer le sable, parce que l'eau n'y abandonne au passage que des quantités insignifiantes de souillures. Il en serait autrement si l'eau devait s'y présenter encore trouble, car alors la digue fonctionnerait à la manière d'un filtre ordinaire et par suite s'obstruerait rapidement. Or, il est une foule de circonstances, dans l'industrie, où les eaux s'échappent des bassins encore assez fortement chargées, soit parce que les conditions locales s'accommodent d'une purification moins complète, soit parce que l'exiguïté de l'emplacement ne permet pas de disposer des bassins d'une suffisante longueur. En pareil cas, la digue filtrante proprement dite perdrait une grande partie de ses avantages et il serait sans doute préférable de recourir au moyen appliqué par M. Le Chatelier à Clichy, et que nous avons déjà mentionné, à savoir d'opérer l'écoulement à travers un très-grand nombre d'orifices dispersés sur l'étendue d'un barrage en planches, et non susceptibles de s'obstruer comme les pores d'un filtre. Alors le liquide passe encore plus ou moins trouble, mais on continue à profiter de l'uniformité et de la lenteur de la vitesse pour précipiter le plus de matières possibles dans le bassin d'épuration. Cette solution devra donc être appliquée de préférence toutes les fois que pour un motif ou pour un autre, les eaux seraient de nature à obstruer trop promptement les digues filtrantes.

La plupart des liquides industriels qui proviennent du traitement des matières organiques, contiennent des substances plus légères que l'eau et qui tendent par conséquent à flotter à la surface. Ces substances ne sauraient donc être arrêtées par des bassins dans lesquels l'écoulement se ferait par un déversoir superficiel ; mais tout en conservant ce mode de déversement on peut subvenir à son insuffisance pour le cas actuel, au moyen de quelque flotteur dans le genre de celui dont nous avons parlé ; car ce flotteur a non-seulement pour effet de rompre le courant, mais il intercepte aussi les débris flottants, puisqu'il plonge dans le liquide et s'élève en même temps au dessus de sa surface. La seule condition est qu'il descende plus bas que la région dans laquelle roulent ces débris et que ceux-ci ne soient point entraînés avec le liquide forcé de passer en dessous du flotteur. Or il est clair que ce résultat sera d'autant moins à craindre que d'une part les débris seront plus complétement remontés à la surface et que d'autre part le courant au dessous sera moins violent en chaque point. On est ainsi ramené à des conditions analogues à celles des dépôts, à savoir un mouvement aussi lent et aussi généralisé que possible dans toute la profondeur du liquide. Conséquemment les digues filtrantes et autres systèmes qui s'y rattachent constituent encore la meilleure solution. La seule remarque à faire en pareil cas, c'est que les impuretés s'accumulant à la surface et tendant peu à peu à gagner la digue (tandis que pour les dépôts, le frottement contre le fond les arrête au point où ils sont tombés), il peut y avoir alors convenance à empêcher l'écoulement dans la région supérieure de la digue ou du barrage percé de trous, si c'est ce dernier agencement qu'on emploie. Lors donc que les souillures superficielles sont de nature à passer à travers les orifices ou à obstruer les pores de la digue, on devra supprimer l'écoulement à la tête et ne faire commencer la zone filtrante qu'au dessous de la couche souillée.

Il nous reste, pour terminer la question des dépôts, à dire quelques mots des bassins fermés ou intermittents, quoique à vrai dire les principes sur lesquels leur emploi est fondé soient tellement simples qu'il semble superflu de les mentionner. D'abord il est évident qu'on a intérêt, pour une même capacité de bassin, à diminuer la hauteur au profit de la surface, puisqu'on diminue par là même le chemin à parcourir par les impuretés et conséquemment le temps de la clarification. Il n'y a d'autre limite, comme nous avons déjà eu l'occasion de le dire, que celle qu'assignent les inconvénients inhérents à une décantation opérée sur une faible hauteur : ordinairement dans la pratique, on se maintient, comme pour les bassins continus, entre 1ᵐ,00 et 1ᵐ,50 de profondeur. Un des points qui laisse le plus à désirer est la vidange : rarement elle s'effectue dans des conditions à respecter le dépôt et à ne pas occasionner de perte de temps. On se borne le plus souvent à lever une vanne au dessus de la couche de dépôt; or il arrive de deux choses l'une : ou bien l'orifice qu'on démasque ainsi est considérable, et alors le mouvement de l'eau entraîne toujours une certaine portion des souillures ; ou bien cet orifice est très-petit, et alors le bassin met beaucoup de temps à se vider. Une disposition bien préférable consiste à abaisser graduellement la vanne à partir du haut, de façon que l'eau s'échappe toujours par dessus la tête de la vanne qui joue ainsi le rôle de déversoir mobile. La première partie de l'écoulement peut être conduite très-rondement puisque l'eau se meut fort au dessus des matières ; ce n'est que vers la fin que la vanne doit être abaissée avec précaution. Il va de soi que l'écoulement doit s'effectuer sur la plus grande largeur possible et par conséquent, si rien ne s'y oppose, sur tout le front du bassin à la fois. Si l'on craint que ces manœuvres de vannes ne soient pas faites par les ouvriers avec tout le soin convenable, on peut recourir avec beaucoup de profit au système des barrages

percés de trous : rien de plus simple en effet et de plus facile
à surveiller que l'enlèvement successif des rangées de chevilles à commencer par le haut. Du reste, on diminue dans
tous les cas les chances d'entraînement de dépôts : 1° en
donnant au fond du bassin une pente en sens contraire de
l'écoulement ; 2° en faisant passer les eaux par un second
bassin beaucoup plus petit, qu'on ferme dès qu'elles arrivent
troubles, et qu'on vidange à son tour dès qu'elles y sont
reposées.

Les appareils de filtrage, dans l'acception ordinaire du
mot, sont caractérisés, avons-nous dit, par la circonstance
que les liquides au lieu d'y arriver déjà clarifiés, comme
sur les digues précédemment décrites, s'y présentent, au
contraire, plus ou moins troubles et abandonnent leurs
souillures dans les interstices même du filtre. Ce n'est donc
pas par leur constitution que ces appareils diffèrent essentiellement des précédents, mais bien par la manière dont on
les fait agir : il suffirait, par exemple, dans le système d'é-
puration de M. Parrot, de supprimer les bassins de dépôt
pour que la digue devînt un vrai filtre, arrêtant les impuretés
dans son sein.

Les filtres s'emploient dans diverses circonstances : 1° quand
la nature des matières en suspension est telle qu'il serait
très-difficile d'en obtenir la séparation par voie de dépôt ;
2° quand ces matières se déposant cependant en quantité
notable, on veut rendre la clarification encore plus complète ; 3° quand l'emplacement manque pour construire des
bassins suffisants ; 4° quand les eaux étant très-abondantes et
en même temps faiblement chargées, la dépense des bassins
ne serait pas en rapport avec le résultat qu'on veut atteindre.
Les filtres sont d'un usage moins fréquent, dans les usines,
que les bassins de dépôt, parce qu'on se contente ordinairement d'une clarification imparfaite et que dès lors les bassins
de petites dimensions peuvent suffire. Or il est bien évident
que dans ces conditions les bassins sont plus économiques

que les filtres ; car ceux-ci, précisément par la manière dont ils agissent, sont condamnés à des obstructions fréquentes qui nécessitent des arrêts et des frais d'entretien importants. Aussi les filtres sont-ils plutôt employés pour améliorer les eaux domestiques que pour clarifier les liquides évacués par les fabriques. Toutefois il est encore des cas assez nombreux où l'on est amené à s'en servir, particulièrement quand des usines sont échelonnées sur un faible cours d'eau servant à des fabrications délicates telles que papeteries, teintureries, etc., ou quand les liquides sont exposés à circuler à découvert dans l'intérieur des villes [1].

Les matières entrant dans la composition des filtres sont très-variées ; nous ne nous attacherons pas à en faire l'énumération. Nous nous bornerons à dire qu'elles doivent toutes satisfaire à la double condition essentielle d'être très-poreuses ou très-perméables, tout en arrêtant les solides du plus faible diamètre, et de pouvoir être renouvelées à peu de frais ou nettoyées facilement. Sous le rapport de la nature des matériaux et des qualités qui en résultent dans l'appareil, les filtres peuvent être partagés en deux grandes catégories : 1° ceux dont on attend un service régulier et très-efficace et qu'on construit le plus ordinairement en sable et gravois et quelquefois en pierres poreuses ; 2° ceux qu'on destine à une clarification beaucoup moins méthodique et pour lesquels on utilise des matières économiques qu'on a sous la main, telles que tannée, tourbe sèche, toutisse de laine, etc. Le choix entre ces deux catégories est naturellement déterminé par les circonstances.

Les filtres, quels qu'en soient les matériaux, peuvent être disposés de 3 manières différentes : 1° horizontalement, le

---

1. C'est ce qui a lieu, par exemple, à Dusseldorf, où de nombreuses teintureries souillent la Dussel, petite rivière dont les eaux traversent le grand parc public. A un certain moment les industriels se sont vus contraints par la municipalité à faire passer leurs liquides à travers des filtres de charbon.

liquide les traversant de haut en bas, dans le sens naturel de la pesanteur ; ce sont les filtres *per descensum* ; 2° encore horizontalement, mais le liquide les traversant de bas en haut, en sens inverse de la pesanteur ; ce sont les filtres *per ascensum* ; 3° verticalement, à l'instar des digues de M. Parrot, que le liquide traverse suivant des directions horizontales ; ce sont les filtres verticaux ou latéraux. Chaque type a ses défauts et ses qualités propres et doit être préféré selon les cas. Ainsi le type *per descensum*, comparé aux deux autres, a l'avantage de mieux utiliser la chute dont on dispose, et de donner, par conséquent, un plus grand débit. En outre il est d'une construction très-facile : formé, par exemple, de gravier et de sable, il suffit d'étendre la pierraille sur une grille et de placer dessus une couche de sable, aucune force ne tendant à déplacer la matière filtrante ni à disloquer les pièces de l'appareil. En revanche, il s'obstrue très-promptement quand les souillures ont un certain degré de finesse : elles pénètrent alors dans les interstices et empêchent bientôt le passage du liquide ; il faut continuellement arrêter le travail et renouveler les matières, opération qui, malgré les facilités inhérentes au type de l'appareil, ne laisse pas, par sa fréquence, de constituer un inconvénient de premier ordre. Au contraire, le type *per ascensum* s'obstrue très-peu ou du moins s'obstrue aussi peu que possible, car les souillures ont toute tendance à retomber au dessous du filtre, en vertu de leur propre poids ; il offre d'ailleurs les mêmes facilités de renouvellement que le précédent. Mais par contre, il nécessite une grande hauteur de chute, puisqu'il faut en retrancher toute la hauteur du filtre dans lequel l'eau agit en contre-poids ; cet appareil n'est donc possible que sous certaines conditions. En outre pour que le liquide puisse être soulevé à travers le filtre, il faut qu'il règne une certaine pression en dessous, ce qui nécessite des fermetures très-hermétiques ; il s'exerce là des actions intérieures qui tendent à disloquer des pièces et qui rendent l'éta-

blissement beaucoup plus compliqué. Enfin, toutes choses
égales d'ailleurs, il laisse passer moins d'eau que le précédent, puisque celle-ci, au lieu de se présenter à la surface libre
du sable, se présente contre la grille qui le supporte en dessous et qui en réduit nécessairement l'étendue utile dans une
notable proportion. Quant aux filtres verticaux ou latéraux,
ils sont pour ainsi dire intermédiaires entre les deux autres
types, car ils participent, à un degré moindre, des défauts et
des qualités des uns et des autres. Ainsi ils utilisent la chute
moins bien que les premiers et mieux que les seconds, et ils
s'obstruent plus que les seconds et moins que les premiers.
Ils conviennent donc à des situations intermédiaires comme
eux.

En résumé les filtres *per descensum* ou filtres ordinaires doivent être adoptés comme étant les plus simples,
toutes les fois que les liquides sont peu chargés et que les
résidus ne sont pas d'une nature encrassante. Les filtres
verticaux sont préférables pour retenir des souillures fines et
argileuses ou pour intercepter de grandes quantités de débris
de dimensions quelconques. Quant aux filtres *per ascensum*
on ne doit y recourir que si les résidus sont, comme certains
limons, tellement ténus et adhérents que la première condition soit évidemment d'assurer l'usage même de l'appareil.
C'est, du reste, dans l'ordre où nous venons de les mentionner qu'on les trouve répandus dans l'industrie.

Pour tout système de filtres on a intérêt à diminuer autant
que possible la quantité de débris qui se présentent à l'appareil. Cet intérêt existe, même avec les filtres ascendants,
car les résidus, quelle qu'en soit la densité, sont toujours
poussés en avant par l'impulsion du liquide ; au surplus ceux
de ces résidus qui sont plus légers que l'eau tendent à jouer,
dans les filtres ascendants, le même rôle que les matières
pesantes dans les filtres descendants, c'est-à-dire à former
contre le sable une couche qui fait obstacle à l'admission de
l'eau. Le filtrage est donc presque toujours précédé de quelque

clarification sommaire, destinée à arrêter la partie la plus encombrante des résidus. On réalise cette clarification de diverses manières selon les circonstances et selon la nature des corps entraînés : on peut faire usage, notamment, d'un petit bassin de dépôt avec flotteur, ou d'un treillage à mailles plus ou moins serrées, ou même d'une simple grille à barreaux espacés. Cette dernière disposition suffit pour arrêter bon nombre de corps allongés comme pailles, lanières de peaux, poils, tannée, bois de teintureries, etc. Une précaution également bonne à prendre avec les filtres verticaux, vis-à-vis des résidus pesants, c'est d'élever le filtre à une certaine hauteur au dessus du fond du réservoir ou du canal qui lui amène les eaux, de telle sorte que les dépôts s'accumulent contre le barrage imperméable qui sert de support au filtre.

Le nettoyage des filtres est une opération importante, car selon qu'elle est bien ou mal faite, elle influe puissamment sur le volume et la qualité des eaux que le filtre peut débiter. Lorsque cette opération doit revenir souvent, il faut s'attacher à ce qu'elle soit rendue très-prompte et très-facile, de manière qu'il n'en résulte chaque fois ni un long chômage de l'appareil ni la nécessité de renouveler la substance filtrante. Une bonne précaution, prise dans plusieurs usines, consiste à se ménager la possibilité d'envoyer à volonté les eaux dans un sens ou dans l'autre. Ainsi, avec un filtre descendant, par exemple, on s'arrange pour pouvoir faire passer l'eau en remontant. Ce mouvement, en sens contraire, du liquide est très-favorable à l'expulsion des impuretés engagées dans le filtre, et en y procédant fréquemment, même peu d'instants chaque fois, on peut prévenir l'engorgement de l'appareil et éviter son nettoyage à fond pendant une longue période.

EMPLOI SUR LES TERRES.

Autant les résidus industriels risquent d'infecter le sol quand ils y sont enfouis sans discernement ou déversés sans mesure, autant ils peuvent être rendus inoffensifs et même devenir utiles, quand ils sont répandus sur les terres avec méthode et dans des proportions convenables. Le sol et les végétaux ont en effet la propriété de s'attribuer tout ou partie des éléments contenus dans les matières qu'on met en contact avec eux; ils peuvent ainsi déterminer la désinfection de ces matières, clarifier les liquides ou même les épurer en changeant leur composition chimique.

Le déversement des liquides industriels sur les terres, dans un but d'assainissement, peut être effectué à deux points de vue : 1° au point de vue d'utiliser principalement les forces de la végétation ; 2° au point de vue d'utiliser les forces propres au sol, abstraction faite des végétaux qu'il peut porter. Dans le premier cas les liquides doivent satisfaire à certaines conditions dont les principales sont : 1° que les matières infectantes dont on veut les débarrasser soient susceptibles de fournir des éléments utiles à la végétation, sans quoi la décomposition et par suite la désinfection de ces matières par la végétation n'aurait pas lieu ; 2° que ces liquides ne renferment pas des éléments toxiques ou autres en assez grandes proportions pour nuire aux plantes : ainsi des liquides simplement acides pourraient tuer les végétaux, à moins que le sol ne fût fortement calcaire ; 3° que les matières inertes ou même utiles charriées par les eaux ne soient pas dans un état physique tel qu'elles risquent d'obstruer les sporules des plantes et de les faire périr par asphyxie : certains limons, certaines eaux savonneuses sont, par exemple, dans ce cas ; 4° que la proportion des liquides répandus ne dépasse pas une certaine limite, afin que d'un côté les plantes ne risquent point de pourrir et que d'un autre côté les matières puissent être dénaturées au fur et à mesure qu'elles sont fournies aux plantes.

Un grand nombre de liquides industriels et notamment la plupart de ceux qui proviennent du traitement des matières organiques sont susceptibles de profiter à la végétation et d'être en même temps épurés par elle. Nous en verrons de fréquents exemples par la suite, quand nous examinerons les industries individuellement; nous nous bornerons ici à quelques remarques générales sur l'emploi du procédé. D'abord la nature des végétaux à faire agir sur les liquides peut dépendre jusqu'à un certain point de la nature de ces liquides ; ainsi on constate assez fréquemment que la même espèce de végétaux qui par le traitement industriel a fourni les résidus, est précisément celle qui convient le mieux pour s'en nourrir, quand, bien entendu, les principes naturels du végétal n'ont pas été trop altérés par le traitement. Ce n'est là toutefois qu'une indication à laquelle il ne faut pas attacher dans la pratique une importance absolue, car bon nombre de cultures se prêtent presque indifféremment à recevoir les liquides les plus variés ; d'ailleurs les industries qui s'exercent sur les matières animales, lesquelles ne sont pas, dans cet ordre d'idées, les moins importantes, n'ont rien à faire, naturellement, avec cette indication. Le choix du terrain n'a également qu'une valeur secondaire, puisque c'est de la végétation et non du sol que l'assainissement est attendu ; il suffit que le sol satisfasse aux conditions habituelles d'une bonne culture, ou qu'il soit en rapport à la fois avec la nature des végétaux et avec le volume du liquide qu'il est appelé à recevoir. Le point essentiel est la manière dont le liquide est fourni aux plantes.

La première précaution c'est de débarrasser les liquides des parties volumineuses en suspension qui courraient le risque de pourrir sur le sol sans être attaquées par la végétation. A

24

cette fin on les fait passer à travers des grilles ou même à travers des bassins de dépôt, surtout s'il y a lieu de diminuer la quantité du limon charrié qui pourrait, avons-nous dit, endommager les plantes. On agit donc comme vis-à-vis des appareils de filtrage, qu'on a soin de soulager par une clarification sommaire préalable. Une seconde précaution, c'est de mettre le mode de distribution en harmonie avec le mode de culture : ainsi, il ne conviendrait pas de répandre les liquides indistinctement sur toute la surface du sol, si les plantes étaient espacées les unes des autres, car alors, dans les intervalles des pieds, la désinfection ne se réaliserait pas. Un tel mode n'est praticable que si la végétation est elle-même *sans solution de continuité*, comme les prairies naturelles ou artificielles ; mais dans les autres cas on doit distribuer le liquide soit le long des sillons soit autour même des plantes, suivant les conditions où l'on se trouve. Une troisième précaution, dont l'utilité est naturellement subordonnée à la nature des résidus, c'est de les étendre d'eau de façon à ne pas les répandre à un trop grand état de concentration ; autrement on s'expose à nuire aux plantes en même temps qu'on produit de mauvaises odeurs, car le pouvoir absorbant des végétaux est limité et tout ce qui le dépasse se traduit en incommodités. C'est pour avoir négligé cette considération que des fabriques ont dû souvent renoncer à employer leurs liquides sur les terres, et qu'on a accusé le procédé alors que le mode d'application seul était vicieux. La pratique consistant à étendre d'eau les résidus ne saurait jamais avoir des inconvénients : elle n'a d'autres limites, en agriculture, que celle qu'imposent les frais dont elle est la cause. Enfin une quatrième précaution, qu'il semble à peine besoin de mentionner, mais qui cependant est trop souvent négligée, c'est de faire arriver les liquides sur les terres dans l'état le plus frais possible, c'est-à-dire avant que la fermentation ait eu le temps de s'y développer. Ainsi c'est un procédé vicieux que de conserver dans des réservoirs, comme on le fait souvent, les résidus qu'on juge en trop faible quantité pour être employés immédiatement ; il vaut bien mieux les distribuer sur la parcelle de terre la plus réduite que de leur laisser le temps de se corrompre. A ces précautions fondamentales on en pourrait ajouter beaucoup d'autres, lesquelles se présenteront naturellement au fur et à mesure que nous parcourrons la série des *moyens spéciaux*. Mais c'est surtout dans la partie de notre ouvrage relative à l'assainissement des villes que la question sera traitée en détail, car ce sont les liquides d'égout des villes, qui ont fait naître les applications les plus larges et les plus intéressantes de cette méthode.

Quand au lieu d'attendre l'assainissement de la végétation on l'attend du sol lui-même, le choix de la culture devient nécessairement fort secondaire et celui du terrain devient au contraire fort important. A ce point de vue, les terrains doivent être divisés en deux catégories, selon qu'on recherche une simple clarification analogue à un filtrage, ou selon qu'on veut obtenir une épuration plus parfaite. Comme dans tous les cas le terrain est surtout destiné à agir sur les résidus à la faveur de la pénétration mécanique, il est évident que si l'on a uniquement en vue un filtrage, c'est-à-dire une simple séparation des principales matières en suspension, on doit préférer les terrains sableux, qui livrent plus facilement passage aux liquides et qui se rapprochent le mieux des filtres proprement dits. Mais si l'on se propose de pousser l'épuration plus loin, si l'on veut, par exemple, non-seulement clarifier mais encore décolorer dans une certaine mesure les liquides, ou retenir des éléments qui passeraient en partie à travers les filtres, on doit alors recourir aux terrains forts, compactes, à de véritables argiles. On sait en effet que l'eau qui passe à travers l'argile s'y purifie bien plus complétement qu'à travers le sable. Seulement en pareil cas le terrain réclame presque toujours un travail préparatoire, qui consiste à le drainer par des tuyaux sou-

terrains ; c'est la meilleure condition pour qu'il se fissure et
s'ouvre ainsi aux liquides qui se dépouillent en le traversant.
Autrement les résidus resteraient stagnants à la surface et la
putréfaction ne tarderait pas à se manifester. Mais quel que
soit le système qu'on emploie, filtrage à travers un sol
sableux ou épuration à travers un sol argileux, il convient
de se mettre en garde contre la durée éphémère du procédé :
en général, le terrain s'obstrue au bout d'un certain temps,
par suite du dépôt accumulé des particules qui ne se décomposent pas, de sorte que, si l'on veut assurer la désinfection,
on doit changer fréquemment d'emplacement. C'est là l'infériorité de ce système comparé à celui dans lequel on fait agir
la végétation, qui a bien plus de puissance pour maintenir
la perméabilité du sol ; en revanche, il a l'avantage de se
prêter à l'épuration de toutes sortes de résidus, tandis que
l'application du système par les végétaux est subordonnée à
la condition que les résidus conviennent aux végétaux.

Nous avons peu de chose à dire sur l'emploi des matières
solides, ou plutôt boueuses, car c'est principalement sous cette
dernière forme qu'elles se présentent dans l'industrie ; ces
matières, soit qu'elles proviennent directement de la fabrication, soit qu'elles résultent d'un traitement préalable des
liquides, comme par exemple leur clarification, sont susceptibles d'une destination agricole dans des conditions plus
simples encore que les liquides. Sauf le cas où elles renferment des éléments vraiment nuisibles à la végétation, on
ne voit pas trop quelle autre circonstance pourrait s'opposer
à leur emploi sur les terres. Celles d'entre elles qu'on ne
veut pas appliquer directement, par crainte des mauvaises
odeurs ou pour toute autre cause, sont habituellement
mélangées avec divers matériaux et forment ainsi des
composts. Tout le soin consiste à les associer convenablement dans le double but de les approprier à la culture
et de réduire le plus possible les frais de manipulation et
de transport. A ce dernier point de vue on doit choisir

de préférence les matériaux qu'on a le plus facilement
sous la main ; les cendres des foyers, par exemple, les
balayures des salles et des cours et autres débris secs que
fournit l'usine, sont une excellente base de compost pour les
résidus boueux dont on désire se débarrasser. A défaut de ces
rebuts, on a recours à la terre· végétale, à la tourbe et en
général aux matières les plus économiques, en se préoccupant
toujours d'associer les substances sèches aux substances
pâteuses, de façon à leur donner une consistance suffisante
et à prévenir en même temps le dégagement des mauvaises
odeurs.

Quand on se propose de manipuler des résidus boueux, on
a ordinairement intérêt à les débarrasser le plus possible
de leur eau, car on diminue ainsi la proportion de matières
sèches à ajouter et par suite les frais de transport. Dans ce
but, au lieu d'entreposer les résidus dans des bassins, on a
coutume de les placer sur le sol et autant que possible sur
un sol en pente, afin qu'ils puissent s'égoutter librement. Si
ces résidus proviennent du curage de quelque bassin de clarification, on les accumule sur le bord, en tâchant que les
eaux d'égouttage retournent au bassin, au lieu de se disperser dans le sol. Cette dernière pratique est incontestablement
fort supérieure à celle qui consiste à faire égoutter simplement les résidus sur une aire quelconque, car on diminue
beaucoup les inconvénients dus à la dispersion des liquides
dans le terrain environnant. Toutefois une précaution est à
observer, sans laquelle une partie des inconvénients conti-
nuerait d'exister : elle consiste à étendre les boues sur un
plancher imperméable incliné vers le bassin, ou mieux encore
sur un lit de matériaux poreux qui permettent aux liquides
de filtrer et de glisser sur le plancher qui supporte ces matériaux. Un tel système peut être économiquement réalisé en
damant fortement une couche argileuse entourée de rebords,
sauf du côté du bassin, et sur laquelle on étend de la pierraille,
du machefer ou des scories. Les résidus qu'on dépose ensuite

par dessus, s'y drainent très rapidement et au bout de
quelques heures, c'est-à-dire avant qu'ils aient eu le temps
d'entrer en fermentation, sont retirés dans un état de dessication fort avancée. Cet égouttage a même un autre avantage,
c'est que pour un très-grand nombre de matières il permet
un séjour en quelque sorte indéfini sans qu'on risque de voir
les mauvaises odeurs se développer, pourvu d'ailleurs que le
tas soit préservé des eaux extérieures. C'est un fait assez général, en effet, que la séparation des liquides et des solides
est une puissante garantie de leur conservation.

TRAITEMENT PAR LA CHAUX.

Malgré le caractère spécial de l'agent que nous considérons ici, la multiplicité et l'importance de ses applications
autorisent à en comprendre l'emploi parmi les moyens généraux. Il y a effectivement un très-grand nombre de circonstances dans lesquelles la chaux peut contribuer à l'assainissement.

La chaux est usitée dans deux ordres de faits distincts :
1° pour neutraliser les résidus acides; 2° pour clarifier et
épurer partiellement les liquides. Quand on se propose de
neutraliser, il est préférable, si les acides ont une certaine
force, de remplacer la chaux par le calcaire. D'abord il y a
économie ; ensuite la réaction est moins brusque et risque
moins de produire l'échauffement et la vaporisation du liquide; enfin les canaux ou bassins dans lesquels l'opération
a lieu sont plus faciles à nettoyer, car la chaux adhère contre
les parois et reste agglomérée à tel point que, dans les canaux étroits, elle fait souvent obstacle à l'écoulement. Cette
dernière circonstance n'est même pas étrangère à la défa-

veur que le procédé rencontre dans certaines usines, où les liqueurs sont amenées à des cours d'eau éloignés, au moyen de canaux peu coûteux et par conséquent étroits, et quelquefois dans des conduits recouverts ; on redoute alors les difficultés et les frais de curage que le procédé occasionne. Or précisément on les évite en grande partie en employant le calcaire au lieu de la chaux et en opérant l'attaque dans un petit bassin situé sur le parcours du canal : le liquide se neutralise en circulant à travers les morceaux de calcaire, sans entraîner de ces boues qui vont se déposer plus loin et encombrent le passage, ainsi que cela arrive souvent avec la chaux.

Quand les acides sont faibles ou qu'il s'agit de produire une clarification, il est indispensable d'opérer dans un bassin *ad hoc* et d'y exercer un brassage, sous peine que la réaction soit fort incomplète. La nécessité de ces précautions est évidente pour la clarification, puisque la chaux est destinée en ce cas à produire une modification profonde de la nature des résidus : elle s'empare notamment des acides gras pour former des savons calcaires qui entraînent dans leur précipitation la plupart des matières en suspension. Ce n'est qu'avec un mélange bien intime et une agitation de toutes les parties, que de semblables réactions peuvent se mener à fin. Mais même vis-à-vis d'acides libres, dans la masse et doués d'une certaine énergie, le brassage est encore indispensable pour vaincre l'inertie des matières interposées entre les substances qu'on destine à réagir ; c'est ainsi que dans les fabriques d'aniline, on n'a pu réussir, malgré un mélange attentif, à faire combiner avec la chaux la totalité de l'acide arsénique distribué dans les résidus : une certaine portion de ce corps dangereux échappe toujours à la réaction et passe dans le liquide clarifié. On ne saurait donc trop insister sur cette partie matérielle de la défécation, sans laquelle les bons effets seraient inévitablement compromis.

L'opération conduite comme nous venons d'indiquer, a généralement pour résultat de fournir une assez grande

quantité de matières solides qu'il faut séparer ensuite des
liquides. La séparation se fait ordinairement par le repos,
dans le bassin même de l'attaque ou dans un bassin adjacent
dans lequel on écoule les liqueurs boueuses au fur et à mesure de leur neutralisation. Les fabriques qui ont à traiter
des résidus liquides, adoptent fréquemment la disposition
suivante :

Les liquides sortant des ateliers traversent un petit bassin
ou un simple tonneau découvert; ils y rencontrent un jet de
lait de chaux qu'on fait tomber en proportion plus ou moins
grande selon le volume des résidus, dont l'affluence varie
nécessairement d'un moment à l'autre. Le jet s'échappe d'un
petit conduit en bois, et l'on en gradue le débit en soulevant
plus ou moins la palette placée à l'orifice. Dans ce même
tonnelet un agitateur en bois, à axe vertical, mû à la main
ou par une courroie, opère le mélange du lait de chaux et des
résidus. Un bassin plus spacieux, en argile battue ou en maçonnerie reçoit les liquides mélangés ; les ouvriers les brassent
avec des ringards ou des rateaux, et l'on arrête l'introduction
à un certain niveau pour diriger le courant vers un bassin
conjugué. Après un léger repos on ouvre une vanne à une
certaine hauteur au dessus du fond et l'on écoule les liquides encore troubles. Un dernier bassin, plus grand que le
précédent, les reçoit ; ils y reposent le temps nécessaire pour
se clarifier, et sont ensuite évacués aux cours d'eau. On a soin
d'ailleurs de vérifier fréquemment, au moyen du papier de
tournesol, à la sortie du tonneau mélangeur et à la sortie du
dernier bassin, que le lait de chaux a été ajouté en quantité
suffisante et que le liquide s'écoule neutre ou légèrement
alcalin. En résumé cinq bassins, dont un pour le mélange,
deux conjugués, servant à tour de rôle, pour le brassage, et
deux également conjugués, pour la décantation, composent
toute cette installation, qui dans la plupart des cas satisfait
pleinement aux exigences de l'assainissement.

CHAPITRE II

PROCÉDÉS SPÉCIAUX.

FABRIQUES DE SOUDE.

L'industrie de la soude est une de celles dont les résidus causent le plus d'incommodités au voisinage. Ces résidus sont, comme on sait, de trois sortes : 1° solutions d'acide chlorhydrique faible provenant des derniers appareils de la condensation et dont on n'a pas toujours l'emploi dans les usines ; 2° liqueurs acides provenant de la préparation du chlore et vulgairement connues sous le nom de *chlorure acide de manganèse,* lesquelles contiennent à la fois de l'acide chlorhydrique libre, des chlorures de manganèse et de fer et diverses matières terreuses en suspension ; 3° enfin les *marcs de soude* ou *charrées,* provenant du lessivage de la soude brute, magma boueux de composition très-complexe dans lequel le soufre et la chaux jouent le principal rôle. Les résidus des deux premières sortes, sous leur forme immédiate, et ceux de la troisième, par les liquides d'égouttage qu'ils abandonnent sous l'influence des agents atmosphériques, tendent à corrompre gravement les eaux et le sol ; en outre les marcs de soude empoisonnent l'atmosphère

par l'hydrogène sulfuré qui s'exhale de leurs tas. On a
donc dû s'occuper activement de chacune de ces trois causes
d'infection.

Le problème a été résolu en premier lieu pour les solutions d'acide chlorhydrique. En perfectionnant, d'une part,
le système de la condensation, ce qui a permis d'obtenir des
liqueurs plus chargées, et en s'adonnant, d'autre part, à
diverses fabrications annexes qui ont pris de plus en plus de
l'importance, telles que le chlorure de chaux, les carbonates
et bicarbonates alcalins, la colle et la gélatine etc., on a fini
par utiliser dans les usines une portion considérable de ces
liqueurs et on peut prévoir le jour où la totalité trouvera
ainsi un emploi profitable. En attendant on a recours encore
à quelques expédients pour prévenir l'insalubrité. Le plus
usuel, qui figure parmi les moyens généraux, consiste dans
la neutralisation par la chaux ou par le calcaire ; mais,
comme nous l'avons remarqué, les frais arrêtent souvent
les fabricants, en sorte que les liquides sont évacués directement aux cours d'eau ou dans le sol.

Jusqu'à ces derniers temps le chlorure acide de manganèse était perdu à peu près universellement. Avant de faire
connaître la méthode nouvelle qui tend à l'emploi général
de ce résidu, il est bon d'indiquer quelques consommations
limitées, obtenues dans certaines usines. M. Kuhlmann
surtout s'est ingénié à varier les emplois suivant les circonstances. Ainsi cet industriel se sert des liquides : 1º pour
saturer les eaux ammoniacales du gaz de l'éclairage et obtenir ainsi un muriate d'ammoniaque impur, qui passe
aux engrais artificiels ; 2º il les fait couler sur des lits de
craie et forme du chlorure de calcium, utilisé, soit pour la
vente directe après purification, soit pour l'attaque du sulfate de baryte et la production du chlorure de barium ;
3º il les fait réagir sur des os pour extraire la gélatine ;
4º enfin, récemment, il a imaginé de les appliquer, avec
beaucoup de succès, à la saturation des eaux de lavage des

laines brutes: déjà M. Isaac Holden, grand filateur du Nord, dont les procédés d'épuration nous occuperont bientôt, consomme une grande proportion de ce réactif, et il y a tout lieu d'espérer que ce débouché s'accroîtra. De son côté, M. Uziglio, à l'époque où il dirigeait Salyndres, projetait de neutraliser les mêmes liquides par un excès de calcaire, de manière à libérer l'oxyde de manganèse ; cet oxyde devait être vendu aux maîtres de forges des environs, qui l'avaient retenu par avance en vue d'améliorer leur fer puddlé, et quant à l'acide carbonique engendré par la réaction, il devait être utilisé pour préparer du bicarbonate de soude et de l'alumine pure, par la décomposition de l'aluminate de soude. Enfin M. Rohart, fabricant d'engrais à Paris, a consommé à diverses reprises d'assez fortes quantités de chlorure acide pour la désinfection des matières de vidanges ; dans cette opération, le chlorure doit être préalablement neutralisé avec des rognures de zinc, afin d'éviter le bouillonnement qu'engendrerait l'acide chlorhydrique libre : la présence du zinc a d'ailleurs l'avantage d'enrichir l'engrais.

Aucun de ces procédés n'est évidemment susceptible de généralisation ; mais par leur variété même, ils offrent une ressource dans un grand nombre de circonstances. Ils s'appliquent également, du moins certains d'entre eux, aux solutions d'acide chlorhydrique faible : il est clair, en effet, que ces solutions peuvent remplacer avantageusement les résidus de la préparation du chlore dans tous les cas où ces résidus doivent agir au moyen de leur excès d'acide.

Les marcs de soude avaient été jusqu'ici enfouis dans le sol ou disposés en remblais à la surface. Dans ce dernier cas, on a soin de les pilonner fortement, à mesure de l'entassement, et de les recouvrir d'une couche d'argile également battue. Le but de cette disposition est d'intercepter autant que possible l'accès de l'air et des eaux pluviales, de façon à ralentir beaucoup l'oxydation et à réduire l'égouttage. En Angleterre, notamment, on a construit ainsi beaucoup de remblais

destinés aux petits embranchements de chemins de fer qui
desservent les usines. Ces matériaux se conservent convenablement; mais donnent lieu à des liquides infectants ainsi
qu'à des odeurs sulfureuses qu'on perçoit fort distinctement
quand on approche des fabriques. Enfin, on a proposé d'employer ces résidus comme amendement pour certaines terres
frappées de stérilité [1]. Mais l'intérêt de ces pratiques s'amoin-
drit beaucoup en présence des méthodes de *dénaturation* qui
ont pris naissance depuis quelques années, et dont la plus
récente, celle de Dieuze, semble destinée à produire une véritable révolution dans l'industrie de la soude.

La première tentative qui ait revêtu une forme pratique,
pour la dénaturation ou, pour parler plus exactement, pour
l'extraction du soufre contenu dans les marcs, paraît due
à M. Gossage, manufacturier à Widnes, le même qui a
tant perfectionné les tours de condensation. Cet industriel
a traité à une certaine époque d'assez grandes quantités de
charrées, en les soumettant à l'action prolongée d'un
courant d'acide carbonique, lequel était obtenu économiquement au moyen de la réaction des solutions faibles d'acide chlorhydrique sur du calcaire. Le gaz carbonique déplaçait graduellement le soufre qui cristallisait
dans la masse. On retirait ainsi 15 p. 0/0 environ du soufre
total, mais l'inventeur a discontinué cette exploitation qui
n'était décidément pas rémunératrice. Après plusieurs autres
tentatives faites de divers côtés et que nous n'énumérons
pas, parce qu'aucune n'a réussi, est venue la méthode

---

1. M. Ward, chimiste de Birmingham, cité par M. Nicklès dans son
Rapport sur la fabrique de produits chimiques de Dieuze de 1865, recommande de couvrir les champs, en automne, avec une couche de résidu non
brûlé, de 3 pouces d'épaisseur : on le laisse exposé à l'air pendant les
mois d'hiver, et on l'enterre au printemps par un labour, avant d'en-
semencer. D'après M Ward, un champ ainsi préparé, sans y ajouter aucun
autre engrais, produisit successivement trois belles moissons moyennes de
froment, ainsi qu'une récolte d'avoine dans la quatrième année.

wurtembergoise, vrai point de départ de toutes les découvertes ultérieures.

Cette méthode, appliquée aujourd'hui dans plusieurs établissements de l'étranger, consiste essentiellement à attaquer par l'acide chlorhydrique faible les marcs de soude qui ont préalablement subi une oxydation partielle par l'exposition à l'air libre. Le mélange de sulfure et d'hyposulfite de calcium formés dans la masse par suite de cette oxydation, donne, en présence de l'acide chlorhydrique, un précipité de soufre en même temps qu'un dégagement plus ou moins abondant d'hydrogène sulfuré [1]. Les deux vices fondamentaux du système, au point de vue industriel, sont, d'une part, le temps très-long, deux à quatre mois, exigé

---

[1]. La production de ce gaz est d'autant plus grande que les sulfures prédominent davantage dans la masse par rapport aux hyposulfites. Elle cesserait ou même ferait place à de l'acide sulfureux, si la proportion des sulfures tombait au dessous d'une certaine limite. Voici d'ailleurs comment on rend compte des réactions qui se produisent en ces divers cas.

Soit S^nCa l'un quelconque des sulfures de calcium qui existent dans le mélange à divers états de sulfuration encore mal définis : la réaction de ce sulfure sur l'acide chlorhydrique sera représentée par la relation

$$S^nCa + ClH = ClCa + (n-1)S + SH ;$$

c'est-à dire qu'il y a à la fois précipitation de soufre et dégagement d'hydrogène sulfuré.

D'autre part, la réaction de l'hyposulfite de chaux sur l'acide chlorhydrique sera représentée par la relation

$$S^2O^2CaO + ClH = ClCa + HO + S + SO^2 ;$$

c'est-à dire qu'il y a à la fois précipitation de soufre et dégagement d'acide sulfureux.

Si l'on associait 2 équivalents de sulfure et 1 équivalent d'hyposulfite, la réaction deviendrait la suivante :

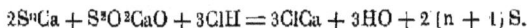

$$2S^nCa + S^2O^2CaO + 3ClH = 3ClCa + 3HO + 2(n+1)S.$$

Ainsi, quand les atomes de polysulfures et d'hyposulfite répandus dans la masse sont entre eux dans la proportion de 2 à 1, il n'y a pas théoriquement de dégagement gazeux, et tout le soufre est précipité Au dessous de cette proportion le dégagement d'acide sulfureux commencerait; mais dans la pratique ce n'est pas le cas ordinaire, et le plus souvent on a une production d'hydrogène sulfuré.

par l'oxydation, et d'autre part la perte d'une partie du soufre
à l'état gazeux ou dans les eaux d'égouttage. Il suit de là
qu'une partie des inconvénients relatifs à la salubrité continue d'exister et en outre le travail nécessite une étendue
d'emplacement dont beaucoup d'usines ne peuvent pas disposer. Ces diverses considérations ne permettent pas d'en-
visager le procédé wurtembergois, dans sa forme primitive,
comme une solution absolument pratique.

Telles sont les objections que M. Émile Kopp et à sa suite
MM. Paul Buquet et Hofmann se sont attachés à lever.
Dans ce but, ils ont institué dans la fabrique de Dieuze une
série d'essais en grand, qui ont duré plusieurs années. Grâce
à leurs efforts, grâce surtout, on peut le dire, à l'énergique
persévérance de M. Buquet, qui, en sa qualité de directeur
de l'usine, avait la plus large part de responsabilité, la difficulté semble aujourd'hui vaincue et le nouveau procédé
fonctionne depuis trois ans à Dieuze sur la plus large
échelle. Les conséquences que nous le croyons appelé à
produire sont trop considérables et le procédé lui-même
est encore trop peu connu pour que nous ne nous fassions
pas un devoir de le décrire en détail.

La méthode de Dieuze a ce mérite particulier qu'elle est
non-seulement un moyen d'assainissement pour les résidus
de la soude, mais encore et du même coup, pour les résidus
de la préparation du chlore. Son objet direct est en effet de
les dénaturer les uns par les autres ou, comme on dit à
Dieuze, de les *neutraliser* par leur réaction réciproque. Cette
substitution du chlorure acide de manganèse aux solutions
faibles d'acide chlorhydrique est capitale dans l'économie du
nouveau procédé, car elle a pour résultat d'introduire dans
les matières en présence certains éléments étrangers, à la
faveur desquels les opérations sont singulièrement favorisées
et peuvent prendre précisément cette rapidité d'allure que
l'on cherche. L'innovation repose sur ce double principe :
1° qu'en incorporant aux marcs des sulfures métalliques,

par exemple, du sulfure de fer ou de manganèse, on active
l'oxydation au point de la rendre complète au bout de huit
à dix jours [1] ; 2° qu'en fractionnant convenablement cette
opération, on peut obtenir séparément des lessives qui contiennent presque exclusivement, les premières des sulfures,
les secondes des hyposulfites, ce qui permet de les associer
ensuite dans des proportions telles que le mélange, mis en
présence de liqueurs acides, ne dégage plus ni hydrogène
sulfuré ni acide sulfureux. Les opérations sont, en conséquence, conduites de la manière suivante :

Les marcs de soude venant des ateliers, à la quantité
d'environ 25 mètres cubes par jour, sont déposés sur
le bord d'une rangée de bassins en planches, muraillés
intérieurement par de la charrée durcie et maintenus extérieurement par un revêtement en argile battue (Pl. XIX).
Le cinquième environ de cette provision de charrée, soit
5 mètres cubes, est immédiatement employé à préparer
les sulfures métalliques qui devront être incorporés à la partie

1. Le sulfure de fer et le sulfure de manganèse paraissent agir comme
des intermédiaires pour transporter l'oxygène de l'air au calcium et libérer
du soufre en proportion. Les auteurs du procédé rendent compte des phénomènes de la manière suivante :

Soit, par exemple, MnS le sulfure de manganèse incorporé ; en présence
de l'air, on a

$$3MnS + 4O = 3S + Mn^3O^4.$$

Mais le sesquioxyde de manganèse, se trouvant en présence d'un excès
de sulfure de calcium répandu dans la masse, abandonne son oxygène au
calcium et repasse à l'état de sulfure par la relation

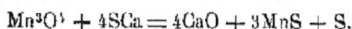

$$Mn^3O^4 + 4SCa = 4CaO + 3MnS + S.$$

Le sulfure de manganèse s'oxyde de nouveau au contact de l'air pour
recommencer la même série d'opérations, et ainsi de suite jusqu'à la
transformation totale de la masse. Les analyses faites à l'usine démontrent
en effet que la proportion de chaux caustique augmente à mesure que l'opération se prolonge. Quant au soufre rendu libre, il se combine partie
avec le sulfure de calcium pour former du polysulfure et partie avec la
chaux, après s'être oxydé lui-même au contact de l'air, pour former de
l'hyposulfite.

restante pour en favoriser l'oxydation. A cet effet, les 5
mètres cubes sont mélangés avec 3 mètres cubes de gravois
de chaux [1], fournis par l'atelier à chlorure, et sont ensuite
précipités dans un bassin qui contient les liqueurs manga-
nésifères de la préparation du chlore, préalablement neutra-
lisées, comme il sera dit ci-après. On agite le mélange et
l'on précipite ainsi, sous forme de sulfures, la presque totalité du fer et une partie du manganèse ; on décante ensuite
le liquide, qu'on envoie dans une citerne. L'opération totale
prend la journée. Le lendemain on ajoute au précipité de
sulfures les 20 mètres cubes de charrée restants [2], et l'on
brasse le mélange dans le bassin. Le quatrième jour [3], le
magma est repris à la pelle et rejeté sur le bord opposé du
bassin, où il forme un tas de 1ᵐ,50 à 2 mètres de haut sur 3
ou 4 mètres de large, occupant sensiblement la longueur du
bassin. Alors commence l'oxydation au contact de l'air. Elle
se produit, avons-nous dit, avec beaucoup de vivacité, grâce
à la présence des sulfures ; la température s'élève promptement, et quoiqu'on ait soin de retourner les tas une fois,
elle se maintient vers 90 ou 95 degrés, circonstance défavorable à la production de l'hyposulfite de chaux, puisque ce
corps se décompose vers 50 degrés. Si donc on laissait l'oxydation se terminer dans ces conditions, on aurait peu d'hyposulfite dans la masse ; aussi a-t-on soin de la suspendre
au bout d'une semaine pour lessiver une première fois, opération qui s'accomplit dans une rangée de trois bassins en
regard du précédent. Ces bassins, en maçonnerie étanche,
ont un faux fond percé de trous, à travers lequel s'écoulent

1. Ces gravois de chaux ont pour objet d'économiser la charrée dans la
saturation des liqueurs, mais on peut s'en passer.

2. Ou, pour mieux dire, on ajoute 20 mètres cubes d'une nouvelle provision de charrée, afin que la matière ne reste pas vingt-quatre heures à
attendre le résultat de la précipitation.

3. C'est à cause de cette durée de quatre jours qu'on a quatre bassins
en activité à la fois, ou un bassin pour la production de chaque journée.

les eaux du lessivage (Pl. XIV, fig. 3 et 4). Ils communiquent entre eux de manière à permettre un lessivage méthodique. On obtient ainsi 30 à 35 mètres cubes d'eaux saturées de polysulfures et de soufre libre, qui à cause de leur couleur sont nommées à l'usine *eaux jaunes sulfurées*. Au bout de trois jours, on retire les marcs, on les dépose à côté sur le sol, et on les soumet à une deuxième oxydation qui dure deux à trois jours. Après cela on lessive de nouveau dans une autre série de bassins, disposés comme les précédents, et l'on en retire 35 à 40 mètres cubes d'*eaux jaunes oxydées*, c'est-à-dire riches principalement en hyposulfites de chaux. Ce sont ces deux sortes d'eaux qu'on destine à réagir avec les résidus acides de la préparation du chlore, comme on le verra plus loin. Quant aux charrées du deuxième lessivage, elles ne contiennent plus que du sulfite de chaux, de la chaux caustique et d'autres matières également inoffensives [1]; elles peuvent donc désormais être abandonnées à toutes les influences atmosphériques, sans qu'on ait à redouter de leur part des émanations désagréables, ou des liquides d'égouttage susceptibles d'infecter les cours d'eau.

Les liqueurs acides de la fabrication du chlore sont, à leur sortie des ateliers, amenées dans des bassins en grès, où on les laisse déposer vingt-quatre heures. On les décante claires et on les dirige vers le bassin de neutralisation. Cette opération, à laquelle il a déjà été fait allusion dans la section précédente, à propos de l'hydrogène sulfuré, consiste à mettre en présence, dans des proportions convenables, d'une part, les liqueurs chlorurées, et, d'autre part, les

1. D'après une analyse faite à l'usine, ces charrées épuisées et ayant subi le contact de l'air se composent de :

Sulfate de chaux.	66,248
Carbonate de chaux.	1,320
Chaux caustique.	20,982
Oxydes de fer et alumine	7
Oxydes de manganèse.	1,5
Matières insolubles.	2,8
Total.	99,850

eaux jaunes sulfurées et oxydées provenant des marcs.
La réaction, ainsi qu'il a été dit s'engendre dans un
appareil intermédiaire destiné à intercepter l'hydrogène
sulfuré qui viendrait accidentellement à se produire. Le
jet liquide qui tombe de cet appareil dans le bassin,
dont la contenance est de 65 à 70 mètres cubes, charrie
une grande quantité de soufre en voie de précipitation, et il
doit être normalement coloré en *gris*; s'il est jaune, il y a
excès d'acide, et, s'il est noir, il y a excès d'eaux jaunes.
L'aspect de ce jet apprend donc à gouverner l'admission des
diverses liqueurs dont le volume se règle à volonté au moyen
de robinets. On drague continuellement le fond du bassin,
et l'on en retire une grande quantité de soufre, environ
36 p. 0/0 du total contenu dans la charrée neuve. On lave
et on laisse égoutter dans des caisses en bois le soufre ainsi
recueilli; on le transporte ensuite sur des filtres à laver, on
le presse pour en exprimer l'eau, et finalement on le sèche
à la chaleur perdue des fours à pyrites. Les eaux mères du
soufre ou *chlorure neutre*, comme on les nomme, sont
envoyées dans un des bassins de la première série, affectés
au traitement de la charrée, d'où elles sont entreposées
dans un réservoir, après avoir fourni les sulfures métalliques nécessaires à l'oxydation, ainsi que nous l'avons
expliqué en commençant. Avant de décrire l'opération
ultérieure qu'on leur fait subir, nous noterons que la *désul-
furation* consomme habituellement la totalité du chlorure
acide de l'usine [1], ainsi que la totalité des eaux jaunes oxydées, mais qu'un excès d'eaux jaunes sulfurées reste en
approvisionnement. C'est cet excès qui va servir à l'opération ultérieure dont il s'agit.

Le chlorure neutre *déferré*, ainsi désigné après qu'il a
abandonné son sulfure de fer, est repris dans la citerne

1. Lorsque le chlorure acide fait défaut, on y pourvoit par de l'acide
chlorhydrique faible qu'on fait réagir dans des bassins spéciaux de dimensions moindres

et est envoyé à un bassin de clarification creusé dans l'argile et tapissé intérieurement d'asphalte, afin de prévenir
toute perte. On y ajoute 1 mètre cube d'eaux jaunes, on
brasse et on laisse déposer. Les dernières traces de fer se
précipitent, et au bout de vingt-quatre heures on décante un
liquide parfaitement clair, qui contient encore en dissolution
la plus grande partie du manganèse à l'état de chlorure. On
le reçoit dans un bassin, où l'on fait venir le reste des eaux
jaunes ; on obtient ainsi un beau précipité rose de sulfure de
manganèse, mélangé à du soufre, mais entièrement débarrassé de fer [1]. Ce précipité contient environ 8 à 10 p. 0/0 de
la totalité du soufre entrant dans la charrée fraîche, ce qui,
ajouté aux 36 p. 0/0 déjà extraits des eaux jaunes mélangées,
représente en moyenne 45 p. 0/0 de la totalité du soufre des
marcs. La différence, soit 55 p. 0/0, est demeurée dans la
charrée épuisée, à l'état inoffensif de sulfate de chaux, ainsi
que nous l'avons exposé tout à l'heure. Quant aux eaux
mères du sulfure de manganèse, lesquelles ne contiennent
plus que du chlorure de calcium avec quelques traces de
sulfure de calcium provenant de ce qu'on a eu soin de mettre
les eaux jaunes en léger excès, ces eaux mères, disons-nous,
pourraient être, sans grand inconvénient, écoulées directement à la rivière ; toutefois, par surcroît de précaution, on
les fait passer par un bassin de précipitation, où le reste des
matières en suspension doit se déposer.

La série des opérations que nous venons de décrire a donc
pour dernier résultat deux produits : 1° du soufre à peu près

---

1. Le sulfure de manganèse obtenu à Dieuze contient près de 50 p. 0/0
de soufre. D'après les expériences rapportées par M. Rosenstiehl, le sulfure de carbone en dissout les deux tiers, si on l'a séché rapidement ; il
n'y a donc qu'un tiers du soufre combiné au manganèse. Sur ces données
le précipité serait ainsi composé :

Soufre libre	40
Sulfure de manganèse.	55
Oxyde de manganèse libre	5
Total.	100

pur ; 2° du sulfure de manganèse. L'un et l'autre sont utilisés dans les fours de l'atelier à acide sulfurique. En ce qui concerne le sulfure de manganèse, on espère trouver un débouché beaucoup plus avantageux dans les verreries et c'est dans cette prévision qu'on s'est organisé de manière à le fabriquer très-pur, d'abord en le dépouillant du fer et ensuite en le lavant avec beaucoup de soin ; mais, pour le moment, on le brûle, disons-nous, à l'usine.

Il reste finalement des cendres qu'on rejetait à l'origine, mais dont on s'est mis à tirer parti, attendu qu'elles renferment près de 25 p. 0/0 de soufre sous forme de sulfate de manganèse, et le surplus du manganèse à l'état d'oxyde [1]. On les mélange donc avec une quantité équivalente de nitrate de soude, et on les chauffe dans des fours à soufre. Il se produit un mélange de protoxyde et de bioxyde de manganèse et du sulfate de soude, en même temps qu'un dégagement nitreux qu'on reçoit aux chambres de plomb. On sépare le manganèse, et on le fait entrer dans la fabrication du chlore, sauf la légère fraction vendue aux verreries ; quant au sulfate de soude, on le livre cristallisé au commerce.

On a fait le compte des dépenses nécessaires à l'ensemble de ce traitement, ainsi que celui des recettes correspondant à la valeur du soufre et du manganèse utilisés, et le procédé paraît être très-rémunérateur. Le prix du soufre extrait des marcs ressortirait à peine, en effet, d'après les chiffres fournis par M. Buquet, à la moitié du prix du soufre

---

1. Les cendres font exactement la moitié du poids du sulfure desséché, et elles ont la composition suivante :

Sulfate de manganèse	45
Oxyde de manganèse	55
Total.	100

La perte de 50 p. 0/0 du poids, subie par le sulfure pendant le grillage, correspond à une production de 124 p 0/0 d'acide sulfurique à 66 degrés.

contenu dans les pyrites du commerce [1] ; nouvelle preuve à l'appui de cette vérité que nous avons si souvent constatée, à savoir que le progrès de l'assainissement finit toujours par tourner au profit de l'industrie elle-même. Au surplus, ce qui montre mieux que tous les raisonnements, à quel point·

1. M. Buquet a bien voulu dresser à notre intention le compte de l'atelier de régénération des résidus, pendant la période de trois mois du 1er novembre 1867 au 31 janvier 1868. On a fait entrer en dépenses, non-seulement les frais d'exploitation proprement dits (main d'œuvre, combustible, etc.), mais encore l'entretien du matériel, ainsi que l'intérêt et l'amortissement des travaux d'établissement dudit atelier. D'autre part, on a porté en recettes, non-seulement la valeur du soufre régénéré, lequel forme, à vrai dire, jusqu'ici la branche importante, mais aussi tous les autres produits utiles, tels que sulfures, oxydes de manganèse, sel Glauber, etc. Le seul point délicat est d'évaluer exactement les produits qui sont consommés par l'usine elle-même sous une forme différente de celle où elle les achète dans le commerce, ou qui disparaissant dans une opération intermédiaire, n'aboutissent par conséquent pas directement à une substance vénale. En ce qui concerne, par exemple, le sulfate de manganèse qu'abandonne la combustion du sulfure dans les fours à pyrite, on l'utilise à la production du gaz nitreux, où son rôle commercial consiste à économiser une certaine proportion d'acide sulfurique ; la valeur de ce sulfate ne peut donc pas se déduire directement de celle d'un produit vendable, mais bien, par voie indirecte, de la simple économie qui en résulte dans les dépenses normales de la fabrication. C'est en opérant ainsi et avec beaucoup de soins pour chaque article, que M. Buquet a fixé les valeurs des divers éléments qui figurent dans le compte ci-après. Nous croyons superflu d'exposer pour chacun d'eux la série des calculs sur lesquels le prix a été basé. Nous nous bornerons à dire d'une manière générale que toutes les évaluations sont faites d'après le mode que nous venons d'indiquer, et qu'elles sont toujours, paraît-il, au dessous plutôt qu'au dessus de la réalité. Ces considérations présentées, voici maintenant le compte de M. Buquet :

Exploitation des résidus du 1er novembre 1867 au 31 janvier 1868.

DÉPENSES.

	fr.
Amortissement des travaux d'installation de l'atelier, compté à 8 p. 0/0 par an, sur un capital de 30.000 fr. pour les trois mois	600,00
Intérêts du même, à 5 p. 0/0 l'an.	375,00
Entretien du matériel.	1.948,00
Main d'œuvre et surveillance	5.029,36
Combustible	78.55
Approvisionnements divers	76,34
Total.	8.707,25

la nouvelle méthode a paru avantageuse aux exploitants de Dieuze, c'est qu'ils se sont mis à l'appliquer aux anciens tas de marcs de soude abandonnés par leurs devanciers et qui encombrent les abords de l'usine. On a ouvert des chantiers d'extraction dans ces masses dont le volume est évalué à plus de 700.000 mètres cubes et l'exploitation se poursuit aujourd'hui vigoureusement. Le traitement des vieux marcs comporte une modification en ce sens qu'au lieu de leur incorporer, comme dans les marcs frais, des sulfures métalliques, il suffit d'arroser les blocs, au fur et à mesure de l'abattage

RECETTES.

	fr.
1.303^{qm},56 de soufre tout-venant à 12 francs les 100 kilogrammes	15.642,72
223^{qm},74 de sulfure de fer et de manganèse à 3^{f},90.	872,58
11^{qm},34 de manganèse pour les verreries à 22^{f},90.	259,68
63 quintaux métriques de manganèse pour la fabrication du chlore à 10 francs	630,00
112^{qm},99 de sulfate de manganèse à 0^{f},90. . . .	101,69
76^{qm},96 de sel Glauber (sulfate de soude) à 7^{f},38.	567,96
Total des recettes	18.074,63
Report des dépenses	8.707,25
Bénéfice net pour trois mois. . .	9,367.38
Bénéfice pour l'année	37.769,42

Ce résultat serait, on le voit, très satisfaisant, puisqu'il permettrait de retrouver, et au delà, tous les frais d'installation au bout d'une année d'exploitation régulière. Encore même M. Buquet fait-il remarquer avec raison que le procédé est au début et presque dans l'enfance, en ce qui concerne l'oxyde de manganèse, dont on ne retrouve qu'une très-faible partie. « Nous avons donc encore beaucoup à gagner, nous écrit-il, et nous « le gagnerons ; mais il faut faire la part de notre position ; nous n'avons « jamais travaillé dans une quiétude complète ; nous sommes dominés par « la question de salubrité, et à chaque instant, plutôt que de laisser aller « au cours d'eau des liqueurs non traitées, nous les traitons complète- « ment dans nos bassins, laissant le fer mélangé au manganèse et sacri- « fiant ce dernier, parce qu'il nous manque encore un bassin pour faire une « opération tout à fait productive... Nous jetons du manganèse à nos « dépôts en attendant la terminaison de nos appareils... » M. Buquet pense donc qu'avant peu, et grâce aux perfectionnements qu'il introduit tous les jours dans son exploitation, le compte des bénéfices se trouvera sensiblement augmenté. Ce ne serait assurément pas trop que d'entrevoir, d'après ces bases, un minimum de 50.000 fr. par an. Ajoutons que déjà, depuis que ce compte a été fait, le prix de revient a été sensiblement abaissé.

avec du chlorure neutre de manganèse, obtenu ainsi qu'il a
été dit. L'expérience a montré, en effet, que la vieille
charrée, bien qu'oxydée seulement à une faible profondeur,
était cependant beaucoup plus disposée à se transformer
que la charrée provenant de la fabrication journalière, à tel
point que l'addition de sulfures métalliques aurait l'incon-
.vénient de rendre l'oxydation beaucoup trop active et de
déterminer une véritable combustion. Le traitement des
marcs de soude, tant vieux que nouveaux, s'exerce actuellement à Dieuze sur 50 mètres cubes environ par jour [1].

FABRIQUES DE COULEURS, TEINTURERIES, PAPIERS PEINTS.

Les matières colorantes vont le plus souvent aux cours
d'eau sans être préalablement dénaturées. Toutefois, depuis

1. M. Buquet poursuit en outre une recherche fort intéressante, qui
tend à l'absorption de l'acide muriatique gazeux par les eaux jaunes
sulfurées de la première lessive des marcs. Son but serait d'éviter ainsi
la construction des condenseurs du système anglais, dont le prix de revient
est assez élevé, et de se contenter de batteries de bonbonnes, à la suite
desquelles il interposerait son appareil absorbant, de manière à ce que le
courant gazeux arrivât à la cheminée entièrement débarrassé d'acide. Des
expériences encourageantes, à l'une desquelles nous avons assisté, ont
déjà été faites par M. Buquet. Une chambre en bois goudronnée de
2 mètres de long, 1 mètre de large et autant de haut, reçoit les gaz de la
dernière bonbonne (Pl. XIV, fig. 5). Ceux-ci y rencontrent un courant
liquide en sens contraire de la solution sulfurée, laquelle est projetée en
gouttelettes dans tous les sens par le mouvement d'une roue à palettes.
Au contact de cette atmosphère pluvieuse, la réaction se fait : l'acide
chlorhydrique gazeux, sous la double influence de l'eau qui tend à le
condenser et du sulfure de calcium qu'il tend lui-même à décomposer,
est absorbé très-vivement et fournit un magnifique précipité de soufre
pur qui est charrié au dehors par la solution de chlorure de calcium.
Quant aux vapeurs à la sortie, elles sont à peu près exemptes d'acide muriatique. Il est à peine besoin de faire remarquer que les tuyaux d'admission et de sortie des liquides dans la chambre doivent être agencés de
manière à ne pas livrer passage aux gaz, ce à quoi l'on arrive fort
simplement en les faisant fonctionner par *trop-plein*. M. Buquet est
en voie d'installer d'après ce système un appareil d'absorption en
grand.

quelques années, on cherche à modifier cet état de choses.
En ce qui concerne notamment la fabrication des couleurs
d'aniline, des accidents récents, d'une extrême gravité, ont
attiré l'attention de l'autorité publique, et des précautions
spéciales ont dû être prises pour prévenir le retour de semblables malheurs. Des faits analogues, mais heureusement
sur une échelle moindre, ont été observés dans les fabriques
de papiers peints [1]. Les teintureries ne donnent pas lieu
ordinairement, à des accidents toxiques, mais l'abondance
de leurs impuretés est telle que, somme toute, elles engendrent plus d'inconvénients que les autres établissements.
Aussi ont-elles été l'objet de nombreuses tentatives d'assainissement.

C'est, pensons-nous, dans le département du Nord que
les teintureries ont été mises en meilleure situation. Elles
sont assujetties, depuis peu d'années, à un régime raisonné
grâce auquel les plus importantes d'entre elles ont réalisé
de sensibles améliorations. Les procédés, basés partout sur
les mêmes principes, varient avec la nature des matières
colorantes et selon la disposition des établissements. On
peut distinguer trois manières principales d'opérer, qui ne
sont d'ailleurs que des applications des moyens généraux
déjà décrits :

1° Les eaux provenant de la teinture à l'indigo sont reçues
dans un premier bassin étanche, où elles séjournent de
douze à vingt-quatre heures (Pl. XXI, fig. 1 à 3). La clarifi-

---

1. C'est ainsi, par exemple, qu'à Nancy, il y a quelques années, toute
une famille éprouva à plusieurs reprises les premiers symptômes d'un
empoisonnement. On reconnut que le puits à l'usage de cette famille contenait de l'arsenic rejeté par la fabrique de papiers peints de M. Huin.
Déjà une autre fabrique, celle de M. Noël, avait coûté la vie à quelques
personnes et avait infecté tellement les terres de tout un quartier que
longtemps après des puits se chargeaient encore d'éléments arsenicaux.
Aussi le conseil d'hygiène recommanda-t-il de continuer pendant plusieurs
années les analyses de ces puits afin de prévenir de nouveaux accidents,
bien que la cause elle-même eût cessé.

cation se fait d'elle-même par le repos, et les eaux décantées sont tantôt écoulées au dehors, sans autre traitement, et tantôt mélangées avec un lait de chaux, de façon à être rendues fortement alcalines. Quant au dépôt boueux, il est écoulé par une vanne de fond dans un bassin inférieur, également étanche, et il y demeure jusqu'à ce qu'il ait acquis assez de consistance pour qu'on puisse l'enlever à la bêche et le transporter sur les champs où il est employé comme engrais. MM. Stalars frères, au pont de Canteleu, près de Lille, soumettent les dépôts à une nouvelle décantation, dans le bassin inférieur, et reprennent le résidu pour en extraire les matières colorantes, par des procédés tenus secrets et qui paraissent rémunérateurs.

2° Les eaux provenant de la teinture à toutes couleurs sont pareillement traitées dans des bassins étanches. Elles sont reçues, à l'exclusion de celles du débouillissage, dans un premier réservoir, où l'on ajoute de la chaux vive à raison de 1 kilogramme environ par mètre cube de liquide. On brasse vivement pendant vingt à trente minutes et on laisse se former le précipité qui entraîne une grande partie des matières colorantes. On projette ensuite la même proportion de sulfate de fer, ce qui entraîne les derniers restes de couleurs mélangés avec le sulfate de chaux. Enfin, on ajoute 1 hectogramme environ de chaux vive, à l'état de lait, pour rendre la liqueur alcaline. Après une journée de repos, on décante les eaux clarifiées et on les fait passer dans un bassin inférieur, par l'intermédiaire d'un tuyau vertical plein de matière filtrante, par exemple, de bois de campêche râpé et épuisé. Au sortir de là, les liquides sont évacués au dehors. Quant au dépôt boueux, on l'écoule dans un troisième bassin, pour le laisser sécher et le répandre ensuite sur les champs.

Chez MM. Stalars, le même procédé a reçu divers perfectionnements. On a diminué de 20 p. 0/0 la proportion de chaux du premier brassage et l'on a réduit celle de sul-

fate de fer aux 5/8 seulement de celle de chaux. Dans ces
conditions la nouvelle addition de chaux devient inutile,
la liqueur gardant suffisamment la réaction alcaline. La
durée de la période de repos est augmentée, et la décoloration est assez complète pour dispenser du filtrage. Les
dépôts sont d'ailleurs repris, comme ceux de la teinture à
l'indigo, pour l'extraction des matières colorantes.

Les eaux gommeuses provenant du débouillissage des fils
de lin, sont traitées dans un bassin séparé, où l'on introduit
de la chaux en une seule fois, non pour rendre les eaux
alcalines, puisqu'elles le sont déjà par le fait même du
débouillissage, mais pour déterminer l'agglutination des
matières albuminoïdes, recherchées par l'agriculture.

3º Quand les usines disposent de vastes terrains, on remplace les réservoirs en maçonnerie par des bassins creusés
en pleine terre, et présentant une très-grande surface, de
manière à déterminer le dépôt par l'anéantissement de la
vitesse du courant. Le dernier bassin, à l'aval, se termine
par un déversoir en maçonnerie, assez long pour que la
lame de liquide qui coule dessus ait toujours une très-petite
épaisseur, de 1/2 centimètre au plus. Les eaux de l'usine, à
leur sortie des ateliers et aussi loin que possible des bassins
épurateurs, se mélangent à un courant de lait de chaux,
qu'on entretient d'une manière continue dans le canal de
fuite, et qui est composé de façon qu'un kilogramme environ de chaux vive soit consommé par chaque mètre cube de
liquide.

Dans la Grande-Bretagne, on a fait récemment quelques
essais sous la pression des plaintes provoquées par la corruption des cours d'eau. Les moyens employés jusqu'ici
consistent dans une simple séparation mécanique, rarement
précédée du traitement à la chaux [1]. Un des appareils de

---

1. On en rencontre toutefois quelques exemples aux environs de Manchester : ainsi, MM. Turner, Norris et Turner, à Hayfield, ajoutent un lait
de chaux à leurs eaux, laissent déposer dans un réservoir et filtrent

séparation le plus en vogue est la presse filtrante de M. Needham. Elle est formée d'un certain nombre de compartiments superposés, garnis de toile, dans lesquels on foule à une faible pression l'eau impure. Les toiles arrêtent les matières en suspension et laissent passer le liquide clair, lequel tient en dissolution une assez forte proportion de sulfate de fer. A mesure que les compartiments se remplissent de dépôts, il faut augmenter la pression, et l'on arrête l'opération au bout d'un certain temps pour enlever les résidus. Cet appareil est employé dans diverses industries, telles que papeteries, brasseries, et surtout dans les fabriques de poteries, où l'on s'en sert pour séparer l'argile. Il a l'avantage de présenter une grande surface de filtre sous un faible volume. A la grande teinturerie de M. Henry Brooke à Bradley, près d'Huddersfield, la presse Needham qui fonctionne actuellement occupe moins d'un mètre carré de base sur 90 centimètres de haut, et elle possède une surface filtrante de 22 mètres carrés, par laquelle on peut faire passer 4 mètres cubes d'eau à l'heure. On épure préalablement les liquides par l'addition d'un millième environ de chaux, ce qui détermine la précipitation de l'oxyde de fer et des matières organiques.

Les résidus de la purification des eaux de teinture peuvent être utilisés de diverses manières. Dans plusieurs maisons anglaises on les brûle, ce qui fait disparaître les matières organiques et laisse l'oxyde de fer dans les cendres ; celles-ci peuvent ensuite servir à l'épuration des eaux grasses du lavage des laines pour former des savons insolubles de fer. Quelquefois on fait directement réagir l'une sur l'autre l'eau grasse et l'eau de teinture, ce qui détermine une purification réciproque ; mais, en ce cas, il est nécesaire d'avoir à sa disposition de vastes bassins de dépôt. D'ailleurs, le procédé

ensuite à travers une couche de gravier. Mais en général ces opérations sont beaucoup moins bien conduites que dans le département du Nord.

implique que les deux industries s'exercent dans des établissements très-voisins sinon dans le même établissement.

Les moyens qui précèdent conviennent à un certain nombre de fabriques de couleurs, mais ils sont tout à fait insuffisants dans la préparation de la fuchsine qui donne lieu, comme nous l'avons dit, à des résidus très-vénéneux d'arséniate et d'arsénite de soude. Vainement a-t-on essayé de les transformer en sels insolubles de chaux : la réaction, quelque soin qu'on y mette, n'est jamais complète, et l'expérience a prouvé qu'une proportion dangereuse d'arsenic reste toujours dans les liqueurs. Force donc a été de chercher des procédés spéciaux plus efficaces. Certains sont déjà appliqués avec plus ou moins de succès, d'autres sont en voie d'expériences ; mais dès aujourd'hui on peut penser que la solution définitive du problème sera dans l'utilisation même des résidus, c'est-à-dire dans la régénération de l'arsenic, qui passera à des opérations ultérieures : ce sera une nouvelle confirmation de la loi déjà signalée, à savoir que, presque toujours, le problème de l'assainissement se résout par un progrès industriel.

Avant de décrire les procédés relatifs à la fuchsine, rappelons d'abord le mode de fabrication habituellement suivi jusqu'à ces derniers temps. L'aniline et l'acide arsénique sont mis à réagir dans une cornue chauffée au bain d'huile. On obtient ce qu'on nomme la *matière brute,* mélange de rouge d'aniline, d'acides arsénique et arsénieux, d'aniline non transformée, de matières résinoïdes et charbonneuses, etc. On la broie, et on la traite par l'eau bouillante et l'acide chlorhydrique ; on sépare ainsi le rouge de la plus grande partie de l'acide arsénieux, qui reste dans le résidu insoluble. La dissolution elle-même est traitée par le carbonate de soude, qui précipite le rouge et laisse l'acide arsénique dans la liqueur, avec la faible portion d'acide arsénieux qui avait échappé à la première séparation.

Les résidus vénéneux sont donc d'une part un magma

boueux où domine l'acide arsénieux, et d'autre part, un liquide dans lequel domine l'acide d'arsénique. Aux usines de Rochecardon et de Pierre-Bénite à Lyon, on s'en débarrassait d'une manière assez expéditive. Les boues étaient déposées dans des bassins, et les liquides qui en dégouttaient, réunis à ceux des autres opérations, étaient traités par la chaux dans des fosses parfaitement étanches. Au bout d'un temps, qui atteignait quelquefois huit jours, et de nombreux brassages, on écoulait la partie liquide à la rivière et les boues étaient embarillées pour être jetées dans la mer, à Marseille. C'est cette évacuation pratiquée à Pierre-Bénite, non directement dans le Rhône lui-même, mais dans un bras perdu, où l'eau est stagnante, qui a produit les graves phénomènes d'intoxication dont nous avons eu occasion de parler et à la suite desquels l'autorité fit défense, vers la fin de 1864, de continuer ce genre d'opérations. Les directeurs des deux établissements se mirent alors en devoir, chacun de leur côté, de transformer la fabrication, en se donnant pour but de régénérer l'arsenic, c'est-à-dire de l'extraire des résidus pour le faire entrer de nouveau dans les opérations. Nous rapportons ici, bien que l'application n'en ait pas été continuée, les méthodes auxquelles ils étaient arrivés, parce qu'elles peuvent mettre sur la voie de quelqu'autre procédé.

M. Durand, à Rochecardon, traitait la matière brute, obtenue par la voie ordinaire, dans un appareil distillatoire contenant de l'eau et de la soude caustique dans les proportions nécessaires pour saturer complétement les acides arsenicaux mêlés à la matière colorante. L'aniline non transformée, qui se trouve dans la matière brute, passait à la distillation, tandis que la matière colorante insoluble restait dans l'appareil. La liqueur contenait la totalité de l'arsenic, à l'état de sels de soude. On enlevait la fuchsine, qu'on purifiait séparément par les procédés ordinaires, et la liqueur était évaporée de façon à obtenir, par cristallisation, l'arsé-

niate et l'arsénite de soude. Ces sels étaient ensuite traités
par l'acide sulfurique et régénéraient l'arsenic. Cette méthode
a été appliquée en grand pendant quelque temps à Rochecardon, et nous l'avons vue nous-même en pleine activité
en 1865 [1]. Depuis lors pour des motifs tenant à la fois à
l'industrie et à l'hygiène, on y a renoncé et l'on en est re-
venu à l'ancien système d'épuration par la chaux, système,
on l'a vu, très-imparfait; mais on ne permet plus à l'usine de
perdre ni d'enterrer, comme autrefois, ses boues d'arséniate
de chaux : on l'oblige à les conserver dans des citernes
étanches, jusqu'à ce qu'il ait été définitivement statué par
l'administration supérieure sur la destination à leur donner.

M. Charles Girard, de son côté, à Pierre Bénite, avait
imaginé un procédé qui non-seulement tendait à régénérer
l'arsenic, mais aussi à remédier à diverses causes d'insalubrité, qui affectent les ouvriers, et à simplifier considérablement la main-d'œuvre. Ne retenons ici, de cette méthode,
que ce qui a rapport à l'utilisation de l'arsenic. La matière
brute était traitée par dix fois son poids d'eau bouillante et
était filtrée à chaud; on isolait ainsi les matières résinoïdes
et charbonneuses qui restaient sur le filtre, tandis que la liqueur contenait le rouge et l'arsenic. On introduisait dans
cette liqueur, par petites quantités successives, du chlorure
de sodium qui déterminait la formation du chlorhydrate de
rosaniline et faisait passer l'arsenic à l'état de sels de soude.
La matière colorante étant insoluble dans une liqueur saline concentrée, on l'isolait aisément des sels arsenicaux qui
restaient dans les eaux mères, avec le chlorure de sodium
en excès; on ajoutait la quantité d'acide sulfurique nécessaire

---

1. M. Jean Rod Geigy, à Bâle, qui a pris la succession de la maison
J. J. Muller et Cⁱᵉ, emploie depuis quelques années une méthode qui, d'a-
près les détails qu'il nous a donnés, serait peu différente de celle de
Rochecardon. Cet industriel, en effet, évapore, paraît-il, à siccité le
mélange d'arséniate et d'arsénite de soude et le vend ensuite aux fabricants
d'acide arsénique.

pour saturer la soude combinée avec l'arsenic, et l'on séparait celui-ci par évaporation. Cette méthode a été appliquée industriellement, mais sur une petite échelle, à l'usine de Pierre-Bénite; comme il aurait fallu, nous disait M. Girard, changer le matériel et que, d'ailleurs, la vente de la fuchsine avait subi un ralentissement notable, on avait différé l'application en grand. Ces essais eux-mêmes ont, du reste, été suspendus par suite de la fermeture momentanée de l'usine de Pierre-Bénite.

PAPETERIES.

La plupart de ces établissements évacuent leurs résidus aux cours d'eau, sans épuration préalable. Il en résulte une infection marquée, car les liquides provenant de la fabrication du papier sont très-chargés de matières fermentiscibles : les eaux du lessivage, notamment, ainsi que celles du collage sont susceptibles de produire à un haut degré les phénomènes connus de réduction des sulfates naturels, sans parler de l'aspect savonneux que les lessives alcalines communiquent aux ruisseaux et qui éloigne le bétail.

Quelques fabriques, en Angleterre et en Belgique, cherchent à atténuer ces inconvénients en faisant déposer les liquides dans des bassins peu étendus. On sépare ainsi les matières terreuses ainsi qu'une certaine proportion de substances organiques ; mais ces précautions simples sont insuffisantes et ne coupent point court, d'ordinaire, aux réclamations qui les ont provoquées. C'est encore le département du Nord qui, sous ce rapport, paraît le plus avancé. Les mesures adoptées, bien qu'incomplètes, sont cependant plus efficaces que dans les autres contrées. Un des meilleurs exemples s'observe à la grande papeterie de M. Serive, à Marc-les-Lille. Les eaux des diverses branches de la fabrication, recueillies par des caniveaux souterrains, se réunissent en un seul courant, qui se rend aux bassins

d'épuration après avoir traversé une caisse à jour contenant
de la chaux brassée par un agitateur. Les bassins, au nombre
de neuf, parcourus successivement par les eaux, sont en
maçonnerie, d'une profondeur de 1ᵐ,50, et offrent une superficie totale de 2.400 mètres carrés. Les eaux sortent du
dernier bassin, à travers un filtre vertical de 2 mètres d'é-
paisseur formé de mâchefer (que remplacerait avantageusement du gravier fin), et, de là, vont à la Deûle, où elles
apportent encore quelques impuretés par suite de leur circulation trop rapide dans les appareils. Les dépôts boueux
sont mis en tas sur le sol ; on a soin de ménager, à 50 ou
60 centimètres de profondeur dans la masse, des espèces de
drains en mâchefer qui permettent à l'eau de s'égoutter et
de revenir au premier bassin. L'engrais ainsi obtenu est
susceptible d'un bon emploi sur les champs.

Une fabrication nouvelle, celle du papier à la paille,
donne naissance à une corruption particulière due à la
soude. Nous avons cité l'exemple du val Vernier, près de
Dieppe, où l'eau de la Saane prenait des propriétés tellement
savonneuses, par suite des déjections de la papeterie de feu
M. Mathias, que les bestiaux refusaient de s'y abreuver : à
certains jours, en effet, la rivière se couvrait littéralement
de mousse sur un parcours de plusieurs kilomètres. Au
reste, la quantité de soude caustique évacuée n'était pas de
moins de 500 kilogrammes par jour ; aussi l'usine reçut-elle
interdiction d'écouler ses résidus à la Saane, et cette mesure
la plongea dans un embarras dont elle est restée fort longtemps sans pouvoir sortir. Nous ne pensons même pas
que le problème ait encore été résolu, ni au val Vernier, ni
ailleurs, d'une manière entièrement satisfaisante ; en sorte
qu'au val Vernier, sur 1.000 kilogrammes de soude absorbés
par l'attaque quotidienne de 3.000 kilogrammes de paille,
500 kilogrammes environ étaient retirés par voie de calcination des lessives alcalines, mais les 500 autres kilogrammes,
retenus dans les eaux de lavage, étaient emportés avec elles

à la rivière, sans qu'on eût aucun moyen économique de les extraire.

Divers procédés ont été proposés pour utiliser ces liquides, mais jusqu'à présent on a éprouvé de grandes difficultés à balancer le prix de revient. C'est ainsi qu'à la papeterie de MM. Dufrenne-Malézieux, des Rieux et Cⁱᵉ, à Chauny, M. Hélénus, encouragé par M. Pelouze, avait essayé d'évaporer les liquides alcalins dans des générateurs, en utilisant comme force motrice la vapeur ainsi produite; et il n'est pas douteux, en effet, vu le haut prix de l'alcali, que ce ne soit dans la régénération totale de la soude qu'on doive trouver la solution du problème sanitaire. Mais ces vues n'ont pas encore reçu de confirmation commerciale, car après le déplorable accident qui a coûté la vie à M. Hélénus et à trois autres personnes [1], l'usine est demeurée fermée, et nous avons pu voir les propriétaires se concerter avec la fabrique de produits chimiques de Chauny, afin de modifier les procédés et d'arriver à une évaporation plus économique des liqueurs par les soins de cette puissante maison. La même question a également préoccupé à l'étranger les fabricants de papier. M. Godin, entre autres, qui a introduit la pâte de paille dans son grand établissement de Huy, passe pour extraire la plus grande partie de la soude de ses résidus. Mais ces résultats ne sont pas encore péremptoirement établis et le doute subsiste toujours sur la valeur commerciale des diverses méthodes préconisées. Il n'est pas probable cependant que la solution se fasse longtemps attendre, car la fabrication à la paille se généralise de plus en plus et tend à devenir partie intégrante de l'industrie; les papeteries ne peuvent plus guère se passer aujourd'hui d'associer en plus ou moins forte proportion la pâte de paille à celle de chiffons.

---

1. Nous faisons allusion à l'explosion du générateur, survenue en 1851, au moment même où l'on en faisait l'épreuve.

DISTILLERIES, SUCRERIES, FÉCULERIES, AMIDONNERIES, ETC.

Ces diverses industries évacuent des quantités considérables de liquides chargés de matières organiques, lesquelles
corrompent à un haut degré les cours d'eau qui les reçoivent.
Les distilleries surtout, fort répandues, comme on sait, dans
le nord de la France, ont donné naissance à de tels dommages dans les départements du Nord et du Pas-de-Calais,
que l'autorité centrale dût intervenir, il y a quelques années : une commission composée des hommes les plus compétents [1], fut chargée d'étudier les moyens de remédier à cet
état de choses. Depuis lors, des progrès sensibles ont été accomplis dans ces contrées et permettent d'en espérer de plus
grands encore. A l'étranger, les améliorations n'ont pas eu
le même caractère d'ensemble, mais là où elles ont été réalisées elles sont parfois plus complètes et plus méthodiques,
principalement en Angleterre, chez les grands propriétaires
fonciers qui pratiquent la distillation. Quant aux autres industries énumérées à ce même paragraphe, elle n'ont suivi
les distilleries que de très-loin. Nous rapporterons brièvement les procédés employés dans les unes et dans les autres.

On sait qu'il y a plusieurs sortes de distilleries : celles de
grains, celles de jus de betteraves, celles de vins, celles de
mélasses. Ces dernières peuvent être tout d'abord écartées,
car l'usage de plus en plus répandu d'extraire la potasse de
leurs résidus, tend à en faire disparaître tous les inconvénients ; il s'est fondé à ce sujet une véritable industrie, qui
compte aujourd'hui de très-grands établissements, dont
quelques-uns mêmes pratiquent cette unique opération sur
les mélasses de toute une contrée [2]. Parmi les distilleries

---

1. Elle était composée de MM. Rayer, Chevreul, Baumes, Bussy, De-
taille, Féburier, E. Julien, Le Chatelier, Mélier, Schlumberger et Ad.
Wurtz.

2. On peut citer, par exemple, la fabrique de potasse de MM. Vorster

de grains et de betteraves, il convient également d'écarter celles qui opèrent de façon à pouvoir affecter les résidus à l'alimentation du bétail. Quant aux autres, elles recourent à l'un de ces trois moyens : 1° filtration à travers des terrains drainés, 2° arrosage des terres arables, 3° épuration par la chaux.

Le premier moyen, qui avait eu d'abord beaucoup de partisans, commence à être abandonné. On se plaint que les liquides ne sont pas toujours convenablement dépouillés, que le sol s'obstrue rapidement, que des infiltrations se produisent dans les nappes sous-jacentes, etc.; en un mot ce sont les inconvénients que nous avons signalés dans l'étude des moyens généraux.

L'arrosage des terres cultivées prend au contraire un grand développement : on doit s'en féliciter car c'est le procédé le plus rationnel. La pratique, d'ailleurs, est fort simple. Chez M. Pluchet, par exemple, à Trappes (Seine-et-Oise), on réunit dans un bassin central toutes les eaux de la fabrique, eaux de lavage des betteraves, vinasses de la distillation, eaux de condensation et même les eaux pluviales de la cour de la ferme. Les parties solides se déposent et les liquides se rendent dans un réservoir, où une pompe les élève à 7 ou 8 mètres de haut, pour les envoyer souterrainement au point culminant de la surface à irriguer. Des rigoles ouvertes par un simple trait de charrue permettent de distribuer à volonté les eaux sur toutes les parties du terrain. On a 6 hectares *ad hoc*, dont 3 arrosés chaque année ; la partie irriguée porte des betteraves, tandis que l'autre partie reçoit une fumure de tourteaux de colza et porte du blé. Malgré les frais d'installation et la force motrice, M. Pluchet assure qu'il trouve de l'avantage à cette combinaison. Il nous signalait, en outre, un fait intéressant, à savoir que

et Gruneberg, à Kalk, près Cologne, où sont traitées chaque année d'énormes quantités de mélasses venant des divers points du district.

les betteraves venues sur la partie arrosée sont exemptes de
la maladie. C'est d'après les mêmes principes, mais dans des
proportions beaucoup plus grandioses, qu'est installée la
célèbre exploitation de M. Harvey, près de Glasgow. Les
liquides de la distillation sont mélangés avec le purin d'une
immense vacherie et distribués par des tuyaux souterrains à
divers points de la propriété où l'on arrose à la lance. Cette
pratique a l'avantage de répondre précisément à la nécessité
où l'on est toujours, quand on veut employer le purin à
l'arrosage, de l'affaiblir préalablement : les eaux de la distillerie tiennent ici lieu de l'eau pure qu'il faudrait ajouter.
Les industriels qui ne veulent pas faire la dépense d'une
pareille installation, chargent simplement leurs eaux dans
des tonneaux et les apportent sur les terres, où on les répand
à la lance ; aussi quelquefois ils s'en servent pour arroser les
fumiers.

L'épuration par la chaux est pratiquée dans des établissements dont les conditions naturelles ne permettraient pas
l'emploi de moyens agricoles. On retrouve plus ou moins ici
les traits généraux indiqués au chapitre précédent. Voici, par
exemple, comment opèrent, à Marquette-les-Lille, MM. Le-
saffre et Bonduelle, dont la sucrerie et la distillerie passent
pour être des mieux tenues. Le volume quotidien des liquides
à évacuer est d'environ 1.200 hectolitres. Les eaux provenant du lavage des betteraves sont reçues dans un bassin
où elles séjournent vingt-quatre heures, de façon à abandonner les matières terreuses et les débris organiques dont elles
sont chargées ; elles s'écoulent ensuite à la Deule, à peu près
clarifiées. Le dépôt boueux constitue un très-bon engrais et
est offert aux agriculteurs ; mais ceux-ci n'ont pas encore su
en apprécier les avantages. Les vinasses de la distillation
sont amenées toutes bouillantes dans un bassin de 18 mètres
de long, 4 mètres de large et 1ᵐ,20 de profondeur, contenant
un lit de chaux vive, dans la proportion de 1 kilogramme
de chaux par hectolitre de liquide. On brasse rapidement le

mélange et on le déverse aussitôt dans deux autres bassins, de mêmes dimensions, où le dépôt se forme. Tous ces bassins sont en maçonnerie parfaitement étanche. Les déversoirs de superficie établis sur toute la largeur de chacun d'eux, à l'aval, sont surmontés d'une pierre de taille dont la crête est exactement horizontale; une planche en chêne, de 25 centimètres de large, plongeant à moitié dans l'eau, est établie en avant de chaque déversoir, de manière à arrêter tous les corps flottant à la surface. Deux séries de bassins pareils fonctionnent à tour de rôle; on les cure à vif tousles dix ou douze jours, et le produit est vendu à bas prix, comme engrais.

Dans le midi de la France, les distilleries de vins sont ordinairement des établissements agricoles. Toutefois, les vinasses n'y sont pas employées pour l'arrosage des terres, à cause de leur acidité naturelle; on les évacue dans les fossés et les ruisseaux, qu'elles infectent extrêmement. Quelques industriels, en tête desquels il convient de placer M. Marès, qui est à la fois distillateur, agronome et membre du conseil d'hygiène de l'Hérault, ont essayé d'amener leurs compatriotes à saturer les vinasses avec de la chaux, pour utiliser ensuite, séparément, les dépôts terreux et les liquides désacidifiés. La pratique ne diffère pas d'ailleurs, sensiblement, de celle que nous venons d'indiquer pour le département du Nord. M. Marès brasse 2 kilogrammes de chaux vive avec 1 hectolitre de vinasse bouillante, et il fait déposer le mélange dans un deuxième bassin, d'où la vinasse est évacuée après refroidissement. M. Marès a essayé en grand d'un mode d'utilisation dont il s'est bien trouvé, lequel consiste à saturer avec cette vinasse des terres légèrement argileuses, qu'on laisse ensuite dessécher pour les imbiber de nouveau. Les terres ainsi traitées se nitrifient énergiquement pendant les jours d'été et se transforment en engrais actifs. Cet exemple n'a pas eu beaucoup d'imitateurs, bien que le conseil d'hygiène de l'Hérault l'eût vivement recommandé aux populations. Il est vrai que la distillation des vins s'est ralentie dans ces contrées pendant les dernières années, ce qui a diminué l'intérêt de la question.

Dans les amidonneries et les féculeries, le principal progrès consiste à faire déposer les liquides résiduaires et à utiliser les boues qu'ils abandonnent. M. Reisler, à Saint-Denis, qui consomme près de cinq cents tonnes de farine par an, envoie les eaux dans des cuves, où elles séjournent vingt-quatre heures. On décante ensuite pour enlever les *gras* qu'on ensache et qu'on exprime à la presse. On fabrique avec ces gras de la colle pour les cartonniers, les tapissiers etc. Dans quelques amidonneries du Haut-Rhin, on se borne à utiliser le dépôt comme engrais. A la féculerie de M. Dailly, à Trappes (Seine-et-Oise), il y a un progrès de plus : les liquides abandonnent leurs résidus dans une longue fosse de 2 mètres de profondeur, bien étanche; les boues sont étendues sur le sol et séchées à l'air libre, ce qui, par parenthèses, produit des odeurs infectes, mais on obtient ainsi des mottes de bon engrais. Quant aux eaux clarifiées, elles sortent par un caniveau grillé et sont distribuées en irrigation aux terres avoisinantes. Il convient d'ajouter que les établissements qui emploient l'une ou l'autre de ces pratiques sont encore à l'état d'exception.

MATIÈRES GRASSES ET SAVONNEUSES.

Diverses industries, entre autres celles qui s'exercent sur la laine et sur la soie, donnent lieu à des résidus liquides plus ou moins chargés de matières grasses et savonneuses. Jusqu'à ces derniers temps, ces matières ont été perdues à peu près universellement et ont été dès lors une grave cause d'infection pour les cours d'eau ; mais depuis quelques années on s'est mis en devoir de les recueillir pour les utiliser de diverses manières. Plusieurs fabriques se sont même fondées dans ce but spécial et commencent à opérer sur des quantités importantes.

La principale source de ces matières est dans le travail de la laine, qui donne naissance à trois sortes d'eaux impures : 1° aux eaux de désuintage obtenues en lavant les laines brutes à l'eau froide ; 2° aux eaux de lessivage provenant du traitement des laines brutes par le carbonate de soude, l'urine ou le savon ; 3° aux eaux *d'échets*, ou eaux de dégraissage des laines ouvrées. Les deux premières opérations ont été longtemps réunies en une seule; c'est depuis peu d'années seulement que les procédés de MM. Maumené et Rogelet ont conduit un assez grand nombre d'industriels à les effectuer séparément.

Aujourd'hui, les eaux de désuintage sont utilisées dans plusieurs centres industriels, à Reims, Elbeuf, Fourmies, Avesnes en France, à Verviers en Belgique. Elles sont achetées par MM. Maumené et Rogelet ou leurs ayants-droits, lesquels en retirent le carbonate de potasse par voie d'évaporation et de calcination. On compte déjà à Elbeuf, à Reims, à Liège, des usines considérables affectées à ce traitement, sans parler de quelques succursales de moindre importance, où l'on opère uniquement la concentration des liqueurs avant de les expédier à la maison mère. En outre, depuis peu de temps, il s'est fondé à Verviers une compagnie au capital de deux millions, qui compte parmi ses fondateurs une quarantaine des principaux manufacturiers de cette ville, et dont le but est de préparer en grand la potasse du suint et d'extraire les matières grasses au moyen du sulfure de carbone.

Les eaux de lessivage sont encore, sur bien des points, évacuées directement aux ruisseaux qu'elles corrompent de la manière la plus grave, sans préjudice des odeurs pestilentielles que dégage habituellement la putréfaction de ces matières [1].

1. C'est ainsi, pour citer quelques exemples de la corruption due au travail de la laine, que le Trichon et l'Espierre, égouts de Tourcoing et de Roubaix, ont porté à l'Escaut des eaux tellement impures, que le gouvernement belge a dû réclamer à plusieurs reprises auprès du gouver-

Les cours d'eau du département du Nord, par suite de leur
exiguité même, ont plus particulièrement souffert et ont
appelé des mesures préservatrices, dont les a dotés la sage
et vigoureuse administration qui a présidé pendant plusieurs
années aux destinées de ce département [1]. A Fourmies et à
Lille, les améliorations sont déjà considérables. L'établissement le plus complet sous ce rapport est celui de M. Isaac
Holden, à Croix (Pl. XXI, fig. 4 à 10). Le système d'épuration
avait déjà coûté, quand nous l'avons visité, 100.000 francs d'installation, et était destiné, selon toute apparence, à dépasser
plus tard le chiffre de 150.000 francs. Les 300 mètres cubes
d'eaux grasses fournies par le lavage quotidien de 3.000 kilogrammes de laine fine, sont refoulés par une machine à vapeur dans deux bassins à plusieurs compartiments, qui
fonctionnent à tour de rôle, et où ces eaux déposent les
sables et matières terreuses qu'elles tiennent en suspension.
De là elles sont admises alternativement dans six réservoirs,
pouvant recevoir chacun 200 mètres cubes. On y ajoute
du chlorure acide de manganèse, résidu de la fabrique de
M. Kuhlmann, dans la proportion (un peu faible, pensons-
nous) de 1/2 kilogramme de chlorure pour 1 hectolitre de
lessive, et l'on brasse fortement. Il se fait une mousse grasse
qui surnage tandis que le liquide en dessous s'éclaircit. On
décante par le fond : le liquide est envoyé dans trois autres
réservoirs d'égale contenance où l'on fait un nouveau brassage au lait de chaux, à raison de 300 grammes de chaux

nement français, pour la préservation de ce fleuve. Dans le département
de l'Hérault, le ruisseau de Clermont, qui reçoit les résidus d'un grand
nombre de fabriques de draps, est devenue un foyer pestilentiel. A
Reims, la Vesle est profondément souillée par la même cause. La Vesdre
à Verviers, l'Aire et le Calder dans le Yorkshire, sont dans le même
cas.

1. M. Vallon, le regretté préfet du département, nous disait en 1864:
« Il n'y a pas encore longtemps, je ne pouvais faire une promenade
« en voiture sans sentir l'odeur de l'hydrogène sulfuré. » Grâce à la persévérance de ce magistrat la situation a été considérablement améliorée.

vive par hectolitre; on laisse déposer et l'on écoule dans
la Marque, au moyen d'un égout souterrain renfermant
deux filtres en tannée. Les eaux sont convenablement clarifiées, mais sentent le suint; inconvénient auquel on a
dû remédier en lavant préalablement la laine à l'eau
froide, comme il a été dit plus haut. Le précipité calcaire est vendu comme engrais ; quant aux écumes grais-
seuses des six premiers réservoirs, elles sont, après écoulement des liquides, extraites par une pompe à vapeur
et refoulées dans quatre bassins, peu profonds, creusés
dans le sol, et garnis d'une couche de sciure de bois. Une
fois la dessiccation à l'air libre terminée, on reprend le
magma à la pelle et on le passe à la presse. Les tourteaux ainsi obtenus sont destinés à fabriquer du gaz
d'éclairage, et, à défaut, à servir de combustible. La graisse
exprimée est chauffée à la vapeur, pendant vingt-quatre ou
trente heures, afin d'être débarrassée de son eau, et est ensuite vendue, suivant sa qualité, aux savonniers, corroyeurs
et autres industriels. La dépense annuelle d'exploitation de
cette nouvelle industrie s'élevait, lors de notre visite, à 70 ou
80.000 francs. M. Holden estimait que les produits de la
vente couvriraient à peu près les frais.

•A Fourmies, on emploie, au lieu de chlorure acide de
manganèse, du sulfate impur d'alumine et de fer, nommé
magma, provenant du traitement d'argiles pyriteuses,
exploitées en grande abondance dans le département de
l'Aisne. M. Théophile Legrand, principal filateur de l'arrondissement de Fourmies, agite ses lessives avec du magma, dans des fosses larges et peu profondes ; il y ajoute de
la chaux et détermine un précipité de sulfate de chaux,
lequel entraîne l'alumine et les matières grasses. Le liquide
qui surnage est presque clair ; on peut le décanter et l'envoyer aux cours d'eau. Le dépôt constitue un bon engrais.
qu'on vend aux agriculteurs, mais le débit en est difficile, à
cause de la cherté des transports.

Dans quelques fabriques d'Alsace, à Holstein, à Lutzel-
hauzen, etc. ainsi qu'aux environs d'Aix-la-Chapelle et de
Cologne, on avait essayé d'employer les graisses, concu-
remment avec les déchets de la laine, pour la fabrication du
gaz de l'éclairage, mais on y a renoncé et l'on s'en sert aujourd'hui pour arroser les terres. L'emploi agricole s'est
également introduit à Verviers ; ainsi, chez M. Victor Gre-
nade, la laine, au sortir de la cuve à carbonate de soude,
passe sous des cylindres qui la compriment fortement, et le
liquide qui en découle, saturé de matières grasses et représentant un poids à peu près égal à celui de la laine, sert à
arroser des tas de terre végétale, de fumier de forme et de
débris de bois de teinture ; il se développe dans ce compost
une fermentation active qui lui communique des propriétés
très-fertilisantes et le transforme en un engrais très-chaud.

Les eaux d'échets sont plus généralement exploitées que les
précédentes, à cause de la valeur considérable de l'huile qui
a été incorporée dans la laine pour faciliter le travail de la
filature. Dans la seule ville de Reims, les eaux actuellement
utilisées ne représentent pas moins de 400.000 francs par an.
Cette industrie est monopolisée par madame Vve Houzeau et
fils, dont l'usine, aux portes de la ville, reçoit plus de
400.000 mètres cubes de liquide, payé aux filateurs, à raison
de 0^f,90 l'hectolitre. On les traite par l'acide sulfurique, en
vue de neutraliser la soude et de libérer l'huile qu'on épure
et qu'on vend aux fabricants de cuir. A Tourcoing, le sieur
Tribouillet exerce une industrie analogue. Il réunit les eaux
de *lisseuses* aux eaux de lessive, qu'il va chercher chez les
divers industriels. Il les vide dans de grandes citernes, où il
les brasse avec 0,80 p. 0/0 d'acide sulfurique concentré. Le
dépôt boueux, entraînant des matières grasses, est introduit
dans des sacs de laine et soumis à la presse au milieu d'une
atmosphère de vapeur d'eau à 100 degrés. L'huile qui découle est épurée par l'acide sulfurique et livrée au commerce.
Quant au liquide clair, surnageant dans les citernes, on le

décante au moyen de trous ménagés à diverses hauteurs dans la paroi des cuves ; on le neutralise par la chaux et on l'évacue quand il offre une réaction alcaline. A Beauvais, on a commencé à exploiter également les eaux d'échets : la grande fabrique de tapis en vend pour quelques milliers de francs à un industriel. Dans le midi de la France, au contraire, ces diverses pratiques sont encore à peu près inconnues. A l'étranger, elles commencent à se répandre : en Angleterre, où l'on avait paru fort longtemps dédaigner la question, on y a été ramené par les nécessités de l'assainissement ; depuis quelques années on s'efforce d'utiliser les matières grasses et particulièrement les eaux d'échets. Il existe aujourd'hui dans le Yorkshire une vingtaine de manufactures de laine qui épurent ou font épurer leurs liquides, et l'on évalue à près de un million et demi de francs le produit qu'on en retire. Le mode d'exploitation ne diffère pas essentiellement de celui du sieur Tribouillet et se résume presque toujours à traiter les liquides gras dans des bassins par une petite quantité d'acide sulfurique. Quelques fabricants se sont mis tout dernièrement à essayer des sels de fer et paraissent s'en bien trouver. Le sulfate de fer, notamment, qu'ils ont souvent sous la main *gratuitement*, ainsi que nous l'avons expliqué à propos des teintureries, donne de bons résultats. Les savons insolubles de fer qui se forment dans la réaction laissent surnager un liquide alcalin assez clair qu'on peut envoyer aux cours d'eaux ; ces savons sont eux-mêmes traités par l'acide sulfurique et régénèrent le sulfate de fer en même temps qu'ils libèrent la substance grasse. A défaut de procédé industriel d'extraction, on peut encore employer ces eaux à la culture, comme celles du lessivage. C'est ce que font quelques filateurs de Belgique, entre autres MM. Hauzem, Gérard et Cie ; ils étendent ces liquides d'eau ordinaire, pour en affaiblir l'action, et ils en arrosent leur jardin.

Le dévidage des cocons donne lieu, à la fois, à des li-

quides impurs et à des résidus solides de nature putrescible.
La meilleure manière de se débarrasser des premiers est de
les employer sur des terres cultivées. Chez M. Charles Buisson, près de Grenoble, les eaux des bassines, amenées par un
système de tuyaux en cuivre, débouchent dans un petit bassin souterrain, pourvu d'une grille métallique, où elles déposent la plus grande partie de leurs éléments boueux, qu'on
enlève de temps en temps à la cuiller. De là elles se rendent
dans une grande citerne étanche, soigneusement voûtée,
d'une contenance de 50 mètres cubes. On les retire à la
pompe et on les répand, selon les besoins, sur les terres cultivées qui recouvrent le flanc du coteau au dessous de la filature. Quant aux chrysalides, M. Buisson les fait disparaître
en les écrasant sous une meule et employant dans les bassines
la liqueur ainsi obtenue. Cette pratique, qui paraît faciliter la
dissolution des parties gommeuses du coton et aussi augmenter
le poids de la soie, ne peut guère être en usage que pour les
soies jaunes et lorsqu'on ne tient pas expressément à la
nuance. Dans les filatures du Gard, on vend ces débris à
des *ramasseurs*, qui s'engagent à venir les prendre chaque
jour ; il les font sécher en plein air, dans la campagne, et
les exportent au loin, comme engrais. Ce produit a été
longtemps recherché par les jardiniers d'Hyères, qui le
trituraient et le mélangeaient au terreau. Quelques filateurs
les consomment eux-mêmes sur leurs propriétés : ils disposent par couches les chrysalides d'une même journée et
les recouvrent de terre et de sable. Ils forment ainsi des tas
d'engrais de 1ᵐ, 50 à 2 mètres de haut, qui n'exhalent pas
d'odeurs, quand les matières absorbantes ont été associées
dans des conditions convenables. On a perdu d'ailleurs, à
peu près partout, l'habitude de laisser traîner les chrysalides
dans les cours, pour les donner en pâture aux canards,
ce qui entretenait des odeurs infectes dans les établissements.

Au dévidage des cocons, se rattache le traitement des

frisons et des cocons *bassinés*, qui donne naissance à des liquides plus ou moins incommodes. Le décreusage des frisons s'opère dans de grands chaudrons de teinturier, avec 20 ou 25 p. 0/0 de savon blanc et la quantité d'eau nécessaire. La filasse sort d'un blanc très-pur, tandis que la lessive garde les impuretés. On écoule celle-ci aux cours d'eau, ce qui, vu leur débit habituellement abondant, n'entraîne pas d'inconvénients sérieux. La préparation des cocons bassinés nécessite une sorte de rouissage éminemment insalubre. Les fabriques du Gard et des Cévennes y ont renoncé, et ces déchets sont aujourd'hui manutentionnés en Suisse, à Bâle, Zurich, Gerson, où l'abondance exceptionnelle des eaux prévient le danger d'infection. On s'est mis aussi, depuis quelques années, à les traiter par des procédés chimiques qui remplacent le rouissage à l'eau. Quelques établissements, à Lille, à Troyes, à Thann, à Saint-Rambert, mettent en pratique ces nouveaux modes, mais nous n'avons pas ouï dire qu'aucun moyen spécial ait été employé pour purifier les résidus.

Le décreusage des soies donne lieu à des liquides gras qu'on s'est mis récemment en devoir d'utiliser. Le procédé qui paraît le mieux réussir est celui de l'extraction de la graisse au moyen du sulfure de carbone [1]. Il vient de se fonder à Lyon une industrie d'après ce procédé. La nouvelle usine établie à la Mulatière, opère de la manière suivante : 1.000 kilogrammes d'eau savonneuse sont versés dans un appareil en tôle fermé, en communication par un col de cygne avec un réfrigérant. On introduit dans l'appareil un poids égal de sulfure de carbone, et l'on chauffe jusqu'à l'ébullition à l'aide d'un serpentin à vapeur. Quand les acides gras sont dissous, on laisse refroidir ; il se forme deux couches : l'une supérieure, représentant le grès de la

---

1. On sait que le prix de ce corps a été considérablement abaissé par les travaux de M. Deiss ; de 60 francs le kilogramme qu'il valait en 1847, il ne coûte plus aujourd'hui que 0f,35.

soie, mêlé d'un peu de sulfure gras, et l'autre inférieure, limpide, tenant en dissolution les acides gras. On soutire le liquide limpide et on le soumet à la distillation pour séparer le sulfure de carbone et dégager les graisses qui rentrent dans la fabrication des savons.

L'emploi de ce procédé n'est pas limité, bien entendu, aux eaux de décreusage des soies, mais il peut s'appliquer, avec plus ou moins de bénéfice, à la plupart des matières grasses. Nous avons dit qu'à Verviers on se proposait de traiter ainsi les eaux de lessivage des laines ; on a également fait des applications sur les eaux provenant des buanderies, des blanchisseries, sur les graines oléagineuses, etc. Tout porte à croire que les industriels trouveront dans cette voie, moyennant des perfectionnements ou des modifications appropriées, une ressource satisfaisante pour un grand nombre de leurs résidus. C'est, du reste, une méthode toute nouvelle, qui est loin d'avoir donné son dernier mot.

FABRIQUES DE COLLE ET DE GÉLATINE, TANNERIES, ABATTOIRS, ETC.

Il est une multitude d'industries s'exerçant sur des substances animales et dont les résidus sont susceptibles d'être utilisés de diverses manières, tantôt par des procédés semblables à ceux que nous venons de décrire dans le paragraphe précédent, tantôt par des expédients commandés par les circonstances particulières où l'on se trouve.

Dans les fabriques de colle et de gélatine, on peut séparer une assez forte proportion de matières organiques qui, mêlées avec d'autres substances, fournissent un bon engrais. A Vilvorde, où se trouve l'établissement le plus considérable de Belgique en ce genre, l'emploi des dépôts est organisé avec beaucoup de soin. Les liquides provenant des diverses cuves de la fabrication sont réunis dans un réservoir étanché et de là refoulés par une pompe à vapeur dans un bassin de 60 mètres de long sur 14 mètres de large, divisé en quatre compartiments ; les eaux s'écoulent d'un compartiment à l'autre à travers des barrages filtrants. Les dépôts boueux sont enlevés régulièrement, mélangés avec de la chaux et des balayures, et employés ensuite comme engrais ; les dernières eaux, sont assez clarifiées pour pouvoir être perdues à la rivière.

Quelques fabriques de bougies s'étudient à retenir les matières grasses. Celle de M. Roubaix Jenar, à Bruxelles, peut servir d'exemple. Les résidus de la saponification ainsi que les eaux de lavage de tous les appareils en contact avec les graisses, s'écoulent par des caniveaux souterrains et sont recueillis dans une série de cuves en maçonnerie. La communication entre ces cuves est établie par des siphons disposés de manière que la plus grande partie des huiles soit retenue à la surface ; on les enlève à la cuiller et on les rend à la fabrication. Quant aux matières provenant du balayage des planchers, du nettoyage des appareils, du grattage des murs et des pièces, etc., nous avons déjà eu occasion d'indiquer, dans la partie de ce travail consacré à la destruction des dégagements nuisibles, que les principes gras en étaient extraits à l'aide du sulfure de carbone.

Les résidus des tanneries, abattoirs, etc., trouvent facilement leur emploi dans la culture. M. Herrenschmidt, près de Strasbourg, dont la tannerie est très-considérable, clarifie ses liquides dans une vaste citerne souterraine où ils abandonnent des boues qu'on retire de temps en temps et qu'on répand sur les terres. En Angleterre, on s'est mis à utiliser pour l'arrosage les liquides eux-mêmes, ce qui réalise un assainissement plus complet. On a même étendu cette pratique aux eaux provenant du trempage des peaux salées, malgré la forte proportion de sel marin que ces eaux tiennent en dissolution ; toutefois elles doivent être, au préalable, considérablement étendues, sous peine de brûler les plantes.

M. Nickols, à Leeds, propriétaire des grandes tanneries
Joppa et Bramley, où l'on traite deux mille peaux par jour,
consomme également en irrigation une grande partie de ses
eaux de lavage, et son exemple a été suivi par quelques autres
tanneurs de la ville. Dans plusieurs établissements, au contraire, on se contente, comme M. Herrenschmidt, de clarifier les liquides dans des bassins de dépôt, et ensuite on
mélange les résidus avec des cendres et autres substances,
de manière à former de bons engrais.

Quelques blanchisseries, dans les environs de Paris, utilisent leurs eaux à l'arrosage des cultures. Mais cet expédient,
dont l'application a été, d'ailleurs, fort limitée jusqu'ici,
ne réussit que dans certaines conditions, dont les principales sont : une grande perméabilité du sol, une végétation
très-active, et surtout une étendue considérable de terrain
par rapport au volume des liquides à évacuer [1].

Enfin on a proposé, pour ces diverses catégories de résidus, l'usage de certains agents chimiques, tendant uniformément à précipiter une certaine proportion de matières
en suspension ou en dissolution et à permettre l'écoulement
de liquides relativement inoffensifs. Sans parler de la chaux,
qui figure déjà dans la nomenclature des moyens généraux,
deux des réactifs qui paraissent remplir le plus avantageusement ce rôle sont le perchlorure de fer et le phosphate
double de magnésie et de fer. Le premier de ces réactifs a
surtout été préconisé en Belgique par le Dʳ Kœne qui a
obtenu des résultats satisfaisants, constatés par des commis-
sions officielles. On a traité notamment des eaux contenant
du sang et d'autres matières animales provenant de l'abat-

---

1. Sans cela, on tombe dans l'inconvénient que nous avons signalé à
propos des *procédés généraux*, c'est-à-dire qu'on s'expose à une obstruction
très-rapide du sol. C'est ce qui avait lieu, par exemple, à Mérignac, près
Bordeaux, avant qu'on eût ouvert un débouché suffisant aux eaux des
nombreux lavoirs établis en ce point ; les prairies basses où ces eaux se
déversent étaient alors, selon l'énergique expression du conseil d'hygiène,
« transformées en marais savonneux. »

toir de Bruxelles et l'on a reconnu que ces eaux étaient
décolorées par une faible addition de perchlorure de fer et
perdaient en partie leur mauvaise odeur. Le résidu contenait 3,40 p. 0/0 d'azote et 30 p. 0/0 de phosphate de fer.
Employé comme engrais, il produisait les meilleurs effets et
sa valeur commerciale a été fixée hypothétiquement à 160
francs la tonne. Cette production d'engrais a eu lieu, pendant quelque temps, sur une assez grande échelle, mais elle
n'a pas été continuée, vraisemblablement à cause des résultats pécuniaires peu avantageux qu'elle donnait à l'inventeur [1].

1. Quant au mérite intrinsèque des engrais obtenus à l'acide du perchlorure de fer, soit par précipitation des liquides, soit par le traitement des
déchets solides, il paraît avoir été hors de contestation. La commission
officielle chargée à Bruxelles de vérifier les essais du Dr Kœne, a même
émis l'avis que le réactif chimique introduit dans l'engrais, loin de lui
nuire, augmentait au contraire ses propriétés fertilisantes. Voici en effet
comment s'est exprimé le Dr Gorrissen, dans son rapport du 4 février 1863 :

« D'après toutes les explications et les expériences conformes de
« MM. Frankland, Hofmann (Angleterre) et Kœne, nous n'avons plus à
« nous occuper des avantages pratiques du perchlorure de fer (au point
« de vue de la désinfection) ; la seule question importante à compléter
« est celle relative à la valeur agricole de l'engrais que ce perchlorure
« produit en désinfectant les matières.

« A cet effet, considérons la réaction du perchlorure et des principes
« albumineux.

« Aucun chimiste n'ignore que le perchlorure de fer en solution diluée
« et en présence d'un corps tendant à s'unir au peroxyde de fer donne
« naissance à ce peroxyde.

« Eh bien, de même que la chaux précipite l'acide phosphorique
« et les matières albumineuses en s'unissant à ces corps, de même le
« peroxyde de fer précipite ces substances en contractant des combi-
« naisons.

« Ce peroxyde, de même que la chaux, fonctionne ici comme base, et
« si, avec le perchlorure, M. Kœne obtient une désinfection permanente,
« tandis qu'avec la chaux on n'obtient qu'une désinfection passagère, cela
« tient tout simplement à ce que la combinaison ferrique persiste, pen-
« dant que l'acide carbonique de l'air détruit la combinaison calcique. La
« première persiste, parce que le peroxyde de fer, comme base faible, ne
« saurait s'unir à l'acide carbonique ; par cette raison aussi, la combinai-
« son de cette base avec la matière albumineuse est moins intime que la

27

Le phosphate double de magnésie et de fer de MM. Blanchard et Chateau a été l'objet d'expériences de laboratoires, sur des quantités considérables, mais n'a pas été, à notre connaissance, employé d'une manière vraiment industrielle. Il n'est pas douteux que ce réactif agit très-efficacement sur ces sortes d'eaux résiduaires pour fixer l'azote à l'état de phosphate ammoniaco-magnésien et déterminer une clarification prononcée des liquides. Mais, pour ce procédé comme pour le précédent, toute la question est dans le prix de revient de l'engrais obtenu. Toutes les opérations fondées sur la précipitation des matières fertilisantes, à l'aide d'un agent

« combinaison calcique, et, comme de semblables combinaisons ferriques
« se détruisent lentement quand l'air n'a pas un libre accès et qu'elles
« causent ce phénomène que nous désignons par l'expression *crémacausie*,
« l'engrais satisfait très-bien aux besoins des plantes. Mais si les principes
« fertilisants sont fixés, si tous fonctionnent en satisfaisant à ces besoins,
« l'engrais désinfecté par le procédé Kœne doit avoir plus d'effet sur les
« plantes que l'engrais de même origine non désinfecté ; c'est en effet ce
« que la pratique constate, et le fait le plus concluant à citer, et dont
« tout le monde a pu se convaincre, c'est que les cultivateurs de Cam-
« penhout sont venus, en grand nombre, chercher à Bruxelles de la ma-
« tière fécale désinfectée, après qu'ils avaient acheté sur les lieux le
« contenu d'un bateau de plus de 100 mètres cubes de la même matière.
« D'autres expériences faites en grand nombre pendant huit ans à
« Notre-Dame-au-Bois, ont en outre établi que ce guano humain a encore
« un effet marquant sur la récolte, durant la deuxième année de l'expé-
« rience ; encore un fait conforme à la théorie relative à la consommation
« lente de l'engrais désinfecté par le procédé Kœne.
« En résumé, un engrais putride s'altère promptement, et déjà avant
« son emploi une notable quantité du principe fécondant essentiel, l'azote,
« s'est dégagée à l'état d'ammoniaque. Un engrais désinfecté par un excès
« inévitable de chaux, ne commence à agir que du moment où cet excès
« est passé à l'état de carbonate ; dès cet instant, les principes fertilisants
« deviennent peu à peu solubles ; mais quant à la substance albumineuse,
« au lieu de subir les effets de l'érémacausie (consommation lente), elle
« passe par la fermentation putride en produisant, outre l'ammoniaque,
« des gaz nuisibles à la végétation.
« Sur un engrais désinfecté par le procédé Kœne, l'acide carbonique
« n'a pas d'effet ; il ne saurait donc entrer en putréfaction, mais il se
« consume lentement, et l'érémacausie est favorisée par l'oxygène du
« peroxyde de fer. »

chimique quelconque, ne paraissent pas, du moins jusqu'à présent, suffisamment rémunératrices pour qu'on puisse attendre l'assainissement des seules spéculations commerciales. A moins que des raisons spéciales, étrangères à la question de bénéfice, ne commandent l'emploi de ces agents, il paraît plus avantageux d'appliquer directement les liquides de cette nature à l'arrosage des terres cultivées.

ROUISSAGE DU LIN ET DU CHANVRE.

Cette opération, tant en France qu'à l'étranger, s'effectue encore presque exclusivement par les voies agricoles, c'est-à-dire en abandonnant le chanvre ou le lin à l'air libre, sous l'influence de l'eau et des agents atmosphériques. Elle s'exerce le plus souvent par les soins des cultivateurs eux-mêmes, et par conséquent d'une manière routinière, sans grande préoccupation des progrès possibles, et avec tous les inconvénients traditionnels.

On distingue trois méthodes de rouissage agricole : 1° *à l'eau courante,* ou en immergeant la plante dans les rivières ou les ruisseaux; 2° *à l'eau stagnante,* ou en la plongeant dans des mares ou fossés dont l'eau ne se renouvelle pas; 3° *à la rosée* ou *sur le pré,* c'est-à-dire en l'étendant sur des terres découvertes et de préférence sur des prairies dont l'herbe est rase. Cette dernière pratique, à peu près exempte d'inconvénients pour la salubrité publique, est malheureusement la moins répandue. A peine est-elle suivie en France dans trois ou quatre départements, entre autres celui de la Somme, qui est au premier rang sous ce rapport. A l'étranger, elle est un peu plus répandue : elle domine dans le Hainaut et sur plusieurs points de l'Allemagne; mais en Angleterre et en Irlande, elle est à peu près inconnue.

Les deux autres méthodes se partagent les neuf dixièmes peut-être de la production, sans qu'on puisse d'ailleurs assigner des régions spéciales à chacune d'elles : le choix entre ces méthodes est avant tout déterminé par l'abondance des eaux dont on dispose. D'une manière générale, on préfère, quand les circonstances le permettent, rouir dans les rivières, car la plante s'y nettoie mieux, et les odeurs sont moins sensibles. La corruption des cours d'eau, qui résulte de cette pratique, varie d'ailleurs selon leur importance : à peu près nulle dans des fleuves puissants comme la Loire ou le Rhin, elle est extrême dans les rivières d'un faible débit, comme la Lys, la Sarthe, la Maine, etc. Les eaux de ces dernières sont chargées de matières organiques en putréfaction qui développent des odeurs fétides et tuent le poisson [1], et en même temps les rendent impropres à l'alimentation du bétail, à l'arrosage des cultures et aux usages industriels [2]. Cette in-

---

1. A ce propos nous rapporterons une discussion qui s'est élevée récemment dans le département de la Sarthe et qui ne manque pas d'intérêt, touchant la manière dont les eaux sont infectées par les produits du rouissage. Il s'agissait de savoir si la mortalité des poissons observée dans plusieurs cours d'eau tenait à ce que les eaux renfermaient des principes délétères, ou simplement à ce que l'air respirable en dissolution, c'est-à-dire l'*atmosphère limitée* du poisson, avait été privée d'oxygène par la combustion lente des matières organiques ; en d'autres termes, on se demandait si les poissons périssaient par empoisonnement ou par asphyxie. Il est clair, que dans le premier cas, on était en droit de redouter de pareils dangers pour la santé des hommes et du bétail, tandis que, dans le second cas, on ne pouvait rien conclure concernant les êtres vivant hors des eaux infectées. Ce débat a eu un certain retentissement dans la contrée dont nous parlons et y a divisé les hommes spéciaux.

2. La Lys, par exemple, dont les eaux alimentent, comme on sait, les filatures de la ville de Gand, était devenue à un certain moment tellement infecte par suite du rouissage, que le travail du filage se trouvait arrêté à cause des odeurs que les bacs à tremper exhalaient dans les ateliers. Après diverses tentatives infructueuses, d'ordre administratif (telles que l'arrêté royal du 20 juillet 1859, qui a porté interdiction du rouissage dans la Lys, du 10 octobre au 31 décembre), il a fallu, tant les inconvénients étaient grands, en venir à un parti très-coûteux et qui est même dommageable pour la navigation : on a établi à Deynce, en amont de Gand, un barrage à écluses, au moyen duquel on détourne à volonté dans le canal de Schipdonck à Heyst les eaux corrompues de la Lys qui vont se perdre à la mer du Nord. Ces travaux préservent Gand, mais laissent encore Bruges sans protection, quand on manœuvre extraordinairement le canal de Gand à Bruges, que la dérivation de la Lys traverse librement. Pour y

fection est particulièrement augmentée quand les cours d'eau reçoivent, indépendamment des produits du rouissage, des matières organiques riches en sulfates sur lesquels ces produits peuvent réagir pour libérer l'hydrogène sulfuré [1]. Ce qui prouve, au surplus, combien l'absence de ces matières organiques, coïncidant avec le renouvellement de l'eau, change les conditions du rouissage, c'est qu'en Irlande, où ces deux circonstances se trouvent habituellement réunies, la santé publique n'a pas été sensiblement affectée [2].

obvier, on s'est mis à construire un siphon qui permet de faire passer les eaux corrompues sous le canal. Le problème de l'assainissement se trouve ainsi résolu, mais non sans porter atteinte à de graves intérêts. « Pendant « les quatre ou cinq mois d'été, nous écrivait M. Colson, l'ingénieur des « Ponts-et-Chaussées chargé des travaux, lorsque la corruption des eaux « est forte, le barrage reste fermé et les eaux corrompues sont conduites « directement vers la mer du Nord par le nouveau canal (de Schipdonck « à Heyst). Elles sont donc perdues pour l'industrie de Gand et pour l'a- « limentation de nos voies navigables. Les eaux de l'Escaut seules doivent « alors desservir les nombreux intérêts engagés dans la question ; aussi « sont-elles insuffisantes pour cet objet, et l'alimentation de nos canaux « se fait-elle d'une manière fort incomplète, au point que la navigation « est souvent compromise, surtout pendant les mois d'août et de sep- « tembre. C'est là une situation déplorable qui nous est faite par la perte « *complète* des eaux de la Lys, tant que dure le rouissage dans cette ri- « vière.... » Nous avons rapporté ces faits pour montrer à quel point la question du rouissage peut prendre de gravité et combien sa solution scientifique est digne d'intérêt.

1. Tel est, d'après M. Stas, le cas de la Lys, dont l'extrême corruption, pendant la saison du rouissage, est due à la présence simultanée des résidus de distilleries et de raffineries du département du Nord, qui lui arrivent par la Deule. Ce savant a fait une série d'observations comparatives qui lui ont prouvé, nous disait-il, qu'aux époques où ces résidus arrivaient en moindre abondance, les eaux de la Lys étaient incomparablement moins infectées. Aussi le gouvernement belge a-t-il agi auprès du gouvernement français pour arriver à réduire l'affluence de ces résidus.

2. La Société de chimie et d'agriculture de l'Ulster, province où est concentrée la culture du lin de l'Irlande, a bien voulu, il y a quelques années, s'occuper, à notre demande, de l'influence du rouissage sur la santé publique. Son secrétaire, le Dr Hodges, qui fait autorité en ces matières, s'est exprimé de la manière suivante, dans la séance du 5 juin 1863.

« Il (le Dr Hodges) n'a point entendu dire qu'aucun effet nuisible à la « santé ait été observé dans les provinces où le lin est préparé par grandes

On écarte, il est vrai, de l'alimentation des hommes ou des animaux les eaux où le lin a roui (ce que permet toujours l'abondance des sources de cette contrée), mais les habitants sont à l'abri des fièvres que la putréfaction des matières engendre dans d'autres pays [1].

Le rouissage dans les mares ou fossés, quand il est pratiqué sur une grande échelle, est plus préjudiciable à la salubrité. Il détermine des fièvres paludéennes d'un caractère très-tenace et ne paraît pas étranger à plusieurs sortes d'affections d'un caractère encore plus grave. En outre, il compromet la conservation du bétail, car dans les campagnes privées de cours d'eau, il est difficile d'éviter que les animaux s'abreuvent, au moins accidentellement, dans les mares infectées. Pour prévenir dans une certaine mesure ces inconvénients, on suggère diverses précautions. On recommande en première ligne de renouveler l'eau fréquemment et de répandre sur les terres cultivées celle qui a déjà servi ; malheureusement, les pays où ce mode de rouissage est employé sont précisément ceux où les eaux manquent le plus souvent à cette époque de l'année, en sorte que le conseil, fort bon en théorie, peut rarement être suivi dans la pratique. Une autre circonstance tend à y mettre obstacle, même si l'abondance des eaux le permettait : c'est que l'opération du rouissage marche plus vite dans une eau plus corrompue ; or ce que cherchent surtout les cultivateurs, c'est à aller vite et économiquement, en sorte qu'ils aiment mieux conserver le plus longtemps possible la même eau. Ordinairement on se borne à utiliser les eaux, quand on les utilise, seulement à la fin de la saison ; encore même n'est-on

« quantités. En France et spécialement en Italie, les exhalaisons des « fosses dans lesquelles le chanvre est soumis à la fermentation, ont été « regardées comme une cause de maladie ; mais sous ce climat (celui de « l'Irlande), même dans les districts marécageux, les fièvres et les autres « maladies semblables sont actuellement presque inconnues. »

1. On observe notamment ces fièvres dans le pays de Waes (Belgique), où ce mode de rouissage est très-répandu

pas d'accord sur l'opportunité de leur emploi, car on leur reproche de rendre les terres acides. On a conseillé aussi de purifier les eaux du rouissage avec la chaux, mais nulle part on n'a pratiqué cette méthode d'une manière suivie ; on peut le regretter, car on parerait ainsi à l'inconvénient de l'acidité, en même temps qu'on retirerait de bons effets de l'application de ces eaux riches en engrais. Mais la question des frais est toujours le grand obstacle, car, il faut bien le reconnaître, on n'a pas partout la chaux sous la main.

Une autre recommandation qui s'adresse aussi bien au rouissage des rivières qu'à celui des fossés, c'est, comme on dit dans l'Anjou, d'*érusser* la plante avant de l'immerger, ou de la dépouiller de ses feuilles. Il est constant que la putréfaction est ainsi beaucoup diminuée et que ces débris constituent un excellent engrais, mais les cultivateurs reculent devant la main-d'œuvre que l'opération nécessite. Dans le département de la Sarthe lui-même, où la mesure a été plus particulièrement prônée, fort peu de gens pratiquent l'érussage, et l'autorité administrative n'a pas cru, jusqu'à présent, devoir le rendre obligatoire. Donc en fait, on peut dire que le rouissage agricole n'a pas encore été l'objet d'améliorations essentielles, et qu'à part des mesures administratives qui ont pu, en certains cas, en tempérer les mauvais effets, on continue dans l'ensemble à le pratiquer dans les mêmes conditions d'insalubrité qu'autrefois.

La difficulté d'assainir une opération ainsi livrée aux soins des gens de la campagne et par là même, nous l'avons dit, peu susceptible de supporter des frais de quelque importance, a naturellement suggéré l'idée d'en changer totalement la nature et de remplacer le rouissage agricole par un rouissage industriel ; de telle sorte que le travail s'effectuât désormais, non plus au milieu des fermes, mais au sein des manufactures, et devînt par conséquent une branche de fabrication comme tant d'autres. De là divers procédés que nous examinerons brièvement.

Ces procédés sont de trois sortes ; on peut les désigner respectivement sous les noms de : *procédés chimiques*, *procédés physiques* et *procédés mécaniques*. Les premiers, après avoir été en vogue un certain temps, ont été généralement abandonnés. Ils consistaient à traiter la plante par des agents chimiques, principalement par la soude et par la chaux, qui s'emparaient de la gomme et autres matières adhésives que le rouissage ordinaire a précisément pour but de séparer. Le traitement agricole était ainsi rendu inutile et le chanvre ou le lin était apporté à l'état naturel dans les fabriques où le rouissage artificiel était appliqué. Quelques établissements, à Lille et en Belgique [1], ont marché d'après ces errements, mais on n'a pas tardé à reconnaître que de tels procédés ne pouvaient aucunement lutter d'économie avec la pratique agricole ; on leur reprochait en outre d'altérer la fibre de la plante, laquelle était plus ou moins éprouvée par l'action des lessives.

Les procédés physiques, qui se résument à remplacer l'eau ordinaire par l'eau chaude, commencent à prendre du développement dans le nord de la France. Le mode le plus suivi est celui qu'emploie M. Cosserat, à Amiens : le lin est disposé dans des fosses en maçonnerie, de 2 mètres de profondeur, que parcourent les eaux de condensation de la machine à vapeur ; il se produit là une fermentation acidule, sans odeur fétide ni émanation dangereuse, qui remplace la putréfaction proprement dite des mares et des ruisseaux. Les liquides brunâtres s'écoulent sans interruption à la Selle, au moyen d'un tuyau qui débouche sous l'eau et au milieu de la rivière, pour que le mélange s'effectue plus facilement. L'opération, au lieu de deux ou trois mois que prend le rouissage ordinaire dans la contrée, dure dix à douze jours en hiver et cinq à six jours en été. Le résultat commercial est, assure-t-on, des plus satisfaisants.

---

1. Entre autres, celui de M Terwangue, à Lille et celui de M. Lefebvre à Bruxelles.

M. André, à Brissay-Choigny, près Moy (Aisne), emploie l'eau à une température beaucoup plus élevée. Le lin est introduit dans une cuve en bois à faux fond troué, de 5 mètres de diamètres et 3 mètres de profondeur ; à la base est un tuyau d'introduction de vapeur d'eau, terminé en pomme d'arrosoir et sur la cuve repose un couvercle mobile en bois chargé de pierres. Sous l'influence de la haute température à laquelle le lin se trouve ainsi soumis, le rouissage est très-prompt : vingt heures en moyenne suffisent ; la plante est ensuite retirée et séchée à l'air libre. Quant aux liquides, qui sont exempts de l'acidité observée d'ordinaire, ils sont utilisés journellement à l'arrosage des terres cultivées. Cette méthode est irréprochable au point de vue de la salubrité ; mais il paraît que la fibre du lin perd une partie de sa force par suite de la violence des réactions.

En Belgique, où l'on s'est occupé beaucoup de la question, à cause des inconvénients que nous signalions en commençant, aucun procédé satisfaisant n'a encore été adopté. M. le Dr Stas, membre du Conseil supérieur d'hygiène, qui a étudié particulièrement le rouissage au point de vue de la salubrité, est d'avis qu'il faudrait d'abord *dépailler* le lin au moyen de cylindres cannelés, et ensuite lessiver les fibres, mais en les enfermant dans des tubes étroits, pour empêcher que les fils ne s'enchevêtrent les uns dans les autres et ne prennent l'aspect cotonneux. Toutefois M. Stas ignore si les frais de cette double manutention ne seraient pas trop élevés [1].

1. M. Stas, dont nous avons rapporté ici l'opinion parce qu'elle est d'un très-grand poids, n'a pas confiance dans la réussite financière des procédés qui ont été mis en œuvre jusqu'à ce jour pour produire le rouissage artificiel. « Les méthodes ont consisté, nous disait-il, soit à immerger le lin « dans une eau chauffée à 30 ou 35 degrés, pendant cinquante heures, et à « le soumettre ensuite à une action mécanique, soit à le traiter par une « solution chaude alcaline et ensuite à le laver. Mais dans le premier cas, « l'action mécanique a pour résultat d'altérer sensiblement la résistance « des fibres. Dans le second cas, il faut tant d'eau de lavage pour emporter les matières qu'on se ruine en frais d'alimentation. » Il a constaté

Les procédés mécaniques ont été mis en œuvre d'une manière remarquable par MM. Léoni et Coblentz à Vaugenlieu, près Compiègne. Ces industriels se sont posé le problème suivant : supprimer entièrement le rouissage pour le chanvre destiné aux cordages et aux toiles grossières et, pour les autres qualités de chanvre et de lin, remplacer le rouissage par un simple dégommage artificiel, n'offrant aucun des inconvénients du rouissage ordinaire. La première partie du problème paraît être actuellement résolue ; quant à la seconde, dont les inventeurs se disaient également assurés, quand nous avons visité Vaugenlieu elle n'était pas encore l'objet d'une exploitation régulière.

Nous décrirons sommairement les opérations de Vaugenlieu. La plante apportée par le cultivateur est remisée sous des hangars ; elle y séjourne un temps plus ou moins long, selon les conditions où elle se trouve, et subit une première dessiccation. De là elle va aux séchoirs, sortes de salles dont le plancher est formé par une claire-voie en osier, sous laquelle des tuyaux lancent de l'air fourni par un ventilateur et chauffé par la chaleur perdue des chaudières. La prise d'air est pratiquée dans le local même de ces dernières, au moyen d'une cheminée d'appel située à 3 mètres au dessus du plancher. Un registre ménagé dans la conduite permet d'introduire à volonté de l'air frais, de façon à conserver dans les séchoirs une température constante ; ce point paraît très-essentiel, et c'est même, disent ces industriels, pour l'avoir négligé, que beaucoup d'inventeurs ont échoué. En effet,

au contraire, que le *dépaillage* préalable, par voie mécanique, n'altère pas la résistance et permet en même temps de supprimer les deux tiers de l'alcali ainsi que les dix-neuf vingtièmes de l'eau de lavage. Reste la question des frais occasionnés par l'emploi des tubes ou étuis destinés à prévenir l'enchevêtrement. C'est là que le doute subsiste et c'est ce qui empêche qu'on ne puisse considérer le problème de l'assainissement comme résolu par cette méthode.

1. Cette usine, détruite par un incendie en 1864, a été remise en activité un an après. Elle a été honorée de la visite de S. M. l'Empereur.

quand la température est trop basse, la gomme reste adhésive et ne se détache pas aux opérations subséquentes ; quand, au contraire, elle est trop élevée, la plante est plus ou moins altérée et la fibre perd de sa force. MM. Léoni et Coblentz surveillent donc leurs séchoirs avec un soin tout particulier. La plante est placée debout sur des claies, dans sa position naturelle, et se trouve parcourue par l'air tiède des racines à la tête ; après un séjour de quelques heures, elle est montée à l'étuve du premier étage, chauffée par l'air du séchoir de dessous, et dans laquelle les conditions de température et d'hygrométrie sont nécessairement un peu différentes ; cette succession d'effets paraît avoir une grande importance pour le succès final des opérations. La durée totale de la dessiccation aux deux étuves varie, selon la nature et l'état de la plante, depuis quatre jusqu'à douze heures. La plante est ensuite reprise et envoyée aux ateliers où elle subit le *broyage* ou teillage mécanique, qui n'est pas la partie la moins originale du système.

Le broyage comprend trois opérations : 1° un passage dans un seul sens, sous douze paires de cylindres cannelés ; 2° un va-et vient répété quatre ou cinq fois sous vingt paires de cylindres cannelés, plus fins ; 3° un râclage par une teilleuse de l'invention de MM. Léoni et Coblentz. Il est assez difficile, dans une description aussi rapide que celle-ci, de donner une idée exacte de ces appareils ingénieux, dont le succès est dû moins à une pensée nouvelle qu'à des agencements de détail parfaitement entendus. Sous le jeu des machines la partie ligneuse de la plante est entièrement détachée, la gomme et autres matières adhésives voltigent en poussière dans l'atelier, et la filasse vient en une masse soyeuse, bien assouplie et débarrassée de tous les corps étrangers. Il faut y regarder de très-près pour reconnaître qu'une certaine proportion de substances solubles, le dixième environ, reste encore dans la fibre. Celle-ci se trouve immédiatement propre à la filature des cordages et des toiles grossières, et est vendue en conséquence aux fabricants. L'usine de Vaugenlieu a été montée de manière à débiter le chanvre produit par 1.000 hectares de terrain.

Le dégommage, qu'on était sur le point d'installer en grand, lors de notre visite, se pratique de la manière suivante : Les chanvres ou lins, teillés comme il vient d'être dit, sont étendus sur une claie et arrangés avec soin pour ne pas s'entremêler ; ils dessinent sur la claie des courbes arrondies et un certain nombre de chevilles en bois, placées de distance en distance, les maintiennent dans cette position. On met par dessus une claie toute semblable, s'appuyant bien uniformément sur l'autre et traversée par les mêmes chevilles. On la charge à son tour comme la précédente, on la recouvre pareillement d'une troisième claie, et ainsi de suite. Le système entier est immergé dans de l'eau à 50 degrés, où il séjourne quelques heures. Quand la nature des substances l'exige, on passe les produits ainsi lavés dans une liqueur légèrement alcaline. Les eaux exemptes de toute fermentation et contenant au plus la dixième partie des principes solubles de la plante, peuvent sans inconvénients, assurent les inventeurs, être écoulées aux ruisseaux. L'ensemble des deux lavages ne prend jamais plus de douze heures ; comme d'ailleurs le teillage mécanique dure à peine quelques minutes, on voit que le chanvre retiré des hangars peut être séché, roui et teillé, en moins de vingt-quatre heures. Ce dégommage a déjà été expérimenté en grand dans l'usine que MM. Léoni et Coblentz avaient montée à Ivry ; aussi peut-on espérer que cette seconde partie du problème ne donnera pas de déceptions commerciales.

Nous sommes loin d'avoir épuisé la liste des industries donnant lieu à des résidus infectants ; mais les procédés déjà décrits donnent, pensons-nous, une idée suffisante des solutions à rechercher, suivant les cas. Il est rare qu'à défaut des moyens spéciaux, quelques-uns des moyens généraux ne trouvent pas leur application : en ce qui concerne, par exemple, les résidus provenant du traitement des matières animales, il est presque toujours possible d'en tirer parti, soit en les employant directement comme engrais, soit en les faisant entrer dans la fabrication des engrais artificiels ; de même les déchets d'animaux peuvent fournir des composés fertilisants, ou du charbon d'os, ou encore donner des gaz combustibles servant à l'éclairage et au chauffage ; d'autre part, les résidus provenant du traitement des matières végétales sont le plus souvent susceptibles, les liquides d'être appliqués aux terres et les solides d'être mêlés aux engrais ou d'être brûlés ; enfin dans les industries qui s'exercent sur des matières minérales, on parvient chaque jour davantage, nous l'avons dit au début de ce livre, à utiliser les substances en apparence les plus inutiles, et l'on apprend, à mesure que la science se perfectionne, à y retrouver les éléments d'une production nouvelle : quoi de plus remarquable, sous ce rapport, que cette industrie des nouvelles couleurs, l'aniline et ses dérivés, fondée tout entière sur l'exploitation des résidus goudronneux de la houille ?

C'est donc en utilisant sans cesse les matières abandonnées qu'on trouvera la plupart du temps une solution aux difficultés sanitaires ; et nous le répétons, parce que c'est là un moyen d'une application très-large, une grande partie des rebuts les plus infectants sont susceptibles d'être tournés vers l'agriculture, soit à l'état naturel soit en passant préalablement par quelque fabrique d'engrais artificiels.

Quant à une classe très-importante, la plus importante même de résidus, celle que fournit la population des villes (abstraction faite de tous établissements industriels), nous n'en parlons pas ici, parce qu'elle fait l'objet de considérations spéciales dans l'ouvrage relatif à la salubrité municipale.

FIN.

486. — Abbeville. — Imprimerie Briez, C. Paillart et Retaux.

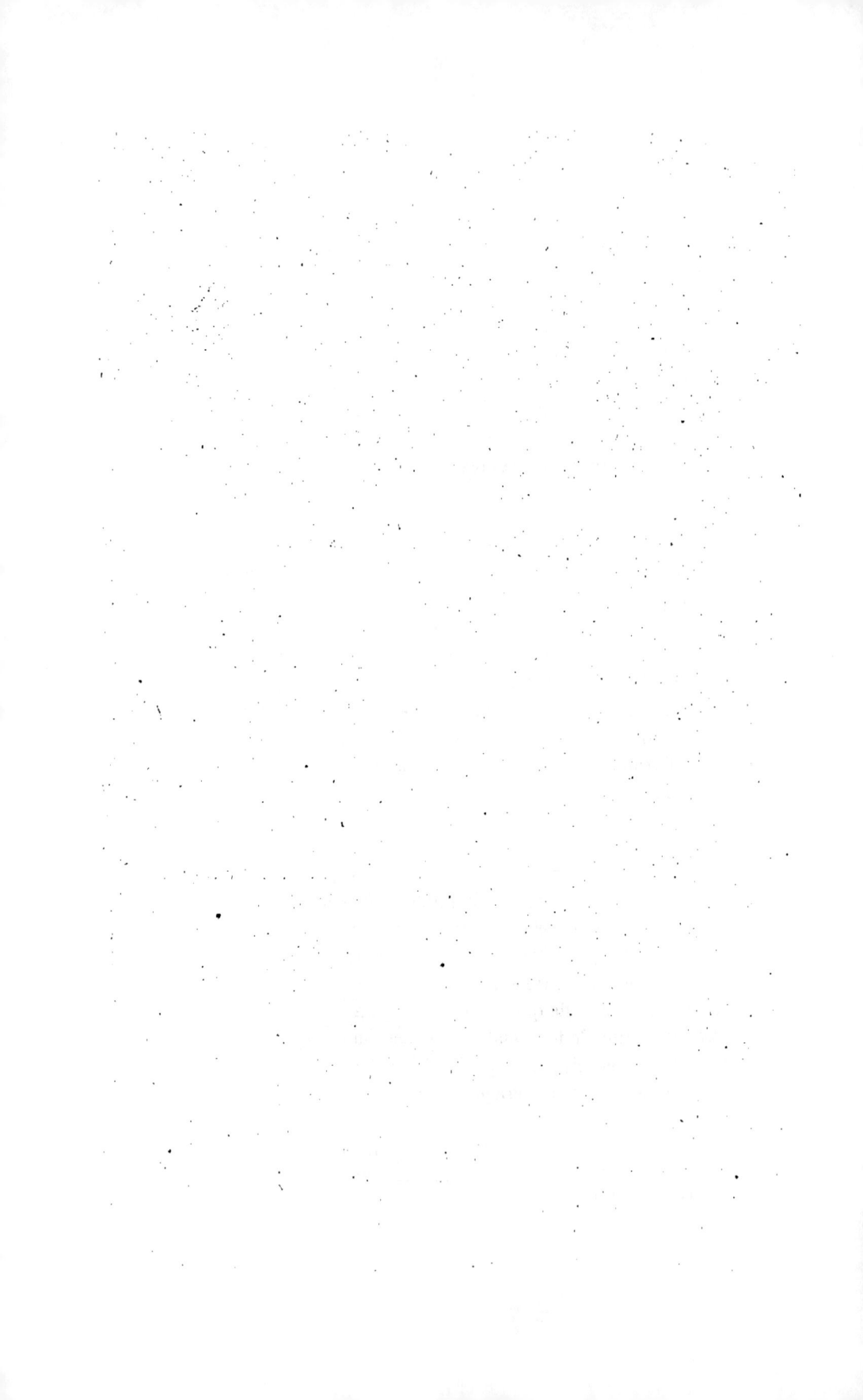

APPENDICE

BIBLIOTHÈQUE NATIONALE R.F. ESTAMPES

LOIS ET RÈGLEMENTS SUR LA MATIÈRE.

En France, la salubrité industrielle est régie foncièrement par le décret impérial du 15 octobre 1810, dont voici le texte :

Décret impérial relatif aux Manufactures et Ateliers qui répandent une odeur insalubre ou incommode.

« NAPOLÉON, etc.

« Sur le rapport de notre ministre de l'intérieur ;

« Vu les plaintes portées, par différents particuliers, contre les « manufactures et ateliers dont l'exploitation donne lieu à des « exhalaisons insalubres ou incommodes ;

« Le rapport fait sur ces établissements par la section de chimie « de la classe des sciences physiques et mathématiques de l'In- « stitut ;

« Notre conseil d'État entendu,

« Article 1er. A compter de la publication du présent décret, les « manufactures et ateliers qui *répandent une odeur* insalubre ou « incommode ne pourront être formés sans une permission de l'au- « torité administrative : ces établissements seront divisés en trois « classes.

« La première classe comprendra ceux qui doivent être éloi- « gnés des habitations particulières ;

« La seconde, les manufactures et ateliers dont l'éloignement
« des habitations n'est pas rigoureusement nécessaire, mais dont
« il importe néanmoins de ne permettre la formation qu'après
« avoir acquis la certitude que les opérations qu'on y pratique
« sont exécutées de manière à ne pas incommoder les proprié-
« taires du voisinage, ni à leur causer des dommages.

« Dans la troisième classe seront placés les établissements qui
« peuvent rester sans inconvénient auprès des habitations, mais
« doivent rester soumis à la surveillance de la police.

« Art. 2. La permission nécessaire pour la formation des manu-
« factures et ateliers compris dans la première classe sera accor-
« dée, avec les formalités ci-après, par un décret rendu en notre
« conseil d'État.

« Celle qu'exigera la mise en activité des établissements compris
« dans la seconde classe le sera par les préfets, sur l'avis des
« sous-préfets.

« Les permissions pour l'exploitation des établissements placés
« dans la dernière classe seront délivrées par les sous-préfets, qui
« prendront préalablement l'avis des maires.

« Art. 3. La permission pour les manufactures et fabriques de
« première classe ne sera accordée qu'avec les formalités sui-
« vantes:

« La demande en autorisation sera présentée au préfet, et affi-
« chée par son ordre, dans toutes les communes, à 5 kilomètres
« de rayon.

« Dans ce délai, tout particulier sera admis à présenter ses
« moyens d'opposition.

« Les maires des communes auront la même faculté.

« Art. 4. S'il y a des oppositions, le conseil de préfecture don-
« nera son avis, sauf la décision au conseil d'État.

« Art. 5. S'il n'y a pas d'opposition, la permission sera accor-
« dée, s'il y a lieu, sur l'avis du préfet et le rapport de notre
« ministre de l'Intérieur.

« Art. 6. S'il s'agit de fabriques de soude, ou si la fabrique doit
« être établie dans la ligne des douanes, notre directeur général
« des douanes sera consulté.

« Art. 7. L'autorisation de former des manufactures et ateliers
« compris dans la seconde classe ne sera accordée qu'après que
« les formalités suivantes auront été remplies.

« L'entrepreneur adressera d'abord sa demande au sous-préfet
« de son arrondissement, qui la transmettra au maire de la com-
« mune dans laquelle on projette de former l'établissement, en le

« chargeant de procéder à des informations *de commodo et incom-*
« *modo.* Ces informations terminées, le sous-préfet prendra sur le
« tout un arrêté qu'il transmettra au préfet. Celui-ci statuera,
« sauf le recours à notre conseil d'État par toutes parties inté-
« ressées.

« S'il y a opposition, il y sera statué par le conseil de préfec-
« ture, sauf le recours au conseil d'État.

« Art. 8. Les manufactures et ateliers ou établissements portés
« dans la troisième classe ne pourront se former que sur la per-
« mission du préfet de police de Paris, et sur celle du maire dans
« les autres villes.

« S'il s'élève des réclamations contre la décision prise par le
« préfet de police ou les maires, sur une demande en formation
« de manufacture ou d'atelier compris dans la troisième classe,
« elles seront jugées au conseil de préfecture.

« Art. 9. L'autorité locale indiquera le lieu où les manufactures
« et ateliers compris dans la première classe pourront s'établir,
« et exprimera sa distance des habitations particulières. Tout
« individu qui ferait des constructions dans le voisinage de ces
« manufactures et ateliers, après que la formation en aura été
« permise, ne sera plus admis à en solliciter l'éloignement.

« Art. 10. La division en trois classes des établissements qui ré-
« pandent une odeur insaluble ou incommode aura lieu confor-
« mément au tableau annexé au présent décret impérial. Elle
« servira de règle toutes les fois qu'il sera question de prononcer
« sur des demandes en formation de ces établissements.

« Art. 11. Les dispositions du présent décret n'auront point
« d'effet rétroactif; en conséquence, tous les établissements qui
« sont aujourd'hui en activité continueront à être exploités libre-
« ment, sauf les dommages dont pourront être passibles les entre-
« preneurs de ceux qui préjudicient aux propriétés de leurs voi-
« sins; les dommages seront arbitrés par les tribunaux.

« Art. 12. Toutefois, en cas de graves inconvénients pour la sa-
« lubrité publique, la culture ou l'intérêt général, les fabriques
« et ateliers de première classe qui les causent pourront être sup-
« primés, en vertu d'un décret rendu en notre conseil d'État,
« après avoir entendu la police locale, pris l'avis des préfets, reçu
« la défense des manufacturiers ou fabricants.

« Art. 13. Les établissements maintenus par l'article 11 cesse-
« ront de jouir de cet avantage, dès qu'ils seront transférés dans
« un autre emplacement ou qu'il y aura une interruption de six
« mois dans leurs travaux. Dans l'un et l'autre cas, ils rentreront

« dans la catégorie des établissements à former, et ils ne pourront
« être remis en activité qu'après avoir obtenu, s'il y a lieu, une
« nouvelle permission.

« Art. 14. Nos ministres de l'intérieur et de la police générale
« sont chargés, chacun en ce qui le concerne, de l'exécution du
« présent décret, qui sera inséré au Bulletin des lois. »

En conséquence de ce décret une nomenclature fut établie
tendant à répartir les établissements en trois classes, suivant
l'importance de leurs inconvénients. Cette nomenclature a beaucoup varié, depuis l'origine, à mesure que les progrès de la science
chimique ont fait naître de nouvelles industries incommodes ou
ont diminué les inconvénients de celles qui existaient déjà. Le dernier état officiel qui ait été dressé et qui est déjà lui-même en
voie de remaniements, porte la date du 31 décembre 1866. Il a
été élaboré par le Comité consultatif des arts et manufactures et
est ainsi conçu :

NOMENCLATURE

DES ÉTABLISSEMENTS INSALUBRES, DANGEREUX OU INCOMMODES ANNEXÉE AU DÉCRET.

DÉSIGNATION DES INDUSTRIES.	INCONVÉNIENTS.	CLASSES.
Abattoir public.	Odeur et altération des eaux.	1re
Absinthe. (Voir *Distillerie*.)		
Acide arsénique (Fabrication de l') au moyen de l'acide arsénieux et de l'acide azotique :	—	
1° Quand les produits nitreux ne sont pas absorbés. . .	Vapeurs nuisibles.	1re
2° Quand ils sont absorbés.	Idem.	2e
Acide chlorhydrique (Production de l') par décomposition des chlorures de magnésium, d'aluminium et autres :		
1° Quand l'acide n'est pas condensé.	Emanations nuisibles.	1re
2° Quand l'acide est condensé.	Emanations accidentelles.	2e
Acide muriatique. (Voir *Acide chlorhydrique*.)		
Acide nitrique.	Emanations nuisibles. . . .	3a
Acide oxalique (Fabrication de l') :		
1° Par l'acide nitrique.		
a. Sans destruction des gaz nuisibles.	Fumée.	1er
b. Avec destruction des gaz nuisibles.	Fumée accidentelle. . . .	3e
2° Par la sciure de bois et la potasse.	Fumée.	2a
Acide picrique :		
1° Quand les gaz nuisibles ne sont pas brûlés.	Vapeurs nuisibles. . . .	1re
2° Avec destruction des gaz nuisibles.	Idem.	3e
Acide pyroligneux (Fabrication de l') :		
1° Quand les produits gazeux ne sont pas brûlés. . . .	Fumée et odeur.	2e
2° Quand les produits gazeux sont brûlés.	Idem.	3e
Acide pyroligneux (Purification de l').	Odeur.	2e
Acide stéarique (Fabrication de l') :		
1° Par distillation.	Odeur et danger d'incendie	1re
2° Par saponification.	Idem.	2e
Acide sulfurique (Fabrication de l') :		
1° Par combustion du soufre et des pyrites.	Emanations nuisibles. . .	1re
2° De Nordhausen par la décomposition du sulfate de fer.	Idem.	3e
Acide urique. (Voir *Murexide*.)		
Acier (Fabrication de l').	Fumée.	3e
Affinage de l'or et de l'argent par les acides.	Emanations nuisibles.	1re
Affinage des métaux au fourneau. (Voir *Grillage des minerais*.)		
Albumine (Fabrication de l') au moyen du sérum frais du sang.	Odeur.	3o
Alcali volatil. (Voir *Ammoniaque*.)		

DÉSIGNATION DES INDUSTRIES.	INCONVÉNIENTS.	CLASSES.
Alcools autres que de vin, sans travail de rectification.	Altération des eaux.	3ᵉ
Idem. (Distillerie agricole.).	Idem.	3ᵉ
Alcool (Rectification de l').	Danger d'incendie.	2ᵉ
Agglomérés ou briquettes de houille (Fabrication des) :		
1° Au brai gras.	Odeur, danger d'incendie.	2ᵉ
2° Au brai sec.	Odeur.	3ᵉ
Aldéhyde (Fabrication de l').	Danger d'incendie.	1ʳᵉ
Allumettes (Fabrication des) avec matières détonantes et fulminantes	Danger d'explosion et d'incendie.	1ʳᵉ
Alun. (Voir *Sulfate d'alumine.*)		
Amidonneries :		
1° Par fermentation.	Odeur, émanations nuisibles et altération des eaux.	1ʳᵉ
2° Par séparation du gluten et sans fermentation.	Altération des eaux.	2ᵉ
Ammoniaque (Fabrication en grand de l') par la décomposition des sels ammoniacaux.	Odeur.	3ᵉ
Amorces fulminantes (Fabrication des).	Danger d'explosion.	1ʳᵉ
Appareils de réfrigération :		
1° A ammoniaque.	Odeur.	3ᵉ
2° A éther ou autres liquides relatifs et combustibles.	Danger d'explosion et d'incendie.	3ᵉ
Arcansons ou résines de pin. (Voir *Résines*, etc.)		
Argenturé sur métaux. (Voir *Dorure et argenture.*)		
Arséniate de potasse (Fabrication de l') au moyen du salpêtre :		
1° Quand les vapeurs ne sont pas absorbées.	Emanations nuisibles.	1ʳᵉ
2° Quand les vapeurs sont absorbées.	Emanations accidentelles.	2ᵉ
Artifices (Fabrication des pièces d').	Danger d'incendie et d'explosion.	1ʳᵉ
Asphaltes, bitumes, brais et matières bitumineuses solides (Dépôt d').	Odeur, danger d'incendie.	3ᵉ
Asphaltes et bitumes (Travail des) à feu nu.	Idem.	2ᵉ
Ateliers de construction de machines et wagons. (Voir *Machines* et *Wagons*.)		
Bâches imperméables (Fabrication des) :		
1° Avec cuisson des huiles.	Danger d'incendie.	1ʳᵉ
2° Sans cuisson des huiles.	Idem.	2ᵉ
Baleine (Travail des fanons de). (Voir *Fanons de baleine*.)		
Baryte (Décoloration du sulfate de) au moyen de l'acide chlorhydrique à vases ouverts.	Emanations nuisibles.	2ᵉ
Battage, cardage et épuration des laines, crins et plumes de literie.	Odeur et poussière.	3ᵉ
Battage des cuirs (Marteaux pour le).	Bruit et ébranlement.	3ᵉ

DÉSIGNATION DES INDUSTRIES.	INCONVÉNIENTS.	CLASSES.
Battage et lavage (Ateliers spéciaux pour les) des fils de laine, bourres et déchets de filature de laine et de soie dans les villes.	Bruit et poussière.	3ᵉ
Battage des tapis en grand.	Idem.	2ᵉ
Batteurs d'or et d'argent.	Bruit.	3ᵉ
Battoirs à écorces dans les villes.	Bruit et poussière	3ᵉ
Benzine (Fabrication et dépôts de). (Voir *Huile de pétrole de schiste,* etc.).		
Bitumes et asphaltes (Fabrication et dépôts de). (Voir *Asphaltes, bitumes, etc.*).		
Blanc de plomb. (Voir *Céruse*.).		
Blanc de zinc (Fabrication de) par la combustion du métal.	Fumées métalliques.	3ᵉ
Blanchiment :		
1° Des fils, des toiles et de la pâte à papier par le chlore.	Odeur, émanations nuisibles	2ᵉ
2° Des fils et tissus de lin, de chanvre et de coton, par les chlorures (hypochlorites) alcalins.	Odeur, altération des eaux.	3ᵉ
3° Des fils et tissus de laine et de soie par l'acide sulfureux.	Émanations nuisibles.	2ᵉ
Bleu de Prusse (Fabrication de). (Voir *Cyanure de potassium.*)		
Boues et immondices (Dépôts de) et voiries.	Odeur.	1ʳᵉ
Bougies de paraffine et autres d'origine minérale (Moulage des).	Odeur, danger d'incendie.	3ᵉ
Bougies et autres objets en cire et en acide stéarique.	Danger d'incendie.	3ᵉ
Bouillon de bière (Distillation de). (Voir *Distilleries.*)		
Bourre. (Voir *Battage*.)		
Boutonniers et autres emboutisseurs de métaux par moyens mécaniques.	Bruit.	3ᵉ
Boyauderies. (Travail des boyaux frais pour tous usages.).	Odeur, émanations nuisibles	1ʳᵉ
Boyaux et pieds d'animaux abattus (Dépôts de). (Voir *Chairs et débris.*)		
Brasseries.	Odeur.	3ᵉ
Briqueteries avec fours non fumivores.	Fumée.	3ᵉ
Briquettes ou agglomérés de houille. (Voir *Agglomérés.*)		
Brûleries des galons et tissus d'or ou d'argent. (Voir *Galons.*)		
Buanderies.	Altération des eaux.	3ᵉ
Café (Torréfaction en grand du).	Odeur et fumée.	3ᵉ
Caillettes et caillons pour la confection des fromages. (Voir *Chairs et débris, etc.*)		
Cailloux (Fours pour la calcination des).	Fumée.	3ᵉ
Calcination des cailloux. (Voir *Cailloux.*)		

DÉSIGNATION DES INDUSTRIES.	INCONVÉNIENTS.	CLASSES.
Carbonisation du bois :		
1° A l'air libre dans des établissements permanents et autre part qu'en forêt.	Odeur et fumée.	2e
2° En vase clos { avec dégagement dans l'air des produits gazeux de la distillation.	Idem.	2e
avec combustion des produits gazeux de la distillation.	Idem.	3e
Carbonisation des matières animales en général.	Odeur.	1re
Caoutchouc (Travail du) avec emploi d'huiles essentielles ou de sulfure de carbone.	Odeur, danger d'incendie.	2e
Caoutchouc (Application des enduits du).	Danger d'incendie.	2e
Cartonniers.	Odeur.	3e
Cendres d'orfèvre (Traitement des) par le plomb.	Fumées métalliques.	3e
Cendres gravelées :		
1° Avec dégagement de la fumée au dehors.	Fumée et odeur.	1er
2° Avec combustion ou condensation des fumées.	Idem.	2e
Céruse ou blanc de plomb (Fabrication de la).	Emanations nuisibles.	3e
Chairs, débris et issues (Dépôts de) provenant de l'abattage des animaux.	Odeur.	1re
Chamoiseries.	Idem.	2e
Chandelles (Fabrication des).	Odeur, danger d'incendie.	3e
Chantiers de bois à brûler dans les villes.	Emanations nuisibles, danger d'incendie.	3e
Chanvre (Teillage et rouissage du) en grand. (Voir aux mots Teillage et Rouissage.)		
Chanvre imperméable. (Voir Feutre goudronné.)		
Chapeau de feutre (Fabrication de).	Odeur et poussière.	3e
Chapeaux de soie ou autres préparés au moyen d'un vernis (Fabrication de).	Danger d'incendie.	2e
Charbons agglomérés. (Voir Agglomérés.)		
Charbon animal (Fabrication ou revivification du). (Voir Carbonisation des matières animales.)		
Charbon de bois dans les villes (Dépôts ou magasins de).	Danger d'incendie.	3e
Charbons de terre. (Voir Houille et Coke.)		
Chaudronnerie. (Voir Forges de grosses œuvres.)		
1° Permanents.	Fumée, poussière	2e
2° Ne travaillant pas plus d'un mois par an.	Idem.	3e
Chaux (Fours à)		
Chiens (Infirmeries de).	Odeur et bruit.	1re
Chiffons (Dépôts de).	Odeur.	3e
Chlore (Fabrication du).	Idem.	2e

DÉSIGNATION DES INDUSTRIES.	INCONVÉNIENTS.	CLASSES.
Chlorure de chaux (Fabrication du) :		
1° En grand.	Odeur.	2ᵉ
2° Dans des ateliers fabriquant au plus 300 kilogrammes par jour.	Idem.	3ᵉ
Chlorures alcalins, eau de javelle (Fabrication des). . . .	Idem.	2ᵉ
Chromate de potasse (Fabrication du).	Idem.	3ᵉ
Chrysalides (Ateliers pour l'extraction des parties soyeuses des).	Idem.	1ʳᵉ
Cire à cacheter (Fabrication de la).	Danger d'incendie.	3ᵉ
Cochenille ammoniacale (Fabrication de la).	Odeur.	3ᵒ
Cocons :		
1° Traitement des frisons de cocons.	Altération des eaux. . . .	2ᵉ
2° Filature de cocons. (Voir *Filature*.)		
Coke (Fabrication du) :		
1° En plein air ou en fours non fumivores.	Fumée et poussière.	1ʳᵉ
2° En fours fumivores.	Poussière.	2ᵉ
Colle forte (Fabrication de la).	Odeur, altération des eaux.	1ʳᵉ
Combustion des plantes marines dans les établissements permanents.	Odeur et fumée.	1ʳᵉ
Construction (Ateliers de). (Voir *Machines et wagons*.)		
Cordes à instruments en boyaux (Fabrication de). (Voir *Boyauderies*.)		
Corroieries.	Odeur.	2ᵉ
Coton et coton gras (Blanchisserie des déchets de). . . .	Altération des eaux. . . .	3ᵒ
Cretons (Fabrication de).	Odeur et danger d'incendie.	1ʳᵒ
Crins (Teinture des). (Voir *Teintureries*.)		
Crins et soies de porc (Préparation des) sans fermentation, (Voir aussi *Soies de porc par fermentation*.).	Odeur et poussière.	2ᵉ
Cristaux (Fabrication de). (Voir *Verreries, etc*.)		
Cuirs vernis (Fabrication de)	Odeur et danger d'incendie.	1ʳᵉ
Cuirs verts et peaux fraîches (Dépôts de).	Odeur.	2ᵒ
Cuivre (Dérochage du) par les acides.	Odeur, émanations nuisibles	3ᵉ
Cuivre (Fonte du). (Voir *Fonderies, etc*.)		
Cyanure de potassium et bleu de Prusse (Fabrication de) :		
1° Par la calcination directe des matières animales avec la potasse.	Odeur.	1ʳᵉ
2° Par l'emploi de matières préalablement carbonisées en vases clos.	Idem.	2ᵉ
Cyanure rouge de potassium ou prussiate rouge de potasse.	Émanations nuisibles. . . .	3ᵏ
Débris d'animaux (Dépôts de). (Voir *Chairs, etc*.)		

DÉSIGNATION DES INDUSTRIES.	INCONVÉNIENTS.	CLASSES.
Déchets de matières filamenteuses (Dépôts de) en grand dans les villes.	Danger d'incendie.	3°
Dégras ou huile épaisse à l'usage des chamoiseurs t r-royeurs (Fabrication de).	Odeur, danger d'incendie.	1re
Dégraissage des tissus et déchets de laine par les huiles de pétrole et autres hydrocarbures.	Danger d'incendie.	1re
Dérochage du cuivre. (Voir *Cuivre*.)		
Distilleries en général, eau-de-vie, genièvre, kirsch, absinthe et autres liqueurs alcooliques.	*Idem*.	3°
Dorure et argenture sur métaux.	Émanations nuisibles.	3°
Eau de Javelle (Fabrication d'). (Voir *Chlorures alcalins*.)		
Eau-de-vie. (Voir *Distilleries*.)		
Eau-forte. (Voir *Acide nitrique*.)		
Eaux grasses (Extraction pour la fabrication du savon et autres usages, des huiles contenues dans les) :		
1° En vases ouverts.	Odeur, danger d'incendie.	1re
2° En vases clos.	*Idem*.	2°
Eaux savonneuses des fabriques. (Voir *Huiles extraites des débris d'animaux*.)		
Échaudoirs :		
1° Pour la préparation industrielle des débris d'animaux.	Odeur.	1re
2° Pour la préparation des parties d'animaux propres à l'alimentation.	*Idem*.	3°
Émail (Application de l') sur les métaux.	Fumée.	3°
Émaux (Fabrication d') avec fours non fumivores.	*Idem*.	3°
Encre d'imprimerie (Fabrique d').	Odeur, danger d'incendie.	1re
Engrais (Fabrication des) au moyen des matières animales.	Odeur.	1re
Engrais (Dépôts d') au moyen des matières provenant de vidanges ou de débris d'animaux :		
1° Non préparés ou en magasin non couvert.	*Idem*.	1re
2° Desséchés ou désinfectés et en magasin couvert, quand la quantité excède 25.000 kilogrammes.	*Idem*.	2°
3° Les mêmes, quand la quantité est inférieure à 25.000 kilogrammes.	*Idem*.	3°
Engraissement des volailles dans les villes (Établissement pour l').	*Idem*.	3°
Éponges (Lavage et séchage des).	Odeur et altération des eaux.	3°
Équarrissage des animaux.	Odeur, émanations nuisibles.	1re
Étamage des glaces.	Émanations nuisibles.	3°
Éther (Fabrication et dépôts d').	Danger d'incendie et d'explosion.	1re
Étoupilles (Fabrication d') avec matières explosives.	Danger d'explosion et d'incendie.	1re

DÉSIGNATION DES INDUSTRIES.	INCONVÉNIENTS.	CLASSES.
Faïence (Fabrique de) :		
1° Avec fours non fumivores.	Fumée.	2ᵉ
2° Avec fours fumivores.	Fumée accidentelle.	3ᵉ
Fanons de baleine (Travail des).	Emanations incommodes.	3ᵉ
Farines (Moulins à). (Voir *Moulins*.)		
Féculeries.	Odeur, altération des eaux.	3ᵉ
Fer-blanc (Fabrication du).	Fumée.	3ᵉ
Feutres et visières vernis (Fabrication de).	Odeur, danger d'incendie.	1ʳᵉ
Feutre goudronné (Fabrication du).	*Idem.*	2ᵉ
Filature des cocons (Ateliers dans lesquels la) s'opère en grand, c'est-à-dire employant au moins six tours.	Odeur, altération des eaux.	3ᵉ
Fonderie de cuivre, laiton et bronze.	Fumées métalliques.	3ᵉ
Fonderies en 2ᵉ fusion.	Fumée.	3ᵉ
Fonte et laminage du plomb, du zinc et du cuivre.	Bruit, fumée.	3ᵉ
Forges et chaudronneries de grosses œuvres employant des marteaux mécaniques.	Fumée, bruit.	2ᵉ
Formes en tôle pour raffinerie. (Voir *Tôles vernies*.)		
Fourneaux à charbon de bois. (Voir *Carbonisation du bois*.)		
Fourneaux (Hauts).	Fumée et poussière.	2ᵉ
Fours pour la calcination des cailloux. (Voir *Cailloux*.)		
Fours à plâtre et fours à chaux. (Voir *Plâtre*, *Chaux*.)		
Fromages (Dépôts de) dans les villes.	Odeur.	3ᵉ
Fulminate de mercure (Fabrication du).	Danger d'explosion et d'incendie.	1ʳᵉ
Galipots ou résines de pin. (Voir *Résines*.)		
Galons et tissus d'or et d'argent (Brûleries en grand des) dans les villes.	Odeur.	2ᵉ
Gaz, goudrons des usines. (Voir *Goudrons*.)		
Gaz d'éclairage et de chauffage (Fabrication du) :		
1° Pour l'usage public.	Odeur, danger d'incendie.	2ᵉ
2° Pour l'usage particulier.	*Idem.*	3ᵉ
Gazomètres pour l'usage particulier, non attenants aux usines de fabrication.	*Idem.*	3ᵉ
Gélatine alimentaire et gélatines provenant de peaux blanches et de peaux fraîches non tannées (Fabrication de la).	Odeur.	3ᵉ
Générateurs à vapeur. (Régime spécial.)		
Genièvre. (Voir *Distilleries*.)		
Glaces (Etamage des). (Voir *Etamage*.)		
Glace. (Voir *Appareils de réfrigération*.)		
Goudrons (Usines spéciales pour l'élaboration des) d'origines diverses.	Odeur, danger d'incendie.	1ʳᵉ

DÉSIGNATION DES INDUSTRIES.	INCONVÉNIENTS.	CLASSES.
Goudrons (Traitement des) dans les usines à gaz où ils se produisent.	Odeur, danger d'incendie.	2ᵉ
Goudrons et matières bitumineuses fluides (Dépôts de). . .	Idem.	2ᵉ
Goudrons et brais végétaux d'origines diverses (Élaboration des).	Idem.	1ʳᵉ
Graisses à feu nu (Fonte des).	Idem.	1ʳᵉ
Graisses pour voitures (Fabrication des).	Idem.	1ʳᵉ
Grillage des minerais sulfureux.	Fumée, émanations nuisibles.	1ʳᵉ
Guano (Dépôts de) :		
1° Quand l'approvisionnement excède 25,000 kilog.	Odeur.	1ʳᵉ
2° Pour la vente au détail.	Idem.	3ᵉ
Harengs (Saurage des).	Idem.	3ᵉ
Hongroieries.	Idem.	3ᵉ
Houille (Agglomérés de). (Voir *Agglomérés*.)		
Huiles de Bergues (Fabrique d'). (Voir *Dégras*.)		
Huile de pétrole, de schiste et de goudron, essences et autres hydrocarbures employés pour l'éclairage, le chauffage, la fabrication des couleurs et vernis, le dégraissage des étoffes et autres usages :		
1° Fabrication, distillation et travail en grand.	Odeur et danger d'incendie.	1ʳᵉ
2° Dépôts.		
a. Substances très-inflammables, c'est-à-dire émettant des vapeurs susceptibles de prendre feu (*) à une température de moins de 35 degrés :		
1° Si la quantité emmagasinée est, même temporairement, de 1.050 litres (**) ou plus.	Idem.	1ʳᵉ
2° Si la quantité supérieure à 150 litres n'atteint pas 1.050 litres.	Idem.	2ᵉ
b. Substances moins inflammables, c'est-à-dire n'émettant de vapeurs susceptibles de prendre feu (*) qu'à une température de 35 degrés et au-dessus.		
1° Si la quantité emmagasinée est, même temporairement, de 10.500 litres ou plus.	Idem.	1ʳᵉ
2° Si la quantité emmagasinée supérieure à 1.050 litres n'atteint pas 10.500 litres.	Idem.	2ᵉ
Huile de pieds de bœuf (Fabrication d') :		
1° Avec l'emploi de matières en putréfaction.	Odeur.	1ʳᵉ
2° Quand les matières employées ne sont pas putréfiées. .	Idem.	2ᵉ
Huiles de poisson (Fabrique d').	Odeur, danger d'incendie.	1ʳᵉ
Huile épaisse ou dégras. (Voir *Dégras*.)		
Huiles de résine (Fabrication des).	Idem.	1ʳᵉ

(*) Au contact d'une allumette enflammée.
(**) Le fût généralement adopté par le commerce pour les pétroles est de 150 litres; 1.050 litres représentent donc sept desdits fûts.

DÉSIGNATION DES INDUSTRIES.	INCONVÉNIENTS.	CLASSES.
Huileries ou moulins à huile.	Odeur, danger d'incendie.	3ᵉ
Huiles (Épuration des).	Idem.	3ᵉ
Huiles essentielles ou essences de térébenthine, d'aspic et autres. (Voir *Huiles de pétrole, de schiste, etc.*)		
Huiles et autres corps gras extraits des débris des matières animales (Extraction des).	Idem.	1ʳᵉ
Huiles extraites des schistes bitumineux. (Voir *Huiles de pétrole, de schiste, etc.*)		
Huiles (Mélange à chaud ou cuisson des) :		
1° En vases ouverts.	Idem.	1ʳᵉ
2° En vases clos.	Idem.	2ᵉ
Huiles rousses (Fabrication des) par extraction des cretons et débris de graisse à haute température.	Idem.	1ʳᵉ
Impressions sur étoffes. (Voir *Toiles peintes.*)		
Jute (Teillage du). (Voir *Teillage.*)		
Kirsch. (Voir *Distilleries.*)		
Laine. (Voir *Battage.*)		
Laiteries en grand dans les villes.	Odeur.	2ᵉ
Lard (Atelier à enfumer le).	Odeur et fumée.	3ᵉ
Lavage des cocons. (Voir *Cocons.*)		
Lavage et séchage des éponges. (Voir *Éponges.*)		
Lavoirs à houille	Altération des eaux. . . .	3ᵉ
Lavoir à laine.	Idem.	3ᵉ
Lignites (Incinération des).	Fumée, émanations nuisibles	1ʳᵉ
Lin (Teillage en grand du). (Voir *Teillage.*)		
Lin (Rouissage du). (Voir *Rouissage.*)		
Liquides pour l'éclairage (Dépôts de) au moyen de l'alcool des huiles essentielles.	Danger d'incendie et d'explosion.	2ᵉ
Liqueurs alcooliques. (Voir *Distilleries.*)		
Litharge (Fabrication de).	Poussière nuisible. . . .	3ᵉ
Machines et wagons (Ateliers de construction de). . . .	Bruit, fumée.	2ᵉ
Machines à vapeur. (Voir *Générateurs.*)		
Maroquineries.	Odeur.	3ᵉ
Massicot (Fabrication du).	Émanations nuisibles. . .	3ᵉ
Mégisseries.	Odeur.	3ᵉ
Mélanges d'huiles. (Voir *Huiles, mélanges, etc.*)		
Ménageries.	Danger des animaux. . .	1ʳᵉ
Métaux (Ateliers de) pour construction de machines et appareils. (Voir *Machines.*)		

DÉSIGNATION DES INDUSTRIES.	INCONVÉNIENTS.	CLASSES.
Minium (Fabrication du).	Émanations nuisibles. . . .	3°
Morues (Sécheries des).	Odeur.	2°
Moulins à broyer le plâtre, la chaux, les cailloux et les pouzzolanes.	Poussière.	3°
Moulins à huile. (Voir *Huileries*.)		
Murexide (Fabrication de la) en vase clos par la réaction de l'acide azotique et de l'acide urique du guano.	Émanations nuisibles.	2°
Nitrate de fer (Fabrication du) :		
1° Lorsque les vapeurs nuisibles ne sont pas absorbées ou décomposées	*Idem.*	1°
2° Dans le cas contraire.	*Idem.*	3°
Nitro-benzine, aniline et matières dérivant de la benzine (Fabrication de la)	Odeur, émanations nuisibles et danger d'incendie. . .	2°.
Noir des raffineries et des sucreries (Revivification du). . .	Émanations nuisibles, odeur	2°
Noir de fumée (Fabrication du) par la distillation de la houille, des goudrons, bitumes, etc.	Fumée, odeur.	2°
Noir d'ivoire et noir animal (Distillation des os ou fabrication du) :		
1° Lorsqu'on n'y brûle pas les gaz.	Odeur.	1re
2° Lorsque les gaz sont brûlés.	*Idem.*	2°
Noir minéral (Fabrication du) par le broyage des résidus de la distillation des schistes bitumineux.	Odeur et poussière. . . .	3°
Oignons (Dessication des) dans les villes.	Odeur.	2°
Olives (Confiserie des).	Altération des eaux. . . .	3°
Olives (Tourteaux d'). (Voir *Tourteaux*.)		
Orseille (Fabrication de l') :		
1° En vases ouverts.	Odeur.	1re
2° A vases clos, et employant l'ammoniaque à l'exclusion de l'urine.	*Idem.*	3°.
Os (Torréfaction des) pour engrais :		
1° Lorsque les gaz ne sont pas brûlés.	Odeur et danger d'incendie.	1re
2° Lorsque les gaz sont brûlés.	*Idem.*	2°
Os d'animaux (Calcination des). (Voir *Carbonisation des matières animales*.)		
Os frais (Dépôts d') en grand.	Odeur, émanations nuisibles	1re
Ouates (Fabrication des).	Poussière et danger d'incendie.	3°
Papiers (Fabrication de).	Danger d'incendie. . . .	3°
Pâte à papier (Préparation de la) au moyen de la paille et autres matières combustibles.	Altération des eaux. . . .	3°
Parchemineries.	Odeur.	2°
Peaux de lièvre et de lapin. (Voir *Sécrétage*.)		

DÉSIGNATION DES INDUSTRIES.	INCONVÉNIENTS.	CLASSES.
Peaux de mouton (Séchage des)	Odeur et poussière.	3ᵉ
Peaux fraîches. (Voir *Cuirs verts*.)		
Perchlorure de fer par dissolution du peroxyde de fer. (Fabrication de)	Émanations nuisibles. . . .	3ᵉ
Pétrole. (Voir *Huiles de pétrole*.)		
Phosphore (Fabrication de)	Danger d'incendie.	1ʳᵉ
Pileries mécaniques des drogues	Bruit et poussière.	3ᵉ
Pipes à fumer (Fabrication des) :		
1° Avec fours non fumivores.	Fumée.	2ᵉ
2° Avec fours fumivores.	Fumée accidentelle.	3ᵉ
Plantes marines. (Voir *Combustion des plantes marines*.)		
Plâtre (Fours à) :		
1° Permanents.	Fumée et poussière. . . .	2ᵉ
2° Ne travaillant pas plus d'un mois	*Idem*.	3ᵉ
Plomb (Fonte et laminage du). (Voir *Fonte, etc.*)		
Poêliers fournalistes, poêles et fourneaux en faïence et terre cuite. (Voir *Faïence*.)		
Poils de lièvre et de lapin. (Voir *Sécrétage*.)		
Poissons salés (Dépôts de).	Odeur incommode.	2ᵉ
Porcelaine (Fabrication de) :		
1° Avec fours non fumivores.	Fumée.	2ᵉ
2° Avec fours fumivores.	Fumée accidentelle.	3ᵉ
Porcheries.	Odeur, bruit.	1ʳᵉ
Potasse (Fabrication de) par calcination des résidus de mélasse.	Fumée et odeur.	2ᵉ
Potasse. (Voir *Chromate de potasse*.)		
Poteries de terre (Fabrication de) avec fours non fumivores.	Fumée.	3ᵉ
Poudres et matières fulminantes (Fabrication de). (Voir aussi *Fulminate de mercure*.).	Danger d'explosion et d'incendie.	1ʳᵉ
Poudrette (Fabrication de) et autres engrais au moyen de matières animales.	Odeur et altération des eaux.	1ʳᵉ
Poudrette (Dépôts de). (Voir *Engrais*.)		
Pouzzolane artificielle (Fours à).	Fumée.	3ᵉ
Protochlorure d'étain ou sel d'étain (Fabrication du). . .	Émanations nuisibles. . .	2ᵉ
Prussiate de potasse. (Voir *Cyanure de potassium*.)		
Pulpes de pommes de terre. (Voir *Féculeries*.)		
Raffineries et fabriques de sucre.	Fumée, odeur.	2ᵉ
Résines, galipots et arcansons (Travail en grand pour la fonte et l'épuration des).	Odeur, danger d'incendie.	1ʳᵉ
Rogues (Dépôts de salaisons liquides connues sous le nom de).	Odeur.	2ᵉ

DÉSIGNATION DES INDUSTRIES.	INCONVÉNIENTS.	CLASSES.
Rouge de Prusse et d'Angleterre.	Émanations nuisibles. . . .	1re
Rouissage en grand du chanvre et du lin.	Émanations nuisibles et altération des eaux. . .	1re
Rouissage en grand du chanvre et du lin par l'action des acides, de l'eau chaude et de la vapeur.	Idem.	2e
Sabots (Ateliers à enfumer les) par la combustion de la corne ou d'autres matières animales dans les villes. . .	Odeur et fumée.	1re
Salaison et préparation des viandes.	Odeur.	3e
Salaisons (Ateliers pour les) et le saurage des poissons. . .	Idem.	2e
Salaisons (Dépôts de) dans les villes.	Idem.	3e
Sang :		
1° Ateliers pour la séparation de la fibrine, de l'albumine, etc.	Idem.	1re
2° (Dépôt de) pour la fabrication du bleu de Prusse et autres industries.	Idem.	1re
3° (Fabrique de poudre de) pour la clarification des vins.	Idem.	1re
Sardines (Fabriques de conserves de) dans les villes. . .	Idem.	2e
Saucissons (Fabrication en grand de).	Idem.	2e
Saurage des harengs. (Voir *Harengs.*)		
Savonneries.	Idem.	3e
Schistes bitumineux. (Voir *Huiles de pétrole, de schiste, etc.*)		
Séchage des éponges. (Voir *Éponges.*)		
Sécheries de morues. (Voir *Morues.*)		
Secrétage de peaux ou poils de lièvre et de lapin. . . .	Odeur.	1re
Sel ammoniac et sulfate d'ammoniaque (Fabrication du) par l'emploi des matières animales.	Odeur, émanations nuisibles	2e
Sel ammoniac extrait des eaux d'épuration du gaz (Fabrique spéciale de).	Odeur.	2e
Sel de soude (Fabrication du) avec le sulfate de soude. . .	Fumée, émanations nuisibles	3e
Sel d'étain. (Voir *Protochlorure d'étain.*)		
Sirops de fécule et glucose (Fabrication des).	Odeur.	3e
Soie. (Voir *Chapeaux.*)		
Soie. (Voir *Filature.*)		
Soies de porcs (Préparation des) :		
1° Par fermentation.	Idem.	1re
2° Sans fermentation. (Voir *Crins et soies de porcs.*)		
Soude. (Voir *Sulfate de soude.*)		
Soudes brutes de varech (Fabrication des) dans les établissements permanents.	Odeur et fumée.	1re
Soufre (Fusion ou distillation du).	Émanations nuisibles, danger d'incendie.	2e
Soufre (Pulvérisation et blutage du).	Poussière, danger d'incendie	3e

DÉSIGNATION DES INDUSTRIES.	INCONVÉNIENTS.	CLASSES.
Sucre. (Voir *Raffineries et fabriques de sucre*.)		
Suif brun (Fabrication du).	Odeur, danger d'incendie.	1re
Suif en branches (Fonderies de) :		
1° A feu nu.	*Idem.*	1re
2° Au bain-marie ou à la vapeur.	Odeur.	2e
Suif d'os (Fabrication du).	Odeur, altération des eaux, danger d'incendie.	1re
Sulfate d'ammonique (Fabrication du) par le moyen de la distillation des matières animales.	Odeur.	1re
Sulfate de baryte. (Voir *Baryte*.)		
Sulfate de cuivre (Fabrication du) au moyen du grillage des pyrites.	Émanations nuisibles et fumée.	1re
Sulfate de mercure (Fabrication du) :		
1° Quand les vapeurs ne sont pas absorbées.	Émanations nuisibles.	1re
2° Quand les vapeurs sont absorbées.	Émanations moindres.	2e
Sulfate de peroxyde de fer (Fabrication du) par le sulfate de protoxyde de fer et l'acide nitrique (nitro-sulfate de fer).	Émanations nuisibles.	2e
Sulfate de protoxyde de fer ou couperose verte par l'action de l'acide sulfurique sur la ferraille (Fabrication en grand du).	Fumée, émanations nuisibles	3e
Sulfate de soude (Fabrication du) :		
1° Par la décomposition du sel marin par l'acide sulfurique, sans condensation de l'acide chlorhydrique.	Émanations nuisibles.	1re
2° Avec condensation complète de l'acide chlorhydrique.	*Idem.*	2e
Sulfate de fer, d'alumine et alun (Fabrication par le lavage des terres pyriteuses et alumineuses grillées du).	Fumée et altération des eaux	3e
Sulfure de carbone (Fabrication du).	Odeur, danger d'incendie.	1re
Sulfure de carbone (Manufactures dans lesquelles on emploie en grand le).	Danger d'incendie.	1re
Sulfure de carbone (Dépôts de). (Suivant le régime des huiles de pétrole.)		
Sulfure métalliques. (Voir *Grillage des minerais sulfureux*.)		
Tabacs (Manufacture de).	Odeur et poussière.	2e
Tabac (Incinération des côtes de).	Odeur et fumée.	1re
Tabatières en carton (Fabrication des).	Odeur et danger d'incendie.	3e
Taffetas et toiles vernis ou cirés (Fabrication de).	*Idem.*	1re
Tan (Moulins à).	Bruit et poussière.	3e
Tanneries.	Odeur.	2e
Teinturiers.	Odeur et altération des eaux	3e
Teintureries de peaux.	Odeur.	3e

DÉSIGNATION DES INDUSTRIES.	INCONVÉNIENTS.	CLASSES.
Terres émaillées (Fabrication de) :		
1° Avec fours non fumivores.	Fumée.	2°
2° Avec fours fumivores	Fumée accidentelle. . . .	3°
Terres pyriteuses et alumineuses (Grillage des).	Fumée, émanations nuisibles	1re
Teillage du lin, du chanvre et du jute en grand.	Poussière et bruit.	2°
Térébenthine (Distillation et travail en grand de la). (Voir *Huiles de pétrole, de schiste, etc.*)		
Tissus d'or et d'argent (Brûleries en grand des). (Voir *Galons.*)		
Toiles cirées. (Voir *Taffetas et toiles vernies.*)		
Toiles (Blanchiment des). (Voir *Blanchiment.*)		
Toiles grasses pour emballage, tissus, cordes goudronnées, papiers goudronnés, cartons et tuyaux bitumés (Fabrique de) :		
1° Travail à chaud.	Odeur, danger d'incendie. .	2°
2° Travail à froid.	*Idem.*	3°
Toiles peintes (Fabrique de).	Odeur.	3°
Toiles vernies (Fabrique de). (Voir *Taffetas et toiles vernies.*)		
Tôles et métaux vernis.	Odeur et danger d'incendie.	3°
Tonnellerie en grand opérant sur des fûts imprégnés de matières grasses et putrescibles.	Bruit, odeur et fumée. . . .	2°
Torches résineuses (Fabrication de).	Odeur et danger du feu. . .	2°
Tourbe (Carbonisation de la) :		
1° A vases ouverts.	Odeur et fumée.	1re
2° En vases clos.	Odeur.	2°
Tourteaux d'olives (Traitement des) par le sulfure de carbone.	Danger d'incendie.	1re
Tréfileries.	Bruit et fumée.	3°
Triperies annexes des abattoirs.	Odeur et altération des eaux	1re
Tueries d'animaux. (Voir aussi *Abattoirs publics.*). . . .	Danger des animaux et odeur	2°
Tuileries avec fours non fumivores.	Fumée.	3°
Urate (Fabrique d'). (Voir *Engrais préparés.*)		
Vacheries dans les villes de plus de 5.000 habitants. . .	Odeur et écoulement des urines.	3°
Varech. (Voir *Soude de varech.*)		
Vernis gras (Fabrique de).	Odeur et danger d'incendie.	1re
Vernis à l'esprit-de-vin (Fabrique de).	*Idem.*	2°
Vernis (Ateliers où l'on applique le) sur les cuirs, feutres, taffetas, toiles, chapeaux. (Voir ces mots.)		

DÉSIGNATION DES INDUSTRIES.	INCONVÉNIENTS.	CLASSES.
Verreries, cristalleries et manufactures de glaces :		
1° Avec fours non fumivores.	Fumée et danger d'incendie.	2°
2° Avec fours fumivores.	Danger d'incendie.	3°
Viandes (Salaisons des). (Voir *Salaisons*.)		
Visières et feutres vernis (Fabrique de). (Voir *Feutres et visières*.)		
Voiries. (Voir *Boues et et immondices*.)		
Wagons et machines (Construction de). (Voir *Machines etc.*)		

Le caractère saillant de cette nomenclature, comparée à celles qui l'ont précédée, c'est qu'elle a eu pour objet de simplifier l'application de la réglementation. En effet, elle a fait rentrer plus de cent industries dans le droit commun en les déclassant, c'est-à-dire en les faisant disparaître du tableau des établissements assujettis à l'autorisation préalable, et, pour celles qui y ont été maintenues, elle en a, autant qu'on l'a jugé possible, adouci les conditions en en faisant descendre de classe près de quatre-vingts. Par contre, quelques industries, mais en très-petit nombre, ont dû être introduites dans la nouvelle nomenclature ou relevées de classe. « La mesure « aura ainsi l'avantage, dit le Ministre dans son rapport à l'Empereur, « de diminuer le nombre de cas dans lesquels les industries ont « besoin de recourir à l'autorité, et, dans les circonstances où une « autorisation préalable a paru justifiée, de réduire souvent les « formalités et les délais. » Mais le nouveau décret, il est facile de le voir, n'a pas, malgré son importance, changé les bases mêmes de la législation ; il laisse subsister en son entier, pour les industries maintenues au tableau de classement, le régime établi par le décret du 15 octobre 1810, et par conséquent il ne touche en rien à cette partie capitale de la loi qui concerne les arrêtés d'autorisation.

Pour compléter ces indications générales, il convient d'ajouter que la compétence établie par le décret du 15 octobre 1810 a été, en ce qui concerne les établissements de la première classe, changée par le décret *de décentralisation* du 25 mars 1852, lequel a transporté aux préfets cette partie des attributions du Ministre. Le Ministre de l'intérieur, en annonçant aux préfets ce déplacement d'attributions, dans une circulaire en date du 15 octobre de la même année, a joint quelques instructions techniques qu'il est bon de rappeler :

ANNEXE A.

CONDITIONS A INSÉRER DANS LES ARRÊTÉS D'AUTORISATION DE CER-
TAINS ÉTABLISSEMENTS, RANGÉS DANS LA PREMIÈRE CATÉGORIE DES
ATELIERS DANGEREUX, INSALUBRES OU INCOMMODES.

—

§ 1er. Fabriques d'acide sulfurique.

« 1° Élever la cheminée de l'usine servant au dégagement du
« gaz à une hauteur convenable, qui sera déterminée d'après l'exa-
« men de la localité;

« 2° Condenser complétement les vapeurs ou gaz odorants ou
« nuisibles.

§ 2. Fabriques d'allumettes chimiques.

« 1° N'employer dans la confection des allumettes ni chlorate de
« potasse, ni aucun autre sel rendant les mélanges explosibles;

« 2° Broyer à sec et séparément les matières premières dont on
« fait usage;

« 3° Ne jamais préparer à la fois au delà d'un litre de matières
« mélangées de phosphore, lesquelles devront être conservées à la
« cave, dans un vase plongé dans l'eau;

« 4° Se livrer à cette fabrication dans un atelier légèrement con-
« struit, plafonné et non planchéié, et isolé de toute construction;

« 5° Recouvrir en plâtre tous les bois apparents dans les pièces
« où l'on confectionne les allumettes;

« 6° Déposer les objets fabriqués dans un local séparé, qui ne
« présente aucun danger sous le rapport du feu;

« 7° Opérer le transport des allumettes fabriquées dans des boîtes
« en métal, tel que fer-blanc, zinc, etc.

« Se conformer, en outre, à toutes les dispositions des règle-
« ments existants, et à toutes celles qui pourraient être prescrites
« ultérieurement sur le fait des fabriques d'allumettes chimiques.

« N. B. L'autorisation devra être limitée à cinq ans.

§ 3. Fabriques d'amorces fulminantes.

« 1° Se conformer à toutes les dispositions prescrites par les
« ordonnances des 25 juin 1823 et 30 octobre 1836, pour les fa-
« briques de poudre ou matières fulminantes;

« 2° Construire le séchoir et l'atelier de tamisage en matériaux
« légers, et la poudrière en maçonnerie ; séparer les diverses par-
« ties de l'établissement par des talus en terre, de 3 mètres de
« hauteur ;

« 3° Établir en dehors des talus les fourneaux du séchoir, pour
« l'élévation de la température duquel il ne sera employé que la
« vapeur ou l'eau chaude.

« N. B. L'autorisation devra être limitée à cinq ans.

§ 4. Artificiers.

« 1° Etablir la poudrière au-dessus du niveau du sol, et la cou-
« vrir d'une toiture légère ;

« 2° Ne jamais avoir en dépôt plus de 4 à 5 kilogrammes de pou-
« dre à la fois pour les besoins de la fabrication.

« N. B. L'autorisation devra être limitée à cinq ans.

§ 5. Boyauderies.

« 1° Tenir l'atelier dans un grand état de propreté, au moyen de
« fréquents lavages, soit à l'eau pure, soit à l'eau chlorurée ;

« 2° Ne recevoir que des menus convenablement préparés ou
« nettoyés ;

« 3° Ne conserver aucun des résidus susceptibles de fermenter
« ou de se putréfier ;

« 4° Donner un écoulement rapide aux eaux de lavage.

§ 6. Calcination des os.

« 1° Clore l'établissement de murs ;

« 2° Apporter les os dans l'établissement complétement déchar-
« nés, et limiter les approvisionnements aux besoins de la fabri-
« cation ;

« 3° Opérer la calcination des os à vases clos, et diriger la fumée
« des fours dans une cheminée commune, construite en briques et
« élevée de 10 mètres au-dessus du sol.

§ 7. Ateliers d'équarrissage et de cuisson de débris d'animaux.

« 1° Clore l'établissement de murs et l'entourer d'arbres ;

« 2° Paver les cours intérieures ; daller les caves à abattre les
« animaux, et y opérer de fréquents lavages ;

« 3° Garnir de dalles cimentées à la chaux hydraulique, jusqu'à
« 1 mètre de hauteur, le pourtour de l'atelier d'abattage et celui
« des ateliers de cuisson ;

« 4° Recevoir les matières liquides résultant du travail de l'équar-
« rissage dans des citernes voûtés et closes ; soumettre les chairs et
« les autres matières animales à une dessiccation suffisante pour
« qu'elles ne soient plus sujettes à se corrompre ;

« 5° Ne faire dans l'établissement aucune accumulation d'os ou
« de résidus ;

« 6° Faire la cuisson des chairs à vases clos, dans les vingt-
« quatre heures de l'abattage ;

« 7° Ne transporter les animaux morts à l'équarrissage que dans
« des voitures couvertes et munies d'une plaque indiquant leur
« destination.

§ 8. Dépôts d'engrais, de poudrette, etc.

« 1° Désinfecter les matières fécales dans les fosses d'aisances, et
« les transporter au moyen de tonneaux hermétiquement fermés ;

« 2° Déposer les matières dans des fosses recouvertes de hangars,
« et les couvrir de charbon afin d'éviter toute émanation désa-
« gréable ;

« 3° Construire les fosses destinées à recevoir les matières fécales
« en maçonnerie, et les cimenter de façon à empêcher le liquide
« de filtrer à travers les terres et d'infecter les puits ou citernes ;

« 4° Déposer sous les hangars, et à l'abri de l'humidité, les ma-
« tières converties en engrais.

§ 9. Fonderies de suif.

« 1° Recouvrir la chaudière dans laquelle la graisse est mise en
« fusion, d'une hotte en planches parfaitement jointes ;

« 2° Mettre cette hotte en communication avec la cheminée de
« tirage, et luter les joints de manière à forcer les vapeurs de se
« rendre dans le tuyau d'appel.

§ 10. Gaz d'éclairage.

« Se reporter aux conditions prescrites par l'ordonnance du 27
« janvier 1846, portant règlement sur les usines et les établisse-
« ments d'éclairage par le gaz.

« N. B. L'extension que prennent la plupart de ces usines exige
« *qu'elles soient éloignées le plus possible des habitations, et même*
« *qu'elles soient établies hors des villes.*

§ 11. Fabrique de toiles cirées, de cuirs vernis, de vernis.

« 1° Faire construire l'étuve en matériaux incombustibles ; .

« 2° Construire en plâtre et moellons le local où l'on fait cuire
« les huiles, et surmonter les chaudières d'une hotte avec un tuyau
« pour le dégagement des vapeurs.

§ 12. Triperies.

« N'amener dans la triperie que des matières fraîches, parfaite-
« ment lavées et prêtes à être soumises à la cuisson. »

Il suit de l'ensemble de ces dispositions que chaque établissement rentrant dans la catégorie prévue est régi par un arrêté
spécial, pris à son sujet, par le préfet ou le sous-préfet, selon le
cas, arrêté qui forme en quelque sorte la charte de cet établissement. De tels arrêtés varient nécessairement, pour la même
nature d'industrie, non-seulement d'un département à l'autre,
mais encore suivant les circonstances particulières de l'établissement, à l'appréciation de l'autorité. On peut donc dire, en principe, qu'il y a autant de règlements d'établissements qu'il y a
d'établissements.

Cet aperçu général donné, nous ferons quelques remarques sur
la législation.

La première, c'est que le décret du 15 octobre 1810 ne paraît
avoir eu en vue que la salubrité extérieure. C'est du moins ce qui
ressort des expressions qui y sont employées. Ainsi, les considé-
rants sont tirés des « plaintes portées par différents particuliers ; »
le classement est basé uniquement sur les rapports des manufactures avec « les habitations des tiers ; » les inconvénients prévus
sont tous relatifs à « la salubrité publique, la culture, ou l'intérêt
général. » Le même langage se retrouve dans les instructions
ministérielles ainsi que dans divers actes postérieurs concernant
le même objet. Dans l'ordonnance royale du 9 février 1825, par
exemple, comme dans la circulaire explicative du 25 mai suivant,
il est question des « ateliers et établissements qui, à raison de
l'insalubrité, ou de l'incommodité, ou des dangers qui en résultent
pour le voisinage, ne peuvent être formés sans autorisation. » La
salubrité des ateliers n'est jamais mentionnée, ce qui serait peu
explicable, eu égard à la grandeur de l'objet, si les actes dont
nous parlons avaient dû s'y rapporter. Aussi, quand la Belgique,
qui possédait notre législation, a voulu protéger efficacement

cetté branche de la santé publique, elle a jugé à propos d'insérer dans ses codes les dispositions suivantes :

Art. 2... « Elles (les demandes d'autorisation) font connaître, de « plus, les mesures projetées en vue de prévenir ou d'atténuer les « inconvénients auxquels l'établissement pourrait donner lieu, *tant* « *pour les ouvriers attachés à l'exploitation* que pour les voisins et « pour le public. »

Art. 6. « Les autorisations sont subordonnées aux réserves et « conditions qui sont jugées nécessaires dans l'intérêt de la sûreté « et de la salubrité publiques, *ainsi que dans l'intérêt des ouvriers* « *attachés à l'établissement.* »

(Arrêté royal du 29 janvier 1863.)

A la vérité les instructions ministérielles qui se sont succédé depuis 1810, ainsi que les décrets spéciaux rendus sur divers objets, se sont de plus en plus inspirés d'une pensée de protection à l'égard des ouvriers; les arrêtés d'autorisation pris par les préfets ont développé cette pensée en la précisant, c'est-à-dire en donnant place à des dispositions techniques *ad hoc*, mais nulle part on n'aperçoit bien clairement que le droit de réglementer l'intérieur des établissements ait été donné par le législateur à l'autorité administrative. Si donc on s'en tient à la lettre de la loi on peut admettre que, sauf les cas spéciaux qui ont reçu une réglementation à part, les mesures de protection contenues dans les arrêtés préfectoraux ne dérivent pas en droite ligne du statut fondamental de 1810.

La seconde remarque, c'est que la législation est *préventive*, c'est-à-dire a l'intention de prévenir les inconvénients à l'aide de certaines dispositions fixées par l'autorité. Tel est précisément l'objet des arrêtés d'autorisation qui tous contiennent l'indication de moyens techniques à employer obligatoirement par l'industriel pour mettre le voisinage à l'abri des effets de ses opérations. Ces moyens portent soit sur les émissions nuisibles qu'il faut détruire ou empêcher, soit sur le procédé même de fabrication qui doit être exercé suivant tel ou tel mode réputé inoffensif. En thèse générale on ne se borne pas à prescrire l'innocuité, mais on en précise le moyen pratique par lequel cette innocuité devra être réalisée. Nous n'avons pas à examiner ici la valeur de ce système de réglementation, nous nous bornerons à constater qu'il a soulevé des critiques nombreuses : on lui a reproché notamment d'enchaîner l'initiative de l'industrie dans un programme officiel, d'étouffer dans leur germe les améliorations qui naissent de l'esprit de recherche, de gêner

souvent le fabricant par des conditions inopportunes ou la prescription de procédés surannés et enfin de substituer la responsabilité de l'administration à celle des industriels, puisqu'il se pouvait très-bien faire que la stricte réalisation du programme officiel laissât encore subsister des inconvénients qu'on n'avait pas
prévus. Ces considérations ont fortement préoccupé, à diverses
reprises, le comité consultatif des arts et manufactures, et plusieurs fois l'opinion a été émise, au sein de ce corps savant, qu'il
serait désirable, pour chaque branche d'industrie où cela serait
reconnu possible, d'édicter un règlement général s'appliquant à
tous les établissements du groupe, de telle façon que les clauses
techniques individuelles fussent désormais supprimées. C'est en
effet ce qui a eu lieu pour quelques industries qui se sont prêtées
à cette généralisation et nous citerons, comme exemple, le dernier
règlement intervenu le 18 avril 1866, concernant les huiles de
pétrole :

DÉCRET.

« Napoléon, etc.,

« Sur le rapport de notre ministre secrétaire d'État au dépar-
« tement de l'agriculture, du commerce et des travaux publics;

« Vu les lois des 16-24 août 1790 et 19-22 juillet 1791;

« Vu le décret du 15 octobre 1810;

« Vu les ordonnances des 14 janvier 1815 et 9 février 1829;

« Notre conseil d'État entendu,

« Avons décrété et décrétons ce qui suit :

ARTICLE PREMIER.

« Le pétrole et ses dérivés, les huiles de schiste et de goudron,
« les essences et autres hydrocarbures pour l'éclairage, le chauf-
« fage, la fabrication des couleurs et vernis, le dégraissage des
« étoffes ou pour tout autre emploi, sont distingués en deux caté-
« gories, suivant leur degré d'inflammabilité.

« La première catégorie comprend les substances très-inflamma-
« bles, c'est-à-dire celles qui émettent, à une température moindre
« de 55 degrés du thermomètre centigrade, des vapeurs suscepti-
« bles de prendre feu au contact d'une allumette enflammée.

« La seconde catégorie comprend les substances moins inflam-
« mables, c'est-à-dire celles qui n'émettent de vapeurs susceptibles
« de prendre feu au contact d'une allumette enflammée qu'à une
« température égale ou supérieure à 55 degrés.

ART. 2.

« Les usines pour la fabrication, la distillation et le travail en
« grand de toutes les substances comprises dans l'article 1er sont
« rangées dans la première classe des établissements régis par le
« décret du 15 octobre 1810 et par l'ordonnance royale du 14 jan-
« vier 1815, concernant les ateliers dangereux, insalubres ou in-
« commodes.

ART. 3.

« Les dépôts de substances appartenant à la première catégorie
« sont rangés dans la première classe des établissements insalu-
« bres ou dangereux, s'ils contiennent, même temporairement,
« 1,050 litres ou plus desdites substances.

« Ils sont rangés dans la deuxième classe lorsque la quantité
« emmagasinée, supérieure à 150 litres, n'atteint pas 1.050 litres.

« Les dépôts pour la vente au détail, en quantité n'excédant pas
« 150 litres, peuvent être établis sans autorisation préalable. Toute-
« fois leurs propriétaires sont tenus d'adresser au préfet une décla-
« ration indiquant la désignation précise du local, la quantité à
« laquelle ils entendent limiter leur approvisionnement, et de
« se conformer aux mesures générales énoncées dans l'article 5
« ci-après.

ART. 4.

« Les dépôts de substances appartenant à la deuxième catégorie
« sont rangés dans la première classe des établissements insalu-
« bres ou dangereux, s'ils contiennent, même temporairement,
« 10.500 litres ou plus desdites substances.

« Ils appartiennent à la deuxième classe lorsque la quantité em-
« magasinée, supérieure à 1.050 litres, n'atteint pas 10.500 litres.

« Les dépôts pour la vente au détail, en quantité n'excédant pas
« 1.050 litres, peuvent être établis sans autorisation préalable. Tou-
« tefois, leurs propriétaires sont tenus d'adresser au préfet une dé-
« claration indiquant la désignation précise du local et la quantité à
« laquelle ils entendent limiter leur approvisionnement, et de se con-
« former aux mesures générales énoncées dans l'article 5 ci-après.

ART. 5.

« Les dépôts pour la vente au détail de substances de la pre-
« mière catégorie, en quantité supérieure à 5 litres et n'excédant

« pas 150 litres, et les dépôts de substances de la deuxième caté-
« gorie, en quantité supérieure à 60 litres et n'excédant pas
« 1,050 litres, qui, aux termes des articles 4 et 5, peuvent être
« établis sans autorisation préalable, sont assujettis aux conditions
« générales suivantes :

« 1º Le local du dépôt ne pourra être qu'une pièce au rez-de-
« chaussée ou une cave ; il sera dallé en pierres posées et rejoin-
« toyées en mortier de chaux et sable ou ciment ;

« 2º Les portes de communication avec les autres parties de la
« maison et avec la voie publique seront garnies de seuils en pierre
« saillants d'un décimètre au moins sur le sol dallé, de manière à
« retenir les liquides qui viendraient à se répandre ;

« 3º Si le dépôt est établi dans une cave, celle-ci devra être bien
« éclairée par la lumière du jour, convenablement ventilée et sans
« aucune communication avec les caves voisines, dont elle sera
« séparée par des murs pleins, en maçonnerie solide, de 30 cen-
« timètres d'épaisseur au moins ;

« 4º Si le local du dépôt est au rez-de-chaussée, il ne pourra être
« surmonté d'étages ; il sera largement ventilé et éclairé par la
« lumière du jour ; les murs seront en bonne maçonnerie, et la toi-
« ture sera sur supports en fer ;

« 5º Dans tous les cas, le local sera d'un accès facile et ne devra
« être en communication avec aucune pièce servant à l'emmaga-
« sinage du bois ou autres matières combustibles qui pourraient
« servir d'aliment à un incendie ;

« 6º Les liquides seront conservés, soit dans des vases en métal
« munis d'un couvercle, soit dans des fûts solides et parfaitement
« étanches, cerclés en fer, dont la capacité ne dépassera pas
« 150 litres, soit dans des touries en verre ou en grès, revêtues
« d'une enveloppe en tresses de paille, osier ou autres matières de
« nature à mettre le vase à l'abri de la casse par le choc acciden-
« tel d'un corps dur ; la capacité de ces touries ne dépassera pas
« 60 litres, et elles seront très-soigneusement bouchées ;

« 7º Les vases servant au débit courant seront fermés et munis
« de robinets ;

« 8º Le transvasement ou dépotage des liquides en approvision-
« nement ne se fera qu'à la clarté du jour, et, autant que possible,
« au moyen d'une pompe ;

« 9º Dans la soirée, le local sera éclairé par une ou plusieurs
« lanternes fixées aux murs, en des points éloignés des vases con-
« tenant les liquides inflammables, et particulièrement de ceux
« qui serviront au débit courant ;

« 10° Il est interdit d'y allumer du feu, d'y fumer et d'y garder
« des fûts vides, des planches ou toutes autres matières combus-
« tibles ;

« 11° Une quantité de sable ou de terre, proportionnée à l'im-
« portance du dépôt, sera conservée dans le local, pour servir à
« éteindre un commencement d'incendie, s'il venait à se déclarer.

« 12° Le propriétaire du dépôt devra toujours avoir à sa disposi-
« tion une ou plusieurs lampes de sûreté, garnies et en bon état,
« dont on se servirait, au besoin, pour visiter les parties du local
« que les lanternes fixées au mur n'éclaireraient pas suffisamment.
« Il est expressément interdit de circuler dans le local avec des
« lumières portatives découvertes qui ne seraient pas de sûreté
« et pourraient communiquer le feu à un mélange d'air et de va-
« peurs inflammables.

« Les marchands én détail, dont l'approvisionnement est limité à
« 5 litres de substances de la première catégorie ou à 60 litres de
« substances de la deuxième catégorie, seront tenus d'observer les
« mesures de précaution qui, dans chaque cas, leur seront indi-
« quées et prescrites par l'autorité municipale.

ART. 6.

« Les dépôts qui ne satisferaient point aux conditions prescrites
« ci dessus ou qui cesseraient d'y satisfaire seront fermés, sur l'in-
« jonction de l'autorité administrative, sans préjudice des peines
« encourues pour contraventions aux règlements de police.

ART. 7.

« Le transport de toutes les substances comprises dans l'ar-
« ticle 1er, en quantité excédant 5 litres, sera fait exclusivement,
« soit dans des vases en tôle, en fer-blanc ou en cuivre, bien étan-
« ches et hermétiquement clos, soit dans des fûts en bois, parfai-
« tement étanches, cerclés en fer, dont la capacité ne dépassera
« pas 150 litres, soit dans des touries ou bonbonnes en verre ou
« en grès, de 60 litres de capacité au plus, bouchées et envelop-
« pées de tresses en paille, osier ou autres matières de nature à
« mettre le vase à l'abri de la casse.

ART. 8.

« Notre Ministre Secrétaire d'État au département de l'agricul-
« ture, du commerce et des travaux publics est chargé de l'exécu-
« tion du présent décret.

La troisième remarque que nous voulions faire, est relative à l'organisation de la surveillance destinée à assurer l'exécution des règlements Ainsi qu'on a pu le voir, le décret du 15 septembre 1810 n'a désigné aucun fonctionnaire spécial pour exercer cette surveillance. Il s'en est simplement remis « aux ministres de l'intérieur et de la police générale, » lesquels y ont pourvu à l'aide des agents de la police ordinaire. Ce moyen est manifestement insuffisant, vu le manque de compétence technique de ces agents, en sorte que les établissements se sont trouvés dépourvus de toute surveillance effective. En 1848, le gouvernement entreprit de combler, jusqu'à un certain point, cette lacune, et un arrêté du chef du pouvoir exécutif, en date du 18 décembre 1848, institua les conseils d'hygiène des départements qui eurent à se prononcer fréquemment sur les infractions aux arrêtés commises par les maîtres de fabriques. Mais on ne saurait voir là une véritable surveillance administrative, car les conseils d'hygiène n'interviennent que dans les affaires dont ils sont régulièrement saisis par l'autorité préfectorale, et leurs membres n'ont point qualité pour se transporter individuellement ni, surtout, *spontanément*, dans les usines ; ils n'ont le droit d'y pénétrer qu'en vertu d'une délégation spéciale du conseil d'hygiène pour l'instruction d'affaires déterminées. On peut donc dire qu'en fait la surveillance administrative n'a guère profité de l'introduction de ce rouage nouveau.

Nous dirons peu de chose des législations belge et prussienne.

Nous avons déjà fait connaître la disposition la plus saillante qui différencie la loi belge de la nôtre ; c'est celle qui touche la salubrité intérieure. Les autres articles du décret de 1810 ont été adoptés, sans changements appréciables de fond, par nos voisins. En Prusse le texte de la loi diffère notablement, mais l'esprit est le même, sauf toujours en ce qui concerne la protection des ouvriers, lesquels, comme en Belgique, ont été l'objet de dispositions tutélaires. Voici notamment un paragraphe essentiel de l'instruction ministérielle du 18 août 1853 traçant les devoirs des agents de l'autorité, en exécution des lois en vigueur :

« Lorsque pour la conservation de la santé des jeunes ouvriers,
« il paraîtra indispensable de procéder à des changements et amé-
« liorations dans les localités existantes, le gouvernement de la
« province prendra les mesures jugées nécessaires pour les obte-
« nir, soit à l'amiable, soit par voie d'exécution administrative ;
« et, au besoin, l'occupation desdites localités insalubres sera in-
« terdite. Il est prescrit avant tout de veiller à ce que dans les

« établissements industriels et fabriques, l'air soit pur et que
« l'excès de froid ou de chaleur soit évité. Il est particulièrement
« recommandé d'examiner les nouveaux plans de ce genre d'éta-
« blissements qui viendraient à être construits. »

En Belgique comme en Prusse et l'on peut dire dans toute l'Allemagne, la salubrité extérieure est donc sauvegardée à peu près par
les mêmes mesures qu'en France, c'est-à-dire au moyen d'arrêtés
d'autorisation qui stipulent certaines conditions techniques à remplir par l'exploitant. Il convient toutefois de remarquer qu'au
moins en Belgique il y a une réaction assez marquée contre ce caractère de la législation et que les actes administratifs eux-mêmes
reflètent le sentiment qui existe à cet égard parmi des hommes
très-compétents. Ainsi quand il s'est agi dans ce pays, en 1856, de
procéder en Belgique à une nouvelle réglementation des fabriques
de soude, le ministre de l'intérieur a repoussé les conclusions de
la commission nommée *ad hoc*, lesquelles tendaient à imposer aux
fabricants certaines mesures déterminées. L'arrêté royal s'est borné
à prescrire l'obligation, pour ces fabricants, de faire disparaître
les inconvénients signalés. « Tout ce que le gouvernement doit
« exiger, dit le ministre, c'est que les fabriques cessent de ré-
« pandre dans leur voisinage des émanations nuisibles, et que ce
« but soit atteint sans que la salubrité intérieure des usines en
« souffre... » En conséquence l'arrêté royal porte:

« Art. 1er. Les propriétaires ou directeurs de fabriques de pro-
« duits chimiques (acide sulfurique, sulfate de soude, soude arti-
« ficielle) sont tenus de prendre, dans un délai de deux mois à
« dater de la publication du présent arrêté, toutes les mesures
« propres à empêcher que l'exploitation de leurs usines ne puisse
« être nuisible à la salubrité publique ou intérieure, à la culture
« ou à l'intérêt général. »

Au surplus, en Belgique comme en France, on s'est préoccupé
d'étendre autant que possible le nombre des règlements généraux
qui permettent de supprimer les clauses individuelles. Voici, par
exemple, un règlement concernant les fabriques d'huiles de résine, en date du 21 avril 1857, dont on se loue beaucoup à Bruxelles:

« 1° Les foyers de distillation seront en dehors de l'usine.

« 2° Les huiles de résine, soit qu'elles proviennent de la distilla-
« tion de la résine ou de l'huile brute de résine, seront reçues en
« vase clos et conduites directement, à l'aide de tuyaux métalli-
« ques, vers les réservoirs destinés à les contenir.

« Ces réservoirs devront se trouver dans des magasins isolés et
« éloignés de 10 mètres, au minimum, des ateliers de distillation.

« 3° Les gaz qui prennent naissance pendant la distillation de la
« résine et de l'huile brute de résine seront conduits, au travers
« d'une soupape hydraulique, sous un foyer incandescent, pour y
« être brûlés complétement.

« 4° Autant que possible, les réservoirs des huiles seront creusés
« dans le sol, et, dans ce cas, ils seront voûtés et parfaitement
« clos.

« 5° Lorsque les huiles de résine seront conservées dans des vais-
« seaux en bois ou dans des réservoirs métalliques, ces vaisseaux
« ou ces réservoirs seront toujours parfaitement fermés. Il ne
« pourra être établi, dans ce cas, aucun fourneau, aucun foyer
« dans le magasin.

« 6° L'atelier où se fait la distillation de la résine et la rectifica-
« tion de l'huile brute de résine, celui où se fabrique la *graisse
« industrielle*, le magasin où sont conservées les huiles de résine
« et les graisses, seront constamment clos et entretenus dans le
« plus grand état de propreté. Autant que possible, les récipients
« des huiles de résine, comme le sol des ateliers et des magasins,
« seront construits en matériaux imperméables.

« 7° Les foyers ne pourront être alimentés par du goudron, du
« bois imprégné de goudron, de résine ou d'huile de résine, ni
« en général par aucune matière inflammable capable de répandre
« au loin du noir de fumée et des émanations odorantes. »

Relativement à l'organisation de la surveillance administrative,
elle est sensiblement différente en Belgique et en Prusse, de ce
qu'elle est en France. Elle est confiée, pour toutes les classes d'industries, aux autorités communales qui l'exercent par les soins de
leur architecte ou agent-voyer, lequel, dans les villes de quelque
importance, est un homme spécial, compétent en matière d'établissements industriels. Elle est complétée par l'intervention des
inspecteurs du gouvernement qui, grâce à l'ascendant moral qu'ils
obtiennent sur les fabricants, parviennent souvent à déterminer
des améliorations considérables dans la salubrité soit intérieure
soit extérieure. En Belgique cette organisation a été établie par
l'arrêté royal du 29 janvier 1863, déjà cité, et dont les articles
essentiels, relatifs à l'inspection, sont ainsi conçus:

« Art. 9. Les agents chargés de la surveillance ont le droit de
« s'assurer en tout temps de l'accomplissement des conditions qui
« règlent l'exploitation des établissements insalubres.

« Art. 14. Le collége des bourgmestres et échevins est chargé de
« la surveillance permanente des établissements autorisés. La
« haute surveillance de ces mêmes établissements s'exerce par les

« soins des fonctionnaires ou agents délégués à cet effet, par notre
« ministre de l'intérieur.

« ...L'industriel soumis à cette surveillance est tenu de produire,
« à toute réquisition des agents qui l'exercent, les plans officiels de
« son établissement et les documents administratifs qui en règlent
« l'exploitation. »

La haute surveillance à laquelle fait allusion le premier paragraphe de cet article est précisément celle dont nous parlions tout
à l'heure. Les inspecteurs centraux sont au nombre de trois, et
résident à Bruxelles; leur juridiction s'étend sur tout le royaume,
chacun d'eux pour certains groupes d'industries. Leurs fonctions,
antérieures à l'arrêté royal précité, ont été expressément maintenues par ledit arrêté, comme en témoigne la circulaire ministérielle du 4 février 1563, ainsi conçue :

« L'article 14, dit le ministre, garantit à l'autorité provinciale,
« par le maintien de l'inspection centrale, le concours de fonc-
« tionnaires compétents pour l'exercice des attributions nouvelles
« que lui confère l'arrêté royal du 29 janvier 1863. Les inspecteurs
« attachés à mon département pour la surveillance des établisse-
« ments soumis à la police administrative, conserveront, en vertu
« de cet article, les fonctions qu'ils remplissent aujourd'hui, et la
« députation permanente pourra toujours, par mon intermédiaire,
« recourir à leurs lumières et à leur expérience comme à celles
« du conseil supérieur d'hygiène publique, pour la solution des
« difficultés qu'elle jugera utile de leur soumettre. »

En Prusse cette dernière branche de la surveillance est moins
régulièrement organisée. Certains cercles, tels que celui de Dusseldorf, ont un inspecteur régional, résidant au chef-lieu, tandis
que plusieurs autres en sont dépourvus.

La législation anglaise, en ce qui concerne la salubrité industrielle, est très-complexe, et il est tout à fait impossible de l'ana-
lyser. Elle n'a point été faite avec ensemble, mais les dispositions
ont été rendues successivement au fur et à mesure que les besoins
se faisaient sentir. On peut seulement remarquer que la réglementation et la surveillance se renforcent sensiblement avec le temps
et qu'après être partis de l'impunité presque absolue, les Anglais
en sont peu à peu arrivés à une répression plus rigoureuse, sur
certains points, que la nôtre. Elle en diffère toutefois par ce côté
essentiel, c'est qu'au lieu d'être préventive ou de fixer à l'avance
des conditions techniques propres à prévenir le mal, elle en laisse
ordinairement la pleine responsabilité au fabricant et se borne

à interdire la production du dommage. Au surplus, nous allons reproduire les principales dispositions sur la matière.

Jusqu'à ces dernières années les prescriptions fondamentales
qui régissaient les fabriques incommodes ou insalubres, dans leurs
rapports avec le public, étaient l'art. 64 du *Public Health Act*
(31 août 1848) et les art. 11 et 27 du *Nuisance removal Act* (14 août
1855). Le premier de ces articles est ainsi conçu :

« Les industries pour bouillir le sang et les os, celles de mar-
« chand de peaux, de tueur de bestiaux, chevaux ou animaux de
« toute espèce, de savonnier, de fondeur de suif, de bouilleur de
« tripes, ou autre industrie, métier ou fabrication nuisible ou in-
« commode, ne devront plus être établies dans un bâtiment ou
« endroit quelconque, après que le présent acte aura été appliqué
« au district dans lequel ledit bâtiment ou endroit est situé, sans
« le consentement du conseil local de salubrité, à moins que le
« conseil général (*) (de salubrité) n'en décide autrement. Qui-
« conque contreviendra à cette prescription sera passible pour
« chaque contravention d'une amende de 50 livres (sterling) et
« d'une autre amende de 14 schellings pour chaque jour pendant
« lequel durera la contravention ; et ledit conseil local pourra, à
« un moment quelconque, faire tel règlement concernant les in-
« dustries ainsi nouvellement établies, qu'il jugera nécessaire ou
« convenable pour en prévenir ou diminuer les effets nuisibles ou
« incommodes (**). »

L'article 27 du *Nuisances removal Act*, qu'il convient, dans l'ordre
logique, de faire passer avant l'article 11, dispose :

« Si quelque fabrique de bougies, fonderie, savonnerie, abattoir,
« si quelque bâtiment ou endroit pour bouillir les débris ou le
« sang ou pour bouillir, brûler ou broyer les os, ou si quelque
« manufacture, bâtiment ou endroit, affecté à un métier, industrie,
« procédé ou fabrication occasionnant des exhalaisons, est à un
« certain moment dénoncé à l'autorité locale par un officier mé-
« dical ou par des médecins praticiens légalement qualifiés, comme
« étant nuisible ou préjudiciable à la santé des habitants du voisi-
« nage, l'autorité locale portera plainte devant un juge qui pourra
« traduire devant deux juges assemblés en petite session, dans le

(*) Le conseil général a été supprimé depuis, par le *Local government Act*,
du 2 août 1858.
(**) Il est à remarquer que le *Public Health Act* ne s'applique qu'aux localités où, à la demande des habitants, il a été rendu expressément exécutoire
en vertu de décrets royaux ou d'actes du parlement (art. 8 à 10 du même acte).

c

« lieu ordinaire de leurs séances, la personne pour laquelle ou au
« compte de laquelle le travail dont on se plaint est exécuté. Ces
« juges feront enquête sur la plainte, et s'il leur apparaît que le
« métier ou l'industrie exercée par la personne en cause est nui-
« sible..... ladite personne sera, sur procédure sommaire, con-
« damnée à payer une somme n'excédant pas 5 livres (sterling) et
« d'au moins 2 livres ; et, à la seconde fois, une somme de 10 livres,
« et, à chaque nouvelle fois, une somme double de la précédente,
« la plus forte somme ne pouvant en aucun cas dépasser 200 li-
« vres..... Étant réservé que les présentes dispositions ne s'éten-
« dront ou ne seront applicables à aucun endroit hors des limites
« d'une cité, ville ou district populeux. »

Cet article, postérieur de sept ans au précédent, ne reproduit
pas, comme on voit, la clause de l'autorisation préalable qui n'avait
jamais, du reste, été sérieusement appliquée. On a reproché avec
raison au même article de donner une énumération de métiers extrêmement incomplète. Les industries omises sont d'un caractère
si tranché que, selon la remarque du rapporteur de l'enquête de
1862 sur les dommages causés par les vapeurs nuisibles, « il a été
« tenu pour au moins douteux si les mots *métier, industrie, procédé*
« ou *fabrication* ne sont pas gouvernés par les mots précédents et
« ne doivent pas être en parité de signification avec eux ; auquel
« cas, quelques-unes des plus grandes causes de dommages ne se-
« raient pas atteintes. » La conséquence naturelle, c'est qu'à côté
d'industries réglementées on pouvait trouver dans la même localité
des industries beaucoup plus nuisibles, qui ne l'étaient pas. Enfin,
selon une autre remarque du même rapporteur, « l'acte est limité
« aux *cités, villes* ou *districts populeux*, tous mots qui n'ont jamais
« reçu, paraît-il, une interprétation légale, » en sorte que l'application de la loi restait subordonnée à des appréciations arbitraires.

Enfin l'art. 11 du même acte établit le droit de surveillance en
ces termes :

« L'autorité locale aura le droit d'entrée, aux fins ci-après du
« présent acte, et sous les conditions suivantes :

« 1° Pour baser les poursuites ;

« Dans ce but, quand l'autorité locale ou quelqu'un de ses agents
« a des motifs raisonnables de croire qu'une cause d'incommodité
« existe sur quelque bien privé, demande peut être faite par elle
« ou son agent à la personne ayant la garde du bien, pour être
« admis à inspecter ledit bien, *entre 9 heures du matin et 6 heures*
« *du soir*. Si l'admission n'est pas accordée, tout juge ayant la ju-
« ridiction du lieu peut, sur serment fait devant lui de la croyance

« en l'existence de la cause d'incommodité, et à condition que raï-
« sonnable avis de l'intention de recourir au magistrat ait été donné
« par écrit à la partie sur le bien de laquelle ladite incommodité est
« supposée exister, peut, disons-nous, requérir, par ordre compé-
« tent, la personne ayant la garde du bien d'admettre l'autorité
« locale ou son agent. Si aucune personne ayant la garde du bien
« ne peut être trouvée, le magistrat peut et doit, sur serment fait
« devant lui de la croyance en l'existence de la cause d'incommo-
« dité et du fait qu'aucune personne ayant la garde du bien n'a pu
« être trouvée, autoriser par ordre compétent l'autorité locale ou
« ses agents à entrer dans le bien entre les limites d'heures sus-
« mentionnées. »

Cet article était manifestement très-insuffisant. Comment, en
effet, saisir une contravention à laquelle on donne tout le temps de
disparaître avant que les agents soient admis, à la constater? Et
dans l'hypothèse même où le corps du délit serait de nature à
pouvoir encore être saisi, il est visible que les restrictions apportées aux heures d'entrée donnent la latitude, dans une foule d'industries, d'organiser le travail de manière à ce que les opérations
dommageables soient conduites exclusivement de 6 heures du soir
à 9 heures du matin, ce qui les met à l'abri de toute poursuite
efficace.

La combustion de la fumée était régie par une législation particulière. Le *Smoke nuisance abatement Act*, spécial à la métropole,
porte :

« *Art.* 1er. Depuis et après le 1er août 1854, tout fourneau em-
« ployé ou à employer dans la métropole pour le service des ap-
« pareils à vapeur, comme aussi tout fourneau employé ou à em-
« ployer dans toute manufacture, fabrique, imprimerie sur étoffes,
« teinturerie, fonderie de fer, verrerie, distillerie, brasserie, raf-
« finerie, boulangerie, usine à gaz, usine à eau ou autres bâtiments
« affectés à une industrie ou à une fabrication dans les limites de
« la métropole (quand bien même on n'y ferait pas usage de ma-
« chine à vapeur) sera dans tous les cas construit ou modifié de
« façon à consumer ou à brûler la fumée dégagée d'un tel four-
« neau (*)... »

Suivent les pénalités de 5 livres au plus et 14 schellings au

(*) Cet article exceptait les fabriques de verres et de poteries antérieures à
la promulgation dudit acte. Mais cette exception a été rappelée par *Amend-
ment Act* de 1856, qui a, en outre, ajouté à l'énumération des fourneaux des
bains et des lavoirs.

moins pour la première contravention, et allant en doublant pour chaque contravention nouvelle. Un autre article de l'acte étend expressément les mêmes dispositions à tous les appareils des bateaux à vapeur fais nt le service de la Tamise, en amont de London Bridge.

La loi commune était moins rigoureuse. Elle écartait plusieurs genres de fabrications, et laisse en outre aux autorités locales une grande latitude pour déterminer des exceptions parmi les industries existantes. Ainsi l'article 45 du *Local Government Act* (2 août 1858), qui régissait toute la matière, après avoir rappelé et *incorporé*, selon le mot consacré, l'article 58 du *Towns improvement Clauses Act* (21 juin 1847), ajoute :

« ..... Sous cette restriction que les dispositions susmentionnées « relatives à la défense de faire de la fumée n'iront point jusqu'à « obliger de brûler *toute* la fumée dans tout ou partie des opéra- « tions suivantes, savoir : la fabrication du coke, la calcination du « minerai de fer ou de la pierre à chaux, la fabrication des bri- « ques, poteries, pierres artificielles, tuiles, tuyaux, ou l'extraction « de tous minerais ou minéraux, la fonte des minerais de fer, l'af- « finage, puddlage, cinglage et laminage du fer et autres métaux, « la fusion et le moulage de la fonte de fer, ou la fabrication du « verre, dans tout district où les dispositions dudit acte (le *Towns* « *improvement Clauses Act*), pour la défense de faire de la fumée, « ne sont pas encore en vigueur, et dans lequel le conseil local « décidera qu'une ou plusieurs de ces opérations devront être « exemptes de pénalité, relativement à la non-combustion de toute « la fumée, pendant un délai déterminé par la même décision, le- « quel délai n'excèdera pas dix ans, mais pourra être renouvelé « pour une période égale ou plus courte, si le conseil le juge à « propos. »

C'est l'ensemble des dispositions que nous venons de rappeler qui, dans ces dernières années, a subi des changements considérables. A partir de 1862, année de l'enquête sur « les vapeurs nuisibles, » provoquée par les ravages des fabriques de soude, la réglementation s'est sensiblement aggravée. L'*Alkali Act* de 1863, intervenu à la suite de cette enquête, et spécial aux fabriques de soude, a consacré, en ce qui concerne ces établissements, un régime très-sévère. Cet acte tranche absolument avec les dispositions antérieures et se rapproche beaucoup de la loi française ; car loin de maintenir la réserve extrême qu'on a vue dans le droit de surveillance, et d'en subordonner l'exercice aux plaintes des particuliers lésés, il crée, au contraire, pour l'autorité publique, l'obligation d'intervenir *spontanément* dans les fabriques. La nouvelle loi est impérative à cet égard, et confère en même temps, comme on va le voir, aux agents de l'autorité des attributions considérables en vue de l'accomplissement de leur mandat :

« ART. 9. — *Ce sera le devoir* de tout inspecteur institué en
« vertu du présent acte, de s'assurer de temps en temps que toutes
« les fabriques de soude sont conduites en conformité des dispo-
« sitions dudit acte et de faire exécuter ces dispositions..... En
« vue de l'accomplissement de ce devoir, l'inspecteur peut à tout
« moment raisonnable, de jour et de nuit, et sans donner avis
« préalable, mais de façon à ne pas interrompre la fabrication,
« pénétrer dans une fabrique de soude pour l'inspecter et exami-
« ner l'efficacité des appareils de condensation, la proportion
« d'acide muriatique condensée, et généralement se livrer à toute
« investigation pouvant montrer l'exécution ou la non-exécution
« des dispositions dudit acte. Le maître de fabrique sera tenu de
« fournir à l'inspecteur, sur sa demande, et dans un délai raison-
« nable, un dessin, que l'inspecteur gardera secret, de tous les ap-
« pareils dans lesquels a lieu la décomposition du sel marin, ou
« toute autre opération engendrant l'acide muriatique, ainsi que
« la condensation de ce gaz. »

« Il sera loisible à l'inspecteur, mais sans gêner la fabrication,
« de faire telles épreuves ou expériences qu'il jugera convenables
« pour vérifier l'efficacité des appareils de condensation ou la
« quantité de gaz condensé... »

Cet acte est encore remarquable sous un autre rapport, c'est qu'il dessaisit l'autorité locale, seule compétente d'ordinaire en matière de dégagements nuisibles, et qu'il lui substitue l'Administration centrale. Les inspecteurs sont en effet nommés par le *Board of Trade*, sorte de comité administratif qui correspond assez bien à notre direction générale du commerce. La surveillance des fabriques de soude se trouve donc plus fortement organisée qu'elle ne l'est en France pour aucune sorte d'établissements insalubres.

En même temps, l'ensemble des industries ainsi que plusieurs autres objets relatifs à la santé publique ont été atteints par un acte extrêmement important, le *Sanitary Act* de 1866, qui a consacré une véritable révolution sanitaire dans le Royaume-Uni. Cette loi, en 69 articles, se divise en quatre parties : les première et troisième se rapportent à la voirie urbaine (drainage, eaux publiques, etc.), aux logements insalubres, aux inhumations, etc. ; nous les examinerons dans l'ouvrage consacré à l'assainissement des villes ; la partie 4e concerne l'application à l'Irlande et n'offre rien d'intéressant pour notre objet ; la partie 2e comprend les dégagements nuisibles, ou pour être plus exact les diverses causes d'insalubrité qui se rattachent plus ou moins directement à la protection de l'atmosphère ; c'est de celle-là seule que nous avons à nous occuper ici.

L'art. 14 (le 1er de cette 2e partie) définit et confirme sous la rubrique commune de *Nuisance removal Act* ceux des actes antérieurs qui régiront désormais la matière.

Les art. 15 et 17 rénovent, sous le nom de *Nuisance authority*, les anciens pouvoirs institués par le *Nuisance removal Act* de 1855 ; en même temps, il élargit considérablement leurs attributions, et par l'extension donnée plus loin au mot *nuisance*, et par les modifications apportées aux règles qui limitaient précédemment leur action. La *Nuisance authority* se meut désormais, en matière de salubrité publique, dans des conditions analogues à celles où se trouvent nos préfets assistés de leur conseil d'hygiène.

L'art. 16 crée un rouage tout nouveau et bien propre à accroître les garanties offertes à l'exécution de la loi. Il dispose que : « dans « une localité soumise à la juridiction d'une « *Nuisance authority*, « le chef de la police peut, en vertu d'instructions du ministre de « la couronne et dans le cas où il est reconnu que la *Nuisance* « *authority* n'a pas rempli son mandat, instituer telles poursuites « qui sont dans la compétence de cette autorité relativement à la « salubrité (*removal of nuisances*). »

L'art. 18 introduit cet élément considérable, que la réclamation écrite de dix habitants du quartier équivaut à la constatation de l'officier médical ou des praticiens qualifiés, pour mettre l'autorité en mouvement.

L'art. 19 étend considérablement la signification du mot *nuisance*, lequel, en sus des objets qu'il comprenait déjà (*), englobe désormais :

« 1° Toute maison ou partie de maison où les habitants sont en-« tassés de manière à ce que leur santé puisse en souffrir ;

« 2° Toute fabrique, atelier ou lieu de travail ne tombant pas « déjà sous le coup des *factory acts* et des actes relatifs aux bou-« langeries, et qui n'est pas tenu en état de propreté et ventilé de « façon à rendre inoffensifs, autant que faire se pourra, les gaz,

---

(*) L'énumération antérieure portait essentiellement, comme nous avons vu, sur les industries où l'on traite les matières organiques (fabriques de bougie, de suif, de savons, de charbon, d'os, etc.).

« vapeurs, poussières ou autres impuretés engendrées pendant le
« travail et pouvant préjudicier à la santé, ou dans lequel les tra-
« vailleurs sont assez entassés pour que leur santé puisse en souf-
« frir;

« 3° Tout foyer ou fourneau qui ne brûle pas sa fumée autant
« que faire se peut, et qui dessert des machines à vapeur ou qui
« est employé dans un établissement industriel à *quelque titre que*
« *ce soit*;

« 4° Toute cheminée (autre que celle d'une maison d'habitation
« privée) qui envoie assez de fumée dans l'air pour incommoder
« le voisinage. »

L'art. 20 consacre le principe dont nous avons constaté l'apparition dans l'*Alkali Act* de 1863, à savoir que la *Nuisance authority*
sera tenue d'inspecter *spontanément* le district, de temps à autre,
à la fin de découvrir l'existence des *nuisances* (cause d'insalubrité)
tombant sous l'application de la loi. Cet article trouve son corol-
laire dans l'art. 31 qui donne le moyen d'exécuter le mandat, et, à
cette fin, abolit la clause si manifestement insuffisante du *Removal
Act* de 1855 et la remplace par le droit beaucoup plus pratique, d'entrer dans les lieux suspectés *à toute heure de jour et
de nuit* pendant la durée des opérations qui engendrent l'insalubrité.

L'art. 21 porte que, lorsque la personne responsable de la cause
d'insalubrité n'a pas, après avoir été mise en demeure, pris les
mesures propres à la faire cesser, l'autorité fera elle-même le nécessaire dans ce but.

Les art. 22 à 30 règlent les mesures à prendre en cas de maladies infectantes ou contagieuses. Nous signalerons en passant l'interdiction aux personnes souffrant de quelque maladie de ce genre,
d'entrer dans une voiture publique sans avoir préalablement fait
connaître leur état au conducteur.

L'art. 32 étend la juridiction de la *Nuisance authority* à tous les
vaisseaux ou bâtiments mouillant dans les eaux du district.

Les art. 33 et 34, les derniers du titre, établissent le mode de
recouvrement sur les contribuables ou sur les propriétaires des
lieux insalubres, selon le cas, des sommes dépensées par l'autorité
à raison de l'application de la loi.

Il convient, pour compléter ce rapide aperçu, de mentionner
une disposition déjà ancienne, mais qui ne devait entrer pleinement en vigueur que vers la fin de 1864, et qui concerne les industries réputées dangereuses. Elle est contenue dans le *Metropolitan
buildings Act* du 6 août 1844, qui réglemente la voirie dans Londres

et les environs. L'art. 54 relatif aux fabrications pouvant faire
naître « le danger d'explosion ou d'incendie » porte que « les
« manufactures de poudre à canon, ou de poudre fulminante,
« d'allumettes inflammables par friction ou autrement, et d'autres
« substances susceptibles de faire subitement explosion ou de
« s'enflammer, les fabriques de vitriol (*), de térébenthine, de
« naphte, de vernis, de feux d'artifices ou de toiles goudronnées
« et autres manufactures dangereuses par suite de l'emploi de
« matières pouvant donner lieu subitement à une explosion ou à
« un incendie, » ne pourront désormais être établies à une distance de moins de 40 pieds (12ᵐ,20) de la voie publique et de
moins de 50 pieds (15ᵐ,25) des maisons ou des terrains appartenant à des tiers. Celles de ces industries déjà existantes à des
distances moindres que les limites ci-dessus spécifiées, pourront
être conservées pendant un délai de vingt ans à partir de la promulgation de l'acte, c'est-à-dire qu'à dater du 9 août 1864, tous
les établissements anciens et nouveaux sont tombés sous la même
prescription.

Une autre disposition du même genre, également spéciale à la
métropole et qui ne sera complétement en vigueur qu'à compter
de 1874, concerne un certain groupe d'industries particulièrement
insalubres ou incommodes pour le voisinage, à savoir : « les
« fabriques où l'on fait bouillir le sang et les os, où l'on prépare
« les peaux, les clos d'équarrissage pour bestiaux et chevaux, les
« fonderies de suif et de savon, les boyauderies et autres indus-
« tries du même genre, incommodes ou insalubres. » Il est interdit par l'art. 55 de l'acte précité, de les établir à moins de 15 mètres
des maisons ou de la voie publique, et celles déjà existantes
devront cesser leurs opérations dans le délai de trente ans, c'est-
à-dire à partir du 9 août 1874.

Enfin, le *Petroleum Act* du 29 juillet 1862, applicable à tout le
royaume, a établi la même limite de distance (50 pieds) pour les
dépôts de plus de 40 gallons (environ 180 litres) de pétrole, à
moins d'une dispense accordée par l'autorité locale compétente,
laquelle est, en général, l'autorité municipale proprement dite,
sauf à Londres (métropole) où elle est remplacée par le Conseil
métropolitain des travaux. L'application de cette loi a été jusqu'à
présent fort limitée, malgré le nombre considérable de gros dépôts
qui se rencontrent dans les grandes villes. Le Conseil métropoli-

---

(*) On ne voit pas très-bien pourquoi les fabriques de vitriol trouvent place
dans cette énumération.

tain en donne pour raison « la difficulté qu'on éprouve à déter-
« miner exactement la substance qui rentre dans la définition du
« pétrole, telle qu'elle a été donnée par la loi. » Le *Petroleum
Act*, en effet, s'est borné à dire : « le mot *pétrole* comprend tous
« les produits dérivés qui donnent une vapeur inflammable à une
« température inférieure à 100° Fahrenheit. »

La salubrité intérieure a toujours été, dans le Royaume-Uni,
l'objet d'une réglementation à part, et c'est pour la première fois
que le *Sanitary Act* de 1866 touche ce point (art. 19) concurremment avec les autres. Les dispositions y relatives sont concentrées
dans la série des *factory acts* ou actes destinés à réglementer le
travail dans les manufactures, au point de vue de la protection
des jeunes ouvriers. Ces actes, jusqu'en 1864, n'avaient porté que
sur les établissements où l'on travaille les matières textiles (ateliers de cardage, filage, tissage, etc.) et sur quelques autres se
rattachant plus ou moins directement à l'industrie des tissus,
savoir : les imprimeries sur étoffes, les blanchisseries et teintu-
ries, et les fabriques de dentelles à moteur mécanique. Ils avaient
principalement en vue de limiter la durée du travail des enfants
et des femmes, et de prévenir les accidents dus aux machines en
établissant des moyens de protection suffisants contre les roues,
poulies, engrenages, en un mot contre tous les appareils avec lesquels l'ouvrier est exposé à se trouver en contact ; mais la salubrité proprement dite n'avait guère été l'objet de mesures techniques. Les seules qu'on puisse citer comme présentant ce caractère, sont l'obligation générale du blanchiment périodique à la
chaux, et, en particulier, pour les filatures, les précautions à
prendre pour protéger les enfants et les femmes contre les gouttes
d'eau lancées par les bobines et pour empêcher la vapeur de se
répandre dans l'atelier. Mais à partir de l'enquête commencée en
1862 et qui se poursuit encore, sur « l'emploi des enfants », le
point de vue s'est sensiblement modifié. On a fait à la question
hygiénique une plus large part, et surtout on a étendu la réglementation à une foule d'industries sans analogie avec celles qui
avaient servi de point de départ à la législation des *factories*. La
clause essentielle des nouveaux actes, relative à la salubrité, est
celle qui enjoint d'approprier et de ventiler les ateliers « de ma-
« nière à prévenir les fâcheux effets des dégagements nuisibles »,
et qui, spécialement, dans « le polissage, repassage ou aiguisage
« sur meule rotative, ainsi que dans les autres opérations de
« nature à engendrer des poussières préjudiciables à la santé, »
donne aux inspecteurs le droit d'exiger l'emploi « d'un ventilateur

« ou autre moyen mécanique efficace d'un système approuvé par
« le Ministre de l'intérieur. » Indépendamment de cette prescription principale, diverses clauses secondaires interdisent, soit de
séjourner inutilement dans les locaux affectés à certaines préparations insalubres, soit de prendre les repas dans les salles où la
fabrication se continue, soit d'employer des meules à repasser
susceptibles de blesser l'ouvrier en éclatant, etc.

Le trait saillant de cette nouvelle législation, c'est qu'elle intervient ouvertement en faveur de l'ouvrier majeur, considéré jusqu'alors comme devant se protéger lui-même, et en outre elle
confère à l'autorité administrative le droit d'imposer des mesures
techniques déterminées. C'est là une double dérogation à la règle
précédemment suivie, d'après laquelle, nous l'avons vu, la décision était réservée aux autorités judiciaires et ne portait pas d'ailleurs sur le choix du moyen à employer, laissé le plus ordinairement à la responsabilité de l'intéressé.

Les industries atteintes par les actes de 1864 et 1867 sont très-
nombreuses, et quand on en parcourt l'énumération, on s'aperçoit
que bien peu désormais échappent à la réglementation. On en jugera par la nomenclature ci-après :

Fabriques de terre cuite (à l'exception de celles de briques et de
tuiles), allumettes chimiques, capsules fulminantes et cartouches,
papiers peints et ateliers de coupage de la futaine (acte du 25 juillet 1864) ;

Établissements où l'on apprête, mesure, plie, ajuste et emballe
les fils ou tissus de matières textiles (acte du 29 juillet 1864) ;

Usines à fer, à cuivre, à laiton, et d'une manière générale tous
établissements métallurgiques où l'on fond les minerais, où l'on
convertit la fonte en métal et où l'on affine les métaux ; fabriques
d'objets ou pièces métalliques, marchant à l'aide de quelque moteur mécanique ; papeteries, imprimeries, et ateliers de reliure de
livres, verreries, cristalleries, manufactures de tabac, fabriques de
caoutchouc et de gutta-percha, ou d'articles formés de tout ou
partie de ces substances, à moteur mécanique, et, d'une manière
générale, tout bâtiment, ou emplacement quelconque où cinquante
personnes au moins sont employées à quelque procédé manufacturier (acte du 15 août 1867) ;

Tout atelier clos ou à ciel ouvert, où un nombre quelconque de
personnes sont employées à fabriquer, modifier, réparer ou orner
quelque article ou partie d'article ouvré (acte du 21 août 1867).

On voit que la dernière catégorie reprend en quelque sorte tout
ce qu'avaient pu laisser échapper les trois autres, si bien qu'on est

en droit de se demander au premier abord s'il était vraiment nécessaire de rendre autant d'actes distincts, et s'il n'était pas plus
simple de commencer par le dernier, qui, seul, aurait suffi. L'explication de cette apparente superfétation réside surtout dans la
distinction qu'on a tenu à établir entre les diverses catégories
d'ateliers, relativement à la nature de la juridiction et au mode
de surveillance qui leur sont appliqués. Tandis que les trois premiers groupes, en effet, relèvent exclusivement des inspecteurs des
factories, agents de l'administration centrale ; le dernier groupe,
au contraire, est plus spécialement placé dans les attributions des
autorités locales, et, à ce titre, se trouve soumis aux lois ordinaires
de police et notamment au *Sanitary Act* de 1866 dont il a été question plus haut.

En résumé les législations étrangères ont stipulé beaucoup plus
que la nôtre en faveur de la salubrité intérieure ainsi que pour
la surveillance générale des établissements. En France, où la loi
est très-précise, minutieuse même en ce qui concerne la rédaction des arrêtés, elle est à peu près muette sur les moyens de les
faire exécuter, ou du moins elle en abandonne le soin à des agents
dépourvus de la compétence nécessaire. En Angleterre, on observe
un mouvement très-marqué vers l'accroissement de la répression,
et une branche très-importante de l'industrie, celle des fabriques
de soude, est aujourd'hui soumise à une réglementation qui,
comme netteté et rigueur, ne laisse rien à désirer.

Paris. — Imprimerie de COSSET et Cⁱᵉ, rue Racine, 26.

CHEZ DUNOD, ÉDITEUR,

LIBRAIRE DES CORPS IMPÉRIAUX DES PONTS ET CHAUSSÉES ET DES MINES,

Quai des Augustins, 49.

LÉGISLATION APPLIQUÉE

DES

ÉTABLISSEMENTS INDUSTRIELS

NOTAMMENT

des Usines hydrauliques, ou à vapeur,
des Manufactures,
Fabriques, Ateliers dangereux, incommodes ou insalubres,
Moulins, Hauts-Fourneaux,
Établissements métallurgiques, Mines, Minières,
Carrières, etc.

TRAITÉ COMPLET,

D'APRÈS

LE DERNIER ÉTAT DES LOIS, DE LA DOCTRINE ET DE LA JURISPRUDENCE,

DES RÈGLES A OBSERVER

POUR LA CRÉATION, L'EXPLOITATION, LA LOCATION, LA VENTE,
L'ABANDON OU LA SUPPRESSION
DES ÉTABLISSEMENTS APPARTENANT A L'INDUSTRIE

PAR

AUGUSTE BOURGUIGNAT

Ancien avocat au Conseil d'État et à la Cour de cassation.
Avocat à la Cour impériale de Paris.

DEUX VOLUMES IN-8 — PRIX: 15 FRANCS.

TABLE GÉNÉRALE ET ANALYTIQUE.

Paris. — Imprimerie de Cosset et Cⁱᵉ, rue Racine, 26.

On trouve à la même librairie :

Métallurgie. Cours de métallurgie professé à l'École impériale des mines par M. GRUNER, inspecteur général des mines. Principes généraux. — Combustibles. — Fonte, fer et acier (sous presse).

— **Atlas de la richesse minérale**, recueil de faits geognostiques et de faits industriels offrant un cours complet de l'art des mines et usines, au moyen d'exemples tirés de célèbres établissements, et rendus sensibles à l'œil par la représentation géométrique des objets; nouveau tirage, accompagné d'un nouveau texte explicatif, rédigé par ordre du gouvernement; par H. LE COQ, ingénieur des mines. Atlas de 65 planches, très-bien gravées par Leblanc, dont plusieurs coloriées, et 1 vol. in-8° de texte; par HÉRON DE VILLEFOSSE, de l'Institut, inspecteur général des mines. 50 fr.

— **Cuivre**; par M. RIVOT, professeur à l'École des mines. In-8°, avec pl.

— **Plomb et argent**; par le même. 1 fort vol. in-8°, avec pl.

— **Fer.** Traité pratique de la fabrication du fer et de l'acier puddlé, par ANSIAUX et MASION, in-8° et atlas. 15 fr.

— **Fer.** Avenir de la métallurgie en France vis-à-vis des traités de commerce; par M. FUBIET, ingénieur des mines. In-8°. 5 fr.

— **Fer.** Recherches sur le gisement et sur le traitement des minerais de fer dans les Pyrénées et particulièrement dans l'Ariège, suivies de considérations historiques et économiques sur le travail du fer et de l'acier dans les Pyrénées; par M. FRANÇOIS (J.), ingénieur en chef des mines. 2 vol. in-4°, dont un de planches. 25 fr.

Métaux divers. Manuel de métallurgie générale; par LAMPADIUS, traduit par ARBAULT. 2 vol. in-8°. 12 fr. 50 c.

Jurisprudence des mines, minières, forges et carrières, à l'usage des exploitants maîtres de forges, ingénieurs; par M. Étienne DUPONT, ingénieur en chef, directeur de l'École des mineurs de Saint-Étienne. 3 vol. in-8°. 25 fr.

Eaux de Lyon et de Paris. Description des travaux exécutés à Lyon pour l'élévation et la distribution des eaux du Rhône naturellement clarifiées, et projet pour alimenter Paris en eaux de Seine; par A. DUMONT, ingénieur en chef des ponts et chaussées. Suivie d'une pratique des distributions d'eau. In-4° et atlas de 28 pl. 25 fr.

Huiles minérales. Leur application à l'éclairage; par A. COLIN, attaché au service des phares. In-8° relié. 6 fr.

Chimie. Élément de chimie; par M. DUBRAY, examinateur à l'École polytechnique. 3e édition (sous presse).

— **Cours d'analyse chimique minérale** de l'École des mines; par M. RIVOT, 4 vol. in-8°, planches. 55 fr.

— **Traité de chimie technologique et industrielle**; par M. KNAP, professeur à l'École polytechnique de Brunswick, traduit par M. MERIJOT, ingénieur des manufactures de l'État (sous presse).

— **Cours de manipulations et de préparations chimiques**, par M. CLOEZ, ingénieur, répétiteur à l'École polytechnique (sous presse).

— **Leçons de chimie appliquée aux phénomènes de la vie où interviennent des actions moléculaires**, par M. CHEVREUL, membre de l'Institut (sous presse).

— **De la méthode à posteriori expérimentale, et de la généralité de ses applications**; par le même. In-18 jésus. 7 fr. 50 c.

— **Atlas de chimie analytique minérale** renfermant les premières notions de l'analyse chimique, et 17 tableaux parfaitement imprimés en couleur, des précipités donnés par les réactifs et des colorations obtenues au chalumeau; par M. TERREIL, aide de chimie au Muséum. Grand in-8°. 12 fr. 50 c.

Physique. Cours élémentaire de physique, précédé de notions de mécanique, et suivi de problèmes; par A. BOUTAN et Ch. d'ALMEIDA, professeurs aux lycées Saint-Louis et Napoléon. 3e édition, revue et augmentée, 2 magnifiques vol. in-8° avec 657 fig. et un Spectre solaire intercalés dans le texte, etc. 12 fr.

Irrigations. Des canaux d'irrigation de l'Italie septentrionale envisagés sous les divers points de vue de la science hydraulique, de la production agricole et de la législation; par M. NADAULT DE BUFFON, ingénieur en chef des ponts et chaussées. 2 vol. in-8° et atlas grand in-4° de 28 planches. 30 fr.

Drainage. Instructions pratiques sur le drainage; par M. HERVÉ MANGON, ingénieur des ponts et chaussées, professeur à l'École des ponts et chaussées. 3e édit., revue et considérablement augmentée, avec nombreuses figures, in-18, élégamment relié à l'anglaise. 2 fr. 50 c.

— **Expériences sur l'emploi des eaux dans les irrigations sous différents climats et sur la proportion des limons charriés par les cours d'eau**, par M. HERVÉ MANGON, ingénieur en chef des ponts et chaussées. In-8° jésus. 6 fr.

35. — Paris. — Imprimerie de CUSSET et Cᵉ, rue Racine, 25.